数学物理方程

陈才生　主编

李　刚　周继东　王文初　编

科学出版社

北　京

内 容 简 介

本书以方法为主线，内容包括偏微分方程的基本概念、二阶线性偏微分方程的分类与标准型、二阶常系数偏微分方程定解问题的经典解法、一阶拟线性偏微分方程的基本理论和定解问题的求法、两类特殊函数及应用. 本书内容丰富、系统性强、叙述详尽，具有较强的可读性. 每一章配备了较多类型的例题和习题，供读者阅读和练习. 书末附有大部分习题的答案与提示.

本书可作为数学与应用数学、信息与计算科学专业本科生和水利、土木、环境、交通、电子信息和大气科学等工科专业本科生或研究生的教学用书，也可作为从事本门课程教学的教师和有关科研工作者的参考读物.

图书在版编目(CIP)数据

数学物理方程/陈才生 主编; 李刚，周继东，王文初 编. —北京：科学出版社，2008

ISBN 978-7-03-021512-3

I. 数… II. ① 陈… ② 李… ③ 周… ④ 王… III. 数学物理方程-高等学校-教材 IV. O175. 24

中国版本图书馆 CIP 数据核字(2008) 第 042040 号

责任编辑：姚莉丽 / 责任校对：陈丽珠
责任印制：吴兆东 / 封面设计：耕者设计工作室

科学出版社出版
北京东黄城根北街 16 号
邮政编码：100717
http://www.sciencep.com
北京富资园科技发展有限公司印刷
科学出版社发行 各地新华书店经销
*
2008 年 7 月第 一 版 开本：720 × 1000 1/16
2026 年 1 月第十九次印刷 印张：20
字数：380 000
定价：49.00 元
(如有印装质量问题，我社负责调换)

前　　言

“数学物理方程”是以物理、工程技术和其它科学中出现的偏微分方程为主要研究对象, 并且主要介绍求线性偏微分方程精确解方法的一门数学基础课程. 它不仅仅是数学与应用数学、信息与计算科学专业本科生的一门重要的专业基础课, 而且也是水利、土木、环境、电子信息和大气科学等工科专业本科生和研究生不可缺少的专业基础课.

本书编者以多年来对本校工科研究生和数学系本科生讲授“数学物理方程”的教学实践为基础, 参阅了国内外有关教材和文献, 编写了这本更加突出实用性的教学参考书. 它可以作为工科有关专业的本科生和研究生用的“数学物理方程”课程的教材或教学参考书, 也可以作为数学与应用数学、信息与计算科学专业本科生的教学用书. 对于有关科研工作者, 本书也是一本合适的参考书.

数学物理方程所涉及的范围非常广泛, 内容十分丰富. 由于它的物理背景直接来源于自然现象和工程技术中的实际问题, 所以需要解决的新模型方程和新方法会不断产生. 因此这门课程应是一门实用的课程, 学生通过学习, 掌握有关偏微分方程的基本概念、基本原理以及求解偏微分方程的各种方法与技巧. 所以本书在叙述一般理论的同时, 重点是根据各类定解问题的经典解法来展开讨论. 我们对各章内容进行了合理的安排, 使读者能够有条理、正确地理解所学内容.

全书共分 11 章. 第 1 章介绍了偏微分方程的基本概念、线性叠加原理. 我们还通过具体物理问题导出了三类典型方程以及定解问题的提法. 第 2 章讨论了二阶线性偏微分方程的分类与标准型, 这其中包括了常见的两个自变量的分类与标准型, 也包括了多个自变量的分类与标准型. 第 3 章介绍了求解波动方程初值问题的特征线方法、球面平均值方法和降维法, 同时给出了一维波动方程的达朗贝尔 (d'Alembert) 解和二维及三维波动方程解的泊松 (Poisson) 公式的物理意义. 第 4 章详细叙述了分离变量法, 它是求解有界区域上数学物理方程最广泛使用的方法之一. 考虑到部分工科专业学生可能对傅里叶 (Fourier) 级数比较陌生, 我们先简要复习了正交函数系和傅里叶级数展开理论与主要结果, 然后重点叙述了分离变量法在求解初边值问题中的各种应用. 第 4 章最后介绍了施图姆–刘维尔 (Sturm-Liouville) 问题. 它是分离变量法的理论基础. 第 5 章和第 6 章讨论了傅里叶变换和拉普拉斯 (Laplace) 变换, 它们是求解无界区域上偏微分方程定解问题的两种常用方法, 并用较多的实例来说明如何使用这两种方法. 在第 7 章里, 对经典的格林 (Green) 函数方法进行了介绍, 并且对一些特殊区域求出了其格林函数. 第 7 章还重点介绍了 δ

函数方法. 这种方法又称基本解方法. 它通过引进 δ 函数 (广义函数) 建立了三种典型方程的基本解, 从而求出定解问题解的积分表达式. δ 函数方法是近代偏微分方程研究的常用方法之一. δ 函数本身在物理、力学和工程技术等学科中也有广泛的应用. 第 8 章介绍的极值原理是热传导方程和拉普拉斯方程所特有的, 它们可用来研究这两类方程的第一初边值问题解的唯一性、稳定性和解的渐近性态. 第 9 章介绍能量积分方法. 这种方法是偏微分方程定性理论研究中的一种基本方法. 它的应用远比极值原理来得广泛. 它可以用来研究定解问题解的唯一性、稳定性、解的能量估计和渐近性态. 第 10 章讨论数学物理和工程技术中经常出现的两类特殊函数 —— 贝塞尔 (Bessel) 函数和勒让德 (Legendre) 函数, 以及在求解薄圆盘型、圆柱型和球 (面) 型等区域中定解问题中的应用. 第 11 章介绍了一阶拟线性偏微分方程初值问题的求解方法.

本书各章都配有精心挑选的习题, 以供读者选择. 为了进一步理解和掌握各章的主要内容, 建议读者完成一定数量的习题. 书末附有大部分计算题的参考答案.

由于本书各章之间基本上是独立的, 因此教师可以根据教学要求适当选取.

全书编写大纲由河海大学陈才生提出, 经编者反复讨论后确定. 第 1、2 章由河海大学周继东执笔, 第 4 章由江苏大学王文初执笔, 第 7 章由南京信息工程大学李刚执笔, 其余章节的编写、全书习题和答案以及全书的修改、编排和校对均由陈才生完成.

陈才生等编写的同名教材 (2002 年东南大学出版社出版) 是本书的重要参考. 本书的编写得到了科学出版社的大力支持和帮助, 各位编者所在学校也给予了全力支持, 江苏凤凰出版集团的宋增民教授也给予了关心. 在此, 编者们一并深情致谢!

由于编者学识有限, 书中难免出现疏漏, 恳请各位读者批评指正, 以期改进.

编 者

2008 年 4 月

目　　录

第1章　绪　　论

1.1　基本概念

在物理学、力学、工程技术和其它学科中, 经常会提出大量的偏微分方程. 它们反映了未知函数关于时间的导数和关于空间变量的导数之间的制约关系, 同时刻画了物理现象和过程的基本规律. 这些来自物理等学科的偏微分方程, 我们常把它们叫做**数学物理方程**. 它的重要性, 早在 18 世纪初就被人们认识. 例如, 在 1715 年, 泰勒 (Taylor) 将弦线的横向振动问题归结为著名的弦振动方程 $u_{tt} = a^2 u_{xx}$. 以后, 伯努利 (Bernoulli) 从弦发出声音的事实, 得出该方程的三角级数解. 在此基础上, 傅里叶 (Fourier) 在理论上完成了解此方程的方法. 同时, 欧拉 (Euler) 和拉格朗日 (Lagrange) 在研究流体力学、拉普拉斯 (Laplace) 在研究势函数、傅里叶在研究热传导等物理问题中, 都导出了一系列重要的偏微分方程及其求解方法, 取得了重要的成就. 到了 19 世纪, 随着科学技术的发展及对方程的深入研究, 形成了数学中的一门重要分支 —— 偏微分方程理论, 这样又促使了自然科学和工程技术的发展.

本章首先介绍了偏微分方程中的一些基本概念以及从几个物理模型出发, 建立数学物理方程中的三个典型方程 —— 弦振动方程、热传导方程和拉普拉斯方程. 这不仅仅是因为它们是最简单的偏微分方程, 更是因为它们代表了三种不同类型的方程. 掌握了它们的性质和求解方法, 对学习和研究一般的偏微分方程具有普遍的指导意义. 因为对于其它经典线性方程的主要研究方法, 本质上与这三类方程的研究方法相仿.

本章还对偏微分方程的定解条件、定解问题的提法、叠加原理等内容给予了较详细的叙述, 以便将来使用上的方便.

1.1.1　基本概念和定义

所谓**偏微分方程**, 是指含有未知函数以及未知函数的某些偏导数的等式. 比如, 设 u 是自变量 $x, y, \cdots$ 的未知函数, 那么关于 u 的偏微分方程的一般形式是

$$F(x, y, \cdots, u, u_x, u_y, \cdots) = 0, \tag{1.1.1}$$

其中 F 是关于变量 $x, y, \cdots, u, \cdots$ 的已知函数. 注意 F 可以不显含自变量 $x, y, \cdots$ 和未知函数 u, 但必须含有未知函数 u 的某个偏导数. 涉及几个未知函数及其偏导

数的多个偏微分方程构成一个偏微分方程组. 除非特别说明, 通常假设函数 u 及其出现在方程 (1.1.1) 中的各阶偏导数连续.

出现在偏微分方程中的最高阶偏导数的阶数称为**偏微分方程的阶**. 如果一个偏微分方程对未知函数及它的所有偏导数都是线性的, 且它们的系数都仅依赖于自变量的已知函数, 则这样的偏微分方程称为**线性偏微分方程**. 不是线性的偏微分方程, 则称为**非线性偏微分方程**.

例如, 方程

$$
\begin{aligned}
&u_{tt} = a^2 u_{xx} + f(x,t) \text{ (波动方程)},\\
&u_t = a^2 u_{xx} + f(x,t) \text{ (热传导方程)},\\
&u_{xx} + u_{yy} + u_{zz} = 0 \quad \text{(拉普拉斯方程)}
\end{aligned} \tag{1.1.2}
$$

等都是二阶线性偏微分方程, 而方程

$$
\begin{aligned}
&u_t + u u_x = 0 \ \text{ (冲击波方程)},\\
&u_t + \sigma u u_x + u_{xxx} = 0 \quad \text{(KdV 方程)}
\end{aligned} \tag{1.1.3}
$$

是非线性方程.

对于一个非线性偏微分方程, 如果它关于未知函数的最高阶偏导数是线性的, 则称它是**拟线性偏微分方程**. 例如,Burgers 方程 $u_t + uu_x - \alpha u_{xx} = 0$, 渗流方程 $u_t = \Delta u^m, m > 1$ 等都是二阶拟线性偏微分方程.

对线性偏微分方程而言, 将方程中不含未知函数及其偏导数的项称为**自由项**. 当自由项为零时, 该方程称为**齐次方程**, 否则称为**非齐次方程**. 特别指出, 齐次、非齐次是对线性偏微分方程而言的.

关于方程 (1.1.1) 的解和通解, 我们有如下定义.

设方程 (1.1.1) 的阶数为 m. 函数 $u = u(x, y, \cdots)$ 在区域 Ω 中具有 m 阶的连续偏导数, 且在 Ω 中满足方程 (1.1.1) (即代入到方程 (1.1.1) 得恒等式), 则称 u 为区域 Ω 内方程 (1.1.1) 的**解**, 这个解又称为**古典解**. 进一步地, 如果方程 (1.1.1) 解 u 的表达式中含有 m 个任意函数, 则称 u 是 (1.1.1) 的**通解**或者**一般解**.

例 1.1.1　设 $u = u(x, y)$, 求二阶线性偏微分方程

$$u_{xy} = xy$$

的通解.

解　原方程可以写成

$$\frac{\partial}{\partial x}\left(\frac{\partial u}{\partial y}\right) = xy,$$

两边对 x 积分, 得

$$u_y = \phi(y) + \frac{1}{2}x^2y,$$

其中 $\phi(y)$ 是任意一阶可微函数. 进一步地, 两边对 y 积分, 得方程的通解为

$$u(x,y) = \int u_y \mathrm{d}y + f(x) = \int \phi(y)\mathrm{d}y + f(x) + \frac{1}{4}x^2y^2 = f(x) + g(y) + \frac{1}{4}x^2y^2,$$

其中 $f(x), g(y)$ 是任意两个二阶可微函数.

例 1.1.2 设 $u = u(\xi,\eta)$, 求下列偏微分方程的通解:

$$u_{\xi\eta} = \lambda u_\xi,$$

其中 λ 是常数.

解 原方程可以改写成

$$\frac{\partial}{\partial \xi}\left(\frac{\partial u}{\partial \eta} - \lambda u\right) = 0,$$

两边对 ξ 积分, 得

$$\frac{\partial u}{\partial \eta} - \lambda u = \psi(\eta),$$

它可以写成

$$\frac{\partial}{\partial \eta}\left(\mathrm{e}^{-\lambda\eta}u\right) = \mathrm{e}^{-\lambda\eta}\psi(\eta),$$

两边对 η 积分, 得方程的通解为

$$\mathrm{e}^{-\lambda\eta}u(\xi,\eta) = \int \mathrm{e}^{-\lambda\eta}\psi(\eta)\mathrm{d}\eta + F(\xi) = F(\xi) + G_1(\eta),$$

即

$$u(\xi,\eta) = \mathrm{e}^{\lambda\eta}F(\xi) + G(\eta),$$

其中 $F(\xi), G(\eta)$ 是任意两个二阶可微函数.

注 1.1.1 从以上定义可以看出, 偏微分方程中有许多概念和定义是常微分方程对应的概念与定义的延伸. 但有些在常微分方程中的概念, 在偏微分方程中就不适宜提出. 比如, n 阶常系数的常微分方程通常有基础解系的概念, 但偏微分方程一

般没有这个概念. 例如, 记 $\phi_m(x,t)=\mathrm{e}^{-(m\pi)^2t}\sin m\pi x$, $\psi_m(x,t)=\mathrm{e}^{-(m\pi)^2t}\cos m\pi x$ $(m=1,2,\cdots)$ 是热传导方程 $u_t=u_{xx}$ 的解, 而函数

$$h(x,t)=C_1\int_0^{\frac{x}{\sqrt{t}}}\mathrm{e}^{-\frac{\tau^2}{4}}\mathrm{d}\tau+C_2$$

也是热传导方程的解, 其中 C_1, C_2 是任意常数. 显然, 热传导方程 $u_t=u_{xx}$ 不适宜提基础解系的概念.

1.1.2 一些典型偏微分方程

以下如无特别说明, 自变量 t 表示时间, $\boldsymbol{x}=(x_1,x_2,\cdots,x_n)$ 表示 n 维空间变量. 称微分算子

$$\Delta=\frac{\partial^2}{\partial x_1^2}+\frac{\partial^2}{\partial x_2^2}+\cdots+\frac{\partial^2}{\partial x_n^2} \tag{1.1.4}$$

为 n 维拉普拉斯算子. 它是偏微分方程中最主要的算子之一, 它在刚性运动下保持不变, 即在平移和旋转变换下保持不变. 而一阶微分算子

$$\nabla=\left(\frac{\partial}{\partial x_1},\frac{\partial}{\partial x_2},\cdots,\frac{\partial}{\partial x_n}\right) \tag{1.1.5}$$

称为哈密顿 (Hamilton) 算子, 通常记

$$\nabla^2=\nabla\cdot\nabla=\frac{\partial^2}{\partial x_1^2}+\frac{\partial^2}{\partial x_2^2}+\cdots+\frac{\partial^2}{\partial x_n^2}. \tag{1.1.6}$$

例 1.1.3 关于函数 $u=u(x_1,x_2,\cdots,x_n,t)$ 的 ***n* 维波动方程**是

$$u_{tt}=a^2\Delta u, \tag{1.1.7}$$

其中 $a>0$ 为常数. 这是一个二阶常系数线性偏微分方程, 当 $n=1$ 时, 它描述弦的振动或声波在管中的传播. 当 $n=2$ 时, 它描述浅水面上的水波或薄膜的振动. 而 $n=3$ 时, 它描述声波或光波在空间中的传播.

例 1.1.4 当空间中一个导热体的密度和比热容都是常数时, 其温度分布 $u(x,y,z,t)$ 满足**三维热传导方程**

$$u_t=a^2(u_{xx}+u_{yy}+u_{zz}), \tag{1.1.8}$$

其中 $a>0$ 为常数.

在研究粒子的扩散过程时, 例如, 气体的扩散、液体的渗透以及半导体材料中杂质的扩散等, 也会遇到类似的方程.

例 1.1.5 关于函数 $u(x_1, x_2, \cdots, x_n)$ 的 ***n* 维拉普拉斯方程**(又称 ***n* 维调和方程**) 是

$$\Delta u = u_{x_1x_1} + u_{x_1x_1} + \cdots + u_{x_nx_n} = 0. \tag{1.1.9}$$

它的解称为 ***n* 维调和函数**. 拉普拉斯方程在理论上十分重要, 在应用中也非常广泛. 该方程可以用来描述无源静电场的电势、引力场、弹性薄膜的平衡位移、不可压缩流体的速度场、稳态热传导问题的温度分布等物理现象.

例 1.1.6 三维泊松 (Poisson) **方程**

$$\Delta u = u_{xx} + u_{yy} + u_{zz} = f(x, y, z), \tag{1.1.10}$$

其中 f 是一个描述场源或汇的已知函数. 这是非齐次拉普拉斯方程. 泊松方程表示有源或汇的情况下拉普拉斯方程所描述的物理现象.

以上方程都是二阶线性常系数方程, 它们是本课程的核心内容 (尤其是 $n = 1, 2, 3$ 时). 它们常称为数学物理方程中的三类典型方程.

下面考虑其它几个重要方程.

例 1.1.7 重调和波(biharmonic wave)**方程**

$$\frac{\partial^2 u}{\partial t^2} + c^2 \nabla^4 u = 0, \tag{1.1.11}$$

其中 c 为常数, u 表示位移. 在弹性力学中, 一个薄弹性盘受到了轻微振动时满足该方程. 当 u 与 t 无关时, 上述方程化为**重调和** (biharmonic) **方程**

$$\nabla^4 u = \frac{\partial^4 u}{\partial x^4} + 2\frac{\partial^4 u}{\partial x^2 \partial y^2} + \frac{\partial^4 u}{\partial y^4} = 0. \tag{1.1.12}$$

它描述了满足 Airy 应力函数 $u(x, y, z)$ 在弹性介质中的应力分布的平衡问题. 在流体力学中, 黏性液体中的流函数 $\psi(x, y, z)$ 也满足该方程. 它是一个 4 阶的线性偏微分方程.

例 1.1.8 梁的横振动方程

$$\frac{\partial^2 u}{\partial t^2} + b^2 \frac{\partial^4 u}{\partial x^4} = 0, \tag{1.1.13}$$

其中常数 $b^2 = EI/\rho$; 这里 E 为弹性模量, I 为转动惯量, ρ 为密度. 如果梁受到横向外力 $F(x, t)$ 作用, 则梁的横振动方程为

$$\frac{\partial^2 u}{\partial t^2} + b^2 \frac{\partial^4 u}{\partial x^4} = \frac{F(x, t)}{\rho}. \tag{1.1.14}$$

例 1.1.9　在浅水波的研究中常常会碰到 Korteweg-de-Vries 方程 (简称 KdV 方程), 它是一个三阶拟线性方程

$$u_t + \sigma u u_x + \beta u_{xxx} = 0, \tag{1.1.15}$$

其中 $\beta, \sigma \neq 0$ 为常数. KdV 方程最初出现在浅水波的研究中, 现在许多物理问题中都可引出 KdV 方程, 如等离子体中的磁流体波、离子声波、弹性棒中的纵色散波都会引出 KdV 方程, 还有一大类近双曲型方程都可以化为 KdV 方程.

例 1.1.10　一阶非线性波动方程

$$\frac{\partial u}{\partial t} + c(u)\frac{\partial u}{\partial x} = 0, \tag{1.1.16}$$

其中 $c(u)$ 为 u 的已知函数. 该方程可用来描述高速公路的车流量、空气动力学中的激波、水力学中的潮涌波等物理现象与规律.

1.1.3　偏微分方程与常微分方程一些比较

对于一个 n 阶常微分方程, 它的解的全体 (除去可能的一些奇异解外) 依赖于 n 个任意常数. 然而对偏微分方程而言, 其可求解的情形很多, 与常微分方程的解依赖于若干个任意常数相比, 它的自由度往往会更大. 例如, 方程 $u_{xy} = f(x, y)$ 的通解可表示为

$$u(x,y) = \int_a^x \int_b^y f(\xi, \eta) \mathrm{d}\xi \mathrm{d}\eta + \phi(x) + \psi(y),$$

其中 $\phi(x), \psi(y)$ 为两个任意二阶可微函数.

在对偏微分方程的研究中, 人们感兴趣的是解. 比如讨论其解的性质和结构以及求解的方法等. 但求解偏微分方程往往是复杂的. 与常微分方程相比, 它的解一般来说很难用通解形式给出来, 即使对于线性方程也是如此. 所以对偏微分方程的求解往往更多的是研究其在一些特定条件下的解, 并称这些用来帮助决定特解的条件为**定解条件**.

常微分方程同偏微分方程在解的存在性方面也有相当大的差别. 对常微分方程有解的存在性定理, 即在相当一般 (通常是连续和局部李普希茨条件) 的条件下可以证明其解是局部存在的. 而对偏微分方程来说, 虽然对许多常见的偏微分方程在不考虑定解条件时, 解有很大的自由度. 但也有条件非常好的偏微分方程, 即使是在非常小的局部范围内, 解也是不存在的. 这方面第一个无解方程的例子是 Hans Levy 在 1957 年给出的. 这个例子曾被认为是 20 世纪 60 年代偏微分方程的一大里程碑, 它的产生使人们认识到偏微分方程的研究同常微分方程相比有本质的不同. Hans Levy 所构造的方程是一个具有多项式系数的一阶线性偏微分方程, 即

$$\frac{1}{2}\left(\frac{\partial u}{\partial x} + \mathrm{i}\frac{\partial u}{\partial y}\right) + \mathrm{i}(x + \mathrm{i}y)\frac{\partial u}{\partial t} = f(x, y, t), \tag{1.1.17}$$

其中 $\mathrm{i}=\sqrt{-1}$, f 为某个在 $\mathbb{R}^3$ 原点附近无穷次可微的光滑函数. Hans Levy 证明了方程 (1.1.17) 在原点的某个邻域内不存在解 u.

因此, 由于偏微分方程的研究方法与常微分方程相比有很大的不同, 从而形成了两个独立的数学分支. 然而尽管有这些差别, 常微分方程中的理论和方法对于偏微分方程的研究而言仍是相当重要的.

1.1.4 学习偏微分方程的典型困难

在学习偏微分方程时, 下面几点可能过于一般化和笼统, 但是记住它们是有用的:

(1) 大多数偏微分方程是不可能求出显示解的;

(2) 偏微分方程的变量越多, 研究起来就越困难;

(3) 高阶方程要比低阶方程困难;

(4) 方程组要比单个方程困难.

1.2 三类典型方程的导出

下面将通过几个不同的物理模型来导出数学物理方程中的三类典型方程, 这三类方程也是我们以后主要的研究对象. 事实上, 本课程中所涉及的偏微分方程绝大多数都具有物理背景, 它们是物理现象的数学描述, 从而实现用数学的方法来研究物理问题. 我们首先导出一维波动方程.

例 1.2.1 弦的微小横振动问题

设有一根长为 L 均匀柔软富有弹性的细弦, 平衡时沿直线拉紧. 在受到初始小扰动下, 作微小横振动. 试确定该弦的运动方程.

先对几个物理术语给出解释. 所谓细弦, 就是与张力相比, 弦的重量可以忽略不计. 有弹性表示张力的大小可按胡克 (Hooke) 定律来计算. 柔软是指弦可以弯曲, 同时发生于弦中张力的方向总是沿着弦所在曲线的切线方向. 横振动是指弦的运动只发生在一个平面内, 且弦上各点的位移与弦的平衡位置垂直. 微小横振动是指振动的幅度及弦在任意位置处切线的倾角都很小.

取定弦的运动平面坐标系是 Oxu, 弦的平衡位置为 x 轴, 弦的长度为 L, 两端固定在 O,L 两点. 用 $u(x,t)$ 表示弦上横坐标为 x 点在时刻 t 的位移 (图 1.1). 由于弦作微小横振动, 故 $u_x\approx 0$. 因此 $\alpha\approx 0, \cos\alpha\approx 1, \sin\alpha\approx\tan\alpha=u_x\approx 0$, 其中 α 表示在 x 处切线方向同 x 轴的夹角, 见图 1.1. 下面用微元方法建立 u 所满足的偏微分方程.

在弦上任取一段弧 $\overline{MM'}$, 考虑作用在这段弧上的力. 作用在这段弧上的力有张力和外力. 可以证明, 张力 T 是一个常数, 即 T 与位置 x 和时间 t 的变化无关.

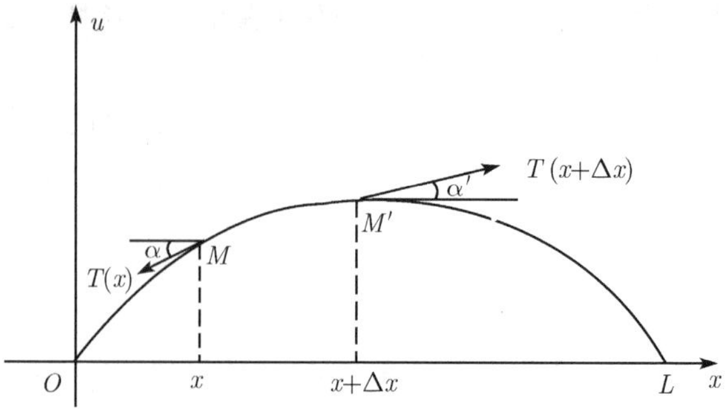

图 1.1

事实上, 因为弦振动微小, 则弧段 $\overline{MM'}$ 的弧长

$$\Delta s = \int_x^{x+\Delta x} \sqrt{1+u_x^2}\mathrm{d}x \approx \Delta x.$$

这说明该段弧在整个振动过程中始终未发生伸长变化. 于是由 Hooke 定律, 张力 T 与时间 t 无关. 下面还将看到, T 与 x 也无关.

因为弦只作横振动, 在 x 轴方向没有位移, 故合力在 x 方向上的分量为零, 即

$$T(x+\Delta x)\cos\alpha' - T(x)\cos\alpha = 0.$$

由于 $\cos\alpha' \approx 1, \cos\alpha \approx 1$, 所以 $T(x+\Delta x) = T(x)$, 即张力 T 与 x 无关. 于是, 张力是一个与位置 x 和时间 t 无关的常数, 仍记为 T.

作用于小弧段 $\overline{MM'}$ 的张力沿 u 轴方向的分量为

$$T\sin\alpha' - T\sin\alpha \approx T(u_x(x+\Delta x,t) - u_x(x,t)).$$

设作用在该段弧上的外力密度函数为 $F(x,t)$(不妨设为连续函数), 那么弧段 $\overline{MM'}$ 在时刻 t 所受沿 u 轴方向的外力近似地等于 $F(x,t)\Delta x$. 由牛顿 (Newton) 第二运动定律得

$$T(u_x(x+\Delta x,t) - u_x(x,t)) + F(x,t)\Delta x = \rho\overline{u}_{tt}\Delta x,$$

其中 ρ 是线密度. 由于弦是均匀的, 故 ρ 为常数. 这里 $\overline{u}_{tt}$ 是加速度 u_{tt} 在弧段 $\overline{MM'}$ 上的平均值. 设 $u = u(x,t)$ 二次连续可微. 由微分中值定理得

$$Tu_{xx}(x+\theta\Delta x,t)\Delta x + F(x,t)\Delta x = \rho\overline{u}_{tt}\Delta x, \quad 0<\theta<1.$$

消去 Δx, 并取极限 $\Delta x \to 0$ 得

$$Tu_{xx}(x,t) + F(x,t) = \rho u_{tt},$$

即

$$u_{tt} = a^2 u_{xx} + f(x,t), \quad 0 < x < L,\ t > 0, \tag{1.2.1}$$

其中常数 $a^2 = T/\rho$, 函数 $f(x,t) = F(x,t)/\rho$ 表示在 x 处单位质量上所受的外力.

方程 (1.2.1) 表示在外力作用下弦的振动规律, 称为弦的**强迫横振动方程**, 又称**一维非齐次波动方程**. 当外力作用为零时, 即 $f = 0$ 时, 方程 (1.2.1) 称为弦的**自由横振动方程**. 它是一维齐次波动方程. 另外, 在工程技术和物理中, 还有其它的实际问题同样可以用方程 (1.2.1) 来刻画. 例如, 杆的纵振动 (即一均匀细杆在外力作用下沿杆长方向做微小振动), 如果取杆长方向为 x 轴, $u(x,t)$ 表示 x 处的截面在 t 时刻沿着杆长方向的位移, 那么由动量守恒定律和胡克定律可以推出 $u(x,t)$ 满足方程 (1.2.1), 其中 $a^2 = E/\rho$, ρ 是杆的密度, E 是应力与相对伸长成正比的比例系数, 称为细杆材料的**弹性模量**.

类似地, 我们可以推出均匀薄膜的横振动满足**二维波动方程**

$$u_{tt} = a^2(u_{xx} + u_{yy}) + f(x,y,t), \quad (x,y) \in \Omega,\ t > 0, \tag{1.2.2}$$

其中 $u = u(x,y,t)$ 是薄膜在时刻 t 和 (x,y) 处的位移; $a^2 = T/\rho$, T 为张力, ρ 为薄膜的面密度; $f(x,y,t)$ 表示 t 时刻、单位质量膜在 (x,y) 处所受垂直方向的外力; Ω 是 Oxy 平面上的有界区域.

另外, 根据电磁场理论中的麦克斯韦方程, 可以推出电场 $\boldsymbol{E}$ 和磁场 $\boldsymbol{H}$ 满足的**三维波动方程**

$$\frac{\partial^2 \boldsymbol{E}}{\partial t^2} = c^2 \nabla^2 \boldsymbol{E} \tag{1.2.3}$$

和

$$\frac{\partial^2 \boldsymbol{H}}{\partial t^2} = c^2 \nabla^2 \boldsymbol{H}, \tag{1.2.4}$$

其中 c 是光速和

$$\nabla^2 = \nabla \cdot \nabla = \Delta = \frac{\partial^2}{\partial x^2} + \frac{\partial^2}{\partial y^2} + \frac{\partial^2}{\partial z^2}. \tag{1.2.5}$$

例 1.2.2 热传导方程

所谓热传导就是由于物体内部温度分布的不均匀, 热量要从物体内温度较高的点处流向温度较低的点处. 热传导问题归结为求物体内部温度分布规律.

设物体在 Ω 内无热源. 在 Ω 中任取一闭曲面 S(图 1.2). 以函数 $u(x,y,z,t)$ 表示物体在 t 时刻, $M = M(x,y,z)$ 处的温度. 根据 Fourier 热传导定律, 在无穷小时段 $\mathrm{d}t$ 内流过物体的一个无穷小面积 $\mathrm{d}S$ 的热量 $\mathrm{d}Q$ 与时间 $\mathrm{d}t$、曲面面积 $\mathrm{d}S$ 以及

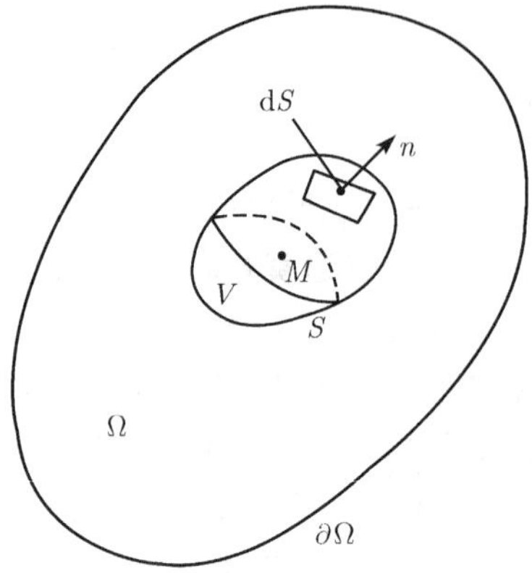

图 1.2

物体温度 u 沿曲面 $\mathrm{d}S$ 的外法线 $\boldsymbol{n}$ 的方向导数 $\frac{\partial u}{\partial n}$ 三者成正比, 即

$$\mathrm{d}Q=-k\frac{\partial u}{\partial n}\mathrm{d}S\mathrm{d}t,$$

其中 $k=k(x,y,z)$ 是物体在 $M(x,y,z)$ 处的热传导系数, 取正值. 我们规定外法线方向 $\boldsymbol{n}$ 所指的那一侧为 $\mathrm{d}S$ 的正侧. 上式中负号的出现是由于热量由温度高的地方流向温度低的地方. 故当 $\frac{\partial u}{\partial n}>0$ 时, 热量实际上是向 $-\boldsymbol{n}$ 方向流去.

对于 Ω 内任一封闭曲面 S, 设其所包围的空间区域为 V, 那么从时刻 t_1 到时刻 t_2 经曲面 S 流出的热量为

$$Q_1=-\int_{t_1}^{t_2}\iint_S k\frac{\partial u}{\partial n}\mathrm{d}S\mathrm{d}t.$$

设物体的比热容为 $c(x,y,z)$, 密度为 $\rho(x,y,z)$, 则在区域 V 内, 温度由 $u(x,y,z,t_1)$ 到 $u(x,y,z,t_2)$ 所需的热量为

$$Q_2=\iiint_V c\rho[u(x,y,z,t_2)-u(x,y,z,t_1)]\mathrm{d}v=\int_{t_1}^{t_2}\iiint_V c\rho\frac{\partial u}{\partial t}\mathrm{d}v\mathrm{d}t.$$

根据热量守恒定律, 有

$$Q_2=-Q_1,$$

即

$$\iiint_V c\rho[u(x,y,z,t_1)-u(x,y,z,t_2)]\mathrm{d}v=\int_{t_1}^{t_2}\iint_S k\frac{\partial u}{\partial n}\mathrm{d}S\mathrm{d}t.$$

假设函数 $u(x,y,z,t)$ 关于 x,y,z 具有二阶连续偏导数, 关于 t 具有一阶连续偏导数, 那么由高斯 (Gauss) 公式得

$$\int_{t_1}^{t_2}\iiint_V\left[c\rho\frac{\partial u}{\partial t}-\frac{\partial}{\partial x}\left(k\frac{\partial u}{\partial x}\right)-\frac{\partial}{\partial y}\left(k\frac{\partial u}{\partial y}\right)-\frac{\partial}{\partial z}\left(k\frac{\partial u}{\partial z}\right)\right]\mathrm{d}v\mathrm{d}t=0.$$

由于时间间隔 $[t_1,t_2]$ 及区域 V 是任意的, 且被积函数是连续的, 因此在任何时刻 t, 在 Ω 内任意一点都有

$$c\rho\frac{\partial u}{\partial t}=\frac{\partial}{\partial x}\left(k\frac{\partial u}{\partial x}\right)+\frac{\partial}{\partial y}\left(k\frac{\partial u}{\partial y}\right)+\frac{\partial}{\partial z}\left(k\frac{\partial u}{\partial z}\right).\qquad(1.2.6)$$

方程 (1.2.6) 称为非均匀的各向同性体的**热传导方程**. 如果物体是均匀的, 此时 k, c 及 ρ 均为常数. 令 $a^2 = \dfrac{k}{c\rho}$, 则方程 (1.2.6) 化为

$$\frac{\partial u}{\partial t} = a^2 \left(\frac{\partial^2 u}{\partial x^2} + \frac{\partial^2 u}{\partial y^2} + \frac{\partial^2 u}{\partial z^2} \right) = a^2 \Delta u, \tag{1.2.7}$$

它称为**三维热传导方程**.

若考虑物体内有热源, 其热源密度函数为 $F(x, y, z, t)$, 则有热源的热传导方程为

$$u_t = a^2 \Delta u + f(x, y, z, t), \tag{1.2.8}$$

其中 $f = \dfrac{F}{c\rho}$.

类似地, 当考虑的物体是一根均匀细杆时, 如果它的侧面绝热且在同一截面上的温度分布相同, 那么温度 u 只与 x, t 有关. 方程 (1.2.7) 变成**一维热传导方程**

$$u_t = a^2 u_{xx}. \tag{1.2.9}$$

同样, 如果考虑一块薄板的热传导, 并且薄板的侧面绝热, 则可得**二维热传导方程**

$$u_t = a^2 (u_{xx} + u_{yy}). \tag{1.2.10}$$

当考虑气体的扩散、液体的渗透、半导体材料中杂质扩散等物理过程时, 如果用 u 表示所扩散物质的浓度, 则 u 所满足方程的形式与热传导方程完全一样. 由于它所描述的是物质的扩散现象, 所以这样的方程又叫**扩散方程**.

例 1.2.3 拉普拉斯方程和泊松方程

当研究物理中各种现象 (如振动、热传导、扩散) 的稳定过程时, 由于表示该过程的物理量 u 不随时间 t 而变化, 因此 $u_t = 0$. 此时方程 (1.2.7) 变为**三维拉普拉斯方程**

$$u_{xx} + u_{yy} + u_{zz} = 0. \tag{1.2.11}$$

方程 (1.2.11) 通常表示成 $\Delta u = 0$ 或 $\nabla^2 u = 0$.

下面我们引进泊松方程. 考虑电荷密度为 $\rho(x, y, z)$、介电常数 $\varepsilon = 1$ 的静电场 E. 设点 $M(x, y, z)$ 的电位为 $u = u(x, y, z)$. 定义电场强度 $E = -\nabla u$. 任取一体积元 $\mathrm{d}v$ 和表面积为 S 所围的区域为 Ω. 由静电学基本原理, 穿过闭合曲面 S 向外的电通量等于闭合曲面 S 所围空间中的电通量的 4π 倍, 即

$$\iint\limits_S E \mathrm{d}S = 4\pi \iiint\limits_\Omega \rho(x, y, z) \mathrm{d}v.$$

由曲面积分的高斯公式, 得

$$\iiint\limits_{\Omega} \mathrm{div} E \mathrm{d}v = \iint\limits_{S} E \mathrm{d}S,$$

即

$$\iiint\limits_{\Omega} \mathrm{div}(\nabla u) \mathrm{d}v = -4\pi \iiint\limits_{\Omega} \rho(x, y, z) \mathrm{d}v.$$

由于 Ω 是任意的, 所以 $\mathrm{div}(\nabla u) = -4\pi\rho$, 即

$$u_{xx} + u_{yy} + u_{zz} = -4\pi\rho, \tag{1.2.12}$$

这就是电位所满足的方程. 该方程通常称为**三维泊松方程**. 特别地, 当 $\rho = 0$(即自由电场的情况) 时, 电位满足三维拉普拉斯方程 (1.2.11).

拉普拉斯方程和泊松方程不仅出现在稳恒温度场中, 它还描述许多物理现象, 如静电场、引力势、流体力学中的势和弹性力学中的调和势等. 概括地说, 它所描写的自然现象是稳恒的、定常的, 即与时间无关的.

1.3 定解条件与定解问题

偏微分方程一般有无穷多个解, 在求解具体问题时还需要一些定解条件. 一个偏微分方程与定解条件一起构成对于具体问题的完整描述, 称为**定解问题**. 定解问题中的偏微分方程称为**泛定方程**. 常见的定解条件可分为初始条件与边界条件. 我们来介绍这些定解条件.

1.3.1 初始条件

研究随时间变化的问题, 必须考虑某个所谓初始时间的状态, 我们把用以说明初始状态的条件称为**初始条件**或称**柯西** (Cauchy) **初始条件** .

下面具体来说明初始条件的表达式. 以弦振动问题为例, 初始条件就是弦在开始时刻 (假设为 $t = 0$ 时刻) 的位移及速度, 以 $\phi(x), \psi(x)$ 分别表示初始位移及速度, 则初始条件可表示为

$$u(x, 0) = \phi(x),\ u_t(x, 0) = \psi(x), \quad 0 \leqslant x \leqslant L. \tag{1.3.1}$$

对于高维的波动方程也有类似的初始条件.

对热传导问题而言, 初始条件是指在开始时刻物体温度的分布情况. 以 $\phi(M)$ 表示开始时刻 Ω 内任一点 M 处的温度, 则它的初始条件为

$$u(M, 0) = \phi(M), \quad M \in \Omega. \tag{1.3.2}$$

拉普拉斯方程及泊松方程都是描述稳恒状态的, 与时间无关, 所以不提初始条件.

需要说明的是, 对于不同类型的方程, 所给初始条件的个数是不一样的. 一般地, 关于时间 t 的 m 阶偏微分方程, 要给出 m 个初始条件才能确定一个特解. 所以对波动方程需要两个初始条件, 对热传导方程仅需要一个初始条件.

1.3.2 边界条件

与初始条件相对立, 我们把用以说明边界上的约束情况称为**边界条件**.

以弦振动问题为例. 从物理学得知, 其端点 (以 $x = L$ 表示其右端点为例) 所受的约束情况通常有以下三种类型.

(1) **固定端** 假设弦在振动过程中端点 $x = L$ 始终保持不动, 那么边界条件表示为

$$u(L,t) = 0, \quad t \geqslant 0. \tag{1.3.3}$$

(2) **自由端** 如果弦在端点 $x = L$ 不受位移方向的外力, 那么在该端点处, 弦在位移方向的张力为零. 由 1.2 节例 1.2.1 推导过程可知, 此时对应的边界条件为

$$T\frac{\partial u}{\partial x}\bigg|_{x=L} = 0, \quad \text{或} \quad u_x(L,t) = 0, \quad t \geqslant 0. \tag{1.3.4}$$

(3) **弹性支承端** 假定弦在端点 $x = L$ 被某个弹性体所支承. 设弹性支承原来的位置为 $u = 0$, 则 $u(L,t)$ 就表示弹性支承的应变. 由 Hooke 定律可知, 这时弦在 $x = L$ 处沿位移方向的张力 $Tu_x(L,t)$ 应等于 $-ku(L,t)$. 由此可得

$$(u_x + \sigma u)\Big|_{x=L} = 0, \tag{1.3.5}$$

其中 k 为弹性系数, $\sigma = k/T$.

对于热传导问题来说, 也有类似的边界条件 (以 $\partial\Omega$ 表示区域 Ω 的边界).

(1) 如果在热传导过程中, 边界 $\partial\Omega$ 上的温度分布为已知函数 $f(x,y,z,t)$, 此时边界条件为

$$u(x,y,z,t) = f(x,y,z,t), \quad (x,y,z) \in \partial\Omega,\ t \geqslant 0. \tag{1.3.6}$$

(2) 如果在热传导过程中物体与周围介质处于绝热状态, 那么在 $\partial\Omega$ 上的热量流速始终为 0, 即

$$\frac{\partial u}{\partial n} = 0, \quad (x,y,z) \in \partial\Omega,\ t \geqslant 0. \tag{1.3.7}$$

(3) 设物体周围介质的温度为 $u_1(x,y,z,t)$, 物体与介质通过边界 $\partial\Omega$ 有热交换. 根据牛顿热交换定律：物体从一种介质流到另一种介质的热量和两种介质间的温度差成正比, 于是有

$$\mathrm{d}Q = h(u-u_1)\mathrm{d}S\mathrm{d}t,$$

其中 h 为两种介质间的热交换系数. 上式表示在 $\mathrm{d}t$ 时段内从物体外部流入物体无穷小面积 $\mathrm{d}S$ 上的热量, 该热量通过 $\mathrm{d}S$ 流入物体内部. 由傅里叶 (Fourier) 定律, 应有

$$\mathrm{d}Q = -k\frac{\partial u}{\partial n}\mathrm{d}S\mathrm{d}t.$$

根据热量守恒定律, 得

$$k\frac{\partial u}{\partial n} = h(u_1-u),\quad (x,y,z)\in\partial\Omega,$$

即

$$\frac{\partial u}{\partial n}+\sigma u = \sigma u_1,\quad (x,y,z)\in\partial\Omega, \tag{1.3.8}$$

其中 $\sigma = h/k$.

概括起来, 无论是弦振动问题, 还是热传导问题, 它们所对应的边界条件从数学的角度看有以下三种类型：

(1) 在边界 $\partial\Omega$ 上直接给出未知函数 u 的值, 即

$$u\Big|_{\partial\Omega} = f. \tag{1.3.9}$$

式 (1.3.9) 称为**第一类边界条件**, 又称**狄利克雷** (Dirichlet) **边界条件**.

(2) 在边界 $\partial\Omega$ 上给出未知函数 u 沿边界 $\partial\Omega$ 的外法线方向的值, 即

$$\frac{\partial u}{\partial n}\Big|_{\partial\Omega} = f, \tag{1.3.10}$$

其中 n 表示 $\partial\Omega$ 的外法线方向. 式 (1.3.10) 称为**第二类边界条件**, 又称**诺伊曼** (Neumann) **边界条件**.

(3) 在边界 $\partial\Omega$ 上给出未知函数 u 及其沿 $\partial\Omega$ 的外法线方向导数的某一线性组合的值, 即

$$\left(\frac{\partial u}{\partial n}+\sigma u\right)\Big|_{\partial\Omega} = f. \tag{1.3.11}$$

式 (1.3.11) 称为**第三类边界条件**, 又称**罗宾** (Robin) **边界条件**或称**混合边界条件**. 需要注意的是上述各边界条件右端项 f 都是定义在边界 $\partial\Omega$ 上的已知函数.

对于拉普拉斯方程及泊松方程, 也有上述三种边界条件, 只是由于它与时间变量 t 无关, 式 (1.3.9), (1.3.10), (1.3.11) 右端函数 f 不含 t.

除以上三类边界条件以外, 由于物理上合理性的需要, 有时还需对方程中的未知函数附加以单值、有限和周期性等限制, 如 $u(\theta+2\pi)=u(\theta)$, $u|_{\partial\Omega}$ 取有限值等, 这类附加条件称为**自然边界条件**.

此外, 在定解条件 (包括初始条件和边界条件) 中, 与未知函数无关的项 (一般写在等式的右边) 称为**自由项**, 自由项恒等于零的定解条件称为**齐次定解条件**, 否则称为**非齐次定解条件**.

1.3.3 定解问题

我们知道, 只有当一个数学物理方程和相应的定解条件一起才能构成对于具体问题的完整描述, 这种问题称为**定解问题** . 在定解问题中, 如果只有初始条件而没有边界条件, 称为**初值问题**, 或者**柯西问题**. 如无限长弦的自由横振动问题

$$\begin{cases} u_{tt}=a^2u_{xx}, & -\infty<x<+\infty,\ t>0, \\ u(x,0)=\phi(x),\ u_t(x,0)=\psi(x), & -\infty<x<+\infty. \end{cases} \tag{1.3.12}$$

在定解问题中, 如果只有边界条件, 没有初始条件, 称为**边值问题**. 如拉普拉斯方程边值问题

$$\begin{cases} \Delta u=u_{xx}+u_{yy}+u_{zz}=0, & (x,y,z)\in\Omega, \\ u(x,y,z)=f(x,y,z), & (x,y,z)\in\partial\Omega \end{cases} \tag{1.3.13}$$

称为**第一类边值问题**, 或称**狄利克雷问题**. 而问题

$$\begin{cases} \Delta u=0, & (x,y,z)\in\Omega, \\ \dfrac{\partial u}{\partial n}=f(x,y,z), & (x,y,z)\in\partial\Omega \end{cases} \tag{1.3.14}$$

称为**第二类边值问题**, 或称**诺伊曼问题**. 定解问题

$$\begin{cases} \Delta u=0, & (x,y,z)\in\Omega, \\ \dfrac{\partial u}{\partial n}+\sigma u=f(x,y,z), & (x,y,z)\in\partial\Omega \end{cases} \tag{1.3.15}$$

称为**第三类边值问题**, 或称为**罗宾边值问题**. 在以上边值问题中, Ω 是空间 $\mathbb{R}^3$ 中的有界区域, 边界 $\partial\Omega$ 光滑或者分片光滑. 对于泊松方程也可提对应的三类边值问题.

既有初始条件又有边界条件的定解问题称**初边值问题**, 或称**混合问题**. 初边值问题依边界条件也可分为三类. 比如对三维非齐次波动方程

$$u_{tt}=a^2\Delta u+f(x,y,z,t)$$

分别有第一类初边值问题

$$\begin{cases} u_{tt} = a^2 \Delta u + f(x,y,z,t), & (x,y,z) \in \Omega, t > 0, \\ u|_{t=0} = \phi(x,y,z),\ u_t|_{t=0} = \psi(x,y,z), & (x,y,z) \in \overline{\Omega}, \\ u(x,y,z,t) = g(x,y,z,t), & (x,y,z) \in \partial\Omega, t \geqslant 0. \end{cases}$$

第二类初边值问题

$$\begin{cases} u_{tt} = a^2 \Delta u + f(x,y,z,t), & (x,y,z) \in \Omega, t > 0, \\ u|_{t=0} = \phi(x,y,z),\ u_t|_{t=0} = \psi(x,y,z), & (x,y,z) \in \overline{\Omega}, \\ \dfrac{\partial u}{\partial n} = g(x,y,z,t), & (x,y,z) \in \partial\Omega, t \geqslant 0. \end{cases}$$

第三类初边值问题

$$\begin{cases} u_{tt} = a^2 \Delta u + f(x,y,z,t), & (x,y,z) \in \Omega, t > 0, \\ u|_{t=0} = \phi(x,y,z),\ u_t|_{t=0} = \psi(x,y,z), & (x,y,z) \in \overline{\Omega}, \\ \dfrac{\partial u}{\partial n} + \sigma u = g(x,y,z,t), & (x,y,z) \in \partial\Omega, t \geqslant 0. \end{cases}$$

对于一般的热传导方程 (以三维为例)

$$u_t = a^2 \Delta u + f(x,y,z,t),$$

也可类似地给出对应的三类初边值问题.

顺便指出, 同一个定解问题 (边值问题或初边值问题) 中不同的边界部分可以满足不同类型的边界条件, 这种问题又称**混合边值问题** .

例 1.3.1　一长为 L 的弹性杆, 一端固定, 另一端被拉离平衡位置 b 而静止, 放手任其振动. 试写出杆振动的定解问题.

解　取如图 1.3 所示的坐标系.

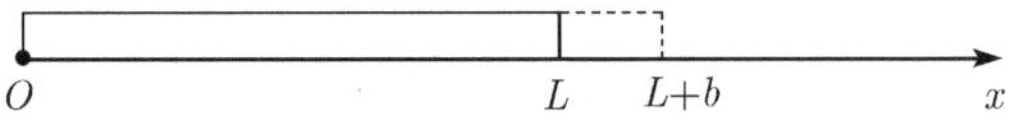

图 1.3

泛定方程就是一维波动方程 (杆的纵振动方程)

$$u_{tt} = a^2 u_{xx}, \quad 0 < x < L.$$

在初始时刻 (即放手之时), 杆振动的速度为零, 即 $u_t(x,0) = 0,\ 0 \leqslant x \leqslant L.$

而在 $x = L$ 端拉离平衡位置, 使整个弹性杆伸长了 b. 这个 b 是来自整个杆各部分伸长后的贡献, 而不是 $x = L$ 一端伸长的贡献, 故整个弹性杆的初始位移为

$$u|_{t=0} = \frac{b}{L} x, \quad 0 \leqslant x \leqslant L.$$

再看边界条件. 一端 $x=0$ 固定, 即该端位移为零, 故有 $u(0,t)=0,\ 0\leqslant x\leqslant L$. 另一端由于放手任其振动时未受外力, 故有 $u_x(L,t)=0,\ t\geqslant 0$. 所以, 所求杆振动的定解问题为

$$\begin{cases} u_{tt}=a^2u_{xx}, & 0<x<L,t>0,\\ u(x,0)=\dfrac{b}{L}x,\ u_t(x,0)=0, & 0\leqslant x\leqslant L,\\ u(0,t)=0,\ u_x(L,t)=0, & t\geqslant 0. \end{cases} \tag{1.3.16}$$

例 1.3.2 长为 L 的均匀弦, 两端 $x=0$ 和 $x=L$ 固定, 弦中张力为 T, 在 $x=x_0$ 处以横向力 F 拉弦, 达到稳定后放手任其振动. 试写出初始条件.

解 建立如图 1.4 所示的坐标系.

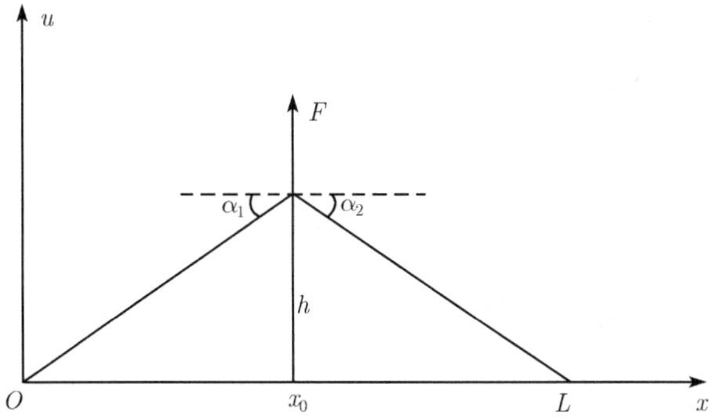

图 1.4

设弦在 x_0 点受到横向力 T 作用后发生的位移为 h, 则弦的初始位移为

$$u(x,0)=\begin{cases} \dfrac{hx}{x_0}, & 0\leqslant x\leqslant x_0,\\ \dfrac{h(L-x)}{L-x_0}, & x_0\leqslant x\leqslant L, \end{cases}$$

其中 h 待求. 由牛顿第二定律, 得

$$F-T\sin\alpha_1-T\sin\alpha_2=0,$$

在微小振动的情况下,

$$\sin\alpha_1\approx\tan\alpha_1=\frac{h}{x_0},\quad \sin\alpha_2\approx\tan\alpha_2=\frac{h}{L-x_0},$$

所以

$$F=\frac{Th}{x_0}+\frac{Th}{L-x_0},$$

因此

$$h = \frac{Fx_0(L - x_0)}{TL}.$$

从而初始位移为

$$u(x,0) = \begin{cases} \dfrac{F(L - x_0)}{TL}x, & 0 \leqslant x \leqslant x_0, \\ \\ \dfrac{Fx_0}{TL}(L - x), & x_0 \leqslant x \leqslant L. \end{cases}$$

而初始速度 $u_t(x,0) = 0$.

例 1.3.3　考虑长为 L 的均匀细杆的热传导问题. 若 (1) 杆的两端保持零度; (2) 杆的两端绝热; (3) 杆的一端为恒温零度, 另一端绝热. 试写出该热传导问题在以上三种情况下的边界条件.

解　设杆的温度为 $u(x,t)$, 则

(1) $u(0,t) = 0$, $u(L,t) = 0$.

(2) 当沿杆长方向有热量流动时, 由 Fourier 实验定律得

$$q_1 = k\frac{\partial u}{\partial x}\Big|_{x=0}, \quad q_2 = -k\frac{\partial u}{\partial x}\Big|_{x=L},$$

其中 q_1, q_2 分别为 $x = 0$ 和 $x = L$ 处的热流强度. 而杆的两端绝热, 这就意味着杆的两端与外界没有热交换, 亦即没有热量的流动, 故有 $q_1 = q_2 = 0$ 和

$$u_x(0,t) = 0, \quad u_x(L,t) = 0.$$

(3) 显然, 此时有

$$u(0,t) = 0, \quad u_x(L,t) = 0.$$

1.4　定解问题的适定性

1.4.1　适定性概念

在偏微分方程中, 我们所研究的主要对象是定解问题. 而每一个能正确反映物理过程的定解问题应该是唯一确定的. 这是因为所考察的物理过程在一定条件下总是具有唯一确定的状态. 从数学上看, 这样的定解问题应该存在唯一解. 此外, 当定解条件有微小变化时解的变化应该是微小的. 这是因为出现在定解条件中的数据通常是由实验测得的, 一般只是近似的. 在这样的定解条件下求得的解只有在和精确的定解条件下对应的解相差很小时才有实际意义. 这就引起了人们对定解问题

适定性的研究. 如果一个定解问题的解存在、唯一, 且解连续依赖于定解条件中的初始数据或者边界数据, 则称该定解问题是**适定的** (well-posed), 否则称它是**不适定的** (ill-posed), 这里的连续依赖性 (又称稳定性) 是指当定解条件中数据变化很小时, 对应的解变化也很小. 一般来说, 定解问题适定性的讨论是比较困难的. 本课程所研究的波动方程的初值问题及初边值问题、热传导方程的初值问题及初边值问题、拉普拉斯方程 (包括泊松方程) 的边值问题等五类定解问题都是适定的. 但是对不适定问题的研究也是非常有意义的.

1.4.2 不适定定解问题的例子

值得注意的是, 并非每个偏微分方程的定解问题都是适定的. 我们给出下面的两个例子.

例 1.4.1 拉普拉斯方程的初值问题

$$\begin{cases} \Delta u = u_{xx} + u_{yy} = 0, & x > 0,\ y \in \mathbb{R}^1, \\ u(0,y) = \phi_0(y),\ u_x(0,y) = \psi_0(y), & y \in \mathbb{R}^1 \end{cases} \tag{1.4.1}$$

是不适定的, 这里和以后记 $\mathbb{R}^1 = (-\infty, +\infty)$.

证 考虑定解问题

$$\begin{cases} u_{xx} + u_{yy} = 0, & x > 0,\ y \in \mathbb{R}^1, \\ u(0,y) = 0,\ u_x(0,y) = n^{-k}\sin ny, & y \in \mathbb{R}^1, \end{cases} \tag{1.4.2}$$

其中 n 和 k 为正整数. 容易验证, 函数

$$g(x,y) = \frac{\mathrm{e}^{nx} - \mathrm{e}^{-nx}}{2n^{k+1}} \sin ny \tag{1.4.3}$$

是上述定解问题的解. 可以证明上述定解问题的解是唯一的.

若设初值问题

$$\begin{cases} u_{xx} + u_{yy} = 0, & x > 0,\ y \in \mathbb{R}^1, \\ u(0,y) = \phi_0(y),\ u_x(0,y) = \psi_0(y), & y \in \mathbb{R}^1 \end{cases} \tag{1.4.4}$$

的解为 $u_0(x,y)$. 由 1.5 节介绍的叠加原理可知, 初值问题

$$\begin{cases} u_{xx} + u_{yy} = 0, & x > 0,\ y \in \mathbb{R}^1, \\ u(0,y) = \phi_0(y),\ u_x(0,y) = \psi_0(y) + n^{-k}\sin ny, & y \in \mathbb{R}^1 \end{cases} \tag{1.4.5}$$

的解为

$$u = u(x,y) = u_0(x,y) + g(x,y). \tag{1.4.6}$$

显然

$$\left|\frac{\sin ny}{n^k}\right| \leqslant \frac{1}{n^k} \to 0, \quad n \to +\infty,$$

但是, 当 $n \to +\infty$ 时,

$$\begin{aligned}\sup_{\substack{x>0\\ y\in\mathbb{R}^1}} |g(x,y)| &= \frac{1}{2n^{k+1}} \sup_{\substack{x>0\\ y\in\mathbb{R}^1}} |\mathrm{e}^{nx} - \mathrm{e}^{-nx}||\sin(ny)| \\ &= \frac{1}{2n^{k+1}} \sup_{x>0} |\mathrm{e}^{nx} - \mathrm{e}^{-nx}| \\ &\geqslant \frac{1}{2n^{k+1}} (\mathrm{e}^{n} - \mathrm{e}^{-n}) \to +\infty. \end{aligned} \tag{1.4.7}$$

这表明问题 (1.4.1) 的解是不稳定的. 所以, 拉普拉斯方程的初值问题是不适定的.

例 1.4.2　双曲型方程的边值问题

$$\begin{cases} u_{xy} = 0, & 0 < x < 1,\ 0 < y < 1, \\ u(0,y) = f_1(y),\ u(1,y) = f_2(y), & 0 \leqslant y \leqslant 1, \\ u(x,0) = g_1(x),\ u(x,1) = g_2(x), & 0 \leqslant x \leqslant 1 \end{cases} \tag{1.4.8}$$

是不适定的.

证　方程 $u_{xy} = 0$ 的通解为 $u(x,y) = f(x) + g(y)$, 其中 $f(x), g(y)$ 为任意二阶可微函数. 由边界条件得

$$\begin{aligned} &f(0) + g(y) = f_1(y), \quad f(1) + g(y) = f_2(y), \\ &f(x) + g(0) = g_1(x), \quad f(x) + g(1) = g_2(x). \end{aligned} \tag{1.4.9}$$

上面等式表明 $f_1(y)$ 与 $f_2(y)$, $g_1(x)$ 与 $g_2(x)$ 之间必存在某种关系 (事实上, 它们此时相差某一常数), 否则就找不到合适的 $f(x), g(y)$, 满足上述等式. 从而相应的定解问题无解. 这也说明在定解问题 (1.4.8) 中边界上的数据不是自由地给出的, 因此双曲型方程的边值问题 (1.4.8) 是不适定的.

需要说明的是, 对什么样的偏微分方程提出什么样的定解问题是适定的, 这是很有意义的问题. 无论是对一般类型的偏微分方程的定解问题的探讨, 还是对具体方程具体定解问题的深入研究都促使我们更深刻地了解偏微分方程的性质, 同时也可以启发我们提出一些求解的方法.

另外, 值得注意的是, 所谓不适定的定解问题是一种与适定的定解问题有重要区别的问题, 因而不能随意地将适用于适定定解问题的结论及求解方法搬到不适定定解问题上来, 但这并不意味对不适定的定解问题已不值得做任何研究了. 事实上, 由于近年来在流体力学、金属探矿、气象预报等实际问题中经常会遇到这类不适定的问题, 因而在不适定问题的理论与求解方法上已有不少有价值的研究成果.

1.5 线性叠加原理

在物理、力学和工程技术等学科中, 许多现象具有叠加效应, 即几种不同因素同时出现时所产生的效果等于各个因素分别单独出现时所产生的效果的总和 (叠加). 例如, 多个点电荷所产生的总电势, 等于各个电荷单独产生的电势的叠加. 又如, 在力学中, 力的独立作用原理也是一种叠加性. 这种叠加效应称为**线性叠加原理**, 简称**叠加原理**. 是否满足线性叠加原理是线性问题和非线性问题最本质的区别. 下面我们来叙述叠加原理在数学物理方程线性定解问题中的具体表现. 我们把泛定方程和各种定解条件均为线性的定解问题称为**线性定解问题**.

考虑 n 个自变量 $\boldsymbol{x}=(x_1,x_2,\cdots,x_n)$ 的二阶线性偏微分方程

$$\mathcal{L}[u]=\sum_{i,j=1}^{n}a_{ij}(\boldsymbol{x})\frac{\partial^2 u}{\partial x_i\partial x_j}+\sum_{i=1}^{n}b_i(\boldsymbol{x})\frac{\partial u}{\partial x_i}+c(\boldsymbol{x})u=f(\boldsymbol{x}), \tag{1.5.1}$$

其中 $a_{ij}(\boldsymbol{x})=a_{ji}(\boldsymbol{x}),i,j=1,2,\cdots,n$, 且 $a_{ij}(\boldsymbol{x}),b_i(\boldsymbol{x}),c(\boldsymbol{x})$ 是定义在 $\Omega\subset\mathbb{R}^n$ 上的已知函数. 容易验证, $\mathcal{L}$ 是线性微分算子, 即满足性质

(1) 对任意常数 C_1 和任意函数 $u\in C^2(\Omega)$, 成立

$$\mathcal{L}[C_1u]=C_1\mathcal{L}[u];$$

(2) 对任意函数 $u_1,u_2\in C^2(\Omega)$, 成立

$$\mathcal{L}[u_1+u_2]=\mathcal{L}[u_1]+\mathcal{L}[u_2].$$

综合性质 (1) 和 (2) 得: 对任意函数 $u_1,u_2\in C^2(\Omega)$ 和常数 C_1,C_2, 成立

$$\mathcal{L}[C_1u_1+C_2u_2]=C_1\mathcal{L}[u_1]+C_2\mathcal{L}[u_2]. \tag{1.5.2}$$

对于一般线性边界条件 (它包括了三类边界条件)

$$\left(\alpha u+\beta\frac{\partial u}{\partial n}\right)\Big|_{\partial\Omega}=\phi, \tag{1.5.3}$$

也可以写成算子的形式

$$\mathcal{L}_0[u]=\left(\alpha u+\beta\frac{\partial u}{\partial n}\right)\Big|_{\partial\Omega}=\phi, \tag{1.5.4}$$

其中 α,β,ϕ 是已知函数. 容易证明 $\mathcal{L}_0$ 也是线性算子, 即满足式 (1.5.2).

叠加原理 1 设 u_i 满足线性方程 (或者线性定解条件)

$$\mathcal{L}[u_i]=f_i,\ \ i=1,2,\cdots,m, \tag{1.5.5}$$

那么它们的任意线性组合 $u=\sum_{i=1}^{m}C_iu_i$ 也满足方程 (或者定解条件)

$$\mathcal{L}[u]=\sum_{i=1}^{m}\mathcal{L}[C_iu_i]=\sum_{i=1}^{m}C_if_i. \tag{1.5.6}$$

叠加原理 2 设 u_i 满足线性方程 (或者线性定解条件)

$$\mathcal{L}[u_i]=f_i,\ \ i=1,2,\cdots, \tag{1.5.7}$$

又设级数 $u=\sum_{i=1}^{\infty}C_iu_i$ 收敛, 且满足算子 $\mathcal{L}$ 中出现的偏导数与求和记号交换次序所需要的条件. 一般可设 u_i 的偏导数连续, 对级数可以逐项求导, 且逐项求导后的级数一致收敛, 那么 u 满足线性方程 (或线性定解条件)

$$\mathcal{L}[u]=\sum_{i=1}^{\infty}\mathcal{L}[C_iu_i]=\sum_{i=1}^{\infty}C_if_i. \tag{1.5.8}$$

叠加原理是研究线性问题的最基本原理, 以后所涉及的定解问题的各种解法都建立在这个原理上. 我们常将一个复杂问题的求解利用叠加原理化为几个较简单问题的求解, 从而使问题得以解决. 作为特例, 我们来具体写出一维热传导方程及其定解问题的叠加原理 (请读者自行验证).

(1) 若 $u_i(x,t)(i=1,2,\cdots)$ 是齐次热传导方程

$$u_t=a^2u_{xx},\qquad (x,t)\in\mathcal{D} \tag{1.5.9}$$

的解, 则 $u=\sum_{i=1}^{\infty}C_iu_i(x,t)$ 也是该方程的解, 其中 C_i 为任意常数, 区域 $\mathcal{D}=\{(x,t)|0<x<L,t>0\}$ 或 $\mathcal{D}=\{(x,t)|-\infty<x<+\infty,t>0\}$.

(2) 若 $u_i(x,t)(i=1,2,\cdots)$ 是非齐次热传导方程

$$u_t=a^2u_{xx}+f_i(x,t),\qquad (x,t)\in\mathcal{D} \tag{1.5.10}$$

的解, 则 $u=\sum_{i=1}^{\infty}C_iu_i(x,t)$ 是非齐次热传导方程

$$u_t=a^2u_{xx}+\sum_{i=1}^{\infty}C_if_i(x,t),\qquad (x,t)\in\mathcal{D} \tag{1.5.11}$$

的解.

上述函数 $u(x,t)=\sum_{i=1}^{\infty}C_iu_i(x,t)$ 在 $\mathcal{D}$ 内收敛, 且对 t 可逐项求导, 对 x 可逐项求导两次, 且求导后的级数在 $\mathcal{D}$ 内收敛.

(3) 设 $V(x,t)$ 是定解问题

$$\begin{cases} V_t=a^2V_{xx}+f(x,t), & 0<x<L,\ t>0, \\ V(x,0)=0, & 0\leqslant x\leqslant L, \\ V(0,t)=0,\ V(L,t)=0, & t\geqslant 0 \end{cases} \tag{1.5.12}$$

的解, $W(x,t)$ 是定解问题

$$\begin{cases} W_t=a^2W_{xx}, & 0<x<L,\ t>0, \\ W(x,0)=\phi(x), & 0\leqslant x\leqslant L, \\ W(0,t)=0,\ W(L,t)=0, & t\geqslant 0 \end{cases} \tag{1.5.13}$$

的解, 则 $u(x,t)=V(x,t)+W(x,t)$ 是定解问题

$$\begin{cases} u_t=a^2u_{xx}+f(x,t), & 0<x<L,\ t>0, \\ u(x,0)=\phi(x), & 0\leqslant x\leqslant L, \\ u(0,t)=0,\ u(L,t)=0, & t\geqslant 0 \end{cases} \tag{1.5.14}$$

的解.

例 1.5.1 求 Poisson 方程

$$u_{xx}+u_{yy}=x^2+xy+y^2 \tag{1.5.15}$$

的通解.

解 先求出方程的一个特解 $V=V(x,y)$, 使其满足

$$V_{xx}+V_{yy}=x^2+xy+y^2.$$

由于方程右端是一个二元二次齐次多项式, 可设 $V(x,y)$ 具有形式

$$V(x,y)=ax^4+bx^3y+cy^4,$$

其中 a,b,c 是待定常数. 把它代入方程, 得

$$V_{xx}+V_{yy}=12ax^2+6bxy+12cy^2=x^2+xy+y^2.$$

比较两边系数, 可得

$$a=\frac{1}{12},\quad b=\frac{1}{6},\quad c=\frac{1}{12}.$$

于是

$$V(x,y)=\frac{1}{12}(x^4+2x^3y+y^4).$$

下面求函数 $W=W(x,y)$, 使其满足 $W_{xx}+W_{yy}=0$. 作变量代换 $\xi=x,\eta=\mathrm{i}y(\mathrm{i}=\sqrt{-1})$, 得

$$W_{\xi\xi}-W_{\eta\eta}=0, \tag{1.5.16}$$

再作变量代换 $s=\xi+\eta,t=\xi-\eta$, 方程 (1.5.16) 进一步化为

$$W_{st}=0, \tag{1.5.17}$$

其通解为

$$W=f(s)+g(t)=f(\xi+\eta)+g(\xi-\eta)=f(x+\mathrm{i}y)+g(x-\mathrm{i}y), \tag{1.5.18}$$

其中 f,g 是任意两个二阶可微函数. 那么根据叠加原理, 方程 (1.5.15) 的通解为

$$u(x,y)=V+W=f(x+\mathrm{i}y)+g(x-\mathrm{i}y)+\frac{1}{12}(x^4+2x^3y+y^4). \tag{1.5.19}$$

习　题　1

1. 验证 $u(x,t)=f(x-at)+g(x+at)$ 是方程 $u_{tt}=a^2u_{xx}$ 的通解, 其中 f,g 是任意两个二阶可微函数, a 为正常数.

2. 验证:

(1) $u(x,y)=\ln\dfrac{1}{\sqrt{(x-x_0)^2+(y-y_0)^2}}$ 除去点 (x_0,y_0) 外满足二维拉普拉斯方程;

(2) $u(x,y)=\mathrm{e}^{ax}\cos(ay),\ \mathrm{e}^{ax}\sin(ay),\ \mathrm{e}^{by}\cos(bx),\ \mathrm{e}^{by}\sin(bx)$ 满足二维拉普拉斯方程;

(3) $u(x,y,z)=\dfrac{1}{\sqrt{(x-x_0)^2+(y-y_0)^2+(z-z_0)^2}}$ 除去点 (x_0,y_0,z_0) 外满足三维拉普拉斯方程.

3. 设 $r=\sqrt{x^2+y^2}>0$. 若 $\Delta u+k^2u=0$, 求 $u=u(r)$ 所满足的微分方程.

4. 一长为 L 的均匀柔软细绳, 其一端固定在竖直轴上. 绳子以角速度 ω 转动, 试导出此绳相对于水平线的横振动方程.

5. 一长为 L 的弹性体, 固定其一端, 而另一端沿其轴线方向拉长 h 后即放手, 让其作纵振动, 试导出定解问题.

6. 长为 L 的均匀细杆, 侧面绝缘, 一端温度为 0, 另一端有恒定热源 q 进入 (即单位时间内通过单位截面积流入的热量), 杆的初始温度分布为 $\dfrac{1}{2}x(L-x)$. 试写出相应的定解问题.

7. 设有一长为 L 的均匀柔软的弦作微小横振动, 其平衡位置是 x 轴的区间 $[0,L]$. 让 u 表示横位移, 弦的线密度为 ρ, 张力为 T. 在振动过程中受到一阻力, 阻力的大小与位移速度成

正比, 比例系数为 k. 设初始位移为 $\phi(x)$, 初始速度为 0. 在 $x=0$ 端固定, 在 $x=L$ 端有一弹性支承, 弹性强度为 k. 试写出弦的位移 $u(x,t)$ 所满足的定解问题.

8. 考虑在正方形区域 $\Omega=\{(x,y)|0<x<1,0<y<1\}$ 上的波动方程的边值问题

$$\begin{cases} u_{xx}-u_{yy}=0, & (x,y)\in\Omega, \\ u(x,0)=f_1(x),\ u(x,1)=f_2(x), & 0\leqslant x\leqslant 1, \\ u(0,y)=g_1(y),\ u(1,y)=g_2(y), & 0\leqslant y\leqslant 1, \end{cases}$$

其中 f_1,f_2,g_1,g_2 都是已知函数. 试问此问题是否适定? 为什么? 举例说明.

9. 证明: 若 $V(x,t)$ 和 $W(y,t)$ 分别是下列两个定解问题:

$$\begin{cases} V_t=a^2V_{xx}, & -\infty<x<+\infty,\ t>0, \\ V(x,0)=\phi(x), & -\infty<x<+\infty; \end{cases}$$

$$\begin{cases} W_t=a^2W_{yy}, & -\infty<y<+\infty,\ t>0, \\ W(y,0)=\psi(y), & -\infty<y<+\infty \end{cases}$$

的解, 则函数 $u(x,y,t)=V(x,t)W(y,t)$ 是定解问题

$$\begin{cases} u_t=a^2(u_{xx}+u_{yy}), & -\infty<x,y<+\infty,\ t>0, \\ u(x,y,0)=\phi(x)\psi(y), & -\infty<x,y<+\infty \end{cases}$$

的解.

10. 说明定解问题

$$\begin{cases} u_t=-u_{xx}, & -\infty<x<+\infty,\ t>0, \\ u(x,0)=1, & -\infty<x<+\infty \end{cases}$$

的解是不适定的.

第 2 章　二阶线性偏微分方程的分类与标准型

在第 1 章里, 我们介绍了弦振动方程、热传导方程与调和方程. 这三类经典方程虽然形式很特殊, 但是在二阶线性偏微分方程中, 它们确实是三类典型方程的代表. 本章将对一般的二阶线性偏微分方程进行分类并将它们化简为标准型. 我们将会看到, 两个自变量的二阶线性偏微分方程通过适当的自变量变换, 其最高阶偏导数项可以化为与这三类方程类似的形式.

2.1　两个自变量的二阶线性偏微分方程的分类和标准型

先考虑两个自变量的二阶线性偏微分方程. 一般地讲, 方程所含的自变量越多, 处理起来也越困难. 我们从含两个自变量的方程入手, 以便了解多个自变量的二阶线性偏微分方程的分类与化简.

设 x, y 为自变量, $u = u(x, y)$ 为未知函数. 两个自变量 x, y 的二阶线性偏微分方程的一般形式为

$$a_{11}u_{xx} + 2a_{12}u_{xy} + a_{22}u_{yy} + a_1u_x + b_1u_y + cu + f(x, y) = 0, \tag{2.1.1}$$

其中系数 $a_{11}, a_{12}, a_{22}, a_1, b_1$ 和 c 都是变量 $(x, y) \in \Omega$ 的已知连续可微函数, Ω 是 Oxy 平面上的某一区域, 且 $a_{ij}(i, j = 1, 2)$ 不全为零. 我们希望通过适当的自变量变换与未知函数的变换, 使方程 (2.1.1) 简化, 并在此基础上对方程进行分类.

通过某种变换使方程简化是偏微分方程研究中常用的方法. 例如, 就自变量的变化来讲, 如果一个方程 A, 经过自变量的非奇异变换后得到方程 B, 那么方程 B 与方程 A 就可以看成同一方程的不同表达形式. 方程 A 的解经过自变量的这个变换后, 就得到方程 B 的解, 而方程 B 的解经过这个自变量的逆变换, 就得到方程 A 的解. 如果方程 B 的形式比方程 A 的形式简单, 那么直接研究方程 B 就比较方便. 关于未知函数的变换也可以类似处理.

我们的想法是将方程 (2.1.1) 利用自变量的非奇异变换简化二阶导数项, 并利用方程类型在这样变换下保持不变的性质对方程 (2.1.1) 进行分类. 这样的想法也是比较自然的, 就像二次曲线的化简与分类一样. 事实上, 这二者确有很多相似的地方, 后面的椭圆型、抛物型、双曲型方程的名称也由此而得.

现在对方程 (2.1.1) 在区域 Ω 中某点 (x_0, y_0) 的附近进行简化. 为此, 作自变

量的非奇异变换

$$\begin{cases} \xi = \xi(x,y), \\ \eta = \eta(x,y), \end{cases} \tag{2.1.2}$$

其中 ξ, η 二次连续可微. 非奇异变换是指函数的雅可比 (Jacobi) 行列式

$$\boldsymbol{J} = \frac{\partial(\xi,\eta)}{\partial(x,y)} = \begin{vmatrix} \xi_x & \xi_y \\ \eta_x & \eta_y \end{vmatrix} = \xi_x\eta_y - \xi_y\eta_x \tag{2.1.3}$$

在点 (x_0, y_0) 不等于零. 根据隐函数存在定理, 在点 (x_0, y_0) 附近变换 (2.1.2) 是可逆的. 通过上述自变量的变换, 得到关于自变量 ξ, η 的新方程. 我们的目的是选取适当的 ξ, η, 使新方程的二阶导数项的系数具有最简形式. 先求函数 u 对自变量 x, y 的偏导数 (为简便起见, 将未知函数 u 作为新的自变量 ξ, η 的函数仍记为 $u(\xi,\eta)$), 有

$$\begin{aligned}
&u_x = u_\xi\xi_x + u_\eta\eta_x, \quad u_y = u_\xi\xi_y + u_\eta\eta_y, \\
&u_{xx} = u_{\xi\xi}\xi_x^2 + 2u_{\xi\eta}\xi_x\eta_x + u_{\eta\eta}\eta_x^2 + u_\xi\xi_{xx} + u_\eta\eta_{xx}, \\
&u_{xy} = u_{\xi\xi}\xi_x\xi_y + u_{\xi\eta}(\xi_x\eta_y + \eta_x\xi_y) + u_{\eta\eta}\eta_x\eta_y + u_\xi\xi_{xy} + u_\eta\eta_{xy}, \\
&u_{yy} = u_{\xi\xi}\xi_y^2 + 2u_{\xi\eta}\xi_y\eta_y + u_{\eta\eta}\eta_y^2 + u_\xi\xi_{yy} + u_\eta\eta_{yy}.
\end{aligned}$$

将这些偏导数代入原方程 (2.1.1), 就有

$$A_{11}u_{\xi\xi} + 2A_{12}u_{\xi\eta} + A_{22}u_{\eta\eta} + A_1u_\xi + B_1u_\eta + Cu + F = 0, \tag{2.1.4}$$

其中

$$\begin{cases} A_{11} = a_{11}\xi_x^2 + 2a_{12}\xi_x\xi_y + a_{22}\xi_y^2, \\ A_{12} = a_{11}\xi_x\eta_x + a_{12}(\xi_x\eta_y + \xi_y\eta_x) + a_{22}\xi_y\eta_y, \\ A_{22} = a_{11}\eta_x^2 + 2a_{12}\eta_x\eta_y + a_{22}\eta_y^2, \end{cases} \tag{2.1.5}$$

以及

$$\begin{cases} A_1 = a_{11}\xi_{xx} + 2a_{12}\xi_{xy} + a_{22}\xi_{yy} + a_1\xi_x + b_1\xi_y, \\ B_1 = a_{11}\eta_{xx} + 2a_{12}\eta_{xy} + a_{22}\eta_{yy} + a_1\eta_x + b_1\eta_y, \\ C = c, \ F(x,y) = f(x,y). \end{cases}$$

式 (2.1.5) 中的系数 A_{11}, A_{12}, A_{22} 可用矩阵表示为

$$\boldsymbol{D} = \begin{pmatrix} A_{11} & A_{12} \\ A_{21} & A_{22} \end{pmatrix} = \begin{pmatrix} \xi_x & \xi_y \\ \eta_x & \eta_y \end{pmatrix} \begin{pmatrix} a_{11} & a_{12} \\ a_{21} & a_{22} \end{pmatrix} \begin{pmatrix} \xi_x & \xi_y \\ \eta_x & \eta_y \end{pmatrix}^{\mathrm{T}}, \tag{2.1.6}$$

其中 $A_{12}=A_{21}, a_{12}=a_{21}$ 和 $\boldsymbol{B}^{\mathrm{T}}$ 表示矩阵 $\boldsymbol{B}$ 的转置矩阵. 由矩阵性质得到

$$\det(\boldsymbol{D})=A_{11}A_{22}-A_{12}^2=J^2(a_{11}a_{22}-a_{12}^2). \tag{2.1.7}$$

由此可知, 在自变量的非奇异变换 (2.1.2) 下, 判别式 $A_{12}^2-A_{11}A_{22}$ 的符号与 $a_{12}^2-a_{11}a_{22}$ 的符号相同. 而从矩阵的观点来看, 式 (2.1.6) 表明原方程和新方程中分别由二阶导数项系数组成的对称矩阵是合同的, 其变换矩阵是自变量变换的 Jacobi 矩阵

$$\frac{D(\xi,\eta)}{D(x,y)}=\begin{pmatrix}\xi_x & \xi_y\\ \eta_x & \eta_y\end{pmatrix}. \tag{2.1.8}$$

因为变换是非奇异的, 所以可根据方程的二阶偏导数项系数组成的对称矩阵 $\boldsymbol{A}=(a_{ij})_{2\times 2}$ 在非奇异合同变换下不变的性质对方程进行分类, 或者等价地根据二次型 $Q(x)=\sum\limits_{i,j=1}^{2}a_{ij}x_ix_j$ 在非奇异线性变换下不变的性质来进行分类. 在只有两个自变量的情况下, 只要根据矩阵 $\boldsymbol{A}$ 的行列式 $\det(\boldsymbol{A})$ 的符号就可以分类. 同时, 把 $(A_{ij})_{2\times 2}$ 简化成某种标准形式. 引入记号

$$\Delta=-\begin{vmatrix}a_{11} & a_{12}\\ a_{12} & a_{22}\end{vmatrix}=a_{12}^2-a_{11}a_{22}.$$

我们定义

(1) 若在点 (x_0,y_0) 处, $\Delta>0$, 则称方程 (2.1.1) 在点 (x_0,y_0) 为**双曲型的**;

(2) 若在点 (x_0,y_0) 处, $\Delta=0$, 则称方程 (2.1.1) 在点 (x_0,y_0) 为**抛物型的**;

(3) 若在点 (x_0,y_0) 处, $\Delta<0$, 则称方程 (2.1.1) 在点 (x_0,y_0) 为**椭圆型的**.

另外, 如果方程 (2.1.1) 在区域 Ω 中的每点均为双曲型, 那么称方程 (2.1.1) 在区域 Ω 中是双曲型的. 同样, 如果方程 (2.1.1) 在区域 Ω 中的每点均为抛物型 (椭圆型) 的, 那么称方程 (2.1.1) 在区域 Ω 中是抛物型 (椭圆型) 的.

显然, 由式 (2.1.7) 知, 方程 (2.1.1) 的类型在自变量的非奇异变换 (2.1.2) 下是保持不变的.

容易看出, 如果点 (x_0,y_0) 是方程 (2.1.1) 的双曲型点或椭圆型点, 那么一定存在该点的一个邻域, 使方程该邻域内是双曲型或椭圆型的. 但如果点 (x_0,y_0) 为抛物型点, 就不一定存在一个邻域, 使得在这邻域内是抛物型的.

根据上述分类方法, 可以看到弦振动方程是双曲型的, 一维热传导方程是抛物型的, 二维调和方程是椭圆型的. 由于弦振动方程描述波的传播现象, 它具有对时间可逆的性质. 热传导方程反映了热的传导、物质的扩散等不可逆现象. 而调和方程描述平衡或定常的状态. 这三种方程描述的物理现象的本质不同, 这三种方程的

性质也各异. 因此, 两个自变量的二阶线性偏微分方程的上述分类方法是有其深刻原因的.

需要指出的是, 有些方程在区域 Ω 的一部分是双曲型的, 在另一部分是椭圆型的, 而在它们的分界线上是抛物型的. 这样的方程在区域 Ω 中称为是混合型的. 例如, 特里科米 (Tricom) 方程

$$yu_{xx} + u_{yy} = 0. \tag{2.1.9}$$

在上半平面 $y > 0$ 是椭圆型的, 而在下半平面 $y < 0$ 是双曲型的. 由于考察的区域 Ω 包括 $y = 0$ 上的某些线段时, 这方程在 Ω 中就是混合型的. 在研究空气动力学中的跨音速流问题时, 常遇到这种混合型方程.

现在选取变换 (2.1.2), 使方程 (2.1.4) 的二阶偏导数项化为最简单的形式. 注意到方程 (2.1.5) 中的 A_{11} 与 A_{22} 的形式是完全相同的, 仅是将 ξ 换成了 η. 因此, 如果能得到方程

$$a_{11}\phi_x^2 + 2a_{12}\phi_x\phi_y + a_{22}\phi_y^2 = 0 \tag{2.1.10}$$

的两个函数无关解 $\phi_1 = \phi_1(x, y)$ 及 $\phi_2 = \phi_2(x, y)$, 就取

$$\begin{cases} \xi = \phi_1(x, y), \\ \eta = \phi_2(x, y). \end{cases} \tag{2.1.11}$$

那么方程 (2.1.4) 中的系数 $A_{11} = A_{22} = 0$. 这样式 (2.1.4) 就比式 (2.1.1) 大大简化了.

现在问题归结为求解方程 (2.1.10). 不失一般性, 假设 $\phi_y \neq 0$, 则方程 (2.1.10) 可以写成

$$a_{11}\left(\frac{\phi_x}{\phi_y}\right)^2 + 2a_{12}\frac{\phi_x}{\phi_y} + a_{22} = 0. \tag{2.1.12}$$

那么沿着曲线 $z = \phi(x, y) = c$ 有

$$\mathrm{d}z = z_x\mathrm{d}x + z_y\mathrm{d}y = \phi_x\mathrm{d}x + \phi_y\mathrm{d}y = 0,$$

即

$$\frac{\mathrm{d}y}{\mathrm{d}x} = -\frac{\phi_x}{\phi_y}.$$

因此方程 (2.1.12) 可写成

$$a_{11}\left(\frac{\mathrm{d}y}{\mathrm{d}x}\right)^2 - 2a_{12}\frac{\mathrm{d}y}{\mathrm{d}x} + a_{22} = 0, \tag{2.1.13}$$

或

$$a_{11}(\mathrm{d}y)^2 - 2a_{12}\mathrm{d}x\mathrm{d}y + a_{22}(\mathrm{d}x)^2 = 0. \tag{2.1.14}$$

常微分方程 (2.1.13) 称为**偏微分方程 (2.1.1) 的特征方程**, 而特征方程 (2.1.13) 的积分曲线 (又称通积分或者通解) 称为方程 (2.1.1) 的**特征曲线或特征线**. 由方程 (2.1.13) 得 (设 $a_{11} \neq 0$)

$$\begin{cases} \dfrac{\mathrm{d}y}{\mathrm{d}x} = \dfrac{a_{12} + \sqrt{a_{12}^2 - a_{11}a_{22}}}{a_{11}}, \\ \dfrac{\mathrm{d}y}{\mathrm{d}x} = \dfrac{a_{12} - \sqrt{a_{12}^2 - a_{11}a_{22}}}{a_{11}}. \end{cases} \tag{2.1.15}$$

因此, 为了求方程 (2.1.13) 的积分曲线, 即需求解方程组 (2.1.15) 的通积分便可.

下面就方程 (2.1.1) 中 $\Delta = a_{12}^2 - a_{11}a_{22}$ 符号的不同情况, 讨论如何把方程 (2.1.1) 化为标准形式.

(1) 在区域 Ω 内, $\Delta > 0$, 即在 Ω 内方程 (2.1.1) 是双曲型的. 此时方程组 (2.1.15) 有两族不同的实积分曲线

$$\phi_1(x,y) = c_1, \quad \phi_2(x,y) = c_2.$$

作自变量代换

$$\xi = \phi_1(x,y), \quad \eta = \phi_2(x,y).$$

此时方程 (2.1.4) 的系数 $A_{11} = A_{22} = 0$, 且 $A_{12} \neq 0$(否则此时 $\Delta = 0$). 那么方程 (2.1.1) 变为

$$2A_{12}u_{\xi\eta} + A_1u_\xi + B_1u_\eta + Cu + F = 0.$$

两端除以 $2A_{12}$, 可得

$$u_{\xi\eta} = A_2u_\xi + B_2u_\eta + C_2u + F_2, \tag{2.1.16}$$

其中 A_2, B_2, C_2 和 F_2 均为 ξ, η 的函数. 这种方程形式称为**双曲型方程的第一标准形式**. 如果对方程 (2.1.16) 再作自变量变换

$$\begin{cases} \alpha = \dfrac{1}{2}(\xi + \eta), \\ \beta = \dfrac{1}{2}(\xi - \eta), \end{cases} \tag{2.1.17}$$

则方程 (2.1.16) 化为

$$u_{\alpha\alpha} - u_{\beta\beta} = A_3 u_\alpha + B_3 u_\beta + C_3 u + F_3. \tag{2.1.18}$$

这种方程形式称为**双曲型方程的第二标准形式**. 第一标准形式和第二标准形式统称为**双曲型方程的标准形式**.

(2) 在区域 Ω 内, $\varDelta = 0$, 且 a_{11}, a_{12}, a_{22} 不全为零. 即在 Ω 内, 方程 (2.1.1) 是抛物型的. 这时方程组 (2.1.15) 成为一个常微分方程

$$\frac{\mathrm{d}y}{\mathrm{d}x} = \frac{a_{12}}{a_{11}}. \tag{2.1.19}$$

由此可求得一族实特征曲线, 设为 $\phi_1(x,y) = c$. 选取 $\xi = \phi_1(x,y)$, 有 $A_{11} = 0$. 又因为 $\varDelta = 0$, 所以 $a_{12}^2 = a_{11}a_{22}$ 和

$$\begin{aligned} A_{12} &= a_{11}\xi_x\eta_x + a_{12}(\xi_x\eta_y + \xi_y\eta_x) + a_{22}\xi_y\eta_y \\ &= (\sqrt{a_{11}}\xi_x + \sqrt{a_{22}}\xi_y)(\sqrt{a_{11}}\eta_x + \sqrt{a_{22}}\eta_y) = 0. \end{aligned}$$

因此 A_{11} 及 A_{12} 同时为零. 任取一函数 $\eta = \phi_2(x,y)$, 使 ϕ_1, ϕ_2 函数无关. 此时 $A_{22} \neq 0$. 那么式 (2.1.4) 可化为

$$u_{\eta\eta} = A_4 u_\xi + B_4 u_\eta + C_4 u + F_4. \tag{2.1.20}$$

该方程形式称为**抛物型方程的标准型形式**.

注 2.1.1 如果 $\xi_x \neq 0$, 可取 $\eta = y$; 如果 $\xi_y \neq 0$, 可取 $\eta = x$.

(3) 在区域 Ω 内, $\varDelta < 0$, 即在 Ω 内, 方程 (2.1.1) 是椭圆型的. 这时特征方程组 (2.1.15) 没有实的特征曲线. 由于方程组 (2.1.15) 的系数是实函数, 因此其通积分是一对共轭复值函数

$$\phi_1(x,y) = \alpha + \mathrm{i}\beta = c_1, \quad \phi_2 = \alpha - \mathrm{i}\beta = c_2,$$

其中 α, β 是 x, y 的实函数. 我们作变换

$$\xi = \alpha = \alpha(x,y), \quad \eta = \beta = \beta(x,y).$$

容易证明 ξ, η 是函数无关的. 事实上, 因为 $\phi(x,y) = \xi + \mathrm{i}\eta = c_1$ 满足方程组 (2.1.15) 的第一个方程, 故

$$a_{11}\phi_x = -\left(a_{12} + \mathrm{i}\sqrt{a_{11}a_{22} - a_{12}^2}\right)\phi_y.$$

把实部和虚部分开, 得

$$\begin{cases} a_{11}\xi_x = -a_{12}\xi_y + \sqrt{a_{11}a_{22}-a_{12}^2}\eta_y, \\ a_{11}\eta_x = -a_{12}\eta_y - \sqrt{a_{11}a_{22}-a_{12}^2}\xi_y. \end{cases}$$

因为 $a_{11} \neq 0$(否则 Δ 不会小于零), 所以从上式得

$$\frac{\partial(\xi,\eta)}{\partial(x,y)} = \begin{vmatrix} \xi_x & \xi_y \\ \eta_x & \eta_y \end{vmatrix} = \frac{\sqrt{a_{11}a_{22}-a_{12}^2}}{a_{11}}\left(\xi_y^2+\eta_y^2\right).$$

该行列式的值不等于零, 否则就会推出 $\xi_y = \eta_y = 0$. 从而 $\xi_x = \eta_x = 0$. 这样 $\phi_x = \phi_y = 0$. 这与函数 ϕ 的假设不符. 因此, 上述 ξ, η 是函数无关的.

由于 $\xi + \mathrm{i}\eta$ 满足方程 (2.1.10), 故有

$$a_{11}(\xi_x+\mathrm{i}\eta_x)^2 + 2a_{12}(\xi_x+\mathrm{i}\eta_x)(\xi_y+\mathrm{i}\eta_y) + a_{22}(\xi_y+\mathrm{i}\eta_y)^2 = 0.$$

化简后, 由实部与虚部分别为零, 得

$$a_{11}\xi_x^2 + 2a_{12}\xi_x\xi_y + a_{22}\xi_y^2 = a_{11}\eta_x^2 + 2a_{12}\eta_x\eta_y + a_{22}\eta_y^2$$

及

$$a_{11}\xi_x\eta_x + 2a_{12}(\xi_x\eta_y + \xi_y\eta_x) + a_{22}\eta_y\xi_y = 0,$$

即

$$A_{11} = A_{22}, \quad A_{12} = 0.$$

因此, 方程 (2.1.4) 可化为

$$u_{\xi\xi} + u_{\eta\eta} = A_5u_\xi + B_5u_\eta + C_5u + F_5. \tag{2.1.21}$$

它称为**椭圆型方程的标准型形式**.

对于常系数二阶偏微分方程, 即方程 (2.1.1) 中的系数 $a_{11}, a_{12}, a_{22}, a_1, b_1, c$ 都为常数, 且 a_{11}, a_{12}, a_{22} 不全为零, 则方程还可进一步化简. 引入函数之间变换

$$u(\xi,\eta) = V(\xi,\eta)\mathrm{e}^{\lambda\xi+\mu\eta},$$

其中 λ, μ 是待定常数. 根据方程的类型可选择 λ, μ, 使一阶偏导数项或函数项的系数为零.

例 2.1.1　判断方程

$$u_{xx} + 2u_{xy} - 3u_{yy} + 2u_x + 6u_y = 0 \tag{2.1.22}$$

的类型, 并化简.

解 因为 $a_{11}=1, a_{12}=1, a_{22}=-3$, 所以 $\Delta=a_{12}^2-a_{11}a_{22}=4>0$, 故方程为双曲型方程. 对应的特征方程组为

$$\frac{\mathrm{d}y}{\mathrm{d}x}=\frac{a_{12}+\sqrt{a_{12}^2-a_{11}a_{22}}}{a_{11}}=3,\quad \frac{\mathrm{d}y}{\mathrm{d}x}=\frac{a_{12}-\sqrt{a_{12}^2-a_{11}a_{22}}}{a_{11}}=-1.$$

该方程组的特征曲线 (即通解) 为 $y-3x=c_1, y+x=c_2$. 作自变量变换 $\xi=y-3x, \eta=y+x$ 则

$$\begin{aligned}
&u_x=-3u_\xi+u_\eta,\quad u_y=u_\xi+u_\eta,\\
&u_{xx}=9u_{\xi\xi}-6u_{\xi\eta}+u_{\eta\eta},\\
&u_{xy}=-3u_{\xi\xi}-2u_{\xi\eta}+u_{\eta\eta},\\
&u_{yy}=u_{\xi\xi}+2u_{\xi\eta}+u_{\eta\eta}.
\end{aligned}$$

将上述各式代入方程 (2.1.22), 得第一种标准形式

$$u_{\xi\eta}-\frac{1}{2}u_\eta=0. \tag{2.1.23}$$

若令 $s=(\xi+\eta)/2, t=(\xi-\eta)/2$, 则得第二种标准形式

$$u_{ss}-u_{tt}-u_s+u_t=0. \tag{2.1.24}$$

下面对式 (2.1.24) 进一步化简. 令 $u=V\mathrm{e}^{\lambda s+\mu t}$, 则

$$\begin{aligned}
&u_s=(V_s+\lambda V)\,\mathrm{e}^{\lambda s+\mu t},\\
&u_t=(V_t+\mu V)\,\mathrm{e}^{\lambda s+\mu t},\\
&u_{ss}=\left(V_{ss}+2\lambda V_s+\lambda^2 V\right)\mathrm{e}^{\lambda s+\mu t},\\
&u_{tt}=\left(V_{tt}+2\mu V_t+\mu^2 V\right)\mathrm{e}^{\lambda s+\mu t}.
\end{aligned}$$

代入方程, 得

$$V_{ss}-V_{tt}+(2\lambda-1)V_s+(1-2\mu)V_t+(\lambda^2-\mu^2+\mu-\lambda)V=0.$$

我们取 $\lambda=\mu=\dfrac{1}{2}$, 则式 (2.1.24) 化简为

$$V_{ss}-V_{tt}=0, \tag{2.1.25}$$

该方程不含一阶偏导数项.

例 2.1.2 化方程

$$yu_{xx} + u_{yy} = 0 \tag{2.1.26}$$

为标准形式.

解 因为 $\varDelta = -y$, 所以当 $y < 0$ 时, 方程 (2.1.26) 为双曲型方程. 当 $y = 0$ 时, 方程 (2.1.26) 为抛物型方程, 此时方程 (2.1.26) 已是标准形式. 当 $y > 0$ 时, 方程 (2.1.26) 为椭圆型方程. 方程 (2.1.26) 的特征方程组为

$$\frac{\mathrm{d}y}{\mathrm{d}x} = \frac{\sqrt{-y}}{y}, \quad \frac{\mathrm{d}y}{\mathrm{d}x} = -\frac{\sqrt{-y}}{y}. \tag{2.1.27}$$

当 $y < 0$ 时, 该方程组的通解为

$$x - \frac{2}{3}(-y)^{3/2} = C_1, \quad x + \frac{2}{3}(-y)^{3/2} = C_2.$$

作变量代换

$$\xi = x - \frac{2}{3}(-y)^{3/2}, \quad \eta = x + \frac{2}{3}(-y)^{3/2},$$

则方程 (2.1.26) 可化为双曲型方程的第一标准形式

$$u_{\xi\eta} - \frac{1}{6(\xi - \eta)}(u_\xi - u_\eta) = 0.$$

当 $y > 0$, 特征方程组的通解为

$$x - \frac{2\mathrm{i}}{3}y^{3/2} = C_1, \quad x + \frac{2\mathrm{i}}{3}y^{3/2} = C_2.$$

作变量代换

$$\xi = x, \quad \eta = \frac{2}{3}y^{3/2},$$

则方程 (2.1.26) 变为椭圆型方程的标准形式

$$u_{\xi\xi} + u_{\eta\eta} + \frac{1}{3\eta}u_\eta = 0.$$

例 2.1.3 设常数 A, B, C 满足 $B^2 - 4AC \neq 0$, m_1, m_2 是方程

$$Am^2 + Bm + C = 0 \tag{2.1.28}$$

的两个根. 证明二阶线性偏微分方程

$$Au_{xx}+Bu_{xy}+Cu_{yy}=0 \tag{2.1.29}$$

的通解具有如下形式:

$$u=u(x,y)=f(m_1x+y)+g(m_2x+y), \tag{2.1.30}$$

其中 f,g 是任意两个二阶可微函数.

证 不失一般性, 设 $A\neq 0$ 和 $B^2-4AC>0$. 其它情况可以类似地处理. 记 $\xi=m_1x+y$, $\eta=m_2x+y$. 则直接计算, 得

$$\begin{aligned}&(Am_1^2+Bm_1+C)u_{\xi\xi}+(Am_2^2+Bm_2+C)u_{\eta\eta}\\&+(2Am_1m_2+B(m_1+m_2)+2C)u_{\xi\eta}=0.\end{aligned}$$

因为 $m_1+m_2=-B/A, m_1m_2=C/A$, 所以由上式得

$$\frac{1}{A}(4AC-B^2)u_{\xi\eta}=0.$$

这隐含了

$$u_{\xi\eta}=0$$

对该方程两边分别关于 ξ 和 η 积分, 得通解 $u=f(\xi)+g(\eta)$, 代回原自变量 x,y, 得方程 (2.1.29) 的通解是

$$u(x,y)=f(m_1x+y)+g(m_2x+y),$$

其中 f,g 是任意两个二阶可微函数. 证毕.

例 2.1.4 求初值问题

$$\begin{cases}4y^2u_{xx}+2(1-y^2)u_{xy}-u_{yy}-\dfrac{2y}{1+y^2}(2u_x-u_y)=0, x\in\mathbb{R}^1, y>0,\\ u(x,0)=\phi(x),\ u_y(x,0)=\psi(x), \qquad x\in\mathbb{R}^1\end{cases}$$

的解, 其中 $\phi(x)$ 是已知任意二阶可微函数, $\psi(x)$ 是任意一阶可微函数.

解 先把所给方程化为标准型. 特征方程组为

$$\frac{\mathrm{d}y}{\mathrm{d}x}=-\frac{1}{2},\quad \frac{\mathrm{d}y}{\mathrm{d}x}=\frac{1}{2y^2}.$$

其通解为

$$x + 2y = C_1, \quad x - \frac{2y^3}{3} = C_2.$$

作自变量变换

$$\xi = x + 2y, \quad \eta = x - \frac{2y^3}{3},$$

这样给定的方程化为标准型

$$u_{\xi\eta} = 0.$$

依次关于 η 和 ξ 积分两次, 得通解 $u = F(\xi) + G(\eta)$. 代回原自变量 x, y, 得原方程的通解

$$u(x,y) = F(x+2y) + G\left(x - \frac{2y^3}{3}\right),$$

其中 F, G 是任意两个二阶可微函数. 进一步, 由初始条件得

$$\phi(x) = u(x,0) = F(x) + G(x), \quad \psi(x) = u_y(x,0) = 2F'(x),$$

从而求出

$$F(x) = F(0) + \frac{1}{2}\int_0^x \psi(t)\mathrm{d}t, \quad G(x) = \phi(x) - F(0) - \frac{1}{2}\int_0^x \psi(t)\mathrm{d}t.$$

所以, 原定解问题的解为

$$u(x,y) = \phi\left(x - \frac{2y^3}{3}\right) + \frac{1}{2}\int_{x-\frac{2y^3}{3}}^{x+2y} \psi(t)\mathrm{d}t.$$

2.2　多个自变量的二阶线性偏微分方程的分类与标准型

在这一节里, 我们考虑 n 个变量 $x_1, x_2, \cdots, x_n$ 的二阶线性偏微分方程

$$\sum_{i,j=1}^{n} a_{ij}(\boldsymbol{x})\frac{\partial^2 u}{\partial x_i \partial x_j} + \sum_{i=1}^{n} b_i(\boldsymbol{x})\frac{\partial u}{\partial x_i} + c(\boldsymbol{x})u + f(\boldsymbol{x}) = 0 \tag{2.2.1}$$

的分类与化简问题, 其中 $\boldsymbol{x} = (x_1, x_2, \cdots, x_n)$, a_{ij}, b_i, c 和 $f(\boldsymbol{x})$ 是 n 维空间某区域 Ω 上的适当光滑的函数, 并且 $a_{ij}(\boldsymbol{x}) = a_{ji}(\boldsymbol{x})$ 不全为零. 此时一般不能像两个自变量情形那样将方程 (2.2.1) 在一个区域 Ω 内化成标准形式, 但仍然可以把方程化为若干种类型.

类似于两个自变量的情形, 作自变量的非奇异变换

$$\begin{cases} \xi_1 = \phi_1(x_1, x_2, \cdots, x_n), \\ \xi_2 = \phi_2(x_1, x_2, \cdots, x_n), \\ \quad \cdots\cdots \\ \xi_n = \phi_n(x_1, x_2, \cdots, x_n). \end{cases} \tag{2.2.2}$$

记变换的 Jacobi 矩阵为

$$\frac{D(\phi_1, \phi_2, \cdots, \phi_n)}{D(x_1, x_2, \cdots, x_n)} = \begin{pmatrix} \dfrac{\partial \phi_1}{\partial x_1} & \dfrac{\partial \phi_1}{\partial x_2} & \cdots & \dfrac{\partial \phi_1}{\partial x_n} \\ \dfrac{\partial \phi_2}{\partial x_1} & \dfrac{\partial \phi_2}{\partial x_2} & \cdots & \dfrac{\partial \phi_2}{\partial x_n} \\ \vdots & \vdots & & \vdots \\ \dfrac{\partial \phi_n}{\partial x_1} & \dfrac{\partial \phi_n}{\partial x_2} & \cdots & \dfrac{\partial \phi_n}{\partial x_n} \end{pmatrix}, \tag{2.2.3}$$

其行列式不为零, 并记为 J. 在新的自变量 $\boldsymbol{\xi} = (\xi_1, \xi_2, \cdots, \xi_n)$ 下, 式 (2.2.1) 变为

$$\sum_{i,j=1}^{n} A_{ij} \frac{\partial^2 u}{\partial \xi_i \partial \xi_j} + \sum_{i=1}^{n} B_i \frac{\partial u}{\partial \xi_i} + Cu + F = 0, \tag{2.2.4}$$

其中

$$A_{ij}(\boldsymbol{\xi}) = A_{ji}(\boldsymbol{\xi}) = \sum_{k,l=1}^{n} a_{ij} \frac{\partial \xi_i}{\partial x_k} \frac{\partial \xi_j}{\partial x_l}. \tag{2.2.5}$$

式 (2.2.5) 中的系数 A_{ij} 可用矩阵表示为

$$(A_{ij})_{n\times n} = \frac{D(\phi_1, \phi_2, \cdots, \phi_n)}{D(x_1, x_2, \cdots, x_n)} A \left(\frac{D(\phi_1, \phi_2, \cdots, \phi_n)}{D(x_1, x_2, \cdots, x_n)} \right)^{\mathrm{T}}. \tag{2.2.6}$$

下面我们将根据方程 (2.2.1) 二阶偏导数项的系数组成的 n 阶对称阵 $\boldsymbol{A} = (a_{ij})_{n\times n}$ 在非奇异合同变换下不变的性质对方程 (2.2.1) 进行分类, 也即根据二次型

$$Q(\lambda) = Q(\lambda_1, \lambda_2, \cdots, \lambda_n) = \sum_{i,j=1}^{n} a_{ij} \lambda_i \lambda_j \tag{2.2.7}$$

在非奇异线性变换下不变的性质来进行分类.

我们回顾一下在 2.1 节中, 两个自变量情形下的分类情况.

(1) $\Delta = a_{12}^2 - a_{11}a_{22} > 0$, 表示二阶矩阵 $(a_{ij})_{2\times 2}$ 是非奇异且是不定的, 即 $Q(\lambda_1, \lambda_2)$ 是非退化且不定的二次型;

(2) $\Delta = 0$, 表示二阶矩阵 $(a_{ij})_{2\times 2}$ 是奇异矩阵, 即 $Q(\lambda_1, \lambda_2)$ 是退化二次型;

(3) $\Delta < 0$, 表示矩阵 $(a_{ij})_{2\times 2}$ 是正定的或负定的, 即 $Q(\lambda_1, \lambda_2)$ 是正定或负定二次型.

对 n 个自变量的情形, 类似地有

(1) 若二次型 $Q(\lambda_1, \lambda_2, \cdots, \lambda_n)$ 在点 $\boldsymbol{x}^0 = (x_1^0, x_2^0, \cdots, x_n^0)$ 处为非退化且不定 (即矩阵 $(a_{ij}(\boldsymbol{x}^0))_{n\times n}$ 的特征值全不为零且不同号), 则称方程 (2.2.1) 在点 $\boldsymbol{x}^0$ 为**超双曲型的**(ultrahyperbolic). 特别地, 若此时二次型 $Q(\lambda_1, \lambda_2, \cdots, \lambda_n)$ 的正惯性指数或负惯性指数为 $n-1$, 则称方程 (2.2.1) 在此点为**双曲型的** (hyperbolic).

(2) 若二次型 $Q(\lambda_1, \lambda_2, \cdots, \lambda_n)$ 在点 $\boldsymbol{x}^0 = (x_1^0, x_2^0, \cdots, x_n^0)$ 处为退化二次型 (即矩阵 $(a_{ij}(\boldsymbol{x}^0))_{n\times n}$ 至少有一特征值为零), 则称方程 (2.2.1) 在点 $\boldsymbol{x}^0$ 为**超抛物型的**(ultraparabolic). 特别地, 若此时二次型 $Q(\lambda_1, \lambda_2, \cdots, \lambda_n)$ 的正惯性指数或负惯性指数为 $n-1$, 则称方程 (2.2.1) 在此点为**抛物型的**(parabolic).

(3) 若二次型 $Q(\lambda_1, \lambda_2, \cdots, \lambda_n)$ 在点 $\boldsymbol{x}^0 = (x_1^0, x_2^0, \cdots, x_n^0)$ 为正定或负定 (即矩阵 $(a_{ij}(\boldsymbol{x}^0))_{n\times n}$ 的特征值的符号完全相同), 则称方程 (2.2.1) 在点 $\boldsymbol{x}^0$ 为**椭圆型的**(elliptic).

与两个自变量的情形相类似, 可以给出方程 (2.2.1) 在某区域 Ω 中为椭圆型、双曲型、抛物型和超双曲型等的各种定义.

需要说明的是, 在 n 个自变量的情形, 要找一个适当的变换 (2.2.2) 把方程 (2.2.1) 化为标准形式一般是困难的. 以下仅为常系数的 n 个自变量的二阶线性方程 (2.2.1) 进行化简.

设方程 (2.2.1) 中的系数 a_{ij}, b_i, c 为常数. 此时, $\boldsymbol{A} = (a_{ij})_{n\times n}$ 是一个 n 阶实对称非零矩阵. 由线性代数知识知道, 必存在非奇异矩阵 $\boldsymbol{B} = (b_{ij})_{n\times n}$, 使得

$$(A_{ij})_{n\times n} = \boldsymbol{BAB}^{\mathrm{T}} = \begin{pmatrix} i_1 & 0 & \cdots & 0 \\ 0 & i_2 & \cdots & 0 \\ \vdots & \vdots & & \vdots \\ 0 & 0 & \cdots & i_n \end{pmatrix},$$

其中 $i_k \in \{-1, 0, 1\}, k \in \{1, 2, \cdots, n\}$. 设集合 $\{i_1, i_2, \cdots, i_n\}$ 中 1 的个数为 p(称为**正惯性指数**), -1 的个数为 q(称为**负惯性指数**). 因此上述矩阵对角线零元的个数是 $n-p-q \geqslant 0$. 根据定义, 我们有

(1) 如果 $p > 0, q > 0, p+q = n$, 则常系数偏微分方程 (2.2.1) 是超双曲型的. 特别地, 当 $(p,q) = (n-1, 1)$ 或者 $(p,q) = (1, n-1)$ 时, 方程 (2.2.1) 是双曲型的.

(2) 如果 $p>0,q>0,p+q<n$, 则常系数偏微分方程 (2.2.1) 是超抛物型的. 特别地, 当 $(p,q)=(n-1,0)$ 或者 $(p,q)=(0,n-1)$ 时, 方程 (2.2.1) 是抛物型的.

(3) 如果 $(p,q)=(n,0)$ 或者 $(p,q)=(0,n)$, 则常系数偏微分方程 (2.2.1) 是椭圆型的.

作自变量的非奇异线性变换

$$\begin{cases}\xi_1=b_{11}x_1+b_{12}x_2+\cdots+b_{1n}x_n,\\ \xi_2=b_{21}x_1+b_{22}x_2+\cdots+b_{2n}x_n,\\ \qquad\cdots\cdots\\ \xi_n=b_{n1}x_1+b_{n2}x_2+\cdots+b_{nn}x_n.\end{cases}$$

这样方程 (2.2.1) 就可以化为标准形式

$$\sum_{i=1}^{p}\frac{\partial^2 u}{\partial\xi_i^2}-\sum_{j=p+1}^{p+q}\frac{\partial^2 u}{\partial\xi_j^2}+\sum_{i=1}^{n}B_i\frac{\partial u}{\partial\xi_i}+C_1u+F=0. \tag{2.2.8}$$

特别地, 当 $p=1,q=n-1$ 时, 得双曲型方程标准形式

$$\frac{\partial^2 u}{\partial\xi_1^2}-\sum_{j=2}^{n}\frac{\partial^2 u}{\partial\xi_j^2}+\sum_{i=1}^{n}B_i\frac{\partial u}{\partial\xi_i}+C_1u+F=0. \tag{2.2.9}$$

当 $p=n-1,q=0$ 时, 得抛物型方程标准形式

$$\sum_{i=1}^{n-1}\frac{\partial^2 u}{\partial\xi_i^2}+\sum_{i=1}^{n}B_i\frac{\partial u}{\partial\xi_i}+C_2u+F=0. \tag{2.2.10}$$

当 $p=n,q=0$ 时, 得椭圆型方程的标准形式

$$\sum_{i=1}^{n}\frac{\partial^2 u}{\partial\xi_i^2}+\sum_{i=1}^{n}B_i\frac{\partial u}{\partial\xi_i}+C_3u+F=0. \tag{2.2.11}$$

例 2.2.1 确定下列方程的标准型:

(1) $u_{xx}+2u_{xy}-2u_{xz}+2u_{yy}+6u_{zz}=0$,

(2) $4u_{xx}-4u_{xy}-2u_{yz}+u_y+u_z=0$.

解 (1) 方程对应的系数矩阵是

$$\boldsymbol{A}=\begin{pmatrix}1&1&-1\\1&2&0\\-1&0&6\end{pmatrix}.$$

利用线性代数中把对称矩阵化为对角型的方法, 我们可选取

$$\boldsymbol{B}=\begin{pmatrix} 1 & 0 & 0 \\ -1 & 1 & 0 \\ 1 & -\dfrac{1}{2} & \dfrac{1}{2} \end{pmatrix},$$

则 $\boldsymbol{BAB}^{\mathrm{T}}=\boldsymbol{E}$, 这里 $\boldsymbol{E}$ 为三阶单位阵. 令

$$\begin{pmatrix} \xi \\ \eta \\ \zeta \end{pmatrix}=\boldsymbol{B}\begin{pmatrix} x \\ y \\ z \end{pmatrix}=\begin{pmatrix} x \\ y-x \\ x-\dfrac{y}{2}+\dfrac{z}{2} \end{pmatrix}.$$

则给定的方程化简为

$$u_{\xi\xi}+u_{\eta\eta}+u_{\zeta\zeta}=0.$$

(2) 方程对应的系数矩阵是

$$\boldsymbol{A}=\begin{pmatrix} 4 & -2 & 0 \\ -2 & 0 & -1 \\ 0 & -1 & 0 \end{pmatrix}.$$

因为

$$\boldsymbol{BAB}^{\mathrm{T}}=\begin{pmatrix} 1 & 0 & 0 \\ 0 & -1 & 0 \\ 0 & 0 & 1 \end{pmatrix},$$

其中

$$\boldsymbol{B}=\begin{pmatrix} \dfrac{1}{2} & 0 & 0 \\ \dfrac{1}{2} & 1 & 0 \\ -\dfrac{1}{2} & -1 & 1 \end{pmatrix},$$

所以取

$$\begin{pmatrix} \xi \\ \eta \\ \zeta \end{pmatrix}=\boldsymbol{B}\begin{pmatrix} x \\ y \\ z \end{pmatrix}=\begin{pmatrix} \dfrac{x}{2} \\ \dfrac{x}{2}+y \\ -\dfrac{x}{2}-y+z \end{pmatrix}.$$

则给定的方程化简为

$$u_{\xi\xi}-u_{\eta\eta}+u_{\zeta\zeta}+u_{\eta}=0.$$

习　题　2

1. 判定下列方程的类型:

(1) $4u_{xx}-7u_{xy}+3u_{yy}=0$;

(2) $a^2u_{xx}+2au_{xy}+u_{yy}=0$, a为常数;

(3) $x^2u_{xx}-y^2u_{yy}=0$;

(4) $x^2u_{xx}+(x+y)^2u_{yy}=0$.

2. 化下列方程为标准型:

(1) $u_{xx}+4u_{xy}+5u_{yy}+u_x+2u_y=0$;

(2) $x^2u_{xx}+2xyu_{xy}+y^2u_{yy}=0$;

(3) $u_{xx}-2\cos xu_{xy}-(3+\sin^2 x)u_{yy}-yu_y=0$;

(4) $(1+x^2)u_{xx}+(1+y^2)u_{yy}+xu_x+yu_y=0$.

3. 求下列定解问题的解:

(1) $\begin{cases} u_{xx}+2\cos xu_{xy}-\sin^2 xu_{yy}-\sin xu_y=0, & (x,y)\in\mathbb{R}^2, \\ u(x,\sin x)=x+\cos x,\ u_y(x,\sin x)=\sin x, & x\in\mathbb{R}^1. \end{cases}$

(2) $\begin{cases} u_{xx}-2\sin xu_{xy}-(3+\cos^2 x)u_{yy}+u_x+(2-\sin x-\cos x)u_y=0, & (x,y)\in\mathbb{R}^2, \\ u(x,\cos x)=0,\ u_y(x,\cos x)=\mathrm{e}^{-x/2}\cos x, & x\in\mathbb{R}^1. \end{cases}$

4. 证明: 两个自变量的二阶常系数双曲型方程 (2.1.1) 一定可以经过自变量及未知函数的非奇异变换 $u=V\mathrm{e}^{\lambda\xi+\mu\eta}$ 将它化成

$$V_{\xi\xi}-V_{\eta\eta}+CV+F(\xi,\eta)=0$$

的形式, 其中 C 是常数, F 是已知函数.

5. 适当选取参数 λ 和 μ, 利用变换 $v(x,y)=\mathrm{e}^{\lambda x+\mu y}u(x,y)$, 化简下列方程:

(1) $u_{xx}+u_{yy}+\alpha u_x+\beta u_y+\gamma u=0$;

(2) $u_{xx}=a^{-2}u_y+\beta u_x+\alpha u$;

(3) $u_{xx}-a^{-2}u_{yy}=\alpha u_x+\beta u_y+\gamma u$;

(4) $u_{xy}=\alpha u_x+\beta u_y$.

6. 求下列方程的通解:

$$u_{xy}=\frac{1}{x-y}\left(u_x-u_y\right).$$

7. 设方程 (2.1.29) 中的系数 A,B,C 满足 $B^2-4AC=0, A\neq 0$. 证明方程 (2.1.29) 的通解具有如下形式:

$$u(x,y)=f(mx+y)+xg(mx+y),$$

其中 f, g 是任意两个二阶可微函数和 $m = -\frac{B}{2A}$.

8. 求下列方程的标准型：

(1) $u_{xy} - u_{xz} + u_x + u_y - u_z = 0$;

(2) $u_{xx} + 2u_{xy} + 2u_{yy} + 2u_{yz} + 2u_{yt} + 2u_{xt} + 2u_{tt} = 0$;

(3) $\dfrac{\partial^2 u}{\partial x_1^2} + 2\sum\limits_{k=2}^{n} \dfrac{\partial^2 u}{\partial x_k^2} - 2\sum\limits_{k=1}^{n-1} \dfrac{\partial^2 u}{\partial x_k \partial x_{k+1}} = 0$;

(4) $\dfrac{\partial^2 u}{\partial x_1^2} - 2\sum\limits_{k=2}^{n} (-1)^k \dfrac{\partial^2 u}{\partial x_{k-1} \partial x_k} = 0$.

第 3 章　波动方程的初值 (柯西) 问题与行波法

前面两章介绍了线性偏微分方程的分类以及各类定解的提法. 从本章开始, 我们将介绍各种方法, 用于求解各类定解问题. 在这一章里, 先介绍求解波动方程初值问题中常用的方法 ——**特征线积分方法**, 又称**行波法**. 行波法的基本想法是通过自变量的变换, 将方程化为可求通解的形式. 先从一维波动方程入手, 讲述行波法的基本思路及求解过程, 进而介绍求解三维和二维波动方程初值问题的球面平均法和降维法, 最后简单介绍解的性质及物理意义.

3.1　一维波动方程的初值 (柯西) 问题

3.1.1　达朗贝尔(d'Alembert)公式

考虑两端为无限长的弦振动方程的初值问题

$$\begin{cases} u_{tt} = a^2 u_{xx} & -\infty < x < +\infty,\ t > 0, \\ u(x,0) = \phi(x),\ u_t(x,0) = \psi(x), & -\infty < x < +\infty, \end{cases} \tag{3.1.1}$$

其中 $\phi(x), \psi(x)$ 分别表示初始位移和初始速度.

由第 2 章知识, 该方程的特征线是 $x + at = c_1, x - at = c_2$. 引入特征线坐标 $\xi = x + at, \eta = x - at$. 利用复合函数求导数的方法, 得到

$$u_x = u_\xi \xi_x + u_\eta \eta_x = u_\xi + u_\eta,$$

$$u_{xx} = u_{\xi\xi} + 2u_{\xi\eta} + u_{\eta\eta}.$$

类似地可以得到

$$u_t = a(u_\xi - u_\eta),$$

$$u_{tt} = a^2(u_{\xi\xi} - 2u_{\xi\eta} + u_{\eta\eta}).$$

把上述各式代入到 (3.1.1) 中的弦振动方程, 得到

$$u_{\xi\eta} = 0. \tag{3.1.2}$$

把方程 (3.1.2) 两边关于 η 积分, 得

$$u_\xi = f(\xi),$$

然后再关于 ξ 积分, 得

$$u(\xi,\eta)=\int f(\xi)\mathrm{d}\xi+G(\eta)=F(\xi)+G(\eta),$$

其中 F 和 G 是任意二阶连续可微函数. 代回原自变量 x 和 t, 得到 (3.1.1) 中弦振动方程的通解

$$u(x,t)=F(x+at)+G(x-at). \tag{3.1.3}$$

直接验证可知, 只要 F 和 G 是二阶连续可微的, 它就满足 (3.1.1) 中的方程. 为了求出初值问题 (3.1.1) 的解, 还必须利用初始条件来确定函数 F 和 G.

把初值问题 (3.1.1) 中的初始条件代入到式 (3.1.3), 得

$$u(x,0)=\phi(x)=F(x)+G(x), \tag{3.1.4}$$

$$u_t(x,0)=\psi(x)=a(F'(x)-G'(x)). \tag{3.1.5}$$

将式 (3.1.5) 积分一次得

$$F(x)-G(x)=\frac{1}{a}\int_{x_0}^{x}\psi(\xi)\mathrm{d}\xi+C, \tag{3.1.6}$$

其中 x_0 为任意一点, C 是积分常数. 由式 (3.1.4) 和式 (3.1.6) 解得

$$F(x)=\frac{1}{2}\phi(x)+\frac{1}{2a}\int_{x_0}^{x}\psi(\xi)\mathrm{d}\xi+\frac{C}{2},$$
$$G(x)=\frac{1}{2}\phi(x)-\frac{1}{2a}\int_{x_0}^{x}\psi(\xi)\mathrm{d}\xi-\frac{C}{2}.$$

将 F,G 代入式 (3.1.3) 就得到初值问题 (3.1.1) 解的表达式

$$u(x,t)=\frac{1}{2}(\phi(x+at)+\phi(x-at))+\frac{1}{2a}\int_{x-at}^{x+at}\psi(\xi)\mathrm{d}\xi. \tag{3.1.7}$$

这个公式称为**达朗贝尔** (d'Alembert) **公式**, 或**初值问题 (3.1.1) 的达朗贝尔解**.

如果由 (3.1.7) 所定义的函数 $u(x,t)$ 在区域 $\mathcal{D}=\{(x,t)|x\in\mathbb{R}^1,\ t>0\}$ 上二阶连续可微, $u(x,t)$ 和 $u_t(x,t)$ 在 $\overline{\mathcal{D}}=\{(x,t)|x\in\mathbb{R}^1,\ t\geqslant 0\}$ 上连续, 则函数 $u(x,t)$ 称为初值问题 (3.1.1) 的**古典解**.

容易验证, 当 $\phi\in C^2$, $\psi\in C^1$ 时, 由式 (3.1.7) 所定义的函数 $u(x,t)$ 是初值问题 (3.1.1) 的古典解. 当 ϕ,ψ 不满足该条件时, 由 (3.1.7) 所定义的函数 $u(x,t)$ 通常称为初值问题 (3.1.1) 的**广义解**.

定理 3.1.1 假设 $\phi(x) \in C^2(\mathbb{R}^1)$, $\psi(x) \in C^1(\mathbb{R}^1)$, 则对任意给定 $T > 0$, 初值问题 (3.1.1) 的解在区域 $\mathbb{R}^1 \times [0, T]$ 上是适定的.

证 从达朗贝尔公式的推导可以看出, 如果初值问题 (3.1.1) 有解, 必有表达式 (3.1.7). 因此解的唯一性和存在性可由达朗贝尔公式得出. 当 $\phi \in C^2(\mathbb{R}^1)$, $\psi \in C^1(\mathbb{R}^1)$ 时, 由式 (3.1.7) 所定义的函数是古典解. 下面证明解的稳定性. 设 u_i 表示对应于初值函数 ϕ_i, ψ_i 的问题 (3.1.1) 的解, $i = 1, 2$. 如果

$$|\phi_1(x) - \phi_2(x)| < \delta, \quad |\psi_1(x) - \psi_2(x)| < \delta, \quad x \in \mathbb{R}^1,$$

则由达朗贝尔公式得

$$\begin{aligned}|u_1(x,t) - u_2(x,t)| \leqslant &\frac{|\phi_1(x+at) - \phi_2(x+at)|}{2} + \frac{|\phi_1(x-at) - \phi_2(x-at)|}{2} \\ &+ \frac{1}{2a}\int_{x-at}^{x+at} |\psi_1(\xi) - \psi_2(\xi)| \mathrm{d}\xi < \delta + \frac{1}{2a} 2at\delta \leqslant (1+T)\delta.\end{aligned}$$

因此对于任意的 $\varepsilon > 0$, 取 $0 < \delta < \varepsilon/(1+T)$. 这样对任意的 $x \in \mathbb{R}^1$, $0 \leqslant t \leqslant T$, 成立

$$|u_1(x,t) - u_2(x,t)| < \varepsilon.$$

这表明初值问题 (3.1.1) 的解是稳定的, 从而初值问题 (3.1.1) 的解是适定的. 证毕.

注 3.1.1 从达朗贝尔公式可知, 初值问题 (3.1.1) 的解在区域 $\mathbb{R}^1 \times [0, \infty)$ 上是不稳定的.

3.1.2 波的传播、依赖区间、决定区域和影响区域

下面说明达朗贝尔公式 (3.1.7) 的物理意义. 由于它是从式 (3.1.3) 推得, 故只需说明式 (3.1.3) 函数的物理意义便可. 函数 $F(x - at)$ 作为 x 的函数 (t 作为参数), 于时刻 $t = 0$, 在点 x_0 的值为 $F(x_0)$, 到时刻 $t > 0$ 时, 在点 $x = x_0 + at$ 处取到 $F(x - at) = F(x_0 + at - at) = F(x_0)$. 故对固定的 $t > 0, F(x - at)$ 的图形是由 $F(x)$ 的图形向右平移距离 at 而得到的 (图 3.1).

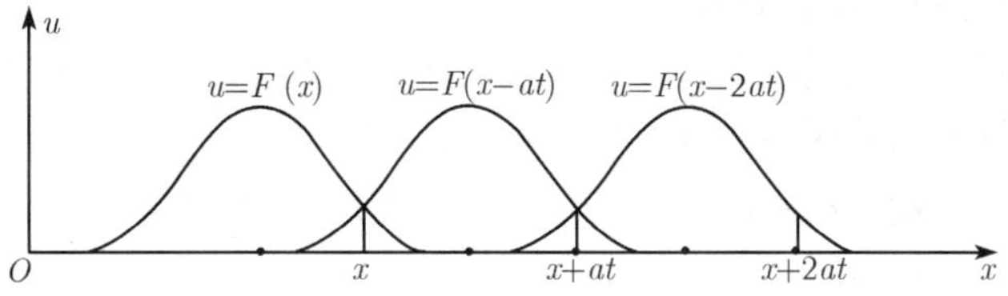

图 3.1

特别地, 当 $t = 1$ 时, 平移距离 a. 可见 $F(x)$ 保持波形不变, 以速度 a 向右传播, 故称 $F(x - at)$ 为**右传播波**或**右行波**. 类似地, $F(x + at)$ 保持波形 $F(x)$ 以速度

a 向左传播, 称 $F(x+at)$ 为**左传播波或左行波**. 因此达朗贝尔公式 (3.1.7) 表明初值问题 (3.1.1)的解是由 ϕ 和 ψ 确定的左、右行波 $\frac{1}{2}\phi(x\pm at)$ 和 $\frac{1}{2a}\Psi(x\pm at)$ 的叠加 (其中 Ψ 是 ψ 的一个原函数). 这就是达朗贝尔公式的物理意义. 基于这个原因, 上述求解的方法称为**行波法**.

从达朗贝尔公式 (3.1.7) 还可以看出, 解在任一点 (x_0,t_0) 的值为

$$u(x_0,t_0)=\frac{1}{2}(\phi(x_0+at_0)+\phi(x_0-at_0))+\frac{1}{2a}\int_{x_0-at_0}^{x_0+at_0}\psi(\xi)\mathrm{d}\xi.$$

可见 $u(x_0,t_0)$ 完全由 ϕ,ψ 在区间 $[x_0-at_0,x_0+at_0]$ 上的值唯一确定, 而与其它点上的初值无关. 我们称区间 $[x_0-at_0,x_0+at_0]$ 为点 (x_0,t_0) 的**依赖区间**. 当我们在区间 $[x_0-at_0,x_0+at_0]$ 以外改变初始数据时, 解 u 在 (x_0,t_0) 的值不变. 显然, 依赖区间 $[x_0-at_0,x_0+at_0]$ 是由过点 (x_0,t_0) 的两条直线 $L_1: x-at=x_0-at_0, L_2: x+at=x_0+at_0$ 在 x 轴所截得的区间, 这两条直线称为**特征线**. 它们同区间 $[x_0-at_0,x_0+at_0]$ 所围成的区域 Δ 称为**特征区域**(图 3.2).

在 x 轴上任取一区间 $[c,d]$, 过 c 点作一特征线 $x=c+at$, 过 d 作另一特征线 $x=d-at$, 它们和区间 $[c,d]$ 围成一个三角形区域 K(图 3.3).

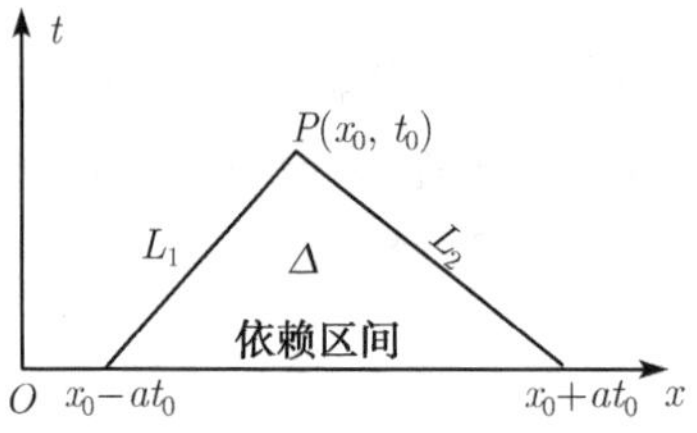

图 3.2

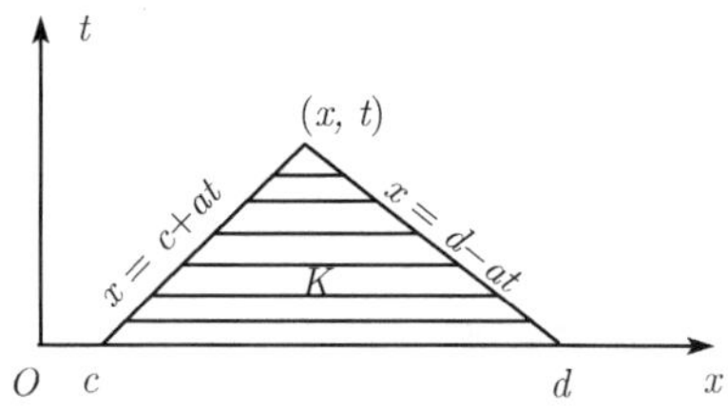

图 3.3

区域 K 中任一点 (x,t) 的依赖区间都落在区间 $[c,d]$ 内. 因此解 u 在 K 中的任一点 (x,t) 的数值 $u(x,t)$ 完全由区间 $[c,d]$ 上的初值决定, 而与此区间外的数据无关. 我们称区域 K 为区间 $[c,d]$ 的**决定区域**. 在区间 $[c,d]$ 上给定初值 ϕ 和 ψ, 就可以在 K 中决定初值问题的解.

下面我们问一个相反的问题, 当初始数据在有限区间 $[c,d]$ 上扰动时, 那么在时刻 $t>0$, 它所影响的区域是什么? 由前面讨论可知, 解 u 在点 (x_0,t_0) 的值受影响, 当且仅当 $[x_0-at_0,x_0+at_0]\cap[c,d]\neq\varnothing$. 因此当初始数据在 $[c,d]$ 上变化时, 它的影响范围是 $c\leqslant x+at,\ x-at\leqslant d$, 即

$$D=\{(x,t)|c-at\leqslant x\leqslant d+at,\ t\geqslant 0\}.$$

我们把区域 D 称为区间 $[c,d]$ 的**影响区域**(图 3.4).

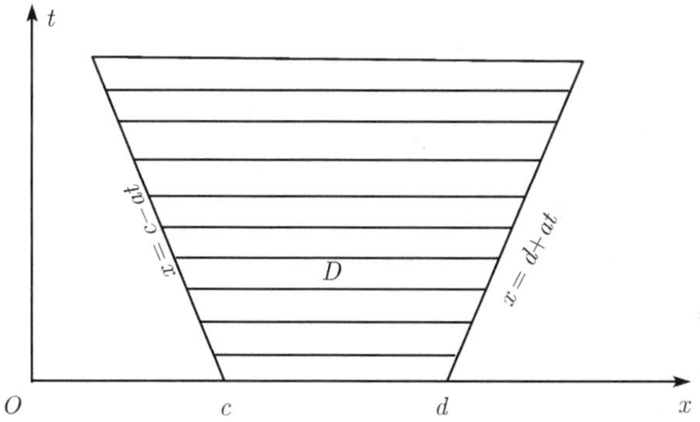

图 3.4

从上面的讨论中我们看到, 在 Oxt 平面上两条特征线 $x \pm at = c$(c 为常数) 对一维波动方程的研究起着重要的作用. 所以行波法又称**特征线法**.

3.1.3 无界弦的受迫振动和齐次化原理

当弦受到外力 $f(x,t)$ 作用而产生振动时, 那么初值问题 (3.1.1) 就变成非齐次方程的初值问题

$$\begin{cases} u_{tt} = a^2 u_{xx} + f(x,t), & -\infty < x < +\infty,\ t > 0, \\ u(x,0) = \phi(x),\ u_t(x,0) = \psi(x), & -\infty < x < +\infty. \end{cases} \tag{3.1.8}$$

由叠加原理可知, 如果 $v = v(x,t)$ 是初值问题

$$\begin{cases} v_{tt} = a^2 v_{xx}, & -\infty < x < +\infty,\ t > 0, \\ v(x,0) = \phi(x),\ v_t(x,0) = \psi(x), & -\infty < x < +\infty \end{cases} \tag{3.1.9}$$

的解, $w = w(x,t)$ 是初值问题

$$\begin{cases} w_{tt} = a^2 w_{xx} + f(x,t), & -\infty < x < +\infty,\ t > 0, \\ w(x,0) = w_t(x,0) = 0, & -\infty < x < +\infty \end{cases} \tag{3.1.10}$$

的解, 则 $u = v + w$ 是初值问题 (3.1.8) 的解. 问题 (3.1.9) 的解可由达朗贝尔公式 (3.1.7) 给出. 因此为了得到问题 (3.1.8) 的解, 只需求问题 (3.1.10) 的解.

我们先介绍如下定理.

定理 3.1.2(齐次化原理或 Duhamel 原理)　设 $f(x,t) \in C^1(\mathbb{R}^1 \times [0,\infty))$. 如果 $h = h(x,t,\tau)$ 是初值问题

$$\begin{cases} h_{tt} = a^2 h_{xx}, & -\infty < x < +\infty,\ t > \tau, \\ h|_{t=\tau} = 0,\ h_t|_{t=\tau} = f(x,\tau), & -\infty < x < +\infty \end{cases} \tag{3.1.11}$$

的解, 那么由积分

$$w(x,t)=\int_0^t h(x,t,\tau)\mathrm{d}\tau \tag{3.1.12}$$

所定义的函数 $w=w(x,t)$ 是初值问题 (3.1.10) 的解, 其中 $\tau\geqslant 0$ 是参数.

证 先证明 $w=w(x,t)$ 满足 (3.1.10) 中的初始条件. $w(x,0)=0$ 是显然的. 现验证 $w_t|_{t=0}=0$. 由于

$$w_t=h(x,t,t)+\int_0^t h_t(x,t,\tau)\mathrm{d}\tau=\int_0^t h_t(x,t,\tau)\mathrm{d}\tau,$$

所以 $w_t|_{t=0}=0$. 再验证函数 w 满足 (3.1.10) 中的方程. 为此将上式关于 t 再微分一次, 并且注意到 (3.1.11) 中的方程, 得

$$\begin{aligned}w_{tt}&=h_t|_{t=\tau}+\int_0^t h_{tt}(x,t,\tau)\mathrm{d}\tau=f(x,t)+a^2\int_0^t h_{xx}(x,t,\tau)\mathrm{d}\tau\\&=f(x,t)+a^2\frac{\partial^2}{\partial x^2}\int_0^t h\mathrm{d}\tau=f(x,t)+a^2w_{xx}.\end{aligned}$$

这就是说函数 $w(x,t)$ 满足 (3.1.10) 中的方程. 所以由 (3.1.12) 所定义的函数 $w(x,t)$ 确实给出了初值问题 (3.1.10) 的解. 定理证毕.

下面把这个解 $w(x,t)$ 表示出来. 令 $t'=t-\tau$, 那么初值问题 (3.1.11) 化为初值问题

$$\begin{cases}h_{t't'}=a^2h_{xx}, & -\infty<x<+\infty,\ t'>0,\\ h|_{t'=0}=0,\ h_t|_{t'=0}=f(x,\tau), & -\infty<x<+\infty.\end{cases} \tag{3.1.13}$$

由达朗贝尔公式 (3.1.7), 得

$$h(x,t,\tau)=\frac{1}{2a}\int_{x-at'}^{x+at'}f(\xi,\tau)\mathrm{d}\xi=\frac{1}{2a}\int_{x-a(t-\tau)}^{x+a(t-\tau)}f(\xi,\tau)\mathrm{d}\xi,$$

因此

$$w(x,t)=\int_0^t h(x,t,\tau)\mathrm{d}\tau=\frac{1}{2a}\int_0^t\int_{x-a(t-\tau)}^{x+a(t-\tau)}f(\xi,\tau)\mathrm{d}\xi\mathrm{d}\tau. \tag{3.1.14}$$

定理 3.1.3 假设 $\phi(x)\in C^2(\mathbb{R}^1),\psi(x)\in C^1(\mathbb{R}^1),f(x,t)\in C^1(\mathbb{R}^1\times[0,\infty))$, 则初值问题 (3.1.8) 存在唯一解 u, 且这个解 u 可以表示为

$$u(x,t)=\frac{1}{2}(\phi(x+at)+\phi(x-at))+\frac{1}{2a}\int_{x-at}^{x+at}\psi(\xi)\mathrm{d}\xi$$

$$+\frac{1}{2a}\int_0^t\int_{x-a(t-\tau)}^{x+a(t-\tau)}f(\xi,\tau)\mathrm{d}\xi\mathrm{d}\tau. \tag{3.1.15}$$

进一步地, 对任意 $T>0$, 初值问题 (3.1.8) 的解在区域 $\mathbb{R}^1\times[0,T]$ 上是稳定的. 式 (3.1.15) 称为**一维非齐次波动方程初值问题解的 Kirchhoff 公式**.

证 根据叠加原理和达朗贝尔公式, 初值问题 (3.1.8) 的解可由 (3.1.9) 的解和 (3.1.10) 的解叠加而成, 这样就得到了表达式 (3.1.15).

下面证明唯一性. 设 u_1,u_2 是问题 (3.1.8) 的两个解. 令 $u=u_1-u_2$, 则满足齐次初值问题

$$\begin{cases} u_{tt}=a^2u_{xx} & -\infty<x<+\infty,\ t>0,\\ u(x,0)=0,\ u_t(x,0)=0, & -\infty<x<+\infty. \end{cases}$$

由定理 3.1.1, 上述问题的解为 $u=0$ 即 $u_1=u_2$.

为了证明初值问题 (3.1.8) 的解在区域 $\mathbb{R}^1\times[0,T]$ 上是稳定的, 我们需要证明当初始数据和外力 (自由项) 发生微小变化时, 对应的解也只产生微小变化. 设 $u_i(i=1,2)$ 是初值问题 (3.1.8) 对应于自由项 $f_i(x,t)$ 和初始数据 $\phi_i(x),\psi_i(x)$ 的解, 且

$$|\phi_1(x)-\phi_2(x)|<\delta,\ |\psi_1(x)-\psi_2(x)|<\delta,\quad \forall x\in\mathbb{R}^1,$$
$$|f_1(x,t)-f_2(x,t)|<\delta,\qquad \forall(x,t)\in\mathbb{R}^1\times[0,T].$$

那么对任意 $(x,t)\in\mathbb{R}^1\times[0,T]$, 由式 (3.1.15) 得

$$\begin{aligned}|u_1(x,t)-u_2(x,t)|\leqslant&\frac{1}{2}(|\phi_1(x+at)-\phi_2(x+at)|+|\phi_1(x-at)-\phi_2(x-at)|)\\&+\frac{1}{2a}\int_{x-at}^{x+at}|\psi_1(\xi)-\psi_2(\xi)|\mathrm{d}\xi\\&+\frac{1}{2a}\int_0^t\int_{x-a(t-\tau)}^{x+a(t-\tau)}|f_1(\xi,\tau)-f_2(\xi,\tau)|\mathrm{d}\xi\mathrm{d}\tau\\<&\frac{1}{2}(\delta+\delta)+\frac{1}{2a}\cdot2at\delta+\frac{1}{2a}\cdot at^2\delta\leqslant(1+T+T^2/2)\delta.\end{aligned}$$

因此对任意 $\varepsilon>0$, 选取 $\delta<\varepsilon/(1+T+T^2)$, 则对任意 $(x,t)\in\mathbb{R}^1\times[0,T]$, 成立

$$|u_1(x,t)-u_2(x,t)|<\varepsilon.$$

这就完成了定理的证明.

推论 3.1.1 假设函数 $f(x,t),\phi(x)$ 和 $\psi(x)$ 满足定理 3.1.3 的条件, 且关于变量 x 是偶函数, 则问题 (3.1.8) 的解 $u(x,t)$ 关于 x 也是偶函数. 类似地, 若关于变量 x 是奇函数 (或者以 L 为周期的函数), 则解 $u(x,t)$ 关于 x 也是奇函数 (或以 L 为周期的函数).

证 我们只证明推论的第一部分, 剩下部分可以类似地证明. 设 $u(x,t)$ 是初值问题 (3.1.8) 的解. 定义函数 $v(x,t)=u(-x,t)$. 显然

$$v_x(x,t)=-u_x(-x,t),\quad v_t(x,t)=u_t(-x,t)$$

和

$$v_{xx}(x,t)=u_{xx}(-x,t),\quad v_{tt}(x,t)=u_{tt}(-x,t).$$

那么

$$v_{tt}-a^2v_{xx}(x,t)=u_{tt}(-x,t)-a^2u_{xx}(-x,t)=f(-x,t)=f(x,t).$$

因此 v 满足方程组 (3.1.8) 中的非齐次波动方程. 进一步地, 有

$$v(x,0)=u(-x,0)=\phi(-x)=\phi(x),\quad v_t(x,0)=u_t(-x,0)=\psi(-x)=\psi(x).$$

这表明 v 满足问题 (3.1.8) 中的初始条件. 所以 v 也是初值问题 (3.1.8) 的解. 由定理 3.1.3 关于解的唯一性, 得出 $v(x,t)=u(x,t)$, 即 $u(-x,t)=u(x,t)$. 定理证明完毕.

例 3.1.1 求解下列初值问题

$$\begin{cases} u_{tt}-9u_{xx}=\mathrm{e}^x-\mathrm{e}^{-x}, & -\infty<x<+\infty,\ t>0,\\ u(x,0)=x,\ u_t(x,0)=\sin x, & -\infty<x<+\infty. \end{cases}$$

解 利用达朗贝尔公式 (3.1.15) 得

$$\begin{aligned} u(x,t)=&\frac{1}{2}(\phi(x+at)+\phi(x-at))+\frac{1}{2a}\int_{x-at}^{x+at}\psi(\xi)\mathrm{d}\xi\\ &+\frac{1}{2a}\int_0^t\int_{x-a(t-\tau)}^{x+a(t-\tau)}f(\xi,\tau)\mathrm{d}\xi\mathrm{d}\tau\\ =&\frac{1}{2}(x+3t+x-3t)+\frac{1}{6}\int_{x-3t}^{x+3t}\sin\xi\mathrm{d}\xi\\ &+\frac{1}{6}\int_0^t\int_{x-3(t-\tau)}^{x+3(t-\tau)}(\mathrm{e}^{\xi}-\mathrm{e}^{-\xi})\mathrm{d}\xi\mathrm{d}\tau\\ =&x+\frac{1}{3}\sin x\sin 3t-\frac{2}{9}\sinh x+\frac{2}{9}\sinh x\cosh 3t, \end{aligned}$$

易见, 解 $u(x,t)$ 关于 x 是奇函数.

3.1.4 半无界弦的振动问题

下面研究半无界弦 ($0\leqslant x<\infty$) 的振动问题. 根据端点的不同情况, 分别给予讨论.

1. 端点固定

考虑定解问题

$$\begin{cases} u_{tt} = a^2 u_{xx} + f(x,t), & 0 < x < +\infty,\ t > 0, \\ u(x,0) = \phi(x),\ u_t(x,0) = \psi(x), & 0 \leqslant x < +\infty, \\ u(0,t) = 0, & t \geqslant 0. \end{cases} \tag{3.1.16}$$

求解上述问题的基本思路是以某种方式延拓函数 f, ϕ, ψ, 使其在 $-\infty < x < 0$ 上也有定义, 这样把半无界区域 $0 \leqslant x < +\infty$ 上的问题转变为 $-\infty < x < +\infty$ 上的初值问题. 然后利用达朗贝尔公式 (3.1.15), 求出在 $-\infty < x < +\infty$ 上的解 $u(x,t)$. 同时使此解 $u(x,t)$ 满足 $u(0,t) = 0$. 这样当 x 限制在 $0 \leqslant x < +\infty$ 上就是我们所要求的半无界区域 $0 \leqslant x < +\infty$ 上的解.

由微积分知识可知, 如果一个连续可微函数 $g(x)$ 在 $(-\infty, +\infty)$ 上是奇函数, 则必有 $g(0) = 0$. 因此要使解 $u = u(x,t)$ 满足 $u(0,t) = 0$, 只要 $u(x,t)$ 是 x 的奇函数. 而由推论 3.1.1, 只要 $f(x,t), \phi(x), \psi(x)$ 是 x 的奇函数. 因此对函数 f, ϕ 和 ψ 关于 x 作奇延拓. 我们定义 $F(x,t), \Phi(x)$ 和 $\Psi(x)$ 如下:

$$\Phi(x) = \begin{cases} \phi(x), & x \geqslant 0, \\ -\phi(-x), & x < 0. \end{cases}$$

$$\Psi(x) = \begin{cases} \psi(x), & x \geqslant 0, \\ -\psi(-x), & x < 0. \end{cases}$$

$$F(x,t) = \begin{cases} f(x,t), & x \geqslant 0,\ t \geqslant 0, \\ -f(-x,t), & x < 0,\ t \geqslant 0. \end{cases}$$

显然函数 $F(x,t), \Phi(x)$ 和 $\Psi(x)$ 在 $-\infty < x < +\infty$ 上是奇函数. 然后考虑初值问题

$$\begin{cases} U_{tt} = a^2 U_{xx} + F(x,t), & -\infty < x < +\infty,\ t > 0, \\ U(x,0) = \Phi(x),\ U_t(x,0) = \Psi(x), & -\infty < x < +\infty. \end{cases} \tag{3.1.17}$$

由 (3.1.15), 问题 (3.1.17) 的解是

$$U(x,t) = \frac{1}{2}(\Phi(x+at) + \Phi(x-at)) + \frac{1}{2a}\int_{x-at}^{x+at} \Psi(\xi)\mathrm{d}\xi + \frac{1}{2a}\int_0^t \int_{x-a(t-\tau)}^{x+a(t-\tau)} F(\xi,\tau)\mathrm{d}\xi\mathrm{d}\tau. \tag{3.1.18}$$

所以问题 (3.1.16) 的解 $u(x,t)$ 就是 $U(x,t)$ 在 $0 \leqslant x < +\infty,\ t \geqslant 0$ 上的限制. 于是

当 $x \geqslant at$ 时,

$$u(x,t) = \frac{1}{2}(\phi(x+at)+\phi(x-at)) + \frac{1}{2a}\int_{x-at}^{x+at}\psi(\xi)\mathrm{d}\xi \\ + \frac{1}{2a}\int_0^t\int_{x-a(t-\tau)}^{x+a(t-\tau)} f(\xi,\tau)\mathrm{d}\xi\mathrm{d}\tau. \tag{3.1.19}$$

当 $0 \leqslant x < at$ 时,

$$u(x,t) = \frac{1}{2}(\phi(x+at)-\phi(at-x)) + \frac{1}{2a}\int_{at-x}^{x+at}\psi(\xi)\mathrm{d}\xi \\ + \frac{1}{2a}\left[\int_0^{t-\frac{x}{a}}\int_{a(t-\tau)-x}^{x+a(t-\tau)} f(\xi,\tau)\mathrm{d}\xi\mathrm{d}\tau + \int_{t-\frac{x}{a}}^{t}\int_{x-a(t-\tau)}^{x+a(t-\tau)} f(\xi,\tau)\mathrm{d}\xi\mathrm{d}\tau\right]. \tag{3.1.20}$$

注 3.1.2 如果定解问题 (3.1.16) 的端点条件为 $u(0,t)=p(t)$, 则令 $V(x,t)=u(x,t)-p(t)$, 那么 $V=V(x,t)$ 满足

$$\begin{cases} V_{tt} = a^2V_{xx} + \overline{f}(x,t), & 0 < x < +\infty,\ t > 0, \\ V(x,0) = \overline{\phi}(x),\ V_t(x,0) = \overline{\psi}(x), & 0 \leqslant x < +\infty, \\ V(0,t) = 0, & t \geqslant 0, \end{cases} \tag{3.1.21}$$

其中 $\overline{f}(x,t) = f(x,t) - p''(t), \overline{\phi}(x) = \phi(x) - p(0), \overline{\psi}(x) = \psi(x) - p'(0)$. 这样就把端点条件化为齐次形式. 利用上述方法可以得到解 $V(x,t)$, 从而得到 $u(x,t)$.

2. 端点自由

下面考虑端点自由的半无限长的均匀弦振动的定解问题:

$$\begin{cases} u_{tt} = a^2u_{xx} + f(x,t) & 0 < x < +\infty,\ t > 0, \\ u(x,0) = \phi(x),\ u_t(x,0) = \psi(x), & 0 \leqslant x < +\infty, \\ u_x(0,t) = 0, & t \geqslant 0. \end{cases} \tag{3.1.22}$$

类似地, 因为 $u_x(0,t)=0$, 我们对函数 f,ϕ,ψ 关于 x 作偶延拓. 定义 $F(x,t), \Phi(x)$ 和 $\Psi(x)$ 如下:

$$\Phi(x) = \begin{cases} \phi(x), & x \geqslant 0, \\ \phi(-x), & x < 0. \end{cases}$$

$$\Psi(x) = \begin{cases} \psi(x), & x \geqslant 0, \\ \psi(-x), & x < 0. \end{cases}$$

$$F(x,t) = \begin{cases} f(x,t), & x \geqslant 0,\ t \geqslant 0, \\ f(-x,t), & x < 0,\ t \geqslant 0. \end{cases}$$

函数 $F(x,t), \Phi(x)$ 和 $\Psi(x)$ 在 $-\infty < x < +\infty$ 上是偶函数. 我们考虑初值问题 (3.1.17), 其解 $U(x,t)$ 由式 (3.1.18) 给出. 由推论 3.1.1, $U(x,t)$ 关于 x 是偶函数, 且 $u_x(0,t) = U_x(0,t) = 0$. 这样我们得到定解问题 (3.1.22) 的解 $u(x,t) = U(x,t)$ $(x \geqslant 0,\ t \geqslant 0)$. 所以, 当 $x \geqslant at$ 时,

$$\begin{aligned} u(x,t) = &\frac{1}{2}(\phi(x+at) + \phi(x-at)) + \frac{1}{2a}\int_{x-at}^{x+at} \psi(\xi)\mathrm{d}\xi \\ &+ \frac{1}{2a}\int_0^t \int_{x-a(t-\tau)}^{x+a(t-\tau)} f(\xi,\tau)\mathrm{d}\xi\mathrm{d}\tau. \end{aligned} \tag{3.1.23}$$

当 $0 \leqslant x < at$ 时,

$$\begin{aligned} u(x,t) = &\frac{1}{2}(\phi(x+at) + \phi(at-x)) + \frac{1}{2a}\left[\int_0^{at-x} \psi(\xi)\mathrm{d}\xi + \int_0^{x+at} \psi(\xi)\mathrm{d}\xi\right] \\ &+ \frac{1}{2a}\left\{\int_0^{t-\frac{x}{a}}\left[\int_0^{a(t-\tau)-x} f(\xi,\tau)\mathrm{d}\xi + \int_0^{x+a(t-\tau)} f(\xi,\tau)\mathrm{d}\xi\right]\mathrm{d}\tau\right\} \\ &+ \frac{1}{2a}\int_{t-\frac{x}{a}}^t \int_{x-a(t-\tau)}^{x+a(t-\tau)} f(\xi,\tau)\mathrm{d}\xi\mathrm{d}\tau. \end{aligned} \tag{3.1.24}$$

注 3.1.3 如果定解问题 (3.1.22) 中的边界条件为 $u_x(0,t) = q(t)$, 采用注 3.1.2 的类似处理方式, 我们可以求解以下定解问题:

$$\begin{cases} u_{tt} = a^2 u_{xx} + f(x,t), & 0 < x < +\infty,\ t > 0, \\ u(x,0) = \phi(x),\ u_t(x,0) = \psi(x), & 0 \leqslant x < +\infty, \\ u_x(0,t) = q(t), & t \geqslant 0. \end{cases} \tag{3.1.25}$$

作为一个练习, 留给读者完成.

3.2 三维波动方程的初值问题

3.1 节我们讨论了一维波动方程的初值问题 (3.1.1), 得到了达朗贝尔解, 并用齐次化原理及函数延拓方法, 解决了非齐次方程的初值问题及半无界弦的振动问题. 这一节, 我们考虑三维波动方程的初值问题, 即求解下列初值问题:

$$\begin{cases} u_{tt} = a^2(u_{xx} + u_{yy} + u_{zz}), & (x,y,z) \in \mathbb{R}^3,\ t > 0, \\ u|_{t=0} = \phi(x,y,z),\ u_t|_{t=0} = \psi(x,y,z), & (x,y,z) \in \mathbb{R}^3, \end{cases} \tag{3.2.1}$$

其中 $\phi(x,y,z), \psi(x,y,z)$ 为已知位移和速度函数. 从初值问题的形式上来看, 三维和一维是相似的, 只是点的坐标依赖于三个变量. 因此如果能够转化为一个变量来描述, 就可以借助于达朗贝尔公式求解了. 为此先考虑具有球对称的三维波动方程的解.

3.2.1　三维波动方程和球对称解

引进球坐标系

$$\begin{cases} x = r\sin\theta\cos\varphi, \\ y = r\sin\theta\sin\varphi, \quad 0 \leqslant \theta \leqslant \pi, 0 \leqslant \varphi \leqslant 2\pi, r \geqslant 0. \\ z = r\cos\theta, \end{cases}$$

那么三维波动方程在球坐标系 (r,θ,φ) 下可以表示为

$$\frac{1}{a^2}\frac{\partial^2 u}{\partial t^2} = \frac{1}{r^2}\frac{\partial}{\partial r}\left(r^2\frac{\partial u}{\partial r}\right) + \frac{1}{r^2\sin\theta}\frac{\partial}{\partial\theta}\left(\sin\theta\frac{\partial u}{\partial\theta}\right) + \frac{1}{r^2\sin^2\theta}\frac{\partial^2 u}{\partial\varphi^2}, \tag{3.2.2}$$

其中 $u = u(r,\theta,\varphi,t)$. 函数 u 是球对称函数是指 u 与 θ,φ 无关, 即 u 仅依赖于 r 和 t. 因此当 u 是球对称函数时, 方程 (3.2.2) 简化为

$$\frac{\partial^2 u}{\partial t^2} = a^2\left(\frac{\partial^2 u}{\partial r^2} + \frac{2}{r}\frac{\partial u}{\partial r}\right). \tag{3.2.3}$$

方程 (3.2.3) 可以重写为

$$\frac{\partial^2 (ru)}{\partial t^2} = a^2\frac{\partial^2 (ru)}{\partial r^2}. \tag{3.2.4}$$

这是关于 ru 的一维波动方程, 其通解为

$$ru(r,t) = F(r+at) + G(r-at), \quad r > 0,\ t > 0, \tag{3.2.5}$$

从而

$$u(r,t) = \frac{F(r+at) + G(r-at)}{r}, \quad r > 0,\ t > 0, \tag{3.2.6}$$

其中 F, G 是任意两个二阶连续可微函数. 它们可以通过给定的初始条件来确定. 式 (3.2.5) 的物理意义: 在球对称下, 三维波的传播是以球心为中心, 沿半径 r 传播的球面波; 且等于以速度 a, 沿球的半径增加的方向向外传播的波与一个以同样速度自外沿半径 r 减少的方向向内传播的波的叠加; 在同一球面上, 波的振幅相同, 即波函数 u 只依赖于半径 r 和时间 t.

3.2.2　三维波动方程的泊松 (Poisson) 公式与球对称解

下面讨论如何求出初值问题 (3.2.1) 的解.

当解 u 不是球对称函数时, 一般情况下求问题 (3.2.1) 的解是比较困难的. 由前面球对称的特例给我们一个有益的启示. 如果考虑 u 在以 $M(x,y,z)$ 为球心, r 为半径的球面上的平均值 $\overline{u}$, 则这个平均值 $\overline{u}$ 只与 r 和时间 t 有关 (点 $M(x,y,z)$

固定). 若求得这个平均值 $\overline{u}(r,t)$, 再令半径 r 趋于 0, 则这个平均值 $\overline{u}(r,t)$ 的极限就是 u 在点 $M(x,y,z)$ 和时刻 t 的值. 这种借助于球面平均值求得解的方法, 称为**球面平均值方法**. 下面利用该方法推出三维波动方程解的**泊松公式**.

先引入球面平均值函数 $\overline{u}(r,t)$. 它是函数 u 在以 $M(x,y,z)$ 为中心, 以 r 为半径的球面 S_r^M 上的平均值, 即

$$\overline{u}(r,t)=\frac{1}{4\pi r^2}\iint\limits_{S_r^M}u\mathrm{d}S=\frac{1}{4\pi}\iint\limits_{S_1^M}u(\xi,\eta,\zeta,t)\mathrm{d}\omega,\tag{3.2.7}$$

其中

$$\begin{cases}\xi=x+r\sin\theta\cos\varphi,\\ \eta=y+r\sin\theta\sin\varphi,\quad r\geqslant 0,\ 0\leqslant\theta\leqslant\pi,\ 0\leqslant\varphi\leqslant 2\pi\\ \zeta=z+r\cos\theta,\end{cases}\tag{3.2.8}$$

是球面 S_r^M 上点的坐标, $\mathrm{d}S$ 是 S_r^M 上的面积元, S_1^M 是以 M 为中心的单位球面, $\mathrm{d}\omega$ 是单位球面上的面积元. 在球坐标系中, 有 $\mathrm{d}S=r^2\mathrm{d}\omega=r^2\sin\theta\mathrm{d}\theta\mathrm{d}\varphi$(图 3.5).

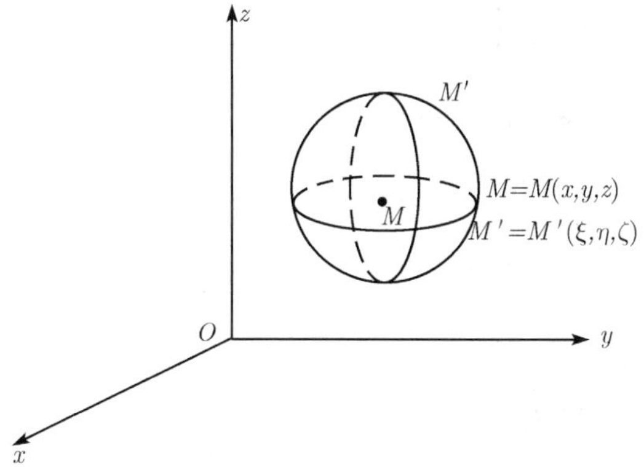

图 3.5

显然, $u(M,t)=u(x,y,z,t)=\overline{u}(0,t)=\lim_{r\to 0}\overline{u}(r,t)$. 为此需要求出 $\overline{u}(r,t)$ 的值. 下面证明 $r\overline{u}$ 满足一维波动方程

$$\frac{\partial^2[r\overline{u}(r,t)]}{\partial t^2}=a^2\frac{\partial^2[r\overline{u}(r,t)]}{\partial r^2}.\tag{3.2.9}$$

用 B_r^M 表示以 M 为中心, r 为半径的球域. 对 (3.2.1) 中的方程两边在 B_r^M 上积分, 并且利用高斯公式, 得

$$\iiint\limits_{B_r^M}u_{tt}\mathrm{d}x\mathrm{d}y\mathrm{d}z=a^2\iiint\limits_{B_r^M}\Delta u\mathrm{d}x\mathrm{d}y\mathrm{d}z=a^2\iint\limits_{S_r^M}\frac{\partial u}{\partial n}\mathrm{d}S$$

$$= a^2 \iint\limits_{S_1^M} \frac{\partial u}{\partial r} r^2 \mathrm{d}\omega = 4\pi a^2 r^2 \frac{\partial \overline{u}}{\partial r}. \tag{3.2.10}$$

由于

$$\iiint\limits_{B_r^M} u_{tt} \mathrm{d}x\mathrm{d}y\mathrm{d}z = \frac{\partial^2}{\partial t^2} \int_0^r \iint\limits_{S_1^M} u\rho^2 \mathrm{d}\omega \mathrm{d}\rho = 4\pi \frac{\partial^2}{\partial t^2} \int_0^r \rho^2 \overline{u} \mathrm{d}\rho, \tag{3.2.11}$$

所以

$$\frac{\partial^2}{\partial t^2} \int_0^r \rho^2 \overline{u} \mathrm{d}\rho = a^2 r^2 \frac{\partial \overline{u}}{\partial r}.$$

两边对 r 求导, 得

$$\frac{\partial^2}{\partial t^2}(r^2 \overline{u}) = a^2 \frac{\partial}{\partial r}\left(r^2 \frac{\partial \overline{u}}{\partial r}\right),$$

于是得到球面平均值 $\overline{u}$ 满足

$$\frac{\partial^2 \overline{u}}{\partial t^2} = \frac{a^2}{r^2} \frac{\partial}{\partial r}\left(r^2 \frac{\partial \overline{u}}{\partial r}\right), \quad \text{即} \quad \frac{\partial^2 (r\overline{u})}{\partial t^2} = a^2 \frac{\partial^2 (r\overline{u})}{\partial r^2}, \tag{3.2.12}$$

即 $r\overline{u}$ 满足一维波动方程. 所以其通解为

$$r\overline{u}(r,t) = F(r+at) + G(r-at). \tag{3.2.13}$$

下面根据式 (3.2.1) 中的初值条件, 定出函数 F 和 G. 对等式 (3.2.13) 两边关于 r 求导, 得

$$\frac{\partial (r\overline{u})}{\partial r} = r\frac{\partial \overline{u}}{\partial r} + \overline{u}(r,t) = F'(r+at) + G'(r-at). \tag{3.2.14}$$

令 $r \to 0$, 得

$$\overline{u}(0,t) = F'(at) + G'(-at). \tag{3.2.15}$$

对等式 (3.2.13) 两边关于 t 求导, 得

$$r\frac{\partial \overline{u}}{\partial t} = aF'(r+at) - aG'(r-at). \tag{3.2.16}$$

令 $r \to 0$ 得 $F'(at) = G'(-at)$. 因此由式 (3.2.15) 得 $\overline{u}(0,t) = 2F'(at)$. 进一步地, 由式 (3.2.14) 和式 (3.2.16) 得

$$2F'(r) = \left.\left(\frac{\partial (r\overline{u})}{\partial r} + \frac{r}{a}\frac{\partial \overline{u}}{\partial t}\right)\right|_{t=0}$$

$$=\left.\left(\frac{1}{4\pi}\frac{\partial}{\partial r}\iint\limits_{S_r^M}\frac{u}{r}\mathrm{d}S+\frac{1}{4a\pi}\frac{\partial}{\partial t}\iint\limits_{S_r^M}\frac{u}{r}\mathrm{d}S\right)\right|_{t=0}$$

$$=\frac{1}{4\pi}\frac{\partial}{\partial r}\iint\limits_{S_r^M}\frac{\phi}{r}\mathrm{d}S+\frac{1}{4a\pi}\iint\limits_{S_r^M}\frac{\psi}{r}\mathrm{d}S. \tag{3.2.17}$$

将式 (3.2.17) 中的 r 用 at 取代, 得到初值问题 (3.2.1) 的解

$$u(x,y,z,t)=\frac{1}{4a^2\pi}\frac{\partial}{\partial t}\iint\limits_{S_{at}^M}\frac{\phi(\xi,\eta,\zeta)}{t}\mathrm{d}S+\frac{1}{4a^2\pi}\iint\limits_{S_{at}^M}\frac{\psi(\xi,\eta,\zeta)}{t}\mathrm{d}S. \tag{3.2.18}$$

它称为**三维波动方程初值问题(3.2.1)解的泊松公式**. 这里S_{at}^M表示以$M=M(x,y,z)$为中心, at 为半径的球面. 引进球面坐标系

$$\xi=x+at\sin\theta\cos\varphi,\quad \eta=y+at\sin\theta\sin\varphi,\quad \zeta=z+at\cos\theta. \tag{3.2.19}$$

那么 $\mathrm{d}S=a^2t^2\sin\theta\mathrm{d}\theta\mathrm{d}\varphi$ 和

$$\begin{aligned}u(x,y,z,t)=&\frac{1}{4\pi}\frac{\partial}{\partial t}\int_0^{2\pi}\int_0^{\pi}t\sin\theta\phi(x+at\sin\theta\cos\varphi,y+at\sin\theta\sin\varphi,z+at\cos\theta)\mathrm{d}\theta\mathrm{d}\varphi\\&+\frac{t}{4\pi}\int_0^{2\pi}\int_0^{\pi}\sin\theta\psi(x+at\sin\theta\cos\varphi,y+at\sin\theta\sin\varphi,z+at\cos\theta)\mathrm{d}\theta\mathrm{d}\varphi.\end{aligned} \tag{3.2.20}$$

可以验证当 $\phi(x,y,z)\in C^3(\mathbb{R}^3),\psi(x,y,z)\in C^2(\mathbb{R}^3)$ 时, 由泊松公式 (3.2.18) 所确定的函数是三维波动方程初值问题 (3.2.1) 的解.

例 3.2.1 利用泊松公式, 求下列初值问题的解:

$$\begin{cases}u_{tt}=a^2(u_{xx}+u_{yy}+u_{zz}), & (x,y,z)\in\mathbb{R}^3,\quad t>0,\\ u(x,y,z,0)=3y-z,\ u_t(x,y,z,0)=2xyz, & (x,y,z)\in\mathbb{R}^3.\end{cases}$$

解 由泊松公式 (3.2.20) 得

$$\begin{aligned}u(x,y,z,t)=&\frac{1}{4\pi}\frac{\partial}{\partial t}\int_0^{2\pi}\int_0^{\pi}t\sin\theta(3y+3at\sin\theta\sin\varphi-z-at\cos\theta)\mathrm{d}\theta\mathrm{d}\varphi\\&+\frac{t}{4\pi}\int_0^{2\pi}\int_0^{\pi}2\sin\theta(x+at\sin\theta\cos\varphi)(y+at\sin\theta\sin\varphi)(z+at\cos\theta)\mathrm{d}\theta\mathrm{d}\varphi\\=&3y-z+2xyzt.\end{aligned}$$

3.2.3 泊松公式的物理意义

由三维波动方程的泊松公式 (3.2.18) 知, 解 $u(x,y,z,t)$ 依赖于初始函数 ϕ,ψ 在球面 S_{at}^M 上的值. 设初始扰动只限于区域 Ω 内, 即在 Ω 内, $\phi\neq 0,\psi\neq 0$; 在 Ω 外, $\phi\equiv 0,\psi\equiv 0$. 现在研究 Ω 外一点 $M=M(x,y,z)$ 在时刻 t 的状态. 由泊松公式 (3.2.18) 知, 只有当积分曲面 S_{at}^M 与初始扰动域 Ω 相交时, 点 M 才被扰动.

设 d 和 D 为点 M 到区域 Ω 的最近和最远距离 (图 3.6).

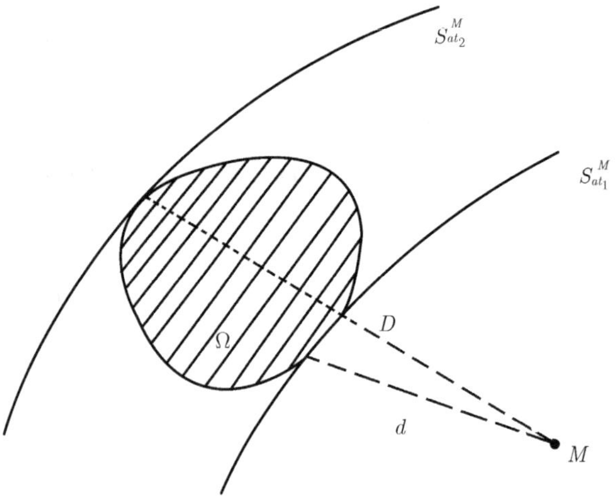

图 3.6

由泊松公式 (3.2.18) 得:

(1) 当 $at<d$ 时, 即 $0\leqslant t<\dfrac{d}{a}$ 时, 表明积分球面 S_{at}^M 与初始扰动区域 Ω 有距离. 这时球面 S_{at}^M 上的初值函数 ϕ,ψ 为 0, 故波函数 $u=0$. 这说明扰动还未到达点 M.

(2) 当 $d\leqslant at\leqslant D$, 即 $\dfrac{d}{a}\leqslant t\leqslant\dfrac{D}{a}$ 时, ϕ,ψ 在 S_{at}^M 上不为零, 故式 (3.2.18) 中曲面积分一般不等于零, 即 $u\neq 0$. 说明扰动已传到点 M, 点 M 处于振动状态.

(3) 当 $at>D$, 即 $t>\dfrac{D}{a}$ 时, 表明积分球面 S_{at}^M 越过初始扰动区域 Ω. 这时 S_{at}^M 又不和扰动区域 Ω 相交了, 故 $u(M,t)=u(x,y,z,t)=0$. 这说明扰动已传过点 M, 点 M 又恢复到静止状态.

三维空间的初始局部扰动, 在不同的时间区间内对空间每一点 M 发生影响, 且波的传播有清晰的"前锋"与"阵尾", 这种现象在物理学中称为**惠更斯原理**或者**无后效现象**. 三维空间中波的传播无后效现象, 使我们能够利用现实生活空间, 传播各种信息.

3.2.4 非齐次方程的初值问题和推迟势

对于非齐次波动方程的初值问题

$$\begin{cases} u_{tt} = a^2(u_{xx} + u_{yy} + u_{zz}) + f(x,y,z,t), & (x,y,z) \in \mathbb{R}^3,\ t > 0, \\ u|_{t=0} = \phi(x,y,z),\ u_t|_{t=0} = \psi(x,y,z), & (x,y,z) \in \mathbb{R}^3. \end{cases} \tag{3.2.21}$$

由叠加原理, 如果 $v = v(x,y,z,t)$ 是初值问题

$$\begin{cases} v_{tt} = a^2(v_{xx} + v_{yy} + v_{zz}), & (x,y,z) \in \mathbb{R}^3,\ t > 0, \\ v|_{t=0} = \phi(x,y,z),\ v_t|_{t=0} = \psi(x,y,z), & (x,y,z) \in \mathbb{R}^3 \end{cases} \tag{3.2.22}$$

的解, $w = w(x,y,z,t)$ 是初值问题

$$\begin{cases} w_{tt} = a^2(w_{xx} + w_{yy} + w_{zz}) + f(x,y,z,t), & (x,y,z) \in \mathbb{R}^3,\ t > 0, \\ w|_{t=0} = 0,\ w_t|_{t=0} = 0, & (x,y,z) \in \mathbb{R}^3 \end{cases} \tag{3.2.23}$$

的解, 则 $u = v + w$ 是初值问题 (3.2.21) 的解. 而初值问题 (3.2.22) 的解 v 可由泊松公式 (3.2.18) 给出. 利用齐次化原理和泊松公式 (3.2.18), 初值问题 (3.2.23) 的解可以表示为

$$w(x,y,z,t) = \frac{1}{4a^2\pi}\int_0^t \iint\limits_{S^M_{a(t-\tau)}} \frac{f(\xi,\eta,\zeta,\tau)}{t-\tau}\mathrm{d}S\mathrm{d}\tau,$$

作代换 $\tau = t - \dfrac{r}{a}$, 则上式成为

$$\begin{aligned} w(x,y,z,t) &= \frac{1}{4a^2\pi}\int_0^{at} \iint\limits_{S^M_r} \frac{f\left(\xi,\eta,\zeta,t-\dfrac{r}{a}\right)}{r}\mathrm{d}S\mathrm{d}r \\ &= \frac{1}{4a^2\pi}\iiint\limits_{r\leqslant at} \frac{f\left(\xi,\eta,\zeta,t-\dfrac{r}{a}\right)}{r}\mathrm{d}\xi\mathrm{d}\eta\mathrm{d}\zeta, \end{aligned} \tag{3.2.24}$$

其中积分在以 $M = M(x,y,z)$ 为中心, at 为半径的球体中进行. 因此在时刻 t, 位于 $M(x,y,z)$ 处函数 u 的值由函数 f 在时刻 $\tau = t - \dfrac{r}{a}$ 处的值在该球中的体积分表示, 称这样的积分为**推迟势**.

综合上述分析, 我们得到如下定理.

定理 3.2.1 如果 $\phi \in C^3(\mathbb{R}^3), \psi \in C^2(\mathbb{R}^3)$ 和 $f \in C^2(\mathbb{R}^3 \times [0,\infty))$, 则三维非齐次波动方程初值问题 (3.2.21) 的解 u 可以表示为

$$u(x,y,z,t) = \frac{1}{4a^2\pi}\frac{\partial}{\partial t}\iint\limits_{S^M_{at}} \frac{\phi(\xi,\eta,\zeta)}{t}\mathrm{d}S + \frac{1}{4a^2\pi}\iint\limits_{S^M_{at}} \frac{\psi(\xi,\eta,\zeta)}{t}\mathrm{d}S$$

$$+\frac{1}{4a^2\pi}\iiint\limits_{r\leqslant at}\frac{f\left(\xi,\eta,\zeta,t-\dfrac{r}{a}\right)}{r}\mathrm{d}\xi\mathrm{d}\eta\mathrm{d}\zeta, \tag{3.2.25}$$

其中 $r=\sqrt{(\xi-x)^2+(\eta-y)^2+(\zeta-z)^2}$. 式 (3.2.25) 称为**初值问题 (3.2.21) 解的Kirchhoff公式**.

3.3 二维波动方程的初值问题与降维法

考虑二维齐次波动方程的初值问题

$$\begin{cases} u_{tt}=a^2(u_{xx}+u_{yy}), & (x,y)\in\mathbb{R}^2,\ t>0,\\ u|_{t=0}=\phi(x,y),\ u_t|_{t=0}=\psi(x,y), & (x,y)\in\mathbb{R}^2. \end{cases} \tag{3.3.1}$$

我们把初始函数 $\phi(x,y)$ 和 $\psi(x,y)$ 分别看成是三元函数 $\varPhi(x,y,z)=\phi(x,y)$, $\varPsi(x,y,z)=\psi(x,y)$, 那么容易得到三维波动方程初值问题

$$\begin{cases} U_{tt}=a^2(U_{xx}+U_{yy}+U_{zz}), & (x,y,z)\in\mathbb{R}^3,\ t>0,\\ U|_{t=0}=\varPhi(x,y,z),\ U_t|_{t=0}=\varPsi(x,y,z), & (x,y,z)\in\mathbb{R}^3 \end{cases} \tag{3.3.2}$$

的解 U 与变量 z 无关, 它是问题 (3.3.1) 的解. 这种利用高维波动方程定解问题的解得出低维波动方程相应定解问题的解的方法称为**降维法**.

定理 3.3.1 如果 $\phi\in C^3(\mathbb{R}^2),\psi\in C^2(\mathbb{R}^2)$, 则初值问题 (3.3.1) 的解 u 可以表示为

$$\begin{aligned} u(x,y,t)=&\frac{1}{2\pi a}\frac{\partial}{\partial t}\iint\limits_{C_{at}^M}\frac{\phi(\xi,\eta)\mathrm{d}\xi\mathrm{d}\eta}{\sqrt{a^2t^2-(\xi-x)^2-(\eta-y)^2}}\\ &+\frac{1}{2\pi a}\iint\limits_{C_{at}^M}\frac{\psi(\xi,\eta)\mathrm{d}\xi\mathrm{d}\eta}{\sqrt{a^2t^2-(\xi-x)^2-(\eta-y)^2}}, \end{aligned} \tag{3.3.3}$$

其中 C_{at}^M 是以 $M=M(x,y)$ 为中心, at 为半径的圆域, 即

$$C_{at}^M=\left\{(\xi,\eta)\middle|(\xi-x)^2+(\eta-y)^2\leqslant a^2t^2\right\}.$$

证 由泊松公式 (3.2.18), 初值问题 (3.3.2) 的解为

$$U(x,y,z,t)=\frac{1}{4a^2\pi}\frac{\partial}{\partial t}\iint\limits_{S_{at}^M}\frac{\varPhi}{t}\mathrm{d}S+\frac{1}{4a^2\pi t}\iint\limits_{S_{at}^M}\varPsi\mathrm{d}S, \tag{3.3.4}$$

其中球面

$$S_{at}^M=\left\{(\xi,\eta,\zeta)\middle|(\xi-x)^2+(\eta-y)^2+(\zeta-z)^2=a^2t^2\right\}.$$

由于 Φ 及 Ψ 只与 x,y 有关, 而与 z 无关, 因此在球面上 S_{at}^M 的积分, 可以化为它在超平面 z 为常数上的投影 C_{at}^M 上的积分. 注意到上半球面为

$$S_1 : \zeta = z + \sqrt{a^2t^2 - (\xi - x)^2 - (\eta - y)^2},$$

下半球面为

$$S_2 : \zeta = z - \sqrt{a^2t^2 - (\xi - x)^2 - (\eta - y)^2}.$$

(图 3.7)

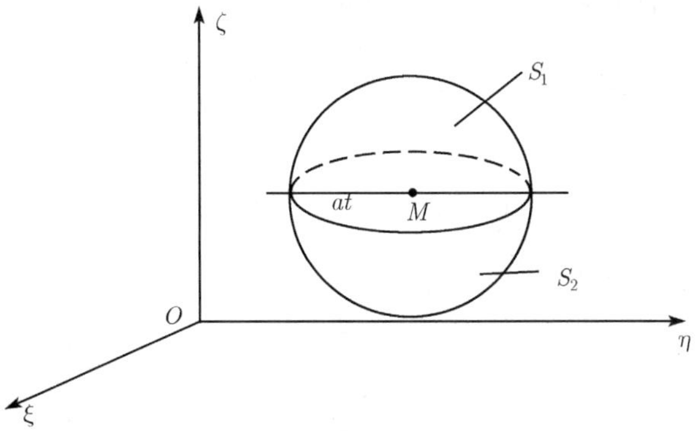

图 3.7

它们的面积元为

$$\mathrm{d}S = \sqrt{1 + \zeta_\xi^2 + \zeta_\eta^2}\mathrm{d}\xi\mathrm{d}\eta = \frac{at\mathrm{d}\xi\mathrm{d}\eta}{\sqrt{a^2t^2 - (\xi - x)^2 - (\eta - y)^2}}. \tag{3.3.5}$$

再注意到上、下半球面在 $O\xi\eta$ 平面上的投影区域均为 C_{at}^M, 因此在上、下半球面的积分可以化为同一圆域 C_{at}^M 上的积分. 这样我们可以把解 $U(x,y,z,t)$ 表示为

$$\begin{aligned} U(x,y,z,t) = & \frac{1}{2\pi a}\frac{\partial}{\partial t}\iint\limits_{C_{at}^M}\frac{\phi(\xi,\eta)\mathrm{d}\xi\mathrm{d}\eta}{\sqrt{a^2t^2 - (\xi - x)^2 - (\eta - y)^2}} \\ & + \frac{1}{2\pi a}\iint\limits_{C_{at}^M}\frac{\psi(\xi,\eta)\mathrm{d}\xi\mathrm{d}\eta}{\sqrt{a^2t^2 - (\xi - x)^2 - (\eta - y)^2}}, \end{aligned} \tag{3.3.6}$$

它确实与 z 无关. 因此式 (3.3.6) 是二维波动方程初值问题 (3.3.1) 的解, 即 $U(x,y,z,t) = u(x,y,t)$.

在式 (3.3.6) 中, 利用极坐标变换 $\xi = x + r\cos\theta$, $\eta = y + r\sin\theta$, 我们得到初值问题 (3.3.1) 的解为

$$u(x,y,t) = \frac{1}{2\pi a}\frac{\partial}{\partial t}\int_0^{at}\int_0^{2\pi}\frac{\phi(x + r\cos\theta, y + r\sin\theta)}{\sqrt{a^2t^2 - r^2}}r\mathrm{d}\theta\mathrm{d}r$$

$$+\frac{1}{2\pi a}\int_0^{at}\int_0^{2\pi}\frac{\psi(x+r\cos\theta,y+r\sin\theta)}{\sqrt{a^2t^2-r^2}}r\mathrm{d}\theta\mathrm{d}r. \tag{3.3.7}$$

公式 (3.3.7)(或者式 (3.3.3)) 称为**二维波动方程的初值问题 (3.3.1) 的泊松公式**. 对于非齐次二维波动方程的初值问题

$$\begin{cases} u_{tt}=a^2(u_{xx}+u_{yy})+f(x,y,t), & (x,y)\in\mathbb{R}^2,\ t>0,\\ u|_{t=0}=\phi(x,y),\ u_t|_{t=0}=\psi(x,y), & (x,y)\in\mathbb{R}^2. \end{cases} \tag{3.3.8}$$

利用叠加原理和齐次化原理, 可以得到其解为

$$\begin{aligned} u(x,y,t)=&\frac{1}{2\pi a}\frac{\partial}{\partial t}\iint\limits_{C_{at}^M}\frac{\phi(\xi,\eta)\mathrm{d}\xi\mathrm{d}\eta}{\sqrt{a^2t^2-(\xi-x)^2-(\eta-y)^2}}\\ &+\frac{1}{2\pi a}\iint\limits_{C_{at}^M}\frac{\psi(\xi,\eta)\mathrm{d}\xi\mathrm{d}\eta}{\sqrt{a^2t^2-(\xi-x)^2-(\eta-y)^2}}\\ &+\frac{1}{2\pi a^2}\int_0^{at}\iint\limits_{C_\tau^M}\frac{f\left(\xi,\eta,t-\dfrac{\tau}{a}\right)\mathrm{d}\xi\mathrm{d}\eta\mathrm{d}\tau}{\sqrt{\tau^2-(\xi-x)^2-(\eta-y)^2}}, \end{aligned} \tag{3.3.9}$$

其中

$$C_\tau^M=\left\{(\xi,\eta)\Big|(\xi-x)^2+(\eta-y)^2\leqslant\tau^2\right\}.$$

利用极坐标和令 $\tau=a(t-s)$, 那么

$$\begin{aligned} u(x,y,t)=&\frac{1}{2\pi a}\frac{\partial}{\partial t}\int_0^{at}\int_0^{2\pi}\frac{\phi(x+r\cos\theta,y+r\sin\theta)}{\sqrt{a^2t^2-r^2}}r\mathrm{d}\theta\mathrm{d}r\\ &+\frac{1}{2\pi a}\int_0^{at}\int_0^{2\pi}\frac{\psi(x+r\cos\theta,y+r\sin\theta)}{\sqrt{a^2t^2-r^2}}r\mathrm{d}\theta\mathrm{d}r\\ &+\frac{1}{2\pi a}\int_0^{t}\int_0^{2\pi}\int_0^{a(t-s)}\frac{f(x+r\cos\theta,y+r\sin\theta,s)}{\sqrt{a^2(t-s)^2-r^2}}r\mathrm{d}\theta\mathrm{d}r\mathrm{d}s. \end{aligned} \tag{3.3.10}$$

可以证明当 $\phi\in C^3(\mathbb{R}^2),\psi\in C^2(\mathbb{R}^2),f\in C^2(\mathbb{R}^2\times[0,\infty))$ 时, 初值问题 (3.3.8) 存在解 (3.3.9) 或 (3.3.10).

利用降维法可以推出一维波动方程初值问题的 d'Alembert 公式. 作为习题, 留给读者完成.

下面考虑解 (3.3.3) 的物理意义.

设初始扰动在 Oxy 平面区域 S 内, 即在 S 内, $\phi \neq 0, \psi \neq 0$; 在 S 外, $\phi \equiv 0, \psi \equiv 0$. 考查在 S 外的点 $M = M(x,y)$ 在时刻 t 的状态 $u(M,t) = u(x,y,t)$. 由泊松公式 (3.3.3) 知道, 解 $u(M,t)$ 依赖于以 M 为中心, at 为半径的圆域 C_{at}^M 上的初始函数. 设 d 和 D 为点 M 到区域 S 的最近和最远距离 (图 3.8).

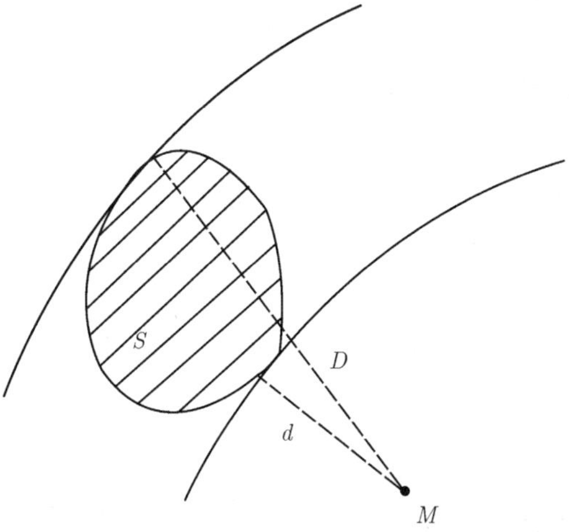

图 3.8

那么

(1) 当 $at < d$ 时, 即 $0 \leqslant t < \dfrac{d}{a}$ 时, 积分区域 C_{at}^M 与初始扰动区域 S 没有相交, 此时 $u = 0$. 表明 u 处于静止状态, 扰动还未到达点 M.

(2) 当 $d \leqslant at \leqslant D$, 即 $\dfrac{d}{a} \leqslant t \leqslant \dfrac{D}{a}$ 时, 积分区域 C_{at}^M 与初始扰动区域 S 相交, $u \neq 0$, 扰动到达点 M.

(3) 当 $at > D$, 即 $t > \dfrac{D}{a}$ 时, 表明积分区域 C_{at}^M 包含了扰动区域 S, $u \neq 0$. 这种现象称为有后效. 即在二维波动方程的初值问题的解, 局部范围内的初始扰动, 具有长期的连续的后效特性. 扰动有清晰的"前锋", 但没有"阵尾". 它称为**波的弥散**, 或者称为**有后效现象**. 这种波一般开始比较强, 然后自某时刻起逐渐减少. 它与三维空间波的传播是不一样的. 由此不难想象, 人们是不能利用平面波来传递信息的.

由于平面上以点 (x,y) 为中心、半径为 r 的圆周方程

$$(x-\xi)^2 + (y-\eta)^2 = r^2$$

在空间坐标系内表示母线平行于 z 轴的直圆柱面, 所以在过点 (x,y) 平行于 z 轴的无限长的直线上的初始扰动, 在时间 t 后的影响是在以该直线为轴, at 为半径的

圆柱面内, 因此解 (3.3.3) 称为**柱面波**.

3.4 依赖区域、决定区域、影响区域和特征锥

对于一维波动方程的初值问题, 利用达朗贝尔公式得到了解的依赖区间、决定区域和影响区域的概念. 对于二维和三维波动方程的初值问题, 也有同样的概念. 为方便起见, 我们把二维和三维的情况对照叙述如下:

1. 依赖区域

在二维情形下, 任取一点 $M_0=M_0(x_0,y_0,t_0), t_0>0$, 由二维齐次波动方程的初值问题 (3.3.1) 解的泊松公式 (3.3.3) 得

$$\begin{aligned}u(x_0,y_0,t_0)=&\frac{1}{2\pi a}\frac{\partial}{\partial t}\int_0^{at_0}\int_0^{2\pi}\frac{\phi(x_0+r\cos\theta,y_0+r\sin\theta)}{\sqrt{(at_0)^2-r^2}}r\mathrm{d}\theta\mathrm{d}r\\&+\frac{1}{2\pi a}\int_0^{at_0}\int_0^{2\pi}\frac{\psi(x_0+r\cos\theta,y_0+r\sin\theta)}{\sqrt{(at_0)^2-r^2}}r\mathrm{d}\theta\mathrm{d}r.\end{aligned}\tag{3.4.1}$$

由此可见, 解 u 在 $M_0(x_0,y_0,t_0)$ 上的值依赖于初值函数 $\phi(x,y),\psi(x,y)$ 在圆域

$$C_{at_0}^{M_0}=\left\{(x,y)\Big|(x-x_0)^2+(y-y_0)^2\leqslant(at_0)^2\right\}\tag{3.4.2}$$

上的值, 而与 ϕ 和 ψ 在圆外的值无关. 圆域 $C_{at_0}^{M_0}$ 称为点 $M_0(x_0,y_0,t_0)$ 的**依赖区域**. 它可看作锥体

$$K_1=\left\{(x,y,t)\Big|(x-x_0)^2+(y-y_0)^2\leqslant a^2(t_0-t)^2,\ 0\leqslant t\leqslant t_0\right\}\tag{3.4.3}$$

与平面 $t=0$ 相交截得的圆域 (图 3.9).

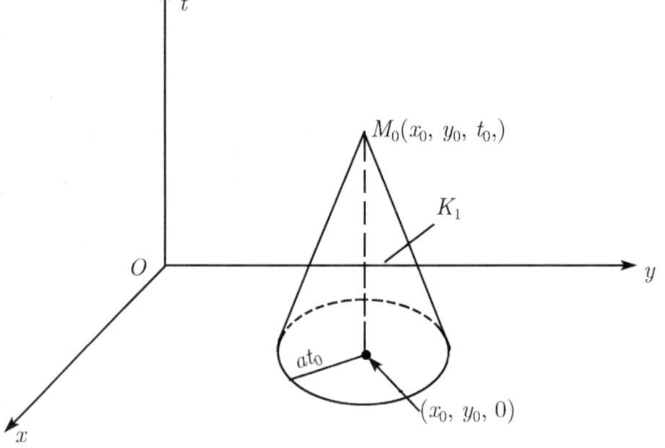

图 3.9

在三维情形下, 任取一点 $M_0(x_0,y_0,z_0,t_0),t_0>0$. 由三维齐次波动方程的初值问题 (3.2.1) 解的泊松公式 (3.2.18) 可知, 它的依赖区域是球面

$$S_{at_0}^{M_0}=\left\{(x,y,z)\Big|(x-x_0)^2+(y-y_0)^2+(z-z_0)^2=a^2t_0^2\right\}. \tag{3.4.4}$$

它可看作锥面

$$K_2=\left\{(x,y,z,t)\Big|(x-x_0)^2+(y-y_0)^2+(z-z_0)^2=a^2(t_0-t)^2,\ 0\leqslant t\leqslant t_0\right\} \tag{3.4.5}$$

与超平面 $t=0$ 相交所截得的球面.

2. **决定区域**

在二维情形下, 对于锥体(式 (3.4.3))中任何一点 $M_1(x_1,y_1,t_1)$, 其解 $u(x_1,y_1,t_1)$ 的依赖区域 $C_{at_1}^{M_1}$ 都包含在圆域 $C_{at_0}^{M_0}$ 内. 因此圆域 $C_{at_0}^{M_0}$ 就决定了锥体 K_1 中每一点上解 $u(x,y,t)$ 的值. 锥体 K_1 称为圆域 $C_{at_0}^{M_0}$ 的**决定区域**.

类似地, 在三维情形下, 给定球域

$$B_{at_0}^{M_0}=\left\{(x,y,z)\Big|(x-x_0)^2+(y-y_0)^2+(z-z_0)^2\leqslant a^2t_0^2\right\}. \tag{3.4.6}$$

我们称 (x,y,z,t) 空间的锥体域

$$K_3=\left\{(x,y,z,t)\Big|(x-x_0)^2+(y-y_0)^2+(z-z_0)^2\leqslant a^2(t_0-t)^2,\ 0\leqslant t\leqslant t_0\right\} \tag{3.4.7}$$

为球域 $B_{at_0}^{M_0}$ 的**决定区域**. 解在锥体域 K_3 内任何一点的值 $u(x,y,z,t)$ 都由球域 $B_{at_0}^{M_0}$ 上的初值所决定.

例 3.4.1 在 $t=0$ 平面上以 $(0,0)$ 点为圆心, 1 为半径的圆域内给定函数 ϕ 和 ψ 的值, 能否决定初值问题

$$\begin{cases} u_{tt}=u_{xx}+u_{yy}, & (x,y)\in\mathbb{R}^2,\quad t>0,\\ u(x,y,0)=\phi(x,y),\ u_t(x,y,0)=\psi(x,y), & (x,y)\in\mathbb{R}^2\end{cases}$$

的解 u 在 $(x,y,t)=\left(\dfrac{1}{2},\dfrac{\sqrt{3}}{2},\dfrac{1}{2}\right)$ 这点的值? 试说明理由.

解 因为在 $t=0$ 平面上以 $(0,0)$ 点为圆心, 1 为半径的圆域的决定区域是 $x^2+y^2\leqslant(1-t)^2,0\leqslant t\leqslant 1$. 点 $(x,y,t)=\left(\dfrac{1}{2},\dfrac{\sqrt{3}}{2},\dfrac{1}{2}\right)$ 不满足上述不等式, 故不能决定解在这点的值.

3. **影响区域**

在二维情形下, 我们在初始平面 $t=0$ 上任取一点 $(x_0,y_0,0)$ 作一锥体域 (图 3.10)

$$K_4=\left\{(x,y,t)\Big|(x-x_0)^2+(y-y_0)^2\leqslant a^2t^2,\ t\geqslant 0\right\}. \tag{3.4.8}$$

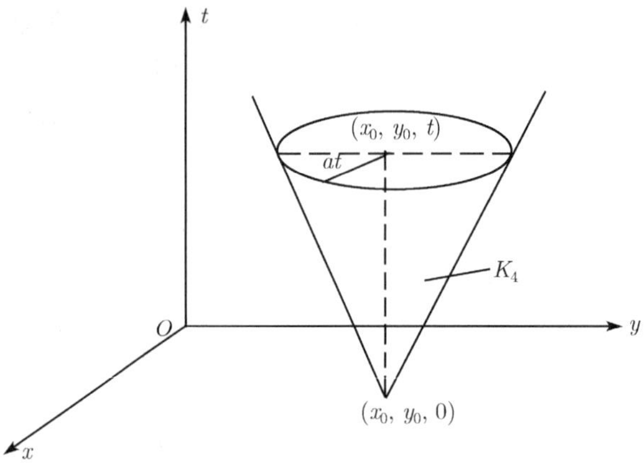

图 3.10

锥体域 K_4 中任何一点 (x,y,t), 其依赖区域都包括点 $(x_0,y_0,0)$, 即解受到 $(x_0,y_0,0)$ 上定义的初值 $\phi(x_0,y_0)$ 和 $\psi(x_0,y_0)$ 的影响, 而 K_4 外任何一点的依赖区域都不包含点 $(x_0,y_0,0)$. 称锥体域 K_4 为点 $(x_0,y_0,0)$ 的**影响区域**.

类似地, 锥面

$$K_5=\left\{(x,y,z,t)\Big|(x-x_0)^2+(y-y_0)^2+(z-z_0)^2=a^2(t_0-t)^2,\ \ t\geqslant 0\right\}\tag{3.4.9}$$

称为点 $(x_0,y_0,z_0,0)$ 的**影响区域**, 即点 $(x_0,y_0,z_0,0)$ 处给定的初值只影响到解 u 在 K_5 上的点的取值, 而不影响解 u 在 K_5 外的点的取值.

4. **特征锥**

以点 $(x_0,y_0,t_0),t_0>0$ 为顶点的圆锥面

$$(x-x_0)^2+(y-y_0)^2=a^2(t_0-t)^2,\quad 0\leqslant t\leqslant t_0\tag{3.4.10}$$

称为**二维波动方程的特征锥**. 以点 $(x_0,y_0,z_0,t_0),t_0>0$ 为顶点的锥面

$$(x-x_0)^2+(y-y_0)^2+(z-z_0)^2=a^2(t_0-t)^2,\quad 0\leqslant t\leqslant t_0\tag{3.4.11}$$

称为**三维波动方程的特征锥**.

从以上可以看出, 特征锥在波动方程初值问题解的依赖区域、决定区域和影响区域中起着重要作用.

习　题　3

1. 求下列初值问题的解:

(1) $\begin{cases} u_{tt}-9u_{xx}=0, & -\infty<x<+\infty,\ t>0, \\ u(x,0)=\sin 2x,\ u_t(x,0)=6x^2-1, & -\infty<x<+\infty; \end{cases}$

(2) $\begin{cases} u_{tt}-a^2u_{xx}=0, & -\infty<x<+\infty,\ t>0, \\ u(x,0)=\sin x,\ u_t(x,0)=x^2, & -\infty<x<+\infty; \end{cases}$

(3) $\begin{cases} u_{tt}-u_{xx}=1, & -\infty<x<+\infty,\ t>0, \\ u(x,0)=x^2,\ u_t(x,0)=1, & -\infty<x<+\infty; \end{cases}$

(4) $\begin{cases} u_{tt}-u_{xx}=\cos(x+t), & -\infty<x<+\infty,\ t>0, \\ u(x,0)=x,\ u_t(x,0)=\sin x, & -\infty<x<+\infty. \end{cases}$

2. 先求出半无界区域上波动方程的定解问题

$$\begin{cases} u_{tt}-u_{xx}=0, & 0<x<+\infty,\ t>0, \\ u(x,0)=u_t(x,0)=0, & 0\leqslant x<+\infty, \\ u(0,t)=\dfrac{t}{1+t}, & t\geqslant 0 \end{cases}$$

的解 $u=u(x,t)$. 然后证明对任意 $c>0$, 极限 $\lim\limits_{x\to+\infty}u(cx,x)$ 存在, 并且求出该极限.

3. 求下列二阶线性偏微分方程初值问题的解:

(1) $\begin{cases} u_{xx}+2u_{xy}-3u_{yy}=0, & -\infty<x<+\infty,\ y>0, \\ u(x,0)=\sin x,\ u_y(x,0)=x, & -\infty<x<+\infty; \end{cases}$

(2) $\begin{cases} u_{xx}-2\sin x\, u_{xy}-\cos^2 x\, u_{yy}-\cos x\, u_y=\mathrm{e}^{-2x}, & -\infty<y<+\infty,\ x>0, \\ u(0,y)=u_x(0,y)=0, & -\infty<y<+\infty. \end{cases}$

4. 半无界弦的初始位移和初始速度都为 0, 端点振动规律为 $u_x(0,t)=A\sin\omega t$, 求解半无界弦的振动规律.

5. 利用泊松公式求解下列三维波动方程柯西问题:

(1) $\begin{cases} u_{tt}=a^2(u_{xx}+u_{yy}+u_{zz}), & (x,y,z)\in\mathbb{R}^3,\ t>0, \\ u|_{t=0}=x+2y,\ u_t|_{t=0}=0, & (x,y,z)\in\mathbb{R}^3; \end{cases}$

(2) $\begin{cases} u_{tt}=a^2(u_{xx}+u_{yy}+u_{zz}), & (x,y,z)\in\mathbb{R}^3,\ t>0, \\ u|_{t=0}=0,\ u_t|_{t=0}=2xy, & (x,y,z)\in\mathbb{R}^3. \end{cases}$

6. 利用降维法求解一维波动方程柯西问题:

$$\begin{cases} u_{tt}=a^2u_{xx}, & -\infty<x<+\infty,\ t>0, \\ u(x,0)=\phi(x),\ u_t(x,0)=\psi(x), & -\infty<x<+\infty. \end{cases}$$

7. 利用齐次化原理导出二维非齐次波动方程

$$u_{tt}=a^2(u_{xx}+u_{yy})+f(x,y,t),\quad (x,y)\in\mathbb{R}^2,\ t>0$$

在初始条件 $u(x,y,0)=u_t(x,y,0)=0$ 下的求解公式.

8. 设 $\phi_1,\phi_2\in C^2,\psi_1,\psi_2\in C^1$. 利用叠加原理和达朗贝尔公式, 证明二维波动方程初值问题

$$\begin{cases} u_{tt}=a^2(u_{xx}+u_{yy}), & (x,y)\in\mathbb{R}^2,\ \ t>0, \\ u(x,y,0)=\phi_1(x)+\phi_2(y), & (x,y)\in\mathbb{R}^2, \\ u_t(x,y,0)=\psi_1(x)+\psi_2(y), & (x,y)\in\mathbb{R}^2 \end{cases}$$

的解是

$$\begin{aligned} u(x,y,t)=&\frac{1}{2}[\phi_1(x+at)+\phi_1(x-at)+\phi_2(y+at)+\phi_2(y-at)] \\ &+\frac{1}{2a}\int_{x-at}^{x+at}\psi_1(\xi)\mathrm{d}\xi+\frac{1}{2a}\int_{y-at}^{y+at}\psi_2(\xi)\mathrm{d}\xi. \end{aligned}$$

9. 利用叠加原理, 求下列二维波动方程初值问题的解:

(1) $\begin{cases} u_{tt}=2(u_{xx}+u_{yy}), & (x,y)\in\mathbb{R}^2,\ \ t>0, \\ u(x,y,0)=2x^2-y^2,\ u_t(x,y,0)=2x^2+y^2, & (x,y)\in\mathbb{R}^2; \end{cases}$

(2) $\begin{cases} u_{tt}=u_{xx}+u_{yy}+t\sin y, & (x,y)\in\mathbb{R}^2,\ \ t>0, \\ u(x,y,0)=x^2,\ u_t(x,y,0)=\sin y, & (x,y)\in\mathbb{R}^2. \end{cases}$

10. 利用泊松公式, 求下列三维波动方程初值问题的解 $u=u(x,y,z,t)$.

(1) $\begin{cases} u_{tt}=u_{xx}+u_{yy}+u_{zz}+2xyz, & (x,y,z)\in\mathbb{R}^3,\ \ t>0, \\ u(x,y,z,0)=x^2+y^2-2z^2,\ u_t(x,y,z,0)=1, & (x,y,z)\in\mathbb{R}^3; \end{cases}$

(2) $\begin{cases} u_{tt}=a^2(u_{xx}+u_{yy}+u_{zz}), & (x,y,z)\in\mathbb{R}^3,\ \ t>0, \\ u(x,y,z,0)=x^3+y^2z,\ u_t(x,y,z,0)=0, & (x,y,z)\in\mathbb{R}^3; \end{cases}$

(3) $\begin{cases} u_{tt}=u_{xx}+u_{yy}+u_{zz}+2(y-t), & (x,y,z)\in\mathbb{R}^3,\ \ t>0, \\ u(x,y,z,0)=x+z,\ u_t(x,y,z,0)=x^2+yz, & (x,y,z)\in\mathbb{R}^3. \end{cases}$

11. 利用适当的方法, 解下列初值问题:

(1) $\begin{cases} u_{tt}=8(u_{xx}+u_{yy}+u_{zz})+t^2x^2, & (x,y,z)\in\mathbb{R}^3,\ \ t>0, \\ u(x,y,z,0)=y^2,\ u_t(x,y,z,0)=z^2, & (x,y,z)\in\mathbb{R}^3; \end{cases}$

(2) $\begin{cases} u_{tt}=a^2(u_{xx}+u_{yy}+u_{zz})+6y, & (x,y,z)\in\mathbb{R}^3,\ \ t>0, \\ u(x,y,z,0)=3x-2xy^2z,\ u_t(x,y,z,0)=3yz, & (x,y,z)\in\mathbb{R}^3; \end{cases}$

(3) $\begin{cases} u_{tt}=a^2(u_{xx}+u_{yy}), & (x,y)\in\mathbb{R}^2,\ \ t>0, \\ u(x,y,0)=x^2(x+3y)+y^2,\ u_t(x,y,0)=3xy, & (x,y)\in\mathbb{R}^2. \end{cases}$

12. (热传导方程的齐次化原理) 设函数 $f(x,t)$ 连续可微. 证明: 如果 $w=w(x,t,\tau)$ 是初值问题

$$\begin{cases} w_t=a^2w_{xx}, & -\infty<x<+\infty,\ \ t>\tau, \\ w|_{t=\tau}=f(x,\tau), & -\infty<x<+\infty \end{cases}$$

的解, 其中参数 $\tau \geqslant 0$. 那么由积分所定义的函数

$$u(x,t)=\int_0^t w(x,t,\tau)\mathrm{d}\tau$$

是初值问题

$$\begin{cases} u_t=a^2u_{xx}+f(x,t), & -\infty<x<+\infty,\ t>0,\\ u(x,0)=0, & -\infty<x<+\infty \end{cases}$$

的解.

13. 证明方程

$$\left(1-\frac{x}{h}\right)^2\frac{\partial^2 u}{\partial t^2}=a^2\frac{\partial}{\partial x}\left[\left(1-\frac{x}{h}\right)^2\frac{\partial u}{\partial x}\right]$$

的通解可以表示成

$$u(x,t)=\frac{F(x+at)+G(x-at)}{h-x},$$

其中 $h,a>0$ 为常数, F,G 为任意二阶连续可微函数; 并由此求该方程在区域 $\mathcal{D}=\{(x,t)|-\infty<x<+\infty,t>0\}$ 内满足初值条件

$$u(x,0)=\phi(x),u_t(x,0)=\psi(x),\quad -\infty<x<+\infty$$

的解, 其中 $\phi(x)$, $\psi(x)$ 为已知二阶连续可微函数.

14. 假设函数 $f(x,t),\phi(x)$ 和 $\psi(x)$ 关于变量 x 是奇函数 (或者周期为 L 的函数), 则初值问题 (3.1.8) 的解 $u(x,t)$ 关于 x 也是奇函数 (或者周期为 L 的函数).

15. 求出下列定解问题的解:

$$\begin{cases} u_{tt}=a^2u_{xx}, & 0<x<+\infty,\ t>0,\\ u(x,0)=u_t(x,0)=0, & 0\leqslant x<+\infty,\\ u_x(0,t)=q(t), & t\geqslant 0, \end{cases}$$

其中 $q(t)\in C^2$, 且 $q(0)=q'(0)=0$.

16. 求解双曲型方程的古尔沙问题:

$$\begin{cases} u_{tt}=u_{xx}, & -t<x<t,\ t>0,\\ u|_{x+t=0}=\phi(x),u|_{x-t=0}=\psi(x), \end{cases}$$

其中 $\phi(x),\psi(x)\in C^2$, 且 $\phi(0)=\psi(0)$.

第 4 章　分离变量法

本章介绍的分离变量法又称傅里叶级数法, 它是解数学物理方程定解问题的最常用和最基本的方法之一. 它能够求解相当多的定解问题, 特别是对一些常见区域(如有限区间、矩形域、圆域、长方体、球面、圆柱体等) 上混合问题和边值问题, 都可以用分离变量法试着求解. 该方法的特点是通过变量的分离, 把偏微分方程化成常微分方程来求解. 它的主要依据是第 1 章中的线性叠加原理和本章 4.5 节介绍的施图姆–刘维尔 (Sturm-Liouville) 的特征值理论.

*4.1　正交函数系和函数傅里叶级数展开

在这一节里, 我们介绍正交函数系和函数傅里叶级数的一些基本概念与结果. 它们是分离变量法求解数学物理方程定解问题的基础.

4.1.1　正交函数系

设 $\rho=\rho(x)>0$ 在区间 $[a,b]$ 上可积. 如果在 $[a,b]$ 上定义的可积函数 $\phi(x),\psi(x)$ 有

$$\int_a^b \phi(x)\psi(x)\rho(x)\mathrm{d}x=0, \tag{4.1.1}$$

则称函数 $\phi(x),\psi(x)$ 在区间 $[a,b]$ 上**关于权函数 $\rho(x)$ 是正交的**.

考察定义在区间 $[a,b]$ 上的可积和平方可积函数系 $\{\phi_n(x)\}|_{n=1}^{\infty}$. 如果

$$\int_a^b \phi_n(x)\phi_m(x)\rho(x)\mathrm{d}x=0,\qquad m\neq n,\ m,n=1,2,\cdots, \tag{4.1.2}$$

则称函数系 $\{\phi_n(x)\}|_{n=1}^{\infty}$ 在区间 $[a,b]$ 上**关于权函数 $\rho(x)$ 是正交函数系**. 同时我们总是假定 $\phi_n(x)$ 不恒等于零, 因此

$$\int_a^b \phi_n^2(x)\rho(x)\mathrm{d}x>0,\qquad n=1,2,\cdots. \tag{4.1.3}$$

我们称该积分的平方根值为函数 $\phi_n(x)$ 的**模或范数**, 记为 $\|\phi_n\|_2$, 即

$$\|\phi_n\|_2=\sqrt{\int_a^b \phi_n^2(x)\rho(x)\mathrm{d}x},\qquad n=1,2,\cdots. \tag{4.1.4}$$

---

* 本节由任课老师根据实际情况选讲.

特别地, 当 $\rho(x) \equiv 1$ 时, 简称 $\{\phi_n(x)\}|_{n=1}^{\infty}$ 是 $[a,b]$ 上的正交函数系. 进一步地, 如果还有

$$\int_a^b \phi_n(x)\phi_m(x)\mathrm{d}x = \begin{cases} 0, & n \neq m, \\ 1, & n = m, \end{cases} \tag{4.1.5}$$

则称 $\{\phi_n(x)\}|_{n=1}^{\infty}$ 为区间 $[a,b]$ 上的**标准正交函数系**(或**规范正交函数系**). 显然, 一个标准正交函数系可由正交函数系的每个函数除以它的模而得到.

例 4.1.1 三角函数系

$$1,\ \cos x,\ \sin x,\ \cos 2x,\ \sin 2x,\ \cdots,\cos nx,\ \sin nx,\ \cdots \tag{4.1.6}$$

在区间 $[-\pi,\pi]$ 上组成一个正交函数系.

解 事实上, 利用三角恒等式

$$\sin\alpha\cdot\cos\beta = \frac{1}{2}(\sin(\alpha-\beta)+\sin(\alpha+\beta)),$$

$$\sin\alpha\cdot\sin\beta = \frac{1}{2}(\cos(\alpha-\beta)-\cos(\alpha+\beta)),$$

$$\cos\alpha\cdot\cos\beta = \frac{1}{2}(\cos(\alpha-\beta)+\cos(\alpha+\beta)),$$

那么, 对任意正整数 n 和 m, 直接验证得到

$$\int_{-\pi}^{\pi} \sin nx \sin mx\mathrm{d}x = \begin{cases} 0, & n \neq m, \\ \pi, & n = m; \end{cases}$$

$$\int_{-\pi}^{\pi} \cos nx \cos mx\mathrm{d}x = \begin{cases} 0, & n \neq m, \\ \pi, & n = m; \end{cases}$$

$$\int_{-\pi}^{\pi} \sin nx \cos mx\mathrm{d}x = 0;$$

以及

$$\int_{-\pi}^{\pi} \sin nx\mathrm{d}x = \int_{-\pi}^{\pi} \cos nx\mathrm{d}x = 0.$$

为使这个正交函数系标准化, 将正交系中各函数除以它的模. 因此函数系

$$\frac{1}{\sqrt{2\pi}},\ \frac{\cos x}{\sqrt{\pi}},\ \frac{\sin x}{\sqrt{\pi}},\ \frac{\cos 2x}{\sqrt{\pi}},\ \frac{\sin 2x}{\sqrt{\pi}},\ \cdots,\ \frac{\cos nx}{\sqrt{\pi}},\ \frac{\sin nx}{\sqrt{\pi}},\ \cdots$$

是区间 $[-\pi,\pi]$ 上的**标准正交函数系**.

显然, 子函数系 $\sin nx(n=1,2,\cdots)$ 和 $\cos mx(m=0,1,2,\cdots)$ 是区间 $[-\pi,\pi]$ 上的正交函数系, 而 $\dfrac{\sin nx}{\sqrt{\pi}}(n=1,2,\cdots)$ 和 $\dfrac{1}{\sqrt{2\pi}},\dfrac{\cos mx}{\sqrt{\pi}}(m=1,2,\cdots)$ 是区间 $[-\pi,\pi]$ 上的标准正交函数系.

注 4.1.1　类似地可以证明, 函数系

$$1,\ \cos\frac{\pi x}{L},\ \sin\frac{\pi x}{L},\ \cos\frac{2\pi x}{L},\ \sin\frac{2\pi x}{L},\ \cdots,\cos\frac{n\pi x}{L},\ \sin\frac{n\pi x}{L},\ \cdots$$

在区间 $[-L,L]$ 上组成一个正交函数系.

4.1.2　傅里叶级数

1. $[-\pi,\pi]$ 上函数 $f(x)$ 的傅里叶级数

设 $f(x)$ 是以 2π 为周期的函数, 且能展开成三角函数系 (4.1.6) 的级数

$$f(x)=\frac{a_0}{2}+\sum_{k=1}^{\infty}(a_k\cos kx+b_k\sin kx). \tag{4.1.7}$$

假设该级数可以逐项积分, 那么首先得到

$$\int_{-\pi}^{\pi}f(x)\mathrm{d}x=\int_{-\pi}^{\pi}\frac{a_0}{2}\mathrm{d}x+\sum_{k=1}^{\infty}\int_{-\pi}^{\pi}(a_k\cos kx+b_k\sin kx)\mathrm{d}x=a_0\pi.$$

所以

$$a_0=\frac{1}{\pi}\int_{-\pi}^{\pi}f(x)\mathrm{d}x. \tag{4.1.8}$$

又设 n 是任一正整数, 用 $\cos nx$ 乘以式 (4.1.7) 的两边, 并在 $[-\pi,\pi]$ 上积分, 得

$$\int_{-\pi}^{\pi}f(x)\cos nx\mathrm{d}x=\int_{-\pi}^{\pi}\frac{a_0}{2}\cos nx\mathrm{d}x+\sum_{k=1}^{\infty}\int_{-\pi}^{\pi}(a_k\cos kx+b_k\sin kx)\cos nx\mathrm{d}x.$$

由于三角函数系 (4.1.6) 的正交性, 等式右端除 $k=n$ 这项外, 其余各项均为 0, 所以

$$\int_{-\pi}^{\pi}f(x)\cos nx\mathrm{d}x=a_n\int_{-\pi}^{\pi}\cos^2 nx\mathrm{d}x=a_n\pi,$$

因此

$$a_n=\frac{1}{\pi}\int_{-\pi}^{\pi}f(x)\cos nx\mathrm{d}x,\qquad n=1,2,\cdots. \tag{4.1.9}$$

同理, 用 $\sin nx$ 乘以式 (4.1.7) 的两边, 并在 $[-\pi,\pi]$ 上积分, 可得

$$b_n=\frac{1}{\pi}\int_{-\pi}^{\pi}f(x)\sin nx\mathrm{d}x,\qquad n=1,2,\cdots. \tag{4.1.10}$$

当 $n=0$ 时, a_n 的表达式 (4.1.9) 正好给出 a_0, 从而可合并为

$$\begin{cases} a_n=\dfrac{1}{\pi}\displaystyle\int_{-\pi}^{\pi}f(x)\cos nx\mathrm{d}x, & n=0,1,2,\cdots, \\ b_n=\dfrac{1}{\pi}\displaystyle\int_{-\pi}^{\pi}f(x)\sin nx\mathrm{d}x, & n=1,2,\cdots. \end{cases} \tag{4.1.11}$$

如果公式 (4.1.11) 中的积分都存在, 这时由式 (4.1.11) 定出的系数 a_n,b_n 称为 $f(x)$ 的**傅里叶系数**. 将这些系数代入式 (4.1.7) 的右端, 所得的三角级数

$$\frac{a_0}{2}+\sum_{k=1}^{\infty}(a_k\cos kx+b_k\sin kx) \tag{4.1.12}$$

称为 $f(x)$ 的**傅里叶级数**, 记为

$$f(x)\sim\frac{a_0}{2}+\sum_{k=1}^{\infty}(a_k\cos kx+b_k\sin kx). \tag{4.1.13}$$

对于周期为 2π 的可积函数 $f(x)$, 尽管可以由式 (4.1.11) 确定傅里叶系数 a_n,b_n, 从而作出其傅里叶级数式 (4.1.13), 但我们还不能断定这个级数是否收敛? 并且即使收敛, 它的和函数是否就是 $f(x)$? 一般来说这两个问题的答案都不是肯定的. 那么 $f(x)$ 在什么样的条件下, 它的傅里叶级数一定收敛, 并且收敛于 $f(x)$? 下面我们给出一个收敛定理, 它的证明不予叙述, 有兴趣的读者可参见《数学分析》教材的有关内容.

定理 4.1.1 (狄利克雷 (Dirichlet) 收敛定理)

设 $f(x)$ 是以 2π 为周期的函数, 满足狄利克雷条件:

(1) $f(x),f'(x)$ 在 $[-\pi,\pi]$ 上连续或分段连续, 且至多只有有限个第一类间断点;

(2) $f(x)$ 在 $[-\pi,\pi]$ 上至多有有限个极值点.

那么 $f(x)$ 的傅里叶级数收敛, 并且对任意的 $x\in[-\pi,\pi]$, 成立

$$\frac{1}{2}[f(x+0)+f(x-0)]=\frac{a_0}{2}+\sum_{k=1}^{\infty}(a_k\cos kx+b_k\sin kx), \tag{4.1.14}$$

其中系数 a_n,b_n 由式 (4.1.11) 确定.

狄利克雷收敛定理表明, 满足狄利克雷条件的以 2π 为周期的函数 $f(x)$, 如果 x 是它的连续点, 则它的傅里叶级数收敛于 $f(x)$. 如果 x 是它的第一类间断点, 则其傅里叶级数收敛于函数在该点处的左、右极限的算术平均值 $[f(x+0)+f(x-0)]/2$.

例 4.1.2　设 $f(x)$ 是以 2π 为周期的函数, 见图 4.1. 它在 $[-\pi,\pi]$ 上的表达式为

$$f(x)=\begin{cases}-\pi, & -\pi\leqslant x<0,\\ x, & 0\leqslant x<\pi.\end{cases}$$

试将 $f(x)$ 在 $[-\pi,\pi]$ 上展开成傅里叶级数.

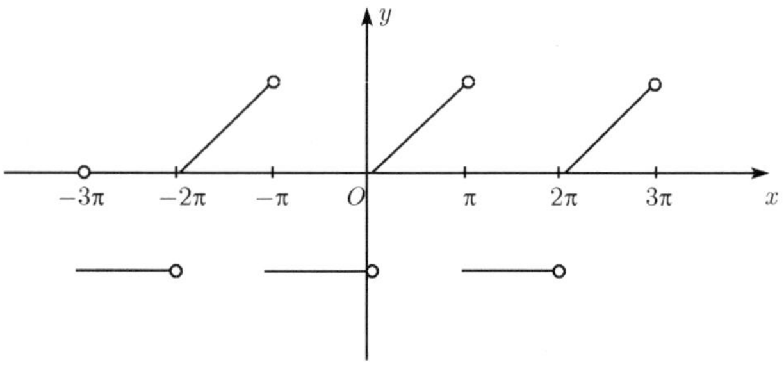

图 4.1

解　显然函数 $f(x)$ 满足狄利克雷收敛定理的条件, 由式 (4.1.11) 得

$$\begin{aligned}
a_0&=\frac{1}{\pi}\int_{-\pi}^{\pi}f(x)\mathrm{d}x=\frac{1}{\pi}\left(-\int_{-\pi}^{0}\pi\mathrm{d}x+\int_0^{\pi}x\mathrm{d}x\right)=-\frac{\pi}{2},\\
a_n&=\frac{1}{\pi}\int_{-\pi}^{\pi}f(x)\cos nx\mathrm{d}x\\
&=\frac{1}{\pi}\left(-\int_{-\pi}^{0}\pi\cos nx\mathrm{d}x+\int_0^{\pi}x\cos nx\mathrm{d}x\right)\\
&=\frac{1}{\pi n^2}[(-1)^n-1],\\
b_n&=\frac{1}{\pi}\int_{-\pi}^{\pi}f(x)\sin nx\mathrm{d}x\\
&=\frac{1}{\pi}\left(-\int_{-\pi}^{0}\pi\sin nx\mathrm{d}x+\int_0^{\pi}x\sin nx\mathrm{d}x\right)\\
&=\frac{1}{n}(1-2\cos n\pi)=\frac{1}{n}[1-2(-1)^n].
\end{aligned}$$

因此, $f(x)$ 的傅里叶级数为

$$f(x)=-\frac{\pi}{4}+\sum_{n=1}^{\infty}\left[\frac{1}{\pi n^2}((-1)^n-1)\cos nx+\frac{1}{n}(1-2(-1)^n)\sin nx\right],$$

其中 $x\in(-\infty,+\infty), x\neq k\pi, k=0,\pm1,\pm2,\cdots$. 在 $x=2k\pi$ 处, 级数收敛于 $\dfrac{-\pi+0}{2}=-\dfrac{\pi}{2}$; 在 $x=(2k+1)\pi$ 处, 级数收敛于 $\dfrac{-\pi+\pi}{2}=0$, $k=0,\pm1,\pm2,\cdots$.

应当注意, 如果 $f(x)$ 只在 $[-\pi,\pi)$ 上有定义, 且满足狄利克雷收敛定理的条件, 那么可在 $[-\pi,\pi)$ 外补充函数 $f(x)$ 的定义, 使它拓广成周期为 2π 的函数 $F(x)$, 称为**周期延拓**. 再将 $F(x)$ 展开成傅里叶级数, 然后限制 x 在 $[-\pi,\pi)$ 上, $F(x)=f(x)$. 这样便得到了 $f(x)$ 的傅里叶级数展开式. 根据狄利克雷收敛定理, 当 $x=\pm\pi$ 时, 级数收敛于 $\dfrac{1}{2}[f(\pi-0)+f(-\pi+0)]$.

2. 正弦级数和余弦级数

一般情况下, 满足狄利克雷收敛定理条件的函数 $f(x)$ 的傅里叶级数中既有正弦项, 又含有余弦项. 但有些函数的傅里叶级数中只含有正弦项, 有的只含有常数项和余弦项.

如果函数 $f(x)$ 是以 2π 为周期的奇函数, 那么 $f(x)\sin nx$ 是偶函数, 而 $f(x)\cos nx$ 是奇函数. 因此由式 (4.1.11), 得 $a_n=0(n=0,1,2,\cdots)$ 和

$$b_n=\frac{2}{\pi}\int_0^{\pi}f(x)\sin nx\mathrm{d}x,\qquad n=1,2,\cdots. \tag{4.1.15}$$

可见奇函数 $f(x)$ 的傅里叶级数为正弦级数

$$\frac{1}{2}[f(x-0)+f(x+0)]=\sum_{n=1}^{\infty}b_n\sin nx. \tag{4.1.16}$$

特别地, 如果 $f(x)$ 在 x 处连续, 则

$$f(x)=\sum_{n=1}^{\infty}b_n\sin nx, \tag{4.1.17}$$

其中 b_n 由式 (4.1.15) 确定.

类似地, 如果函数 $f(x)$ 是以 2π 为周期的偶函数, 那么由式 (4.1.11), 得 $b_n=0(n=1,2,\cdots)$ 和

$$a_n=\frac{2}{\pi}\int_0^{\pi}f(x)\cos nx\mathrm{d}x,\qquad n=0,1,2,\cdots. \tag{4.1.18}$$

因此偶函数的傅里叶级数为余弦级数

$$\frac{1}{2}[f(x-0)+f(x+0)]=\frac{a_0}{2}+\sum_{n=1}^{\infty}a_n\cos nx. \tag{4.1.19}$$

在连续点 x 处,

$$f(x)=\frac{a_0}{2}+\sum_{n=1}^{\infty}a_n\cos nx, \tag{4.1.20}$$

其中 a_n 由式 (4.1.18) 确定.

例 4.1.3 设 $f(x)$ 是以 2π 为周期的函数, 它在 $[-\pi,\pi)$ 上表达式为 $f(x)=x$. 将 $f(x)$ 展开成傅里叶级数.

解 如图 4.2 所示, 容易知道 $f(x)$ 是奇函数, 且满足狄利克雷收敛定理的条件. 因此 $a_n=0(n=0,1,2,\cdots)$ 和

$$b_n=\frac{2}{\pi}\int_0^{\pi}f(x)\sin nx\mathrm{d}x=\frac{2}{\pi}\int_0^{\pi}x\sin nx\mathrm{d}x=(-1)^{n+1}\frac{2}{\pi},\quad n=1,2,\cdots.$$

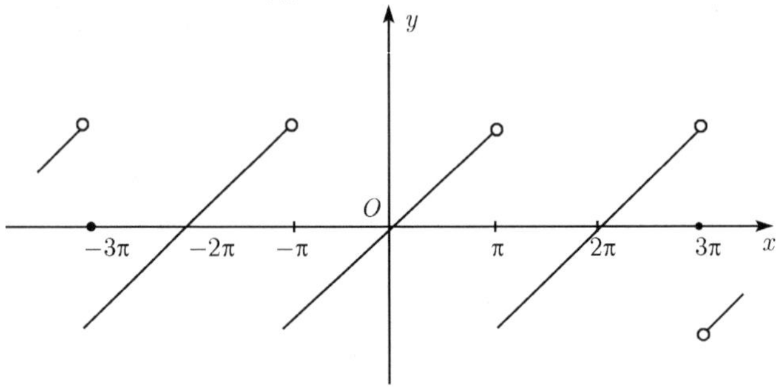

图 4.2

所以 $f(x)$ 的傅里叶展开式为

$$f(x)=2\left(\sin x-\frac{1}{2}\sin 2x+\frac{1}{3}\sin 3x-\cdots+\frac{(-1)^{n+1}}{n}\sin nx+\cdots\right),$$

其中 $x\in(-\infty,+\infty)$, $x\neq(2k+1)\pi, k=0,\pm1,\pm2,\cdots$.

例 4.1.4 设 $f(x)$ 是以 2π 为周期的函数, 在 $[-\pi,\pi)$ 上的表达式为 $f(x)=|x|$, 将 $f(x)$ 展开为傅里叶级数.

解 函数 $f(x)$ 如图 4.3 所示. 容易验证 $f(x)$ 在 $[-\pi,\pi)$ 上为偶函数, 且满足狄利克雷收敛定理的条件. 因此 $b_n=0(n=1,2,\cdots)$ 和

$$a_0=\frac{2}{\pi}\int_0^{\pi}f(x)\mathrm{d}x=\frac{2}{\pi}\int_0^{\pi}x\mathrm{d}x=\pi,$$

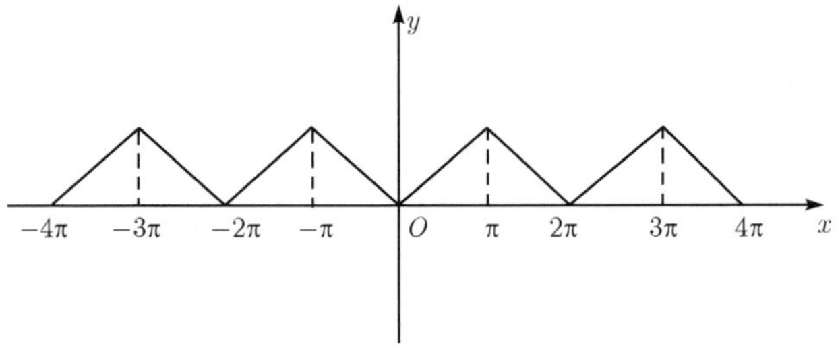

图 4.3

$$a_n = \frac{2}{\pi}\int_0^{\pi} f(x)\cos nx\mathrm{d}x = \frac{-2}{\pi n^2}(1-\cos n\pi) = \frac{-2}{\pi n^2}(1-(-1)^n).$$

故 $f(x)$ 的傅里叶级数为

$$\begin{aligned} f(x) = |x| &= \frac{\pi}{2} - \frac{4}{\pi}\sum_{n=1}^{\infty}\frac{1}{(2n-1)^2}\cos(2n-1)x \\ &= \frac{\pi}{2} - \frac{4}{\pi}\left(\cos x + \frac{1}{3^2}\cos 3x + \frac{1}{5^2}\cos 5x + \cdots\right), \quad x \in (-\infty, +\infty). \end{aligned}$$

如果函数 $f(x)$ 只定义在区间 $[0,\pi)$ 内, 我们可用两种方法延拓 $f(x)$, 使其定义在 $(-\infty,+\infty)$ 且以 2π 为周期. 第一种方法是作出 $f(x)$ 的偶延拓 (图 4.4).

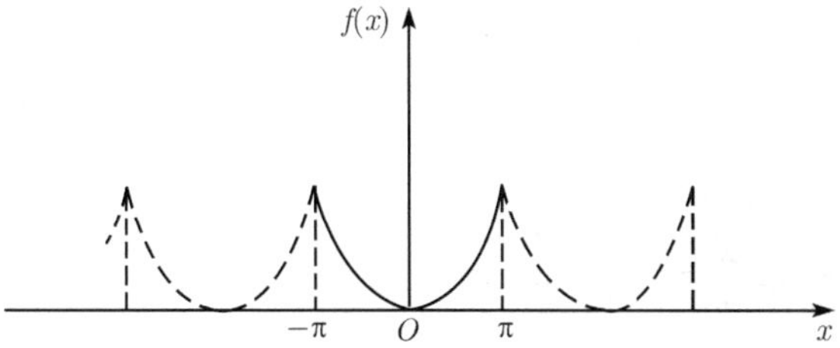

图 4.4

定义如下:

$$F_{\mathrm{e}}(x) = \begin{cases} f(x), & 0 \leqslant x < \pi, \\ f(-x), & -\pi \leqslant x < 0. \end{cases} \tag{4.1.21}$$

第二种方法是作出 $f(x)$ 的奇延拓 (图 4.5).

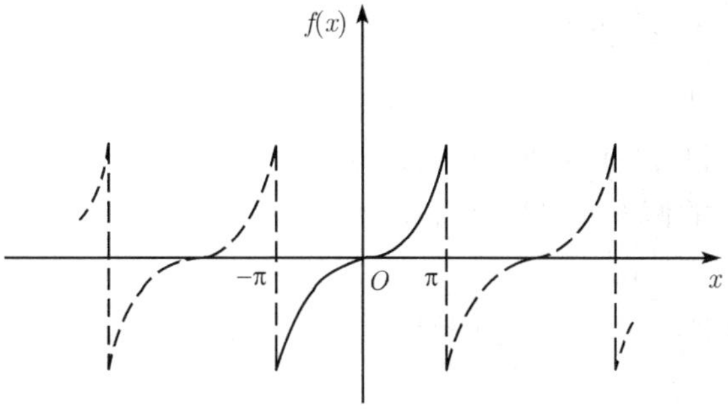

图 4.5

定义如下:

$$F_{\mathrm{o}}(x) = \begin{cases} f(x), & 0 \leqslant x < \pi, \\ -f(-x), & -\pi \leqslant x < 0. \end{cases} \tag{4.1.22}$$

因为 $F_{\mathrm{e}}(x)$ 和 $F_{\mathrm{o}}(x)$ 分别是以 2π 为周期的偶函数和奇函数, 所以 $F_{\mathrm{e}}(x)$ 及 $F_{\mathrm{o}}(x)$ 的傅里叶展开式分别是

$$F_{\mathrm{e}}(x)=\frac{a_0}{2}+\sum_{n=1}^{\infty}a_n\cos nx, \tag{4.1.23}$$

其中

$$a_n=\frac{2}{\pi}\int_0^{\pi}f(x)\cos nx\mathrm{d}x, \qquad n=0,1,2,\cdots \tag{4.1.24}$$

和

$$F_{\mathrm{o}}(x)=\sum_{n=1}^{\infty}b_n\sin nx, \tag{4.1.25}$$

其中

$$b_n=\frac{2}{\pi}\int_0^{\pi}f(x)\sin nx\mathrm{d}x, \qquad n=1,2,\cdots. \tag{4.1.26}$$

这样我们知道, 定义在 $[0,\pi)$ 上的函数 $f(x)$ 既可以展开成傅里叶余弦级数 (4.1.23) 又可以展开成傅里叶正弦级数 (4.1.25).

3. 周期为 $2L$ 函数的傅里叶级数

前面讨论的周期函数是以 $T=2\pi$ 为周期的, 但在许多实际问题中所遇到的周期不一定是 2π. 下面我们讨论 $T=2L$ 的周期函数 $f(x)$ 的傅里叶级数.

通过自变量的代换, 如令 $z=\dfrac{\pi x}{L}$, 可将 $[-L,L]$ 上的函数 $f(x)$ 化为 $[-\pi,\pi]$ 上的函数 $\overline{f}(z)=f\left(\dfrac{L}{\pi}z\right)$. 将 $\overline{f}(z)$ 在 $[-\pi,\pi]$ 上展开为傅里叶级数, 再返回原变量 x, 可以得到下面的定理:

定理 4.1.2　设 $f(x)$ 是以 $2L$ 为周期的周期函数, 且满足狄利克雷收敛定理的条件, 那么 $f(x)$ 的傅里叶级数展开式为

$$f(x)=\frac{a_0}{2}+\sum_{n=1}^{\infty}\left(a_n\cos\frac{n\pi x}{L}+b_n\sin\frac{n\pi x}{L}\right), \tag{4.1.27}$$

其中

$$\begin{cases} a_n=\dfrac{1}{L}\displaystyle\int_{-L}^{L}f(x)\cos\frac{n\pi x}{L}\mathrm{d}x, & n=0,1,2,\cdots, \\ b_n=\dfrac{1}{L}\displaystyle\int_{-L}^{L}f(x)\sin\frac{n\pi x}{L}\mathrm{d}x, & n=1,2,\cdots. \end{cases} \tag{4.1.28}$$

当 x 为第一类间断点时, 式 (4.1.27) 的左边应以 $\frac{1}{2}[f(x-0)+f(x+0)]$ 代替 (以下同).

当 $f(x)$ 为奇函数时

$$f(x)=\sum_{n=1}^{\infty}b_n\sin\frac{n\pi x}{L}, \tag{4.1.29}$$

其中

$$b_n=\frac{2}{L}\int_0^L f(x)\sin\frac{n\pi x}{L}\mathrm{d}x, \qquad n=1,2,\cdots. \tag{4.1.30}$$

当 $f(x)$ 为偶函数时

$$f(x)=\frac{a_0}{2}+\sum_{n=1}^{\infty}a_n\cos\frac{n\pi x}{L}, \tag{4.1.31}$$

其中

$$a_n=\frac{2}{L}\int_0^L f(x)\cos\frac{n\pi x}{L}\mathrm{d}x, \qquad n=0,1,2,\cdots. \tag{4.1.32}$$

4. 定义在 $[0,L]$ 上的函数的傅里叶展开

定义在 $[0,L]$ 上的函数 $f(x)$, 如果满足狄利克雷收敛定理的条件, 我们可以通过奇延拓和以 $2L$ 为周期的周期延拓, 把它展开成傅里叶正弦级数

$$f(x)=\sum_{n=1}^{\infty}b_n\sin\frac{n\pi x}{L}, \tag{4.1.33}$$

其中系数

$$b_n=\frac{2}{L}\int_0^L f(x)\sin\frac{n\pi x}{L}\mathrm{d}x, \qquad n=1,2,\cdots. \tag{4.1.34}$$

类似地, 通过偶延拓和以 $2L$ 为周期的周期延拓, $f(x)$ 可以展开成傅里叶余弦级数

$$f(x)=\frac{a_0}{2}+\sum_{n=1}^{\infty}a_n\cos\frac{n\pi x}{L}, \tag{4.1.35}$$

其中系数

$$a_n=\frac{2}{L}\int_0^L f(x)\cos\frac{n\pi x}{L}\mathrm{d}x, \qquad n=0,1,2,\cdots. \tag{4.1.36}$$

例 4.1.5　试将定义在区间 $[0, L]$ 上的函数 $f(x) = x - L/2$ 展开成傅里叶正弦级数和余弦级数.

解　显然 $f(x)$ 在 $[0, L]$ 上满足狄利克雷收敛定理的条件. 那么

$$b_n = \frac{2}{L}\int_0^L f(x)\sin\frac{n\pi x}{L}\mathrm{d}x = \frac{2}{L}\int_0^L \left(x - \frac{L}{2}\right)\sin\frac{n\pi x}{L}\mathrm{d}x = \frac{L}{n\pi}((-1)^{n+1} - 1),$$

$$a_0 = \frac{2}{L}\int_0^L f(x)\mathrm{d}x = \frac{2}{L}\int_0^L \left(x - \frac{L}{2}\right)\mathrm{d}x = 0,$$

$$a_n = \frac{2}{L}\int_0^L f(x)\cos\frac{n\pi x}{L}\mathrm{d}x = \frac{2}{L}\int_0^L \left(x - \frac{L}{2}\right)\cos\frac{n\pi x}{L}\mathrm{d}x = \frac{2L}{n^2\pi^2}((-1)^n - 1).$$

所以 $f(x)$ 的傅里叶正弦级数为

$$f(x) = -\frac{L}{\pi}\sum_{k=1}^{\infty}\frac{1}{k}\sin\frac{2k\pi x}{L}, \qquad 0 < x < L.$$

$f(x)$ 的傅里叶余弦级数为

$$f(x) = -\frac{4L}{\pi^2}\sum_{k=1}^{\infty}\frac{1}{(2k-1)^2}\cos\frac{(2k-1)\pi x}{L}, \qquad 0 < x < L.$$

5. **定义在任意区间 $[a, b]$ 上函数的傅里叶级数**

我们已经讨论过的函数定义在 $[-\pi, \pi]$, $[0, \pi]$, $[-L, L]$ 及 $[0, L]$ 上, 对于一般区间 $[a, b]$ 上的函数 $f(x)$, 我们可以作代换

$$z = \frac{2L}{b-a}\left(x - \frac{1}{2}(a+b)\right), \quad x \in [a, b],$$

则区间 $[a, b]$ 就变为 $[-L, L]$. 这样 $[a, b]$ 上的函数 $f(x)$ 就可以变换成 $[-L, L]$ 上的函数

$$F(z) = f(x) = f\left(\frac{a+b}{2} + \frac{b-a}{2L}z\right).$$

把函数 $F(z)$ 在 $[-L, L]$ 上展开成傅里叶级数, 得到

$$F(z) = \frac{a_0}{2} + \sum_{n=1}^{\infty}\left(a_n\cos\frac{n\pi z}{L} + b_n\sin\frac{n\pi z}{L}\right),$$

其中

$$\begin{cases} a_n = \dfrac{1}{L}\displaystyle\int_{-L}^{L} F(z)\cos\dfrac{n\pi z}{L}\mathrm{d}z, \quad n = 0,1,2,\cdots, \\ b_n = \dfrac{1}{L}\displaystyle\int_{-L}^{L} F(z)\sin\dfrac{n\pi z}{L}\mathrm{d}z, \quad n = 1,2,\cdots. \end{cases}$$

把 z 代回到 x, 就得到在 $[a,b]$ 上 $f(x)$ 的傅里叶展开式

$$f(x) = \frac{a_0}{2} + \sum_{n=1}^{\infty}\left(a_n\cos\frac{n\pi(2x-b-a)}{b-a} + b_n\sin\frac{n\pi(2x-b-a)}{b-a}\right), \tag{4.1.37}$$

其中

$$\begin{cases} a_n = \dfrac{2}{b-a}\displaystyle\int_{a}^{b} f(x)\cos\dfrac{n\pi(2x-b-a)}{b-a}\mathrm{d}x, \quad n = 0,1,2,\cdots, \\ b_n = \dfrac{2}{b-a}\displaystyle\int_{a}^{b} f(x)\sin\dfrac{n\pi(2x-b-a)}{b-a}\mathrm{d}x, \quad n = 1,2,\cdots. \end{cases} \tag{4.1.38}$$

例 4.1.6 将函数 $f(x) = 10 - x\ (5 < x < 15)$ 展开成傅里叶级数.

解 作变量代换 $z = x - 10$, 则区间 $(5,15)$ 变换成 $(-5,5)$. 记 $F(z) = f(z+10) = -z$. 函数 $F(z)$ 在 $(-5,5)$ 上满足狄利克雷收敛定理的条件. 再将 $F(z)$ 以周期 10 作周期延拓, 可得 $(-5,5)$ 上 $F(z)$ 的傅里叶级数. 直接计算得 $a_n = 0(n = 0,1,2,\cdots)$ 和

$$b_n = \frac{2}{5}\int_0^5 (-z)\sin\frac{n\pi}{5}z\mathrm{d}z = (-1)^n\frac{10}{n\pi}, \quad n = 1,2,\cdots.$$

于是

$$F(z) = \frac{10}{\pi}\sum_{n=1}^{\infty}\frac{(-1)^n}{n}\sin\frac{n\pi}{5}z, \quad -5 < z < 5.$$

返回原变量得

$$\begin{aligned} f(x) = 10 - x &= \frac{10}{\pi}\sum_{n=1}^{\infty}\frac{(-1)^n}{n}\sin\frac{n\pi}{5}(x-10) \\ &= \frac{10}{\pi}\sum_{n=1}^{\infty}\frac{(-1)^n}{n}\sin\frac{n\pi}{5}x, \quad 5 < x < 15. \end{aligned}$$

4.2 齐次方程和齐次边界条件的定解问题

分离变量法是求解偏微分方程定解问题的最常用和最基本的方法. 它的数学基础是常微分方程的特征值理论与线性方程解的叠加原理. 我们知道, 在求解线性

常系数齐次常微分方程的初值问题时, 常常先求出足够数量的特解, 然后利用叠加原理, 作出这些特解的线性组合, 使之满足给定的初始条件. 这就启发我们在解线性常系数偏微分方程定解问题时, 可先求出满足泛定方程和边界条件的足够数量的特解, 然后利用叠加原理, 使之满足其它条件 (如初始条件), 从而得到原定解问题的解.

先看两个自变量 x 和 y 的二阶线性常系数齐次偏微分方程的变量分离解. 由 2.2 节, 我们知道通过变量代换, 二阶线性常系数的齐次方程总可以化为如下的标准形式:

$$au_{xx}+bu_{yy}+cu_x+d_1u_y+d_2u=0, \tag{4.2.1}$$

其中 a,b,c,d_1,d_2 都是常数, 且 a,b 不全为零, 那么

(1) 当 $a=-b$ 时, 方程 (4.2.1) 是双曲型的;

(2) 当 $a=0$ 或 $b=0$ 时, 方程 (4.2.1) 是抛物型的;

(3) 当 $a=b$ 时, 方程 (4.2.1) 是椭圆型的.

假设式 (4.2.1) 具有变量分离形式的解 $u(x,y)=X(x)Y(y)\neq 0$, 这里 $X(x),Y(y)$ 都是二次可微的一元函数. 将 u 代入到式 (4.2.1), 并除以 XY, 得

$$a\frac{X''(x)}{X(x)}+b\frac{Y''(y)}{Y(y)}+c\frac{X'(x)}{X(x)}+d_1\frac{Y'(y)}{Y(y)}+d_2=0,$$

或者

$$\frac{aX''(x)+cX'(x)}{X(x)}=-\frac{bY''(y)+d_1Y'(y)}{Y(y)}-d_2. \tag{4.2.2}$$

可以看出, 方程 (4.2.2) 中的变量已被分离, 左边仅是 x 的函数, 右边仅是 y 的函数. 因此, 它们若相等, 必须等于常数. 这个常数称为**分离常数**, 记为 $-\lambda$, 从而得到两个常微分方程:

$$aX''(x)+cX'(x)+\lambda X(x)=0, \tag{4.2.3}$$

$$bY''(y)+d_1Y'(y)+(d_2-\lambda)Y(y)=0. \tag{4.2.4}$$

所以, 齐次线性偏微分方程 (4.2.1) 经变量分离后化为上述两个常微分方程.

再考察线性齐次边界条件的变量分离, 由第 1 章已知, 常见的边界条件 (一维) 通常有三类:

(1) $u|_{x=x_0}=0$;

(2) $u_x|_{x=x_0}=0$;

(3) $(u+hu_x)|_{x=x_0}=0$, 其中 x_0 表示边界点 a 或 b.

假设解为 $u(x,y)=X(x)Y(y)$. 取 $x_0=a$, 则上述三类边界条件分别对应于

$$X(a)Y(y)=0,\quad X'(a)Y(y)=0,\quad (X(a)+hX'(a))Y(y)=0.$$

欲求非零解 u, 则 $Y(y)\neq 0$. 因此得 $X(x)$ 的相应边界条件为

$$X(a)=0,\quad X'(a)=0,\quad X(a)+hX'(a)=0. \tag{4.2.5}$$

这表明, 当边界条件是线性齐次时, 可以分离出一元未知函数的边界条件.

另外, 使用分离变量法要根据求解区域的形状, 适当选取合适的坐标系. 例如当定解问题求解区域的边界可用坐标线 x 为常数和 y 为常数表示时, 常选用直角坐标系 Oxy; 对圆形域的边界或者边界由极坐标线 r 为常数和 θ 为常数所围的扇形区域时, 通常采用极坐标系 (r,θ).

本节将在不同坐标系下, 运用分离变量法求解几类定解问题.

4.2.1 波动方程的初边值问题

例 4.2.1 设长为 L 的弦, 两端固定, 作微小横振动. 已知初始位移为 $\phi(x)$, 初速度为 $\psi(x)$, 试求弦的振动规律.

解 这个物理问题可归为解如下定解问题:

$$\begin{cases} u_{tt}=a^2u_{xx}, & 0<x<L,\ t>0,\\ u(x,0)=\phi(x),\ u_t(x,0)=\psi(x), & 0\leqslant x\leqslant L,\\ u(0,t)=u(L,t)=0, & t\geqslant 0. \end{cases} \tag{4.2.6}$$

分离变量法的主要步骤:

第一步: 变量分离

设问题 (4.2.6) 有非零的变量分离解 $u(x,t)=X(x)T(t)$. 将其代入到 (4.2.6) 中的方程, 得

$$X(x)T''(t)=a^2X''(x)T(t),$$

即

$$\frac{T''(t)}{a^2T(t)}=\frac{X''(x)}{X(x)}=-\lambda.$$

由于上式左边是 t 的函数, 右边是 x 的函数, 若相等, 则必为常数, 记作 $-\lambda$. 于是得到关于 $T(t)$ 和 $X(x)$ 的两个常微分方程

$$T''(t)+\lambda a^2T(t)=0, \tag{4.2.7}$$

$$X''(x)+\lambda X(x)=0. \tag{4.2.8}$$

由式 (4.2.6) 中的边界条件, 得

$$X(0)T(t)=X(L)T(t)=0,$$

因为 $T(t)\neq 0$, 所以

$$X(0)=X(L)=0. \tag{4.2.9}$$

第二步: 解特征值问题

我们求解由式 (4.2.8) 和式 (4.2.9) 组成的常微分方程的边值问题, 即求解

$$\begin{cases} X''(x)+\lambda X(x)=0, \quad 0<x<L, \\ X(0)=X(L)=0. \end{cases} \tag{4.2.10}$$

其中 λ 为待定常数. 这个问题称为**特征值**(或**固有值**或**本征值**) **问题**. 使该问题有非零解的 λ 值, 称为**特征值**(或**固有值**或**本征值**), 而与 λ 值相应的非零解称为**特征函数** (或**固有函数**或**本征函数**).

下面求问题 (4.2.10) 的非零解. 分三种情形加以讨论.

(1) $\lambda=-\beta^2<0,\ \beta>0$. 此时问题 (4.2.10) 中方程的通解为

$$X(x)=C_1\mathrm{e}^{\beta x}+C_2\mathrm{e}^{-\beta x},$$

其中 C_1, C_2 为任意常数. 由 (4.2.10) 中的边界条件, 得

$$X(0)=C_1+C_2=0, \quad X(L)=C_1\mathrm{e}^{\beta L}+C_2\mathrm{e}^{-\beta L}=0.$$

由此解得 $C_1=C_2=0$. 所以当 $\lambda<0$ 时, $X(x)\equiv 0$. 不符合非零解的要求, 因此 λ 不能小于零.

(2) $\lambda=0$. 此时问题 (4.2.10) 中方程的通解为

$$X(x)=C_1x+C_2.$$

由边界条件 $X(0)=X(L)=0$, 得 $C_1=C_2=0$, 所以 $X(x)\equiv 0$. 同样, 这也不是我们所需要的解.

(3) $\lambda=\beta^2>0, \beta>0$. 此时 (4.2.10) 中方程的通解为

$$X(x)=C_1\cos\beta x+C_2\sin\beta x.$$

由边界条件 $X(0)=0$, 得 $C_1=0$. 又由 $X(L)=0$, 得 $C_2\sin\beta L=0$.

为求非零解, 故设 $C_2 \neq 0$. 所以 $\sin\beta L = 0$ 和 $\beta = \beta_n = \dfrac{n\pi}{L}, n = 1, 2, \cdots$. 因此所求的特征值为

$$\lambda = \lambda_n = \beta_n^2 = \left(\frac{n\pi}{L}\right)^2, \qquad n = 1, 2, \cdots, \tag{4.2.11}$$

对应 λ_n 的特征函数为

$$X_n(x) = C_n \sin\frac{n\pi x}{L}, \qquad n = 1, 2, \cdots. \tag{4.2.12}$$

将特征值 λ_n 代入式 (4.2.7), 得

$$T_n''(t) + \lambda_n a^2 T(t) = 0, \tag{4.2.13}$$

其通解为

$$T_n(t) = A_n \cos\frac{n\pi at}{L} + B_n \sin\frac{n\pi at}{L}. \tag{4.2.14}$$

于是得到满足定解问题 (4.2.6) 中方程和边界条件的变量分离特解为

$$u_n(x,t) = \left(a_n \cos\frac{n\pi at}{L} + b_n \sin\frac{n\pi at}{L}\right)\sin\frac{n\pi x}{L}, \tag{4.2.15}$$

其中 $a_n = A_nC_n, b_n = B_nC_n$ 为任意常数, $n = 1, 2, \cdots$.

第三步: 特解 $u_n(x,t)$ 的叠加

为了求得定解问题 (4.2.6) 的解, 我们把形如式 (4.2.15) 的函数 $u_n(x,t)$ 叠加起来, 得

$$u(x,t) = \sum_{n=1}^{\infty} u_n(x,t) = \sum_{n=1}^{\infty}\left(a_n \cos\frac{n\pi at}{L} + b_n \sin\frac{n\pi at}{L}\right)\sin\frac{n\pi x}{L}. \tag{4.2.16}$$

如果式 (4.2.16) 右端级数是收敛的, 而且关于 x 和 t 都能逐项微分两次, 则 $u(x,t)$ 也满足式 (4.2.6) 中的齐次方程和齐次边界条件.

第四步: 系数 a_n, b_n 的确定

现在我们选择适当的系数 a_n, b_n, 使 $u(x,t)$ 也满足定解问题 (4.2.6) 中的初始条件. 由于

$$\phi(x) = u(x,0) = \sum_{n=1}^{\infty} a_n \sin\frac{n\pi x}{L}$$

和

$$\psi(x) = u_t(x,0) = \sum_{n=1}^{\infty} b_n \frac{n\pi a}{L}\sin\frac{n\pi x}{L},$$

它们可以看作是 $\phi(x), \psi(x)$ 在 $[0, L]$ 上的傅里叶正弦级数. 因此, 我们有

$$\begin{cases} a_n = \dfrac{2}{L}\displaystyle\int_0^L \phi(x)\sin\dfrac{n\pi x}{L}\mathrm{d}x, \\ b_n = \dfrac{2}{n\pi a}\displaystyle\int_0^L \psi(x)\sin\dfrac{n\pi x}{L}\mathrm{d}x, \qquad n = 1, 2, \cdots. \end{cases} \tag{4.2.17}$$

将 a_n, b_n 代入到式 (4.2.16) 就得到一个确定的级数解.

这种形式上推导原定解问题解的表达式的过程称为分析过程. 这个解是否满足定解问题, 还必须进行检验证明.

第五步: 解的存在性

我们用分离变量方法和叠加原理得到了定解问题 (4.2.6) 的一个级数解 (4.2.16), 它只是一个形式解. 因为这样得到的用级数表示的 $u(x, t)$ 要有意义, 必须式 (4.2.16) 右边的级数收敛和满足定解问题 (4.2.6) 中的方程. 这就要求该级数关于 x 和 t 可逐项微分两次, 并且微分两次后的级数仍然一致收敛. 当然, 还必须满足边值条件和初值条件. 通常将这样的解称为**古典解**. 由于级数解 (4.2.16) 的系数由 $\phi(x)$ 和 $\psi(x)$ 确定 (见式 (4.2.17)), 因此上述要求转变为: 当 $\phi(x)$ 和 $\psi(x)$ 满足什么条件时, 级数 (4.2.16) 表示的函数 $u(x, t)$ 确是定解问题 (4.2.6) 的解? 下面我们寻求这样的条件. 为此, 先证明下面的引理.

引理 4.2.1 设 $f(x), f'(x), \cdots, f^{(m)}(x)$ 在区间 $[0, L]$ 上连续, $f^{(m+1)}(x)$ 在 $[0, L]$ 上分段连续, 且至多有有限个第一类的间断点. 同时

$$f^{(n)}(0) = f^{(n)}(L) = 0, \quad n = 0, 2, \cdots, 2\left[\frac{m}{2}\right],$$

其中 $[x]$ 表示不超过 x 的最大整数. 那么, 如果函数 $f(x)$ 在区间 $[0, L]$ 上可以展开傅里叶正弦级数

$$f(x) \sim \sum_{n=1}^{\infty} b_n \sin\frac{n\pi x}{L}, \quad x \in [0, L], \tag{4.2.18}$$

则级数 $\displaystyle\sum_{n=1}^{\infty} n^m |b_n|$ 是收敛的. 类似地, 如果 $f(x)$ 在 $[0, L]$ 上可展开成傅里叶余弦级数

$$f(x) \sim \frac{a_0}{2} + \sum_{n=1}^{\infty} a_n \cos\frac{n\pi x}{L}, \quad x \in [0, L], \tag{4.2.19}$$

则级数 $\sum_{n=1}^{\infty} n^m |a_n|$ 是收敛的. 这里

$$\begin{cases} a_n = \dfrac{2}{L}\displaystyle\int_0^L f(x)\cos\frac{n\pi x}{L}\mathrm{d}x, \quad n = 0, 1, 2, \cdots, \\ b_n = \dfrac{2}{L}\displaystyle\int_0^L f(x)\sin\frac{n\pi x}{L}\mathrm{d}x, \quad n = 1, 2, \cdots. \end{cases} \tag{4.2.20}$$

证 设 $f(x)$ 有展开式 (4.2.18). 由于 $f(x)$ 的 $m+1$ 阶导数 $f^{(m+1)}(x)$ 在 $[0, L]$ 上分段连续, 且至多有有限个第一类间断点, 则 $f^{(m+1)}(x)$ 在 $[0, L]$ 上可以展开成傅里叶级数. 当 m 为奇数时, 展开式为

$$f^{(m+1)}(x) \sim \sum_{n=1}^{\infty} b_n^{(m+1)} \sin\frac{n\pi x}{L}, \quad x \in [0, L].$$

当 m 为偶数时, 展开式为

$$f^{(m+1)}(x) \sim \frac{a_0^{(m+1)}}{2} + \sum_{n=1}^{\infty} a_n^{(m+1)} \cos\frac{n\pi x}{L}, \quad x \in [0, L].$$

下面讨论傅里叶系数 $b_n^{(m+1)}$ 与式 (4.2.18) 中系数 b_n 的关系. 利用分部积分公式得

$$\begin{aligned} b_n^{(m+1)} &= \frac{2}{L}\int_0^L f^{(m+1)}(x)\sin\frac{n\pi x}{L}\mathrm{d}x \\ &= \frac{2}{L}\left[f^{(m)}(x)\sin\frac{n\pi x}{L}\right]_0^L - \frac{2n\pi}{L^2}\int_0^L f^{(m)}(x)\cos\frac{n\pi x}{L}\mathrm{d}x \\ &= -\frac{2n\pi}{L^2}\left[f^{(m-1)}(x)\cos\frac{n\pi x}{L}\right]_0^L - \frac{2n^2\pi^2}{L^3}\int_0^L f^{(m-1)}(x)\sin\frac{n\pi x}{L}\mathrm{d}x \\ &= -\frac{2n^2\pi^2}{L^3}\int_0^L f^{(m-1)}(x)\sin\frac{n\pi x}{L}\mathrm{d}x. \end{aligned}$$

这里利用了边界条件 $f^{(m-1)}(0) = f^{(m-1)}(L) = 0$. 依此继续下去, 递推得到

$$b_n^{(m+1)} = (-1)^{\frac{m+1}{2}}\left(\frac{n\pi}{L}\right)^{m+1} b_n, \qquad n = 1, 2, \cdots.$$

当 m 为偶数时, 同理可得

$$a_n^{(m+1)} = (-1)^{\frac{m}{2}}\left(\frac{n\pi}{L}\right)^{m+1} a_n, \qquad n = 0, 1, 2, \cdots.$$

根据傅里叶级数的帕塞瓦尔 (Parseval) 等式, 得

$$\sum_{n=1}^{\infty}(b_n^{(m+1)})^2 = \frac{2}{L}\int_0^L [f^{(m+1)}(x)]^2\mathrm{d}x < +\infty.$$

因此 $\sum_{n=1}^{\infty} n^{2m+2}b_n^2 < +\infty$. 进一步, 由柯西–许瓦兹不等式, 得

$$\sum_{n=1}^{\infty} n^m|b_n| \leqslant \left(\sum_{n=1}^{\infty} n^{2m+2}b_n^2\right)^{\frac{1}{2}} \left(\sum_{n=1}^{\infty} n^{-2}\right)^{\frac{1}{2}} < +\infty.$$

所以 $\sum_{n=1}^{\infty} n^m|b_n|$ 收敛. 同理可证 $\sum_{n=1}^{\infty} n^m|a_n|$ 收敛. 引理证毕.

利用该引理立即可以推出, 若 $\phi(x) \in C^2[0,L], \psi(x) \in C^1[0,L]$, 且 $\phi^{(3)}(x), \psi''(x)$ 分段连续, 并且 $\phi(0) = \phi(L) = \phi''(0) = \phi''(L) = \psi(0) = \psi(L) = 0$, 那么级数

$$\sum_{n=1}^{\infty} n^2|a_n|, \qquad \sum_{n=1}^{\infty} n^2|b_n|$$

收敛. 因此, 式 (4.2.16) 关于 x 和 t 逐项微分二次以后的级数绝对且一致收敛, 因而满足定解问题 (4.2.6) 中的方程、边界条件和初始条件. 由此, 我们得到

定理 4.2.1 (古典解存在定理)　若函数 $\phi(x) \in C^3[0,L], \psi(x) \in C^2[0,L]$, 且满足相容性条件: $\phi(0) = \phi(L) = \phi''(0) = \phi''(L) = \psi(0) = \psi(L) = 0$, 则弦振动方程的定解问题 (4.2.6) 存在古典解, 且可以用级数 (4.2.16) 给出, 其中系数 a_n, b_n 由式 (4.2.17) 确定.

注 4.2.1　关于古典解唯一性的证明, 见第 9 章.

现在我们介绍关于定解问题 (4.2.6)**广义解的概念**.

若初始数据 $\phi(x)$ 和 $\psi(x)$ 不满足古典解存在定理 4.2.1 中的条件, 则由式 (4.2.16) 所确定的级数解只是形式解, 它不满足通常意义下的解 (古典解) 的定义.

从物理来看, 初始数据经常由实验给出, 它只是在一定程度上近似地描述着初始状态. 若对某初始状态, 可以用比较光滑的函数 $\phi(x)$ 和 $\psi(x)$ 来描述它, 也可以用一组光滑性较差的函数 $\phi_0(x)$ 和 $\psi_0(x)$ 来描述它. 只要 $\phi(x)$ 与 $\phi_0(x)$, 以及 $\psi(x)$ 与 $\psi_0(x)$ 很接近, 那么从物理现象本身来看, 它们所对应的解 u 与 u_0 也应该很接近.

由此看来, 虽然初始数据函数的光滑性有所不同, 但由它们来描述的物理现象具有相同的效果. 那么, 如果函数 u 就是所论问题的古典解, 函数 u_0 是否可以看作所论问题 u 的近似解呢? 这种想法促使我们将解的概念加以扩充, 使在更广泛的初始条件下, 不仅解的适定性仍能保证, 而且在物理上同样有意义.

在引进广义解之前, 先介绍平均收敛的概念.

设 $L^2[a,b]$ 是 $[a,b]$ 上平方可积函数全体构成的集合. 设 $f_n(x) \in L^2[a,b](n =$

$1, 2, \cdots)$, 若存在函数 $f(x) \in L^2[a, b]$, 使得

$$\lim_{n\to\infty} \|f_n - f\|_2 = \lim_{n\to\infty} \sqrt{\int_a^b |f_n - f|^2 \mathrm{d}x} = 0,$$

则称函数列 $\{f_n\}$ 平均收敛于 $f(x)$. 函数 $f(x)$ 称为 $\{f_n\}$ 在平均收敛意义下的极限函数.

现在给出一维波动方程定解问题 (4.2.6) 的广义解的概念. 假设 $\phi(x), \psi(x) \in L^2[0, L]$, 且函数序列

$$\phi_n(x) = \sum_{k=1}^{n} a_k \sin \frac{k\pi x}{L},$$
$$\psi_n(x) = \sum_{k=1}^{n} b_k \frac{k\pi a}{L} \sin \frac{k\pi x}{L}$$

分别平均收敛于 $\phi(x)$ 和 $\psi(x)$, 其中常数 a_k, b_k 由式 (4.2.17) 确定. 如果定解问题 (4.2.6) 中的初始条件换成

$$u(x,0) = \phi_n(x), \quad u_t(x,0) = \psi_n(x),$$

则相应的混合问题 (4.2.6) 的解为

$$u_n(x,t) = \sum_{k=1}^{n} \left(a_k \cos \frac{k\pi a}{L} t + b_k \sin \frac{k\pi a}{L} t \right) \sin \frac{k\pi x}{L}.$$

当 $n \to \infty$ 时, 它平均收敛于式 (4.2.16) 所给的形式解 $u(x,t)$. 因为 $u_n(x,t)$ 既满足式 (4.2.6) 中的方程和边界条件, 又近似地满足初始条件, 所以可以把 $u_n(x,t)$ 看成原定解问题 (4.2.6) 的近似解. 这种近似解 $u_n(x,t)$ 的平均收敛极限函数 $u(x,t)$ 称为定解问题 (4.2.6) 的**广义解**. 虽然广义解不符合古典解的定义, 但它是有实际意义的, 从物理上看是可以接受的.

注 4.2.2 下面用分离变量法求解各种定解问题时, 除非有特别说明, 一般是求形式解 (广义解), 不再列出古典解存在的有关条件. 有兴趣的读者可参照引理 4.2.1 和定理 4.2.1 给出对应古典解存在的条件.

例 4.2.2 设长为 L, 且两端自由的均匀细杆, 作纵振动, 且初始位移为 $\phi(x)$, 初始速度为 $\psi(x)$. 试求杆作自由纵振动的位移规律.

解 按题意, 定解问题为

$$\begin{cases} u_{tt} = a^2 u_{xx}, & 0 < x < L,\ t > 0, \\ u(x,0) = \phi(x),\ u_t(x,0) = \psi(x), & 0 \leqslant x \leqslant L, \\ u_x(0,t) = u_x(L,t) = 0, & t \geqslant 0, \end{cases} \tag{4.2.21}$$

其中 $u=u(x,t)$ 表示位移. 这里方程和边界条件都是齐次的, 但边界条件是第二类的. 令 $u(x,t)=X(x)T(t)$, 代入 (4.2.21) 中的方程得

$$\frac{T''(t)}{a^2T(t)}=\frac{X''(x)}{X(x)}=-\lambda,$$

因此得到两个独立的常微分方程

$$T''(t)+\lambda a^2T(t)=0, \tag{4.2.22}$$

$$X''(x)+\lambda X(x)=0. \tag{4.2.23}$$

又由边界条件, 得 $X'(0)=X'(L)=0$. 所以特征值问题为

$$\begin{cases} X''(x)+\lambda X(x)=0, \quad 0<x<L, \\ X'(0)=X'(L)=0. \end{cases} \tag{4.2.24}$$

经过与例 4.2.1 同样的讨论可知, 当 $\lambda<0$ 时, 上述问题只有零解. 当 $\lambda=0$ 时, 可得非零的常数解 $X_0(x)=A_0\neq 0$. 当 $\lambda=\beta^2,\beta>0$ 时, 边值问题 (4.2.24) 中方程的通解为

$$X(x)=A\cos\beta x+B\sin\beta x.$$

由边界条件 $X'(0)=X'(L)=0$, 得 $B=0$ 和 $A\sin\beta L=0$. 因为 $A\neq 0$(否则 $X(x)\equiv 0$), 所以 $\beta=\dfrac{n\pi}{L},n=1,2,\cdots$. 因此得到一列特征值和对应的特征函数列

$$\lambda_n=\left(\frac{n\pi}{L}\right)^2, \quad X_n(x)=A_n\cos\frac{n\pi x}{L}, \qquad n=0,1,2,\cdots.$$

将 λ_n 代入式 (4.2.22), 得到相应的

$$T_n(t)=\begin{cases} C_0+D_0t, & n=0, \\ C_n\cos\dfrac{n\pi at}{L}+D_n\sin\dfrac{n\pi at}{L}, & n=1,2,\cdots. \end{cases}$$

因此函数

$$u_n(x,t)=T_n(t)X_n(x)=\begin{cases} a_0+b_0t, & n=0, \\ \left(a_n\cos\dfrac{n\pi at}{L}+b_n\sin\dfrac{n\pi at}{L}\right)\cos\dfrac{n\pi x}{L}, & n=1,2,\cdots \end{cases}$$

满足 (4.2.21) 中的方程和边界条件. 由于方程和边界条件都是线性的, 故由叠加原理, 设所求的形式解为

$$u(x,t)=a_0+b_0t+\sum_{n=1}^{\infty}\left(a_n\cos\frac{n\pi at}{L}+b_n\sin\frac{n\pi at}{L}\right)\cos\frac{n\pi x}{L}, \tag{4.2.25}$$

其中系数由 (4.2.21) 中的初始条件确定, 即

$$\phi(x)=u(x,0)=a_0+\sum_{n=1}^{\infty}a_n\cos\frac{n\pi x}{L},$$
$$\psi(x)=u_t(x,0)=b_0+\sum_{n=1}^{\infty}b_n\frac{n\pi a}{L}\cos\frac{n\pi x}{L}.$$

从而得 $(n=1,2,\cdots)$

$$\begin{cases} a_0=\dfrac{1}{L}\displaystyle\int_0^L\phi(x)\mathrm{d}x, \quad a_n=\dfrac{2}{L}\displaystyle\int_0^L\phi(x)\cos\frac{n\pi x}{L}\mathrm{d}x, \\ b_0=\dfrac{1}{L}\displaystyle\int_0^L\psi(x)\mathrm{d}x, \quad b_n=\dfrac{2}{n\pi a}\displaystyle\int_0^L\psi(x)\cos\frac{n\pi x}{L}\mathrm{d}x. \end{cases} \tag{4.2.26}$$

将式 (4.2.26) 代入到式 (4.2.25), 便得所求的形式解.

例 4.2.3 设边界固定, 均匀且柔软的矩形膜, 其长为 a, 宽为 b, 作微小横振动, 且初始位移为 $\phi(x,y)$, 初始速度为 $\psi(x,y)$. 求此膜作自由振动的规律.

解 设 $u=u(x,y,t)$ 为膜的位移, 则问题归结为求下列定解问题的解:

$$\begin{cases} u_{tt}=c^2(u_{xx}+u_{yy}), & 0<x<a,\ 0<y<b,\ t>0, \\ u(x,y,0)=\phi(x,y),\ u_t(x,y,0)=\psi(x,y), & 0\leqslant x\leqslant a,\ 0\leqslant y\leqslant b, \\ u(0,y,t)=u(a,y,t)=0, & 0\leqslant y\leqslant b, t\geqslant 0, \\ u(x,0,t)=u(x,b,t)=0, & 0\leqslant x\leqslant a, t\geqslant 0. \end{cases} \tag{4.2.27}$$

我们用分离变量法求解. 设解 $u(x,y,t)=X(x)Y(y)T(t)\neq 0$. 代入到定解问题 (4.2.27) 中的方程, 得

$$\frac{T''(t)}{c^2T(t)}=\frac{X''(x)}{X(x)}+\frac{Y''(y)}{Y(y)}=-\lambda-\mu, \tag{4.2.28}$$

其中 λ,μ 为分离常数, 记 $\gamma=\lambda+\mu$. 从而得到关于 $T(t),X(x),Y(y)$ 的常微分方程

$$T''(t)+\gamma c^2T(t)=0, \quad t>0, \tag{4.2.29}$$
$$X''(x)+\lambda X(x)=0, \quad 0<x<a,$$
$$Y''(y)+\mu Y(y)=0, \quad 0<y<b.$$

由式 (4.2.27) 中的边界条件, 得 $X(0)=X(a)=0$, 因此得特征值问题

$$\begin{cases} X''(x)+\lambda X(x)=0, \quad 0<x<a, \\ X(0)=X(a)=0. \end{cases} \tag{4.2.30}$$

求得特征值和对应的特征函数为

$$\lambda=\lambda_m=\left(\frac{m\pi}{a}\right)^2,\quad X_m(x)=A_m\sin\frac{m\pi x}{a},\qquad m=1,2,\cdots. \tag{4.2.31}$$

类似地, 我们得到 $Y(0)=Y(b)=0$ 以及关于 $Y(y)$ 的特征值问题

$$\begin{cases} Y''(y)+\mu Y(y)=0, & 0<y<b,\\ Y(0)=Y(b)=0. \end{cases} \tag{4.2.32}$$

其特征值和对应的特征函数为

$$\mu=\mu_n=\left(\frac{n\pi}{b}\right)^2,\quad Y_n(y)=B_n\sin\frac{n\pi y}{b},\qquad n=1,2,\cdots. \tag{4.2.33}$$

记

$$\gamma_{mn}=\pi\sqrt{\frac{m^2}{a^2}+\frac{n^2}{b^2}},$$

代入式 (4.2.28) 得

$$T''_{mn}(t)+\gamma_{mn}^2c^2T_{mn}(t)=0, \tag{4.2.34}$$

其通解为

$$T_{mn}(t)=C_{mn}\cos\gamma_{mn}ct+D_{mn}\sin\gamma_{mn}ct. \tag{4.2.35}$$

于是得到

$$u_{mn}(x,y,t)=X_m(x)Y_n(y)T_{mn}(t),\qquad n,m=1,2,\cdots,$$

它满足定解问题 (4.2.27) 中的齐次方程和齐次边界条件. 利用叠加原理, 得到定解问题 (4.2.27) 的形式解

$$\begin{aligned} u(x,y,t)&=\sum_{n=1}^{\infty}\sum_{m=1}^{\infty}u_{mn}(x,y,t)=\sum_{n=1}^{\infty}\sum_{m=1}^{\infty}X_m(x)Y_n(y)T_{mn}(t)\\ &=\sum_{n=1}^{\infty}\sum_{m=1}^{\infty}(a_{mn}\cos\gamma_{mn}ct+b_{mn}\sin\gamma_{mn}ct)\sin\frac{m\pi x}{a}\sin\frac{n\pi y}{b}, \end{aligned} \tag{4.2.36}$$

其中系数 $a_{mn}=C_{mn}A_mB_n, b_{mn}=D_{mn}A_mB_n$. 下面, 我们利用初始条件确定系数 a_{mn}, b_{mn}. 因为

$$u(x,y,0)=\phi(x,y)=\sum_{n=1}^{\infty}\sum_{m=1}^{\infty}a_{mn}\sin\frac{m\pi x}{a}\sin\frac{n\pi y}{b},$$

$$u_t(x,y,0)=\psi(x,y)=\sum_{n=1}^{\infty}\sum_{m=1}^{\infty}b_{mn}\gamma_{mn}c\sin\frac{m\pi x}{a}\sin\frac{n\pi y}{b}.$$

由三角函数系 $\left\{\sin\dfrac{m\pi x}{a}\sin\dfrac{n\pi y}{b}\right\}$ 在矩形区域 $[0,a]\times[0,b]$ 上的正交性, 得

$$\begin{cases} a_{mn}=\dfrac{4}{ab}\displaystyle\int_0^a\int_0^b\phi(x,y)\sin\dfrac{m\pi x}{a}\sin\dfrac{n\pi y}{b}\mathrm{d}x\mathrm{d}y, \\ b_{mn}=\dfrac{4}{abc\gamma_{mn}}\displaystyle\int_0^a\int_0^b\psi(x,y)\sin\dfrac{m\pi x}{a}\sin\dfrac{n\pi y}{b}\mathrm{d}x\mathrm{d}y, \end{cases} \tag{4.2.37}$$

其中 $m,n=1,2,\cdots$. 这样我们得到定解问题 (4.2.27) 的形式解 (4.2.36), 其中系数 a_{mn},b_{mn} 由式 (4.2.37) 确定.

4.2.2 热传导方程的初边值问题

分离变量法不仅可用来解波动方程的初边值问题, 也可以用来解其它方程的定解问题, 且基本步骤也相同.

例 4.2.4 设有一均匀细杆, 长为 L, 两端点坐标分别为 $x=0$ 和 $x=L$. 杆的表面绝热, 在 $x=0$ 端保持零度, 在 $x=L$ 端热量自由发散到温度为零度的介质中去. 已知初始温度为 $\phi(x)$, 求杆上的温度分布规律.

解 设 $u(x,t)$ 表示在 x 处, 时刻 t 时杆的温度. 那么由第 1 章可知, 所给物理问题归结为求解下列定解问题:

$$\begin{cases} u_t=a^2u_{xx}, & 0<x<L,\ t>0, \\ u(x,0)=\phi(x), & 0\leqslant x\leqslant L, \\ u(0,t)=0,\ u_x(L,t)+hu(L,t)=0, & t\geqslant 0, \end{cases} \tag{4.2.38}$$

其中常数 $h>0$, 函数 $\phi(x)$ 在 $[0,L]$ 满足狄利克雷条件. 我们仍然用分离变量法解这个问题. 设 $u(x,t)=X(x)T(t)$. 将其代入到 (4.2.38) 中的方程, 得

$$\frac{T'(t)}{a^2T(t)}=\frac{X''(x)}{X(x)}=-\lambda. \tag{4.2.39}$$

从而得到关于 $T(t),X(x)$ 的常微分方程

$$T'(t)+\lambda a^2T(t)=0, \tag{4.2.40}$$

$$X''(x)+\lambda X(x)=0,\quad 0<x<L. \tag{4.2.41}$$

由 (4.2.38) 中的边界条件, 得

$$X(0)=0,\quad X'(L)+hX(L)=0. \tag{4.2.42}$$

下面求解由方程 (4.2.41) 和边界条件 (4.2.42) 组成的特征值问题.

当 $\lambda \leqslant 0$ 时, 边值问题 (4.2.41) 和 (4.2.42) 只有零解. 当 $\lambda = \beta^2, \beta > 0$ 时, 方程 (4.2.41) 的通解为

$$X(x) = A\cos\beta x + B\sin\beta x.$$

由边界条件 (4.2.42), 得

$$A = 0, \quad B(\beta\cos\beta L + h\sin\beta L) = 0.$$

为求特征值和特征函数, 设 $B \neq 0$. 所以

$$\beta\cos\beta L + h\sin\beta L = 0,$$

记 $\gamma = \beta L$, 则上式可表为

$$\tan\gamma = \alpha\gamma, \quad \alpha = -\frac{1}{hL}. \tag{4.2.43}$$

方程 (4.2.43) 的根可以看作正切曲线 $y_1 = \tan\gamma$ 与直线 $y_2 = \alpha\gamma$ 的交点的横坐标, 见图 4.6.

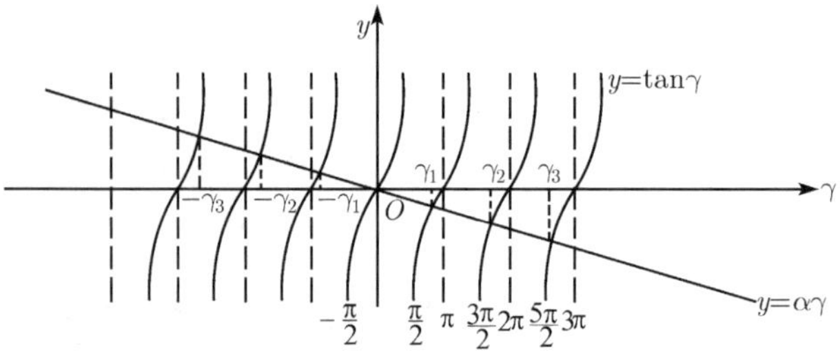

图 4.6

由此可见, 它们交点有无穷多个, 它们关于原点对称分布. 设方程 (4.2.43) 的无穷多个正根依次为

$$0 < \gamma_1 < \gamma_2 < \cdots < \gamma_n < \cdots,$$

于是得边值问题 (4.2.41) 和 (4.2.42) 的特征值 λ_n 和相应的特征函数 $X_n(x)$ 为

$$\lambda_n = \beta_n^2 = \frac{\gamma_n^2}{L^2}, \quad X_n(x) = B_n\sin\beta_n x, \quad n = 1, 2, \cdots. \tag{4.2.44}$$

现在证明特征函数系 $\{\sin\beta_1 x, \sin\beta_2 x, \cdots, \sin\beta_n x, \cdots\}$ 在 $[0, L]$ 上是正交系. 记 $\phi_n(x) = \sin\beta_n x, n = 1, 2, \cdots$. 则 $\phi_n(x), \phi_m(x)$ 分别满足

$$\phi_n''(x) + \lambda_n\phi_n(x) = 0, \quad 0 < x < L, \tag{4.2.45}$$

$$\phi_m''(x) + \lambda_m \phi_m(x) = 0, \quad 0 < x < L \tag{4.2.46}$$

和边界条件 (4.2.42). 用 ϕ_m 乘以 (4.2.45), ϕ_n 乘以 (4.2.46), 然后两式相减, 并且在 $[0, L]$ 上积分, 得

$$\begin{aligned}
&(\lambda_n - \lambda_m) \int_0^L \phi_n(x)\phi_m(x)\mathrm{d}x = \int_0^L (\phi_n(x)\phi_m''(x) - \phi_m(x)\phi_n''(x))\mathrm{d}x \\
=& \int_0^L (\phi_n(x)\phi_m'(x) - \phi_m(x)\phi_n'(x))'\mathrm{d}x = (\phi_n(x)\phi_m'(x) - \phi_m(x)\phi_n'(x))|_0^L \\
=& \phi_m'(L)\phi_n(L) - \phi_m(L)\phi_n'(L) = -h\phi_m(L)\phi_n(L) + h\phi_m(L)\phi_n(L) = 0.
\end{aligned}$$

因为当 $n \neq m$ 时, $\lambda_n \neq \lambda_m$. 所以

$$\int_0^L \phi_n(x)\phi_m(x)\mathrm{d}x = 0, \quad n \neq m. \tag{4.2.47}$$

即特征函数系 $\{\sin \beta_n x\}|_{n=1}^{\infty}$ 是 $[0, L]$ 上的正交函数系.

下面将 $\lambda = \lambda_n$ 代入到方程 (4.2.40), 得解

$$T_n(t) = A_n \mathrm{e}^{-\lambda_n a^2 t}, \quad n = 1, 2, \cdots, \tag{4.2.48}$$

由此得到满足方程 (4.2.38) 中的方程和边界条件的一组特解

$$u_n(x,t) = X_n(x)T_n(t) = C_n \mathrm{e}^{-\lambda_n a^2 t} \sin \beta_n x, \quad n = 1, 2, \cdots,$$

其中任意常数 $C_n = A_n B_n, n = 1, 2, \cdots$. 由于方程和边界条件是齐次的, 利用叠加原理, 可设定解问题 (4.2.38) 的形式解为

$$u(x,t) = \sum_{n=1}^{\infty} u_n(x,t) = \sum_{n=1}^{\infty} C_n \mathrm{e}^{-\lambda_n a^2 t} \sin \beta_n x. \tag{4.2.49}$$

由定解问题 (4.2.38) 中的初始条件得

$$\phi(x) = u(x, 0) = \sum_{n=1}^{\infty} C_n \sin \beta_n x. \tag{4.2.50}$$

用 $\sin \beta_m x$ 乘以式 (4.2.50), 并且利用 $\{\sin \beta_n x\}|_{n=1}^{\infty}$ 在 $[0, L]$ 上的正交性, 我们得到

$$C_m = \frac{1}{L_m} \int_0^L \phi(x) \sin \beta_m x \mathrm{d}x, \qquad m = 1, 2, \cdots, \tag{4.2.51}$$

这里

$$L_m = \int_0^L \sin^2 \beta_m x \mathrm{d}x,$$

将式 (4.2.51) 代入式 (4.2.49), 即得原定解问题 (4.2.38) 的形式解.

4.2.3　拉普拉斯方程的边值问题

这一节中, 我们用分离变量方法求解拉普拉斯方程的边值问题.

例 4.2.5　求解下列边值问题

$$\begin{cases} \Delta u = u_{xx} + u_{yy} = 0, & 0 < x < a,\ 0 < y < b, \\ u(x,0) = f(x),\ u(x,b) = g(x), & 0 \leqslant x \leqslant a, \\ u_x(0,y) = u_x(a,y) = 0, & 0 \leqslant y \leqslant b, \end{cases} \tag{4.2.52}$$

其中 $f(x), g(x)$ 是给定的已知函数.

解　设解 $u = X(x)Y(y)$, 代入到式 (4.2.52) 中的方程, 得

$$\frac{X''(x)}{X(x)} = -\frac{Y''(y)}{Y(y)} = -\lambda,$$

由此得

$$Y''(y) - \lambda Y(y) = 0, \quad 0 < y < b \tag{4.2.53}$$

和

$$X''(x) + \lambda X(x) = 0, \quad 0 < x < a. \tag{4.2.54}$$

由边值问题 (4.2.52) 中的齐次边界条件, 得

$$X'(0) = X'(a) = 0. \tag{4.2.55}$$

由 (4.2.54) 和 (4.2.55), 得特征值和对应的特征函数为

$$\lambda = \lambda_n = \left(\frac{n\pi}{a}\right)^2, \quad X_n(x) = A_n \cos\frac{n\pi x}{a}, \quad A_n \neq 0, \quad n = 0, 1, 2, \cdots, \tag{4.2.56}$$

此时式 (4.2.53) 变为

$$Y''(y) - \left(\frac{n\pi}{a}\right)^2 Y(y) = 0, \quad 0 < y < b, \tag{4.2.57}$$

其通解为

$$Y_0(y) = C_0 y + D_0, \quad Y_n(y) = C_n \mathrm{e}^{\frac{n\pi y}{a}} + D_n \mathrm{e}^{-\frac{n\pi y}{a}}, \quad n = 1, 2, \cdots. \tag{4.2.58}$$

利用叠加原理, 设边值问题 (4.2.52) 的形式解为

$$u(x,y) = \sum_{n=0}^{\infty} X_n(x)Y_n(y) = a_0 + b_0 y + \sum_{n=1}^{\infty}\left(a_n \mathrm{e}^{\frac{n\pi y}{a}} + b_n \mathrm{e}^{-\frac{n\pi y}{a}}\right)\cos\frac{n\pi x}{a}. \tag{4.2.59}$$

由 (4.2.52) 中的非齐次边界条件, 得

$$f(x)=u(x,0)=a_0+\sum_{n=1}^{\infty}(a_n+b_n)\cos\frac{n\pi x}{a},$$

$$g(x)=u(x,b)=a_0+bb_0+\sum_{n=1}^{\infty}\left(a_n\mathrm{e}^{\frac{n\pi b}{a}}+b_n\mathrm{e}^{-\frac{n\pi b}{a}}\right)\cos\frac{n\pi x}{a}.$$

由此可得 $(n=1,2,\cdots)$

$$\begin{aligned}a_0&=\frac{1}{a}\int_0^a f(x)\mathrm{d}x,\\a_0+bb_0&=\frac{1}{a}\int_0^a g(x)\mathrm{d}x,\\a_n+b_n&=\frac{2}{a}\int_0^a f(x)\cos\frac{n\pi x}{a}\mathrm{d}x,\\a_n\mathrm{e}^{\frac{n\pi b}{a}}+b_n\mathrm{e}^{-\frac{n\pi b}{a}}&=\frac{2}{a}\int_0^a g(x)\cos\frac{n\pi x}{a}\mathrm{d}x.\end{aligned}\tag{4.2.60}$$

从中可以定出 $a_n,b_n(n=0,1,2,\cdots)$, 从而得到边值问题 (4.2.52) 的级数形式解 (4.2.59).

作为一个例子, 我们取 $a=b=\pi, f(x)=x, g(x)=0$. 则

$$a_0=\frac{1}{\pi}\int_0^{\pi}x\mathrm{d}x=\frac{\pi}{2},\quad a_n+b_n=\frac{2}{\pi}\int_0^{\pi}x\cos nx\mathrm{d}x=\frac{2}{n^2\pi}((-1)^n-1)$$

和

$$a_0+b_0\pi=0,\quad a_n\mathrm{e}^{n\pi}+b_n\mathrm{e}^{-n\pi}=0.$$

解得

$$b_0=-\frac{1}{2},\quad a_n=\frac{2((-1)^n-1)}{\pi n^2(1-\mathrm{e}^{2n\pi})},\quad b_n=-a_n\mathrm{e}^{2n\pi},\quad n=1,2,\cdots,$$

代入到式 (4.2.59), 得到所求的解为

$$u(x,y)=\frac{1}{2}(\pi-y)+\frac{2}{\pi}\sum_{n=1}^{\infty}\frac{((-1)^n-1)}{n^2}\frac{\sinh n(\pi-y)}{\sinh n\pi}\cos nx.$$

例 4.2.6 设一半径为 a 的薄圆盘, 上下两面绝热, 圆周温度分布已知. 求稳恒状态下圆盘内的温度分布.

解 由第 1 章的讨论知, 求温度分布规律 $u(x,y)$, 就是解下列边值问题:

$$\begin{cases}\Delta u=u_{xx}+u_{yy}=0, & x^2+y^2<a^2,\\u(x,y)=f(x,y), & x^2+y^2=a^2.\end{cases}\tag{4.2.61}$$

由于区域为圆域, 不能直接分离变量, 我们考虑作极坐标代换 $x = r\cos\theta, y = r\sin\theta$. 则边值问题 (4.2.61) 可化为

$$\begin{cases} u_{rr} + r^{-1}u_r + r^{-2}u_{\theta\theta} = 0, & r < a,\ 0 \leqslant \theta \leqslant 2\pi, \\ u(a,\theta) = f(\theta), & 0 \leqslant \theta \leqslant 2\pi, \end{cases} \tag{4.2.62}$$

其中 $u(r,\theta) = u(r\cos\theta, r\sin\theta)$, $f(\theta) = f(a\cos\theta, a\sin\theta)$. 由于圆盘内温度不可能为无限, 特别圆盘中心温度也一定有限, 所以

$$|u(0,\theta)| < +\infty. \tag{4.2.63}$$

又因为在极坐标中, (r,θ) 与 $(r,\theta+2\pi)$ 表示同一点, 故

$$u(r,\theta) = u(r,\theta+2\pi), \quad 0 \leqslant r \leqslant a,\ 0 \leqslant \theta \leqslant 2\pi, \tag{4.2.64}$$

它称为**周期性条件**.

现在我们求解边值问题 (4.2.62) 在自然条件 (4.2.63) 和 (4.2.64) 下的解. 设 $u(r,\theta) = R(r)\varPhi(\theta)$, 代入 (4.2.62) 中的方程, 得

$$\frac{r^2R''(r) + rR'(r)}{R(r)} = -\frac{\varPhi''(\theta)}{\varPhi(\theta)} = \lambda,$$

因此有

$$\varPhi''(\theta) + \lambda\varPhi(\theta) = 0,$$

$$r^2R''(r) + rR'(r) - \lambda R(r) = 0.$$

由 (4.2.63) 和 (4.2.64) 得

$$|R(0)| < +\infty, \quad \varPhi(\theta) = \varPhi(\theta+2\pi).$$

于是得到两个常微分方程的定解问题:

$$\begin{cases} \varPhi''(\theta) + \lambda\varPhi(\theta) = 0, & 0 \leqslant \theta \leqslant 2\pi, \\ \varPhi(\theta) = \varPhi(\theta+2\pi), & 0 \leqslant \theta \leqslant 2\pi \end{cases} \tag{4.2.65}$$

与

$$\begin{cases} r^2R''(r) + rR'(r) - \lambda R(r) = 0, & 0 \leqslant r \leqslant a, \\ |R(0)| < +\infty. \end{cases} \tag{4.2.66}$$

先解特征值问题 (4.2.65). 通过与例 4.2.1 类似的讨论得, 当 $\lambda<0$ 时, 只有零解; 当 $\lambda=0$ 时, 有非零解 $\Phi_0(\theta)=A_0$(非零常数); 当 $\lambda=\beta^2,\beta>0$ 时, (4.2.65) 中方程的通解为

$$\Phi(\theta)=A\cos\beta\theta+B\sin\beta\theta.$$

由周期性条件 $\Phi(\theta)=\Phi(\theta+2\pi)$, 得 $\beta=n(n=1,2,\cdots)$. 故得特征值和对应的特征函数

$$\lambda=\beta^2=n^2,\quad \Phi_n(\theta)=A_n\cos n\theta+B_n\sin n\theta,\quad n=1,2,\cdots. \tag{4.2.67}$$

由于 (4.2.66) 中的方程是欧拉方程, 其通解为:

当 $\lambda=0$ 时, $R_0(r)=C_0+D_0\ln r$. 当 $\lambda=n^2(n=1,2,\cdots)$ 时, $R_n(r)=C_nr^n+D_nr^{-n}$. 由 $R(0)$ 的有界性, 推得 $D_n=0(n=0,1,2,\cdots)$. 所以

$$R_n(r)=C_nr^n,\qquad n=0,1,2,\cdots, \tag{4.2.68}$$

于是得到满足边值问题 (4.2.62) 中方程与自然条件 (4.2.63) 和 (4.2.64) 的一列非零解

$$\begin{aligned}&u_0(r,\theta)=R_0(r)\Phi_0(\theta)\overset{\text{def}}{=}\frac{a_0}{2},\\&u_n(r,\theta)=R_n(r)\Phi_n(\theta)=r^n(a_n\cos n\theta+b_n\sin n\theta),\end{aligned}$$

其中 $a_0=2C_0A_0,a_n=A_nC_n,b_n=B_nC_n(n=1,2,\cdots)$. 根据叠加原理, 可设满足 (4.2.62) 中方程的形式解为

$$u(r,\theta)=\frac{a_0}{2}+\sum_{n=1}^{\infty}r^n(a_n\cos n\theta+b_n\sin n\theta). \tag{4.2.69}$$

代入 (4.2.62) 中的边界条件, 得

$$f(\theta)=u(a,\theta)=\frac{a_0}{2}+\sum_{n=1}^{\infty}a^n(a_n\cos n\theta+b_n\sin n\theta). \tag{4.2.70}$$

式 (4.2.70) 可以看作 $f(\theta)$ 在 $[0,2\pi]$ 上的傅里叶展开式, 由 4.1 节知

$$\begin{cases}a_n=\dfrac{1}{a^n\pi}\displaystyle\int_0^{2\pi}f(t)\cos nt\mathrm{d}t,\quad n=0,1,2,\cdots,\\[2ex] b_n=\dfrac{1}{a^n\pi}\displaystyle\int_0^{2\pi}f(t)\sin nt\mathrm{d}t,\quad n=1,2,\cdots.\end{cases} \tag{4.2.71}$$

为了应用上的方便, 通常需要把解 (4.2.69) 表示成积分形式. 将系数关系 (4.2.71) 代入 (4.2.69), 得

$$u(r,\theta)=\frac{1}{2\pi}\int_0^{2\pi}f(t)\left[1+2\sum_{n=1}^{\infty}\frac{r^n}{a^n}\cos n(\theta-t)\right]\mathrm{d}t. \tag{4.2.72}$$

利用欧拉公式, 当 $|k|<1$ 时, 成立

$$\begin{aligned}1+2\sum_{n=1}^{\infty}k^n\cos n(\theta-t)&=1+\sum_{n=1}^{\infty}[k^n\mathrm{e}^{n\mathrm{i}(\theta-t)}+k^n\mathrm{e}^{-n\mathrm{i}(\theta-t)}]\\&=1+\frac{k\mathrm{e}^{\mathrm{i}(\theta-t)}}{1-k\mathrm{e}^{\mathrm{i}(\theta-t)}}+\frac{k\mathrm{e}^{-\mathrm{i}(\theta-t)}}{1-k\mathrm{e}^{-\mathrm{i}(\theta-t)}}\\&=\frac{1-k^2}{1-2k\cos(\theta-t)+k^2}.\end{aligned}$$

取 $k=r/a$, 则式 (4.2.72) 可以写成

$$u(r,\theta)=\frac{1}{2\pi}\int_0^{2\pi}\frac{(a^2-r^2)f(t)\mathrm{d}t}{a^2-2ar\cos(\theta-t)+r^2}, \tag{4.2.73}$$

其中 $0\leqslant r\leqslant a,\ 0\leqslant\theta\leqslant 2\pi$. 公式 (4.2.73) 称为**圆域内的泊松公式**. 它的作用在于将解表成了积分形式, 便于从理论上进行研究. 函数

$$P=\frac{a^2-r^2}{a^2-2ar\cos(\theta-t)+r^2}$$

称为**泊松核**.

可以证明, 如果 $f(\theta)$ 在 $[0,2\pi]$ 上连续, 且 $f(0)=f(2\pi)$, 则由式 (4.2.69) 或式 (4.2.73) 所确定的函数 $u(r,\theta)$ 是边值问题 (4.2.62) 的古典解.

注 4.2.3　对于圆域外的狄利克雷问题,

$$\begin{cases}u_{rr}+r^{-1}u_r+r^{-2}u_{\theta\theta}=0, & r>a,\ 0\leqslant\theta\leqslant 2\pi,\\ u|_{r=a}=f(\theta), & 0\leqslant\theta\leqslant 2\pi.\end{cases} \tag{4.2.74}$$

在 $u(r,\theta)$ 有界 $(r\to\infty)$ 的自然边界条件下, 利用同样的方法, 可以得到边值问题 (4.2.74) 的形式解为

$$u(r,\theta)=\frac{1}{2\pi}\int_0^{2\pi}\frac{(r^2-a^2)f(t)}{a^2-2ar\cos(\theta-t)+r^2}\mathrm{d}t, \tag{4.2.75}$$

其中 $r\geqslant a,\ 0\leqslant\theta\leqslant 2\pi$. 式 (4.2.75) 称为**圆域外泊松公式**. 在形式上它与圆域内的泊松公式只相差一个符号.

分离变量法的主要步骤

通过上述诸例的讨论, 我们得到用分离变量方法求解定解问题的主要步骤如下：

(1) 根据区域边界的形状, 适当选择坐标系. 选取的原则是使坐标面 (线) 与边界面 (线) 一致, 这样可使边界条件简化, 即使在该坐标系中边界条件的表达式最为简单. 如矩形区域可采用直角坐标系; 圆、圆环、扇形等区域可采用极坐标系; 圆柱区域采用柱面坐标系等.

(2) 将满足齐次偏微分方程和齐次边界的解通过变量分离, 使其转化为常微分方程的定解问题.

(3) 确定特征值和特征函数. 当边界条件是齐次时, 求特征值和对应的特征函数就是求一个满足常微分方程和零边界条件的非零解.

(4) 定出特征值和特征函数后, 再求其它常微分方程的解, 然后把该解与特征函数相乘, 得到变量分离的特解, 如 $u_n(x,t)$(其中包括任意常数) 的函数.

(5) 为了得到原定解问题的解, 将所有变量分离的特解, 如 $u_n(x,t)$, 叠加成级数, 成为形式解, 其中任意常数由其它条件确定.

(6) 为了使形式解确实成为 (古典解), 还必须对定解条件附加适当的光滑性要求和相容性要求, 以保证微分运算得以进行, 并使微分后的级数仍然是收敛的.

4.3 非齐次方程的定解问题

在 4.2 节的讨论中, 我们只考虑了方程和边界条件都是齐次的情况, 实际上还有方程和边界条件二者中至少有一个是非齐次的情况. 这类问题称为**非齐次问题**. 本节我们通过具体例子介绍求解非齐次方程、齐次边界条件的定解问题. 至于边界条件为非齐次的定解问题, 将在 4.4 节中讨论.

例 4.3.1 考虑两端固定的弦的强迫振动问题

$$\begin{cases} u_{tt} = a^2 u_{xx} + f(x,t), & 0 < x < L,\ t > 0, \\ u(x,0) = \phi(x),\ u_t(x,0) = \psi(x), & 0 \leqslant x \leqslant L, \\ u(0,t) = u(L,t) = 0, & t \geqslant 0. \end{cases} \tag{4.3.1}$$

解 我们采用所谓**特征函数法**来求解该问题. 因为当 $f \equiv 0$ 时, 定解问题变为 (4.2.6), 对应的特征函数系为 $\left\{\sin\dfrac{m\pi x}{L}\right\}$. 因此设定解问题 (4.3.1) 的形式解为

$$u(x,t) = \sum_{m=1}^{\infty} T_m(t) \sin\frac{m\pi x}{L}, \tag{4.3.2}$$

其中 $T_m(t)(m=1,2,\cdots)$ 为待定函数. 显然表达式 (4.3.2) 满足边界条件 $u(0,t)=u(L,t)=0$. 将式 (4.3.2) 代入到 (4.3.1) 中的方程, 得

$$\sum_{m=1}^{\infty}\left[T_m''(t)+a^2\beta_m^2T_m(t)\right]\sin\frac{m\pi x}{L}=f(x,t), \tag{4.3.3}$$

其中 $\beta_m=m\pi/L$. 我们对等式 (4.3.3) 两边同乘以 $\sin\dfrac{n\pi x}{L}(n=1,2,\cdots)$, 然后在 $[0,L]$ 上关于 x 积分, 得

$$\sum_{m=1}^{\infty}\left[T_m''(t)+a^2\beta_m^2T_m(t)\right]\int_0^L\sin\frac{m\pi x}{L}\sin\frac{n\pi x}{L}\mathrm{d}x=\int_0^L f(x,t)\sin\frac{n\pi x}{L}\mathrm{d}x.$$

利用三角函数系 $\{\sin\dfrac{m\pi x}{L}\}$ 的正交性, 我们有

$$\left[T_n''(t)+a^2\beta_n^2T_n(t)\right]\int_0^L\sin^2\frac{n\pi x}{L}\mathrm{d}x=\int_0^L f(x,t)\sin\frac{n\pi x}{L}\mathrm{d}x,$$

因此得

$$T_n''(t)+a^2\beta_n^2T_n(t)=f_n(t), \tag{4.3.4}$$

其中

$$f_n(t)=\frac{2}{L}\int_0^L f(x,t)\sin\frac{n\pi x}{L}\mathrm{d}x,\qquad n=1,2,\cdots. \tag{4.3.5}$$

下面我们确定 $T_n(t)(n=1,2,\cdots)$. 由初始条件得

$$\phi(x)=u(x,0)=\sum_{n=1}^{\infty}T_n(0)\sin\frac{n\pi x}{L},$$
$$\psi(x)=u_t(x,0)=\sum_{n=1}^{\infty}T_n'(0)\sin\frac{n\pi x}{L}.$$

由此可得

$$\begin{cases}T_n(0)=\dfrac{2}{L}\displaystyle\int_0^L\phi(x)\sin\frac{n\pi x}{L}\mathrm{d}x\overset{\text{def}}{=}a_n,\\[2mm] T_n'(0)=\dfrac{2}{L}\displaystyle\int_0^L\psi(x)\sin\frac{n\pi x}{L}\mathrm{d}x\overset{\text{def}}{=}b_n,\end{cases} \tag{4.3.6}$$

其中 $n=1,2,\cdots$.

下面我们用拉普拉斯变换方法 (第 6 章) 求解 $T_n(t)$. 记 $T_n(t)$ 的拉普拉斯变换为 $\mathcal{L}[T_n(t)]=\overline{T}_n(s)$ 和 $f_n(t)$ 的拉普拉斯变换为 $\mathcal{L}[f_n(t)]=\overline{f}_n(s)$. 对方程 (4.3.4) 两边取拉普拉斯变换, 并且利用 (4.3.6), 得

$$s^2\overline{T}_n(s)-sa_n-b_n+a^2\beta_n^2\overline{T}_n(s)=\overline{f}_n(s),$$

所以

$$\overline{T}_n(s)=\frac{\overline{f}_n(s)+sa_n+b_n}{s^2+a^2\beta_n^2}.$$

两边取拉普拉斯逆变换, 得

$$\begin{aligned}T_n(t)&=\mathcal{L}^{-1}[\overline{T}_n(s)]=\mathcal{L}^{-1}\left[\frac{\overline{f}_n(s)}{s^2+a^2\beta_n^2}\right]+\mathcal{L}^{-1}\left[\frac{sa_n+b_n}{s^2+a^2\beta_n^2}\right]\\&=f_n(t)*\frac{1}{a\beta_n}\sin\frac{n\pi at}{L}+a_n\cos\frac{n\pi at}{L}+\frac{b_n}{a\beta_n}\sin\frac{n\pi at}{L}\\&=\frac{L}{n\pi a}\int_0^t f_n(\tau)\sin\frac{n\pi a(t-\tau)}{L}\mathrm{d}\tau\\&\quad+a_n\cos\frac{n\pi at}{L}+\frac{b_nL}{n\pi a}\sin\frac{n\pi at}{L}.\end{aligned}\tag{4.3.7}$$

因此定解问题 (4.3.1) 的形式解为

$$\begin{aligned}u(x,t)=&\sum_{n=1}^{\infty}\left(a_n\cos\frac{n\pi at}{L}+\frac{b_nL}{n\pi a}\sin\frac{n\pi at}{L}\right)\sin\frac{n\pi x}{L}\\&+\sum_{n=1}^{\infty}\frac{L}{n\pi a}\int_0^t f_n(\tau)\sin\frac{n\pi a(t-\tau)}{L}\mathrm{d}\tau\cdot\sin\frac{n\pi x}{L},\end{aligned}\tag{4.3.8}$$

其中 a_n,b_n 由式 (4.3.6) 确定. 若记

$$u_1(x,t)=\sum_{n=1}^{\infty}\left(a_n\cos\frac{n\pi at}{L}+\frac{b_nL}{n\pi a}\sin\frac{n\pi at}{L}\right)\sin\frac{n\pi x}{L},$$

$$u_2(x,t)=\sum_{n=1}^{\infty}\frac{L}{n\pi a}\int_0^t f_n(\tau)\sin\frac{n\pi a(t-\tau)}{L}\mathrm{d}\tau\cdot\sin\frac{n\pi x}{L},$$

则 $u(x,t)=u_1(x,t)+u_2(x,t)$. 容易知道, $u_1(x,t)$ 是定解问题 (4.2.6) 的形式解, 而 $u_2(x,t)$ 是

$$\begin{cases}u_{tt}=a^2u_{xx}+f(x,t), & 0<x<L,\ t>0,\\u(x,0)=u_t(x,0)=0, & 0\leqslant x\leqslant L,\\u(0,t)=u(L,t)=0, & t\geqslant 0\end{cases}\tag{4.3.9}$$

的形式解.

因此, 具有强迫力与非齐次初始条件的振动, 可以看作是仅由初始条件引起的振动与仅由强迫力引起的振动的合成, 这符合强迫振动问题的物理解释. 由于定解问题 (4.2.6) 的解已经由式 (4.2.16) 给出, 因而求解式 (4.3.1), 只需求出定解问题 (4.3.9) 的解, 然后与式 (4.2.6) 的解相加即可.

注 4.3.1 这里所给求解非齐次方程的方法, 其本质是将未知函数 $u(x,t)$ 按齐次边界条件所对应的正交特征函数系展开. 所以这种方法称为**特征函数法**(或**固有函数法**). 应用这种方法要预先知道相应的特征函数系.

例 4.3.2 在例 4.3.1 中, 取 $f(x,t)=\sin\dfrac{2\pi x}{L}\sin\dfrac{2\pi at}{L}$, $\phi(x)=\psi(x)=0$. 求 $u(x,t)$.

解 由式 (4.3.5) 得

$$f_n(t)=\frac{2}{L}\int_0^L f(x,t)\sin\frac{n\pi x}{L}\mathrm{d}x=\frac{2}{L}\int_0^L\sin\frac{2\pi x}{L}\sin\frac{2\pi at}{L}\sin\frac{n\pi x}{L}\mathrm{d}x,$$

由正交性, 得 $f_n(t)=0, n=1,3,4,\cdots$. 而

$$f_2(t)=\frac{2}{L}\int_0^L\sin\frac{2\pi at}{L}\sin^2\frac{2\pi x}{L}\mathrm{d}x=\sin\frac{2\pi at}{L}.$$

由式 (4.3.7) 得

$$T_2(t)=\frac{L}{2\pi a}\int_0^t\sin\frac{2\pi a\tau}{L}\sin\frac{2\pi a(t-\tau)}{L}\mathrm{d}\tau=\frac{L}{4\pi a}\left(\frac{L}{2\pi a}\sin\frac{2\pi at}{L}-t\cos\frac{2\pi at}{L}\right)$$

及

$$T_n(t)=0,\qquad n=1,3,4,\cdots.$$

又因为 $\phi(x)=\psi(x)=0$, 所以由 (4.3.6) 得 $a_n=b_n=0$. 因此由 (4.3.8), 得所求的解为

$$u(x,t)=\frac{L}{4\pi a}\left(\frac{L}{2\pi a}\sin\frac{2\pi at}{L}-t\cos\frac{2\pi at}{L}\right)\cdot\sin\frac{2\pi x}{L}.$$

显然, 当 $t\to+\infty$ 时, $u(x,t)$ 无界. 这表明随时间 t 的增加, 位移会出现无限大的情况, 这种现象就是共振现象. 在实际应用中, 常常需要控制自由项即强迫力的振动频率, 以避免共振现象的发生.

4.4 非齐次边界条件的处理

前面讨论的定解问题中, 边界条件都是齐次的. 而实际问题中, 会遇到边界条件非齐次的情况. 本节介绍如何处理非齐次边界条件的问题. 考虑下列初边值问

题：

$$\begin{cases} u_{tt} = a^2 u_{xx} + f(x,t), & 0 < x < L,\ t > 0, \\ u(x,0) = \phi(x),\ u_t(x,0) = \psi(x), & 0 \leqslant x \leqslant L, \\ u(0,t) = p(t),\ u(L,t) = q(t), & t \geqslant 0. \end{cases} \tag{4.4.1}$$

为求解该非齐次问题, 首先把非齐次边界条件化为齐次边界条件. 我们常取一个适当的未知函数的代换, 使得对新未知函数来说, 边界条件是齐次的. 设

$$u(x,t) = v(x,t) + w(x,t), \tag{4.4.2}$$

其中 $w(x,t)$ 是一个适当选取的函数, 它使新的未知函数 $v(x,t)$ 的边界条件化为齐次的, 即

$$v(0,t) = u(0,t) - w(0,t) = p(t) - w(0,t) = 0,$$

$$v(L,t) = u(L,t) - w(L,t) = q(t) - w(L,t) = 0.$$

所以

$$w(0,t) = p(t), \quad w(L,t) = q(t). \tag{4.4.3}$$

而满足条件 (4.4.3) 的函数有很多, 例如, 可以选取 $w(x,t)$ 为 x 的线性函数

$$w(x,t) = A(t)x + B(t),$$

那么由式 (4.4.3) 得

$$A(t) = \frac{1}{L}[q(t) - p(t)], \quad B(t) = p(t),$$

因此

$$w(x,t) = p(t) + \frac{1}{L}[q(t) - p(t)]x. \tag{4.4.4}$$

这样关于 $v(x,t)$ 的定解问题为

$$\begin{cases} v_{tt} = a^2 v_{xx} + f_1(x,t), & 0 < x < L,\ t > 0, \\ v(x,0) = \phi_1(x),\ v_t(x,0) = \psi_1(x), & 0 \leqslant x \leqslant L, \\ v(0,t) = 0,\ v(L,t) = 0, & t \geqslant 0, \end{cases} \tag{4.4.5}$$

其中

$$\begin{cases} f_1(x,t) = f(x,t) - p''(t) - \dfrac{1}{L}[q''(t) - p''(t)]x, \\ \phi_1(x) = \phi(x) - p(0) - \dfrac{1}{L}[q(0) - p(0)]x, \\ \psi_1(x) = \psi(x) - p'(0) - \dfrac{1}{L}[q'(0) - p'(0)]x. \end{cases} \tag{4.4.6}$$

定解问题 (4.4.5) 可用 4.3 节中的特征函数法求解. 将式 (4.4.5) 的解代入式 (4.4.2), 便得定解问题 (4.4.1) 的解.

函数 $w(x,t)$ 的选取具有很大的灵活性, 上面选取为 x 的线性函数, 只是因为边界条件是第一类的. 如果边界条件不全是第一类的, 本节的方法仍然适用, 但 $w(x,t)$ 的形式是不同的. 就下列几种边界条件的情况, 分别给出相应的 $w(x,t)$ 的一种表达式.

(1) $u(0,t)=p(t),\ \ u_x(L,t)=q(t),\ w(x,t)=q(t)x+p(t)$;

(2) $u_x(0,t)=p(t),\ \ u(L,t)=q(t),\ w(x,t)=p(t)(x-L)+q(t)$;

(3) $u_x(0,t)=p(t),\ \ u_x(L,t)=q(t),\ w(x,t)=p(t)x+\dfrac{q(t)-p(t)}{2L}x^2$.

上面通过引进辅助函数 $w(x,t)$ 把边界条件化为齐次的方法, 不仅适用于波动方程, 而且也适用于其它类型方程.

注 4.4.1 当 $f(x,t),p(t),q(t)$ 与 t 无关时, 这类定解问题称为稳定的非齐次问题. 这时除了第二类边界条件外, 一般可选取与时间 t 无关的函数 $w(x)$, 而使 $v(x,t)$ 的方程和边界条件同时齐次化.

例 4.4.1 解下列非齐次边界的定解问题:

$$\begin{cases} u_{tt}=a^2u_{xx}+f(x), & 0<x<L,\ t>0, \\ u(x,0)=\phi(x),\ u_t(x,0)=\psi(x), & 0\leqslant x\leqslant L, \\ u(0,t)=A,\ u(L,t)=B, & t\geqslant 0, \end{cases} \tag{4.4.7}$$

其中 A,B 是常数.

解 由注 4.4.1, 设 $u(x,t)=v(x,t)+w(x)$, 将其代入到定解问题 (4.4.7) 中的方程, 得

$$v_{tt}=a^2[v_{xx}+w''(x)]+f(x).$$

为使方程和边界条件都化为齐次的, 我们选取 $w(x)$ 满足

$$\begin{cases} a^2w''(x)+f(x)=0, & 0<x<L, \\ w(0)=A,\ w(L)=B. \end{cases} \tag{4.4.8}$$

其解为

$$w(x)=A+\frac{B-A}{L}x+\frac{x}{a^2L}\int_0^L(L-s)f(s)\mathrm{d}s-\frac{1}{a^2}\int_0^x(x-s)f(s)\mathrm{d}s. \tag{4.4.9}$$

再解 $v(x,t)$ 满足的定解问题

$$\begin{cases} v_{tt}=a^2v_{xx}, & 0<x<L,\ t>0, \\ v(x,0)=\phi(x)-w(x),\ v_t(x,0)=\psi(x), & 0\leqslant x\leqslant L, \\ v(0,t)=v(L,t)=0, & t\geqslant 0. \end{cases} \tag{4.4.10}$$

它是例 4.2.1 的形式. 因此定解问题 (4.4.7) 的形式解为 (见式 (4.2.16))

$$\begin{aligned} u(x,t) &= w(x) + v(x,t) \\ &= w(x) + \sum_{n=1}^{\infty} \left(a_n \cos\frac{n\pi at}{L} + b_n \sin\frac{n\pi at}{L} \right) \sin\frac{n\pi x}{L}, \end{aligned} \tag{4.4.11}$$

其中系数

$$\begin{cases} a_n = \dfrac{2}{L}\displaystyle\int_0^L (\phi(x) - w(x)) \sin\frac{n\pi x}{L} \mathrm{d}x, \\ b_n = \dfrac{2}{n\pi a}\displaystyle\int_0^L \psi(x) \sin\frac{n\pi x}{L} \mathrm{d}x, \qquad n = 1, 2, \cdots. \end{cases} \tag{4.4.12}$$

例 4.4.2 解下列初边值问题:

$$\begin{cases} u_t = a^2 u_{xx} - bu, & 0 < x < L,\ t > 0, \\ u(x,0) = \phi(x), & 0 \leqslant x \leqslant L, \\ u_x(0,t) = A,\ u(L,t) = B, & t \geqslant 0, \end{cases} \tag{4.4.13}$$

其中 a, b, A, B 是常数, 且 $a > 0$ 和 $b \geqslant 0$.

解 先将边界条件齐次化. 设 $u(x,t) = v(x,t) + w(x)$, 其中 $w(x)$ 满足 $w'(0) = A, w(L) = B$. 显然可取 $w(x) = A(x - L) + B$. 那么 $v(x,t)$ 满足

$$\begin{cases} v_t = a^2 v_{xx} - bv - bw(x), & 0 < x < L,\ t > 0, \\ v(x,0) = \phi(x) - w(x), & 0 \leqslant x \leqslant L, \\ v_x(0,t) = 0,\ v(L,t) = 0, & t \geqslant 0. \end{cases} \tag{4.4.14}$$

利用分离变量法, 我们不难得到定解问题 (4.4.14)对应的齐次方程定解问题的特征函数系为 $\left\{\cos\dfrac{(2n-1)\pi x}{2L}\right\}$. 因此设定解问题 (4.4.14) 的形式解为

$$v(x,t) = \sum_{n=1}^{\infty} T_n(t) \cos\frac{(2n-1)\pi x}{2L}, \tag{4.4.15}$$

其中 $T_n(t)(n = 1, 2, \cdots)$ 为待定函数.

把 v 代入 (4.4.14) 中的方程, 得

$$\sum_{m=1}^{\infty} \left[T_m'(t) + (\lambda_m^2 + b) T_m(t) \right] \cos\frac{(2m-1)\pi x}{2L} = -bw(x), \tag{4.4.16}$$

其中 $\lambda_m = \dfrac{(2m-1)a\pi}{2L}$. 对等式 (4.4.16) 两边同乘以 $\cos\dfrac{(2n-1)\pi x}{2L}$, 并且利用三角函数系 $\left\{\cos\dfrac{(2n-1)\pi x}{2L}\right\}$ 在 $[0, L]$ 上的正交性, 得

$$T_n'(t) + (\lambda_n^2 + b) T_n(t) = w_n, \tag{4.4.17}$$

其中

$$w_n=\frac{-2b}{L}\int_0^L w(x)\cos\frac{(2n-1)\pi x}{2L}\mathrm{d}x,\qquad n=1,2,\cdots. \tag{4.4.18}$$

方程 (4.4.17) 的解为

$$T_n(t)=\mathrm{e}^{-(\lambda_n^2+b)t}T_n(0)+\frac{w_n}{\lambda_n^2+b}\left(1-\mathrm{e}^{-(\lambda_n^2+b)t}\right). \tag{4.4.19}$$

由 (4.4.14) 中的初始条件和式 (4.4.15), 得

$$\phi(x)-w(x)=v(x,0)=\sum_{n=1}^{\infty}T_n(0)\cos\frac{(2n-1)\pi x}{2L},$$

所以

$$T_n(0)=\frac{2}{L}\int_0^L(\phi(x)-w(x))\cos\frac{(2n-1)\pi x}{2L}\mathrm{d}x,\qquad n=1,2,\cdots. \tag{4.4.20}$$

因此定解问题 (4.4.13) 的形式解为

$$u(x,t)=A(x-L)+B+\sum_{n=1}^{\infty}T_n(t)\cos\frac{(2n-1)\pi x}{2L}, \tag{4.4.21}$$

其中 $T_n(t)$ 由式 (4.4.19) 给出, $T_n(0)$ 由式 (4.4.20) 确定.

4.5 施图姆-刘维尔问题

运用分离变量法解偏微分方程定解问题时, 必然导致求解特征值问题. 本节讨论的二阶常微分方程的特征值问题, 是分离变量法的理论基础. 这个理论称为**施图姆-刘维尔** (Sturm-Liouville) **理论**, 简记为**S-L理论**.

所谓特征值问题, 就是在一定的边界条件下, 求一个含参数 λ 的齐次线性常微分方程的非零解问题.

分离变量法是否有效, 完全取决于下列的基本理论问题:

(1) 特征值是否存在?

(2) 特征函数系是否存在? 若存在, 是否正交?

(3) 给定的函数是否可按照特征函数系展开?

本节所叙述的 S-L 理论将给出明确的结论.

4.5.1 施图姆-刘维尔方程

考虑带有参数 λ 的二阶线性齐次常微分方程

$$a_1(x)\frac{\mathrm{d}^2y}{\mathrm{d}x^2}+a_2(x)\frac{\mathrm{d}y}{\mathrm{d}x}+[a_3(x)+\lambda]y=0,\qquad a<x<b, \tag{4.5.1}$$

其中 $a_1(x)\neq 0$. 如果引入

$$k(x)=\exp\left[\int_{x_0}^{x}\frac{a_2(t)}{a_1(t)}\mathrm{d}t\right],\quad q(x)=-\frac{a_3(x)}{a_1(x)}k(x),\quad \rho(x)=\frac{k(x)}{a_1(x)}, \tag{4.5.2}$$

其中 x_0 是区间 $[a,b]$ 中任一点, 那么方程 (4.5.1) 可以化为

$$\frac{\mathrm{d}}{\mathrm{d}x}\left[k(x)\frac{\mathrm{d}y}{\mathrm{d}x}\right]-q(x)y+\lambda\rho(x)y=0,\qquad a<x<b, \tag{4.5.3}$$

其中 λ 为参数, $k(x),q(x),\rho(x)$ 为实函数. 这个方程称为**施图姆-刘维尔方程**, 简称 **S-L 方程**. 我们在分离变量法中遇到的常微分方程都是式 (4.5.3) 的特例.

例如, 当 $k(x)=1,q(x)=0,\rho(x)=1,a=0,b=L$ 时, 方程 (4.5.3) 变为

$$y''+\lambda y=0,\qquad 0<x<L, \tag{4.5.4}$$

它就是方程 (4.2.8).

当 $k(x)=x,q(x)=\dfrac{n^2}{x},\rho(x)=x,a=0$ 时, 方程 (4.5.3) 变为 ***n* 阶贝塞尔** (Bessel) **方程**(第 10 章):

$$\frac{\mathrm{d}}{\mathrm{d}x}\left(x\frac{\mathrm{d}y}{\mathrm{d}x}\right)-\frac{n^2}{x}y+\lambda xy=0,\qquad 0<x<b,$$

即

$$x^2y''+xy'+(\lambda x^2-n^2)y=0,\qquad 0<x<b. \tag{4.5.5}$$

当 $k(x)=1-x^2,q(x)=0,\rho(x)=1,a=0,b=1$ 时, 得到**勒让德** (Legendre) **方程**(第 10 章)

$$(1-x^2)y''-2xy'+\lambda y=0,\qquad 0<x<1. \tag{4.5.6}$$

S-L 方程 (4.5.3) 通常分为正则和奇异两种类型.

类型 1 如果区间 $[a,b]$ 有界, 系数 $k(x),q(x),\rho(x)$ 在 $[a,b]$ 上连续, 且 $k(x)>0$, $\rho(x)>0$, 则称 S-L 方程 (4.5.3) 在 (a,b) 上是**正则的** (**非奇异的**).

类型 2 或者区间 (a,b) 是无界区间, 或者当 $k(x)$ 或 $\rho(x)$ 在有限区间 $[a,b]$ 的一个端点或两个端点处等于零, 则称 S-L 方程 (4.5.3) 在 (a,b) 上是**奇异的**. 例如勒让德方程在 $(0,1)$ 上是奇异的.

如果方程 (4.5.3) 是正则的, 那么 $k(a), k(b) > 0$. 常见的边界条件是 $y(x), y'(x)$ 在端点 a 和 b 处的值的线性组合. 第一、第二、第三类齐次边界条件可以统一表示成

$$\begin{cases} k_1 y'(a) + k_2 y(a) = 0, \\ l_1 y'(b) + l_2 y(b) = 0, \end{cases} \tag{4.5.7}$$

其中 k_1, k_2, l_1, l_2 为实数, 且 k_1 与 k_2 不同时为零, l_1 与 l_2 不同时为零. 如果还有 $k(a) = k(b)$, 则可给予周期性边界条件:

$$y(a) = y(b), \quad y'(a) = y'(b). \tag{4.5.8}$$

当边界点是函数 $k(x)$ 的一阶零点时, 此时方程 (4.5.3) 是奇异的. 那么在该边界点上给予自然边界条件:

$$\text{若 } k(a) = 0, \text{则 } y(a), y'(a) \text{ 有界;} \quad \text{若 } k(b) = 0, \text{则 } y(b), y'(b) \text{ 有界.} \tag{4.5.9}$$

施图姆–刘维尔问题就是求解由 S-L 方程 (4.5.3) 和边界条件 (4.5.7)(或周期性边界条件 (4.5.8) 或自然边界条件 (4.5.9)) 组成的定解问题. 该问题也称 S-L 问题. 显然, 对每个 λ, S-L 问题有一个平凡解 $y(x) \equiv 0$. 对 S-L 问题, 我们感兴趣的是非平凡解 $y(x) \not\equiv 0$. 如果存在 λ, 使得 S-L 问题有非平凡解 $y(x) \not\equiv 0$, 则这样的解 $y(x)$ 称为**特征函数**(或**固有函数**), 对应的 λ, 称为**特征值**(或**固有值**). 因此, 求 S-L 问题的非平凡解也称为**特征值问题**(或**固有值问题**).

4.5.2 施图姆-刘维尔理论

关于特征值与特征函数问题, 我们有下面一系列结论:

定理 4.5.1　设 S-L 方程 (4.5.3) 中的函数 $k(x), k'(x), q(x), \rho(x)$ 是 $[a, b]$ 上的实值连续函数, $y_m(x)$ 和 $y_n(x)$ 是 S-L 问题的两个特征函数, 分别对应于不同的特征值 λ_m 和 λ_n, 则 $y_m(x)$ 和 $y_n(x)$ 关于权函数 $\rho(x)$ 在区间 $[a, b]$ 上正交, 即

$$\int_a^b \rho(x) y_m(x) y_n(x) \mathrm{d}x = 0. \tag{4.5.10}$$

证　由假设, $y_m(x)$ 满足

$$(k(x)y_m')' + (\lambda_m \rho(x) - q(x))y_m = 0$$

和 $y_n(x)$ 满足

$$(k(x)y_n')' + (\lambda_n \rho(x) - q(x))y_n = 0.$$

第一个方程乘以 y_n, 第二个方程乘以 y_m, 然后两式相减, 得

$$(\lambda_m - \lambda_n)\rho y_m y_n = y_m(ky_n')' - y_n(ky_m')' = [(ky_n')y_m - (ky_m')y_n]'.$$

两边关于 x 从 a 到 b 积分得

$$\begin{aligned}&(\lambda_m - \lambda_n)\int_a^b \rho y_m y_n \mathrm{d}x = \Big[k(y_m y_n' - y_n y_m')\Big]_a^b \\ =&k(b)[y_m(b)y_n'(b) - y_n(b)y_m'(b)] - k(a)[y_m(a)y_n'(a) - y_n(a)y_m'(a)]. \quad (4.5.11)\end{aligned}$$

如果能够证明上式右端为零, 则利用 $\lambda_m \neq \lambda_n$, 就可以得到式 (4.5.10).

我们分情况进行讨论.

Case 1. 若 $k(a) = k(b) = 0$, 则式 (4.5.11) 右端为零. 注意这里用到自然边界条件 (4.5.9).

Case 2. 若 $k(b) = 0, k(a) \neq 0$, 则

$$k(b)[y_m(b)y_n'(b) - y_n(b)y_m'(b)] = 0.$$

下面证明式 (4.5.11) 右边第二项也为零. 事实上, 由方程组 (4.5.7) 中的第一个边界条件, 得

$$k_1 y_m'(a) + k_2 y_m(a) = 0, \quad k_1 y_n'(a) + k_2 y_n(a) = 0.$$

不失一般性, 设 $k_1 \neq 0$. 第一式乘以 $y_n(a)$, 第二式乘以 $y_m(a)$, 然后两式相减, 得

$$k_1[y_m'(a)y_n(a) - y_m(a)y_n'(a)] = 0.$$

因为 $k_1 \neq 0$, 所以

$$y_m'(a)y_n(a) - y_m(a)y_n'(a) = 0.$$

这表明式 (4.5.11) 右边第二项也为零.

Case 3. 若 $k(a) = 0, k(b) \neq 0$, 那么利用方程组 (4.5.7) 中的第二个边界条件, 同样可以证明式 (4.5.11) 右端为零.

Case 4. 若 $k(a) \neq 0, k(b) \neq 0$, 这时利用方程组 (4.5.7) 中的两组边界条件, 同 Case 2 中的证明类似, 可以得到式 (4.5.11) 右端为零.

Case 5. 若 $k(a) = k(b)$, 那么式 (4.5.11) 的右端为

$$k(a)[y_m(b)y_n'(b) - y_m'(b)y_n(b) - y_m(a)y_n'(a) + y_m'(a)y_n(a)]. \quad (4.5.12)$$

如果边界条件 (4.5.8) 满足, 则

$$y_m(a) = y_m(b),\ y_m'(a) = y_m'(b); \quad y_n(a) = y_n(b),\ y_n'(a) = y_n'(b).$$

所以式 (4.5.12) 为零. 如果边界条件 (4.5.7) 满足, 同 Case 2 中的证明类似, 可以得到式 (4.5.12) 为零. 这样就完成了定理 4.5.1 的证明.

定理 4.5.2 设 $k(x), k'(x), q(x), \rho(x)$ 满足定理 4.5.1 的假设, 且 $\rho(x) > 0, x \in (a,b)$, 则 S-L 问题的所有特征值是实的, 从而特征函数也是实的.

证 设 $\lambda = \alpha + \mathrm{i}\beta$ 是 S-L 问题的复特征值, 对应的特征函数为 $y(x) = u(x) + \mathrm{i}v(x)$, 这里 $\alpha, \beta, u(x), v(x)$ 都是实的. 由于方程 (4.5.3) 的系数都是实的, 所以这个特征值的共轭复数 $\bar{\lambda}$ 也是特征值. 于是存在对应于特征值 $\bar{\lambda} = \alpha - \mathrm{i}\beta$ 的特征函数 $\bar{y}(x) = u(x) - \mathrm{i}v(x)$. 由定理 4.5.1, 特征函数 y 和 $\bar{y}$ 关于权函数 $\rho(x)$ 在 $[a,b]$ 上正交, 即

$$0 = (\lambda - \bar{\lambda}) \int_a^b \rho \bar{y} y \mathrm{d}x = 2\mathrm{i}\beta \int_a^b \rho (u^2 + v^2) \mathrm{d}x,$$

这表明当 $\rho(x) > 0, x \in (a,b)$ 时, β 必须为零. 所以 λ 是实数, 从而对应的特征函数也必须是实的. 证毕.

定理 4.5.2 虽然指出 S-L 问题的所有特征函数都是实函数, 但它并不保证 S-L 问题一定有特征值存在. 然而, 我们有 S-L 理论中的一个重要结论. 它的证明已经超出本书的范围. 有兴趣的读者可以参看有关泛函分析参考书.

定理 4.5.3 设 $k(x), q(x), \rho(x)$ 满足定理 4.5.1 和定理 4.5.2 的假设, 则 S-L 问题存在可列无穷多个实的特征值, 它们按大小可排成一列:

$$\lambda_0 < \lambda_1 < \lambda_2 < \cdots < \lambda_n < \cdots,$$

其中当 $n \to \infty$ 时, $\lambda_n \to +\infty$, 且 $\lambda_n (n = 0, 1, 2, \cdots)$ 对应的特征函数 $y_n(x)$ 在区间 (a,b) 内恰好有 n 个零点. 此外, 这些特征函数组成一个完备的正交系 $\{y_n(x)\}$.

进一步地, 若函数 $f(x)$ 在 $[a,b]$ 上满足狄里克雷条件和 S-L 问题的边界条件, 那么函数 $f(x)$ 在 $[a,b]$ 上可以展开成 $\{y_n(x)\}$ 的傅里叶级数

$$f(x) = \sum_{n=0}^{\infty} C_n y_n(x), \tag{4.5.13}$$

其中

$$C_n = \frac{\displaystyle\int_a^b \rho(x) f(x) y_n(x) \mathrm{d}x}{Y_n}, \quad Y_n = \int_a^b \rho(x) y_n^2(x) \mathrm{d}x, \quad n = 0, 1, 2, \cdots, \tag{4.5.14}$$

且等式在积分平均的意义

$$\lim_{n \to \infty} \int_a^b \rho(x) (f(x) - S_n(x))^2 \mathrm{d}x = 0 \tag{4.5.15}$$

下成立, 这里

$$S_n(x)=\sum_{k=0}^{n}C_ky_k(x),\qquad n=0,1,2,\cdots. \tag{4.5.16}$$

如果 $f(x)$ 在 $[a,b]$ 上有一阶连续导数和分段连续的二阶导数, 则级数 (4.5.13) 在 $[a,b]$ 上绝对且一致收敛于 $f(x)$.

4.6 杂　例

本节, 我们再举一些用分离变量法求解的实际例子.

例 4.6.1 梁的横振动问题.

设长为 L 的均匀梁两端被支承, 求解它的横振动规律. 所论问题归结为解下列定解问题:

$$\begin{cases} u_{tt}+a^2u_{xxxx}=0, & 0<x<L,\ t>0,\\ u(x,0)=\phi(x),\ u_t(x,0)=\psi(x), & 0\leqslant x\leqslant L,\\ u(0,t)=u(L,t)=u_{xx}(0,t)=u_{xx}(L,t)=0, & t\geqslant 0, \end{cases} \tag{4.6.1}$$

其中 $u=u(x,t)$ 表示位移, a 为物理常数. 定解问题 (4.6.1) 中的边界条件表示梁是简支的, 即其两端的位移和弯矩都是零.

解 假设 $u(x,t)=X(x)T(t)$, 代入到 (4.6.1) 中的方程, 可得关于 $T(t)$ 和 $X(x)$ 的常微分方程

$$T''(t)+a^2\beta^4T(t)=0, \tag{4.6.2}$$

$$X^{(4)}(x)-\beta^4X(x)=0, \tag{4.6.3}$$

其中 $\beta>0$ 是分离常数. 方程 (4.6.3) 的通解为

$$X(x)=A\cosh\beta x+B\sinh\beta x+C\cos\beta x+D\sin\beta x, \tag{4.6.4}$$

这里

$$\sinh\beta x=\frac{e^{\beta x}-e^{-\beta x}}{2},\quad \cosh\beta x=\frac{e^{\beta x}+e^{-\beta x}}{2}. \tag{4.6.5}$$

由 (4.6.1) 中的边界条件, 得

$$X(0)=X(L)=X''(0)=X''(L)=0.$$

由 $X(0)=X''(0)=0$, 得

$$A+C=0, \quad \beta^2(A-C)=0,$$

所以 $A=C=0$. 由 $X(L)=X''(L)=0$, 得

$$B\sinh\beta L+D\sin\beta L=0, \quad B\sinh\beta L-D\sin\beta L=0,$$

所以 $B\sinh\beta L=0$, $D\sin\beta L=0$. 因为 $\sinh\beta L\neq 0$, 所以 $B=0$, $D\sin\beta L=0$. 因此, 要求非零解, 必须有 $D\neq 0, \sin\beta L=0$. 因而得到

$$\beta=\beta_n=\frac{n\pi}{L}, \quad X_n(x)=A_n\sin\frac{n\pi x}{L}, \qquad n=1,2,\cdots.$$

把 β_n 代入到方程 (4.6.2) 得

$$T''(t)+a^2\beta_n^4T(t)=0, \tag{4.6.6}$$

通解为

$$T_n(t)=B_n\cos\beta_n^2at+C_n\sin\beta_n^2at, \qquad n=1,2,\cdots,$$

所以梁的横振动方程的形式解为

$$u(x,t)=\sum_{n=1}^{\infty}\left(a_n\cos\beta_n^2at+b_n\sin\beta_n^2at\right)\sin\frac{n\pi x}{L}, \tag{4.6.7}$$

其中 $a_n=A_nB_n, b_n=A_nC_n(n=1,2,\cdots)$. 进一步, 由初始条件, 得

$$\phi(x)=u(x,0)=\sum_{n=1}^{\infty}a_n\sin\frac{n\pi x}{L},$$

$$\psi(x)=u_t(x,0)=\sum_{n=1}^{\infty}ab_n\beta_n^2\sin\frac{n\pi x}{L}.$$

从而有

$$\left\{\begin{aligned} a_n&=\frac{2}{L}\int_0^L\phi(x)\sin\frac{n\pi x}{L}\mathrm{d}x,\\ b_n&=\frac{2L}{a\pi^2n^2}\int_0^L\psi(x)\sin\frac{n\pi x}{L}\mathrm{d}x, \quad n=1,2,\cdots. \end{aligned}\right. \tag{4.6.8}$$

故梁的初边值问题 (4.6.1) 的形式解由式 (4.6.7) 给出, 其中系数 a_n, b_n 由式 (4.6.8) 确定.

例 4.6.2　简支板在静力作用下的挠度满足下列方程及边界条件:

$$\begin{cases} \Delta^2 u = u_{xxxx} + 2u_{xxyy} + u_{yyyy} = f(x,y), & 0 < x < a,\ 0 < y < b, \\ u(0,y) = u(a,y) = u_{xx}(0,y) = u_{xx}(a,y) = 0, & 0 \leqslant y \leqslant b, \\ u(x,0) = u(x,b) = u_{yy}(x,0) = u_{yy}(x,b) = 0, & 0 \leqslant x \leqslant a. \end{cases} \tag{4.6.9}$$

求解该边值问题.

解　定解问题 (4.6.9) 中的方程称为非齐次重调和方程, 它是弹性力学中一个著名方程. 我们用特征函数法来解这个问题, 先确定特征函数. 由式 (4.6.9) 中的边界条件, 可选取特征函数 $X_m(x) = A_m \sin\dfrac{m\pi x}{a}, Y_n(y) = B_n \sin\dfrac{n\pi y}{b}(m,n = 1,2,\cdots)$. 容易知道函数 $u_{mn}(x,y) = A_{mn}\sin\dfrac{m\pi x}{a}\sin\dfrac{n\pi y}{b}$ 满足定解问题 (4.6.9) 中的边界条件. 利用叠加原理, 设所求的形式解为

$$u(x,y) = \sum_{m=1}^{\infty}\sum_{n=1}^{\infty} A_{mn}\sin\frac{m\pi x}{a}\sin\frac{n\pi y}{b}, \tag{4.6.10}$$

代入到 (4.6.9) 中的方程, 得

$$\sum_{m=1}^{\infty}\sum_{n=1}^{\infty} A_{mn}\lambda_{mn}^2 \sin\frac{m\pi x}{a}\sin\frac{n\pi y}{b} = f(x,y), \tag{4.6.11}$$

其中

$$\lambda_{mn} = \frac{m^2\pi^2}{a^2} + \frac{n^2\pi^2}{b^2}, \qquad m,n = 1,2,\cdots.$$

因为三角函数系 $\left\{\sin\dfrac{m\pi x}{a}\sin\dfrac{n\pi y}{b}\right\}$ 是 $[0,a]\times[0,b]$ 上的正交函数系, 故由式 (4.6.11), 得

$$A_{mn} = \frac{4}{ab\lambda_{mn}^2}\int_0^a\int_0^b f(x,y)\sin\frac{m\pi x}{a}\sin\frac{n\pi y}{b}\mathrm{d}x\mathrm{d}y. \tag{4.6.12}$$

将式 (4.6.12) 代入到式 (4.6.10), 即得定解问题 (4.6.9) 的形式解.

有些定解问题, 若其边界是代数曲线且边值为零, 或者边值函数是多项式, 那么可以试探用待定函数法求其多项式解.

例 4.6.3　求定解问题的解:

$$\begin{cases} u_{xx} + u_{yy} = -2, & (x,y) \in \Omega, \\ u(x,y) = 0, & (x,y) \in \partial\Omega, \end{cases}$$

其中区域 Ω 由等边三角形 ΔABC 所构成, 其坐标分别为 $A(-1,0), B(1,0), C(0,\sqrt{3})$. 如图 4.7.

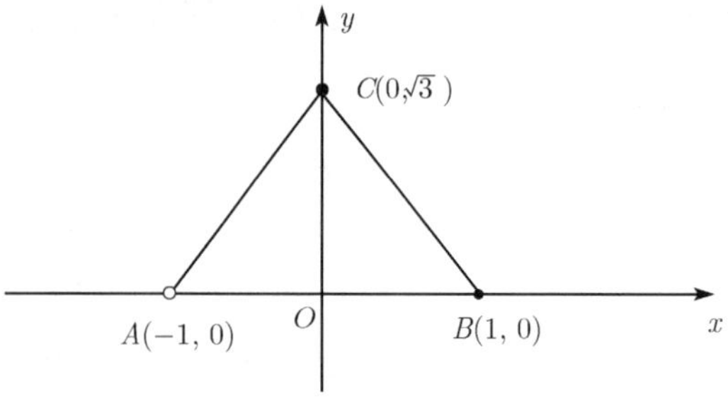

图 4.7

解　由图 4.7, 可知直线 AB 方程：$y=0$, 直线 BC 方程：$y=-\sqrt{3}(x-1)$, 直线 AC 方程：$y=\sqrt{3}(x+1)$. 我们用待定函数法求解.

设解 $u(x,y)=\lambda y(y+\sqrt{3}(x-1))(y-\sqrt{3}(x+1))$, 其中 λ 为待定常数. 将 u 代入方程, 得 $\lambda=\dfrac{1}{2\sqrt{3}}$. 因此所求的解为

$$u(x,y)=\frac{1}{2\sqrt{3}}y(y+\sqrt{3}(x-1))(y-\sqrt{3}(x+1)).$$

例 4.6.4　求定解问题的解:

$$\begin{cases} u_{rr}+r^{-1}u_r+r^{-2}u_{\theta\theta}=r^m\cos k\theta, & r<a,\ 0\leqslant\theta\leqslant 2\pi, \\ u(a,\theta)=A\sin n\theta, & 0\leqslant\theta\leqslant 2\pi, \end{cases} \tag{4.6.13}$$

其中 m,n,k 为非负整数, 且 $m+2\neq k$.

解　用待定函数法求解. 容易验证函数 $u_1=r^n\sin n\theta$ 和 $u_2=r^k\cos k\theta$ 满足二维拉普拉斯方程. 因为泊松方程的非齐次项为 $r^m\cos k\theta$, 所以设 $u_3=\alpha r^s\cos k\theta$ 满足泊松方程. 将其代入方程, 两边比较系数, 得 $\alpha=((m+2)^2-k^2)^{-1}, s=m+2$. 考虑到边界条件, 我们设所求的解为

$$u(r,\theta)=\alpha(r^{m+2}-\beta r^k)\cos k\theta+\gamma r^n\sin n\theta,$$

其中 β,γ 为待定常数. 将其代入方程和边界条件, 得

$$\beta=a^{m+2-k},\quad \gamma=Aa^{-n},$$

故所求的解是

$$u(r,\theta)=\alpha(r^{m+2}-\beta r^k)\cos k\theta+Aa^{-n}r^n\sin n\theta.$$

例 4.6.5　求下列拉普拉斯方程的第二边值问题的解:

$$\begin{cases} u_{xx}+u_{yy}=0, & 0<x<a,\ 0<y<b, \\ u_x(0,y)=f_1(y),\ u_x(a,y)=f_2(y), & 0\leqslant y\leqslant b, \\ u_y(x,0)=g_1(x),\ u_y(x,b)=g_2(x), & 0\leqslant x\leqslant a, \end{cases} \tag{4.6.14}$$

其中 $f_1(y), f_2(y), g_1(x), g_2(x)$ 满足相容性条件

$$\int_0^a [g_1(x) - g_2(x)]\mathrm{d}x + \int_0^b [f_1(y) - f_2(y)]\mathrm{d}y = 0. \tag{4.6.15}$$

解　我们采用格林贝尔 (Grunberg) 提出的方法来解这个问题. 设所求的解为

$$u(x, y) = \frac{Y_0(y)}{2} + \sum_{n=1}^{\infty} Y_n(y) \cos\frac{n\pi x}{a}, \tag{4.6.16}$$

其中

$$Y_n(y) = \frac{2}{a}\int_0^a u(x, y)\cos\frac{n\pi x}{a}\mathrm{d}x, \qquad n = 0, 1, 2, \cdots. \tag{4.6.17}$$

将 (4.6.14) 中的拉普拉斯方程两边同乘以 $\dfrac{2}{a}\cos\dfrac{n\pi x}{a}$, 并对 x 从 0 到 a 积分, 得

$$\frac{2}{a}\int_0^a (u_{xx} + u_{yy})\cos\frac{n\pi x}{a}\mathrm{d}x = 0,$$

即

$$Y_n''(y) + \frac{2}{a}\int_0^a u_{xx}\cos\frac{n\pi x}{a}\mathrm{d}x = 0.$$

将上式左边第二项分部积分, 并且利用 (4.6.14) 中的边界条件得

$$Y_n''(y) - \left(\frac{n\pi}{a}\right)^2 Y_n(y) = F_n(y), \qquad n = 0, 1, 2, \cdots, \tag{4.6.18}$$

其中

$$F_n(y) = \frac{2}{a}[f_1(y) - (-1)^n f_2(y)].$$

对于 $n = 1, 2, \cdots$, 方程 (4.6.18) 的通解是

$$Y_n(y) = A_n\cosh\frac{n\pi y}{a} + B_n\sinh\frac{n\pi y}{a} + \frac{2}{n\pi}\int_0^y F_n(\tau)\sinh\frac{n\pi(y-\tau)}{a}\mathrm{d}\tau, \tag{4.6.19}$$

其中系数 A_n, B_n 由边界条件

$$\begin{aligned} Y_n'(0) &= \frac{2}{a}\int_0^a u_y(x, 0)\cos\frac{n\pi x}{a}\mathrm{d}x = \frac{2}{a}\int_0^a g_1(x)\cos\frac{n\pi x}{a}\mathrm{d}x, \\ Y_n'(b) &= \frac{2}{a}\int_0^a u_y(x, b)\cos\frac{n\pi x}{a}\mathrm{d}x = \frac{2}{a}\int_0^a g_2(x)\cos\frac{n\pi x}{a}\mathrm{d}x \end{aligned} \tag{4.6.20}$$

确定. 下面验证上述方法所得到的解满足相容性条件. 当 $n=0$ 时, 方程 (4.6.18) 变为

$$Y_0''(y)=\frac{2}{a}[f_1(y)-f_2(y)],$$

所以

$$Y_0'(y)=\frac{2}{a}\int_0^y[f_1(\tau)-f_2(\tau)]\mathrm{d}\tau+C,$$

其中积分常数 C 可利用式 (4.6.17) 中第一式令 $n=0$ 确定:

$$Y_0'(0)=\frac{2}{a}\int_0^a g_1(x)\mathrm{d}x=C.$$

因此

$$Y_0'(b)=\frac{2}{a}\int_0^b[f_1(\tau)-f_2(\tau)]\mathrm{d}\tau+\frac{2}{a}\int_0^a g_1(x)\mathrm{d}x.$$

由式 (4.6.17) 得

$$Y_0'(b)=\frac{2}{a}\int_0^a g_2(x)\mathrm{d}x,$$

从而得到

$$\int_0^a[g_1(x)-g_2(x)]\mathrm{d}x+\int_0^b[f_1(y)-f_2(y)]\mathrm{d}y=0,$$

这正是相容性条件 (4.6.15).

例 4.6.6 求下列定解问题的解:

$$\begin{cases} u_t=r^{-2}(r^2u_r)_r, & 0<r<a,\ t>0,\\ u(a,t)=a,\ \ |u(0,t)|<\infty, & t\geqslant 0,\\ u(r,0)=r, & 0\leqslant r\leqslant a. \end{cases}$$

解 设 $v(r,t)=ru(r,t)$, 则 v 满足

$$\begin{cases} v_t=v_{rr}, & 0<r<a,\ t>0,\\ v(0,t)=0,\ \ v(a,t)=a^2, & t\geqslant 0,\\ v(r,0)=r^2, & 0\leqslant r\leqslant a. \end{cases}$$

又设 $w(r,t)=v(r,t)-ar$, 则 w 满足

$$\begin{cases} w_t=w_{rr}, & 0<r<a,\ t>0,\\ w(0,t)=0,\ \ w(a,t)=0, & t\geqslant 0,\\ w(r,0)=r(r-a), & 0\leqslant r\leqslant a. \end{cases}$$

这是齐次方程齐次边界条件的热传导方程定解问题, 可直接利用分离变量法求得解

$$w(r,t)=\sum_{n=1}^{\infty}b_n\mathrm{e}^{-\lambda_n^2 t}\sin\lambda_n r,$$

其中 $\lambda_n=n\pi/a,\ b_n=4a^2(n\pi)^{-3}((-1)^n-1),n=1,2,\cdots$. 由此便得原问题的解 $u=a+w/r$.

习　题　4

1. 长为 L 的弦, 两端固定, 初始位移为 $A\sin\dfrac{\pi x}{L}$, 初速度为零. 求该弦的振动规律.

2. 设弦的两端固定, 初始位移如图 4.8, 初速度为零, 无外力作用. 求弦作横向振动时的位移规律.

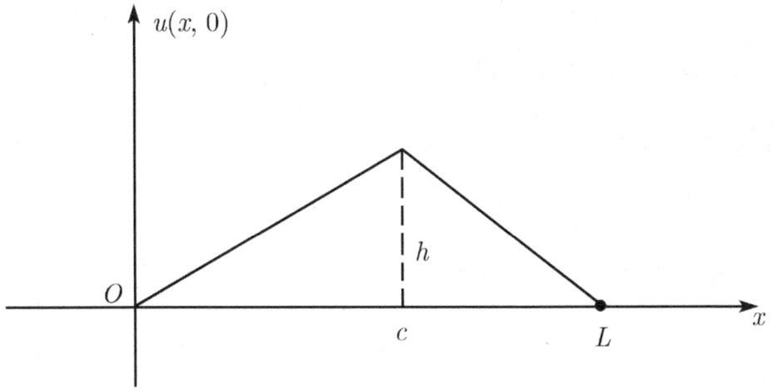

图 4.8

3. 求解定解问题

$$\begin{cases} u_{tt}=a^2u_{xx}, & 0<x<1,\ t>0,\\ u(x,0)=0,\ u_t(x,0)=x(1-x), & 0\leqslant x\leqslant 1,\\ u(0,t)=u(1,t)=0, & t\geqslant 0.\end{cases}$$

4. 求下列定解问题的解:

$$\begin{cases} u_{tt}=u_{xx}, & 0<x<\pi,\ t>0,\\ u(x,0)=\sin^3 x,\ u_t(x,0)=\sin 2x, & 0\leqslant x\leqslant \pi,\\ u(0,t)=u(\pi,t)=0, & t\geqslant 0.\end{cases}$$

5. 求解定解问题

$$\begin{cases} u_{tt}=a^2u_{xx}, & 0<x<1,\ t>0,\\ u(x,0)=0,\ u_t(x,0)=\psi(x), & 0\leqslant x\leqslant 1,\\ u(0,t)=u(1,t)=0, & t\geqslant 0,\end{cases}$$

其中

$$\psi(x)=\begin{cases} x, & 0\leqslant x\leqslant \dfrac{1}{2},\\ 1-x, & \dfrac{1}{2}<x\leqslant 1. \end{cases}$$

6. 求下列定解问题的解:

$$\begin{cases} u_{tt}=a^2u_{xx}, & 0<x<L,\ t>0,\\ u(x,0)=0,\ u_t(x,0)=x, & 0\leqslant x\leqslant L,\\ u(0,t)=u_x(L,t)=0, & t\geqslant 0. \end{cases}$$

7. 求下列定解问题的解:

$$\begin{cases} u_{tt}=a^2u_{xx} & 0<x<\pi,\ t>0,\\ u(x,0)=x,\ u_t(x,0)=\cos 2x, & 0\leqslant x\leqslant \pi,\\ u(0,t)=u_x(\pi,t)=0, & t\geqslant 0. \end{cases}$$

8. 解下列初边值问题:

$$\begin{cases} u_{tt}=a^2u_{xx}, & 0<x<L,\ t>0,\\ u(x,0)=\phi(x),\ u_t(x,0)=\psi(x), & 0\leqslant x\leqslant L,\\ u_x(0,t)=0,\ u_x(L,t)+hu(L,t)=0, & t\geqslant 0, \end{cases}$$

其中 $h>0$ 为常数.

9. 一根长为 L 的细杆, 表面绝热, 其初始温度分布如图 4.9, 由 $t=0$ 开始两端温度保持零度, 求细杆的温度发布.

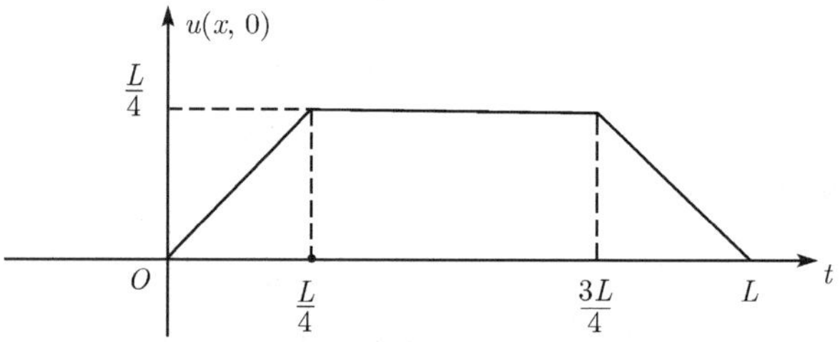

图 4.9

10. 求解下列矩形膜振动的定解问题:

$$\begin{cases} u_{tt}=u_{xx}+u_{yy}, & 0<x<a,\ 0<y<b,\ t>0,\\ u(x,y,0)=xy(x-a)(y-b),\ u_t(x,y,0)=0, & 0\leqslant x\leqslant a,\ 0\leqslant y\leqslant b,\\ u(0,y,t)=u(a,y,t)=0, & 0\leqslant y\leqslant b,\ t\geqslant 0,\\ u(x,0,t)=u(x,b,t)=0, & 0\leqslant x\leqslant a,\ t\geqslant 0. \end{cases}$$

11. 求下列阻尼振动方程定解问题的解：

$$\begin{cases} u_{tt}+bu_t=a^2u_{xx}, & 0<x<L,\ t>0, \\ u(x,0)=0,\ u_t(x,0)=g(x), & 0\leqslant x\leqslant L, \\ u(0,t)=u(L,t)=0, & t\geqslant 0. \end{cases}$$

12. 求解定解问题

$$\begin{cases} u_t=a^2u_{xx}-u, & 0<x<1,\ t>0, \\ u(x,0)=T_0, & 0\leqslant x\leqslant 1, \\ u(0,t)=u(1,t)=0, & t\geqslant 0, \end{cases}$$

其中 T_0 为常数.

13. 解下列初边值问题：

$$\begin{cases} u_{tt}=a^2u_{xx}+A, & 0<x<L,\ t>0, \\ u(x,0)=0,\ u_t(x,0)=v_0, & 0\leqslant x\leqslant L, \\ u(0,t)=0,\ u_x(L,t)=0, & t\geqslant 0, \end{cases}$$

其中 A, v_0 为常数.

14. 求解下列非齐次方程和非齐次边界条件的定解问题：

$$\begin{cases} u_{tt}=a^2u_{xx}+f(x), & 0<x<L,\ t>0, \\ u(x,0)=\phi(x),\ u_t(x,0)=\psi(x), & 0\leqslant x\leqslant L, \\ u_x(0,t)=A,\ u_x(L,t)=B, & t\geqslant 0, \end{cases}$$

其中 A, B 为常数.

15. 求下列阻尼振动方程定解问题的解：

$$\begin{cases} u_{tt}+a^2u_{xxxx}=0, & 0<x<L,\ t>0, \\ u(x,0)=\phi(x),\ u_t(x,0)=\psi(x), & 0\leqslant x\leqslant L, \\ u(0,t)=u(L,t)=u_{xx}(0,t)=u_{xx}(L,t)=0, & t\geqslant 0. \end{cases}$$

若设 $\phi(x)=Ax(L-x)$, $\psi(x)=0$, 求解 $u=u(x,t)$.

16. 求下列定解问题的解：

$$\begin{cases} u_t=a^2u_{xx}+A\sin\omega t, & 0<x<1,\ t>0, \\ u(x,0)=0, & 0\leqslant x\leqslant 1, \\ u_x(0,t)=u_x(1,t)=0, & t\geqslant 0, \end{cases}$$

其中 $A, \omega\neq 0$ 为常数.

17. 求解具有放射性衰变的热传导方程的混合问题

$$\begin{cases} u_t=a^2u_{xx}+A\mathrm{e}^{-\alpha x}, & 0<x<L,\ t>0, \\ u(x,0)=\phi(x), & 0\leqslant x\leqslant L, \\ u(0,t)=u(L,t)=0, & t\geqslant 0, \end{cases}$$

其中 $A, \alpha > 0$ 为常数.

18. 求下列非齐次初边值问题的解:

$$\begin{cases} u_{tt} = u_{xx} + 1, & 0 < x < 1,\ t > 0, \\ u(x,0) = x,\ u_t(x,0) = 0, & 0 \leqslant x \leqslant 1, \\ u(0,t) = 0,\ u(1,t) = 1 + t, & t \geqslant 0. \end{cases}$$

19. 解下列非齐次初边值问题:

$$\begin{cases} u_{tt} = u_{xx} + 1, & 0 < x < 1,\ t > 0, \\ u(x,0) = -x,\ u_t(x,0) = 0, & 0 \leqslant x \leqslant 1, \\ u(0,t) = \dfrac{t^2}{2},\ u(1,t) = -\cos t, & t \geqslant 0. \end{cases}$$

20. 求解下列非齐次初边值问题:

$$\begin{cases} u_t = a^2 u_{xx} + f(x), & 0 < x < L,\ t > 0, \\ u(x,0) = \phi(x), & 0 \leqslant x \leqslant L, \\ u(0,t) = A,\ u(L,t) = B, & t \geqslant 0, \end{cases}$$

其中 A, B 为常数.

21. 求解下列混合定解问题:

$$\begin{cases} u_t = a^2 u_{xx} + f(x), & 0 < x < 1,\ t > 0, \\ u(x,0) = A, & 0 \leqslant x \leqslant 1, \\ u(0,t) = A,\ u_x(1,t) + u(1,t) = B, & t \geqslant 0, \end{cases}$$

其中 A, B 为常数.

22. 考虑初边值问题

$$\begin{cases} u_t = u_{xx} + \mathrm{e}^{-t} \sin 3x, & 0 < x < \pi,\ t > 0, \\ u(x,0) = x \sin x, & 0 \leqslant x \leqslant \pi, \\ u(0,t) = u(\pi,t) = 0, & t \geqslant 0. \end{cases}$$

(1) 用特征函数展开方法求该问题的形式解;

(2) 证明该形式解确是方程

$$u_t = u_{xx} + \mathrm{e}^{-t} \sin 3x, \qquad 0 < x < \pi,\ t > 0$$

的古典解.

23. 考虑初边值问题

$$\begin{cases} u_t = u_{xx} + hu, & 0 < x < \pi,\ t > 0, \\ u(x,0) = x(\pi - x), & 0 \leqslant x \leqslant \pi, \\ u(0,t) = u(\pi,t) = 0, & t \geqslant 0, \end{cases}$$

其中 h 是常数.

(1) 用特征函数展开方法求该问题的形式解;

(2) 对任意 $x \in (0,\pi)$, 极限 $\lim\limits_{t\to+\infty} u(x,t)$ 是否存在?

24. 考虑初边值问题:

$$\begin{cases} u_t = u_{xx} + \alpha u, & 0 < x < 1,\ t > 0, \\ u(x,0) = f(x), & 0 \leqslant x \leqslant 1, \\ u(0,t) = u(1,t) = 0, & t \geqslant 0. \end{cases}$$

(1) 当 $\alpha = -1, f(x) = x$ 时, 求该问题的解 $u(x,t)$;

(2) 证明对任意 $\alpha \leqslant 0$ 和连续函数 $f(x)$, 上述问题的解 $u(x,t)$ 满足 $\lim\limits_{t\to+\infty} u(x,t) = 0$;

(3) 当 $\pi^2 < \alpha < 4\pi^2$ 时, 是否对任意的连续函数 $f(x)$, 解 $u(x,t)$ 的极限 $\lim\limits_{t\to+\infty} u(x,t)$ 一定存在? 如果结论是否定的话, 寻求对函数 $f(x)$ 的充分和必要条件, 使得极限 $\lim\limits_{t\to+\infty} u(x,t)$ 一定存在.

25. 求下列矩形区域上拉普拉斯方程边值问题的解:

$$\begin{cases} u_{xx} + u_{yy} = 0, & 0 < x < a, \quad 0 < y < b, \\ u(0,y) = 0, u(a,y) = Ay, & 0 \leqslant y \leqslant b, \\ u_y(x,0) = 0, u_y(x,b) = 0, & 0 \leqslant x \leqslant a. \end{cases}$$

26. 解下列泊松方程的边值问题:

$$\begin{cases} \Delta u = u_{rr} + r^{-1}u_r + r^{-2}u_{\theta\theta} = 1, & 1 < r < 2,\ 0 \leqslant \theta \leqslant 2\pi \\ u(1,\theta) = \dfrac{5}{4} + \cos^2\theta, & 0 \leqslant \theta \leqslant 2\pi, \\ u(2,\theta) = 1 + \sin^2\theta, & 0 \leqslant \theta \leqslant 2\pi. \end{cases}$$

27. 求解边值问题

$$\begin{cases} \Delta u = u_{rr} + r^{-1}u_r + r^{-2}u_{\theta\theta} = 0, & 0 < a < r < b,\ 0 \leqslant \theta < \alpha < 2\pi, \\ u(a,\theta) = 0,\ \ u(b,\theta) = \sin^2\theta, & 0 \leqslant \theta \leqslant \alpha, \\ u(r,0) = 0,\ \ u(r,\alpha) = 0, & a \leqslant r \leqslant b. \end{cases}$$

28. 一半径为 a 的半圆形薄板, 其圆周边界上温度保持为 $u(a,\theta) = T\theta(\pi-\theta)$, 而直径边界上温度保持为零度, 板的侧面绝热. 试求稳恒状态下薄板的温度分布规律 $u(r,\theta)$.

29. 一圆环形薄平板, 内半径为 r_1, 外半径为 r_2, 板的侧面绝热, 其内圆周边界上温度保持为零度, 外圆周边界上温度保持为 1℃. 试求稳恒状态下薄板的温度分布规律 $u(r,\theta)$.

30. 在扇形域内求下列拉普拉斯方程第一边值问题的解:

$$\begin{cases} u_{rr} + r^{-1}u_r + r^{-2}u_{\theta\theta} = 0, & r < a,\ 0 \leqslant \theta < \alpha < 2\pi, \\ u(r,0) = u(r,\alpha) = 0, & 0 \leqslant r \leqslant a, \\ u(a,\theta) = f(\theta), & 0 \leqslant \theta < \alpha. \end{cases}$$

31. 求解泊松方程在圆内的狄利克雷问题

$$\begin{cases} u_{rr}+r^{-1}u_r+r^{-2}u_{\theta\theta}=r^3\sin 2\theta, & r<a,\ 0\leqslant\theta\leqslant 2\pi, \\ u(a,\theta)=\sin\theta, & 0\leqslant\theta\leqslant 2\pi. \end{cases}$$

32. 求解拉普拉斯方程在圆外的诺依曼问题

$$\begin{cases} u_{rr}+r^{-1}u_r+r^{-2}u_{\theta\theta}=0, \quad r>R,\ 0\leqslant\theta\leqslant 2\pi, \\ \left.\dfrac{\partial u}{\partial n}\right|_{r=R}=0, \quad \lim\limits_{r\to\infty} u_r=A\cos\theta. \end{cases}$$

33. 求解拉普拉斯方程狄利克雷外问题

(1) $$\begin{cases} u_{xx}+u_{yy}=0, & x^2+y^2>4, \\ u(x,y)=y, & x^2+y^2=4, \\ \lim\limits_{x^2+y^2\to\infty} u(x,y)=0; \end{cases}$$

(2) $$\begin{cases} u_{xx}+u_{yy}=0, & -\infty<x<+\infty,\ y>0, \\ u(x,0)=\sum\limits_{n=1}^{2008}\sin nx, & -\infty<x<+\infty, \\ \lim\limits_{y\to+\infty} u(x,y)=0. \end{cases}$$

34. 证明：由混合定解问题

$$\begin{cases} u_t=a^2u_{xx}, & 0<x<L,\ t>0, \\ u(x,0)=\phi(x), & 0\leqslant x\leqslant L, \\ u(0,t)=0,\ u_x(L,t)+hu(L,t)=0, & t\geqslant 0 \end{cases}$$

中所得特征函数系 $\{X_n(x)\}|_{n=1}^{\infty}$ 在 $[0,L]$ 是正交函数系, 其中 $h>0$ 为常数.

35. 求方程 $y''+\lambda y=0\ (0<x<L)$ 在下列边界条件下的特征值和特征函数：

(1) $y'(0)=0,\ y(L)=0$;

(2) $y(0)=0,\ y'(L)+hy(L)=0\quad(h>0)$.

36. 考虑施图姆–刘维尔问题：

$$\begin{cases} y''+\lambda y=0, \quad 0<x<1, \\ y'(0)-y(0)=0,\ \ y'(1)+y(1)=0. \end{cases}$$

(1) 证明所有的特征值 λ 是正的;

(2) 求出所有的特征值 λ_n 和对应的特征函数 $y_n(x)$;

(3) 证明当 $n\to\infty$ 时, $\lambda_n\sim n^2\pi^2$.

37. 解下列特征值问题:

(1) $\begin{cases} y'' - 2ay' + \lambda y = 0, \quad 0 < x < 1, \\ y(0) = y(1) = 0; \end{cases}$

(2) $\begin{cases} (r^2R')' + \lambda r^2 R = 0, \qquad 0 < r < a, \\ |R(0)| < +\infty, \quad R(a) = 0; \end{cases}$

(3) $\begin{cases} y^{(4)} + \lambda y = 0, \qquad 0 < x < L, \\ y(0) = y(L) = y''(0) = y''(L) = 0; \end{cases}$

(4) $\begin{cases} y'' + \lambda y = 0, \quad 0 < x < L, \\ y'(0) = y'(L) + hy(L) = 0, \qquad h\text{为大于0的常数}. \end{cases}$

第 5 章　傅里叶变换方法

在这一章和第 6 章里, 我们介绍两种求解无界区域上定解问题的方法. 这两种方法的基本想法是把线性偏微分方程变为含有较少变量的线性偏微分方程或常微分方程, 从而使问题得到简化. 我们先介绍傅里叶 (Fourier) 变换方法. 傅里叶变换方法是法国数学家 Joseph Fourier 于 1801 年在解释圆环面周围热流动时首先提出. 从此以后, 傅里叶变换方法已经成为许多学科用来解决无界区域上同方程有关的定解问题的一个重要工具.

5.1　傅里叶积分和傅里叶变换

由 4.1 节我们知道, 如果函数 $f(x)$ 在区间 $[-L,L]$ 上满足狄利克雷条件, 那么 $f(x)$ 在 $[-L,L]$ 上可以展开成以 $2L$ 为周期的傅里叶级数, 而且在 $f(x)$ 的连续点 x 处, 成立

$$f(x)=\frac{a_0}{2}+\sum_{n=1}^{\infty}\left(a_n\cos\frac{n\pi x}{L}+b_n\sin\frac{n\pi x}{L}\right), \tag{5.1.1}$$

其中

$$a_n=\frac{1}{L}\int_{-L}^{L}f(t)\cos\frac{n\pi t}{L}\mathrm{d}t,\qquad n=0,1,2,\cdots, \tag{5.1.2}$$

$$b_n=\frac{1}{L}\int_{-L}^{L}f(t)\sin\frac{n\pi t}{L}\mathrm{d}t,\qquad n=1,2,\cdots. \tag{5.1.3}$$

把式 (5.1.2) 和式 (5.1.3) 代入到展开式 (5.1.1) 中去, 我们得到

$$f(x)=\frac{1}{2L}\int_{-L}^{L}f(t)\mathrm{d}t+\frac{1}{L}\sum_{n=1}^{\infty}\int_{-L}^{L}f(t)\cos\frac{n\pi(t-x)}{L}\mathrm{d}t. \tag{5.1.4}$$

现在假定 $f(x)$ 在 $(-\infty,+\infty)$ 上绝对可积, 即广义积分

$$\int_{-\infty}^{+\infty}|f(t)|\mathrm{d}t$$

收敛. 那么

$$|a_0|=\frac{1}{L}\left|\int_{-L}^{L}f(t)\mathrm{d}t\right|\leqslant\frac{1}{L}\int_{-L}^{L}|f(t)|\mathrm{d}t\to 0,\qquad L\to+\infty.$$

于是保持 x 不变, 当 $L\to+\infty$ 时, 式 (5.1.4) 变为

$$f(x)=\lim_{L\to+\infty}\frac{1}{L}\sum_{n=1}^{\infty}\int_{-L}^{L}f(t)\cos\frac{n\pi(t-x)}{L}\mathrm{d}t. \tag{5.1.5}$$

记 $\alpha_n=\dfrac{n\pi}{L},\Delta\alpha_n=\alpha_{n+1}-\alpha_n=\dfrac{\pi}{L}(n=1,2,\cdots)$, 则当 $L\to+\infty$ 时, $\Delta\alpha_n\to0$. 所以式 (5.1.5) 可以写成

$$\begin{aligned}f(x)&=\lim_{L\to+\infty}\frac{1}{\pi}\sum_{n=1}^{\infty}\Delta\alpha_n\int_{-L}^{L}f(t)\cos\alpha_n(t-x)\mathrm{d}t\\&=\frac{1}{\pi}\int_{0}^{+\infty}\int_{-\infty}^{+\infty}f(t)\cos\alpha(t-x)\mathrm{d}t\mathrm{d}\alpha,\end{aligned} \tag{5.1.6}$$

这个积分表达式称为函数 $f(x)$ 的**傅里叶积分公式**. 应该注意, 上面的推导仅仅是形式上的, 它不能说明这个广义积分的收敛性问题. 我们不加证明引用下面定理.

定理 5.1.1(傅里叶积分定理) 如果函数 $f(x)$ 在 $(-\infty,+\infty)$ 上的任一有限区间上满足狄利克雷条件 (见定理 4.1.1), 在 $(-\infty,+\infty)$ 上绝对可积, 那么对任意 $x\in(-\infty,+\infty)$, 成立

$$\frac{1}{2}(f(x+0)+f(x-0))=\frac{1}{\pi}\int_{0}^{+\infty}\int_{-\infty}^{+\infty}f(t)\cos\alpha(t-x)\mathrm{d}t\mathrm{d}\alpha. \tag{5.1.7}$$

特别地, 若 $f(x)$ 在 x 处连续, 则

$$f(x)=\frac{1}{\pi}\int_{0}^{+\infty}\int_{-\infty}^{+\infty}f(t)\cos\alpha(t-x)\mathrm{d}t\mathrm{d}\alpha. \tag{5.1.8}$$

下面把傅里叶积分表达式 (5.1.8) 进行适当的变换. 利用欧拉公式

$$\cos\alpha(t-x)=\frac{1}{2}[\mathrm{e}^{-\mathrm{i}\alpha(t-x)}+\mathrm{e}^{\mathrm{i}\alpha(t-x)}]$$

代入到式 (5.1.8) 中, 得到

$$f(x)=\frac{1}{2\pi}\int_{0}^{+\infty}\int_{-\infty}^{+\infty}f(t)\mathrm{e}^{-\mathrm{i}\alpha(t-x)}\mathrm{d}t\mathrm{d}\alpha+\frac{1}{2\pi}\int_{0}^{+\infty}\int_{-\infty}^{+\infty}f(t)\mathrm{e}^{\mathrm{i}\alpha(t-x)}\mathrm{d}t\mathrm{d}\alpha.$$

把上述右边第二项的积分变量由 α 变为 $-\alpha$, 得

$$f(x)=\frac{1}{2\pi}\int_{-\infty}^{+\infty}\int_{-\infty}^{+\infty}f(t)\mathrm{e}^{-\mathrm{i}\alpha t}\mathrm{e}^{\mathrm{i}\alpha x}\mathrm{d}t\mathrm{d}\alpha. \tag{5.1.9}$$

因此定义傅里叶变换如下：

定义 5.1.1 设函数 $f(x)$ 在 $(-\infty,+\infty)$ 上的任一有限区间上满足狄利克雷条件, 在 $(-\infty,+\infty)$ 上绝对可积, 称广义积分

$$F(\alpha)=\int_{-\infty}^{+\infty} f(x)\mathrm{e}^{-\mathrm{i}\alpha x}\mathrm{d}x \tag{5.1.10}$$

为 $f(x)$ 的**傅里叶变换**, 或者称为 $f(x)$ 的**像函数**. 通常记 $F(\alpha)=\mathcal{F}[f(x)]$. 而由式 (5.1.9) 可知,

$$f(x)=\frac{1}{2\pi}\int_{-\infty}^{+\infty} F(\alpha)\mathrm{e}^{\mathrm{i}\alpha x}\mathrm{d}\alpha. \tag{5.1.11}$$

此时 $f(x)$ 称为 $F(\alpha)$ 的**傅里叶逆变换**, 或者称为 $F(\alpha)$ 的**像原函数**. 记 $f(x)=\mathcal{F}^{-1}[F(\alpha)]$.

注 5.1.1 若点 x 是 $f(x)$ 的第一类间断点, 则由式 (5.1.7) 知, 式 (5.1.11) 中 $f(x)$ 由 $\dfrac{1}{2}(f(x+0)+f(x-0))$ 取代.

注 5.1.2 在有些参考文献中, 因子 $\dfrac{1}{2\pi}$ 被分解为 $\dfrac{1}{\sqrt{2\pi}}\cdot\dfrac{1}{\sqrt{2\pi}}$, 并且分别含在式 (5.1.10) 和式 (5.1.11) 中. 而在式 (5.1.10) 中的函数 $\mathrm{e}^{-\mathrm{i}\alpha x}$ 写成 $\mathrm{e}^{\mathrm{i}\alpha x}$. 从而在式 (5.1.11) 中函数 $\mathrm{e}^{\mathrm{i}\alpha x}$ 写成 $\mathrm{e}^{-\mathrm{i}\alpha x}$. 这些本质上同定义 5.1.1 没有差别.

例 5.1.1 求函数 $f(x)=\mathrm{e}^{-a|x|}$ 的傅里叶变换, 这里常数 $a>0$.

解 由定义

$$\begin{aligned}F(\alpha)&=\int_{-\infty}^{+\infty}\mathrm{e}^{-a|x|}\mathrm{e}^{-\mathrm{i}\alpha x}\mathrm{d}x=\int_{-\infty}^{0}\mathrm{e}^{x(a-\mathrm{i}\alpha)}\mathrm{d}x+\int_{0}^{+\infty}\mathrm{e}^{x(-a-\mathrm{i}\alpha)}\mathrm{d}x\\&=\frac{1}{a+\mathrm{i}\alpha}+\frac{1}{a-\mathrm{i}\alpha}=\frac{2a}{a^2+\alpha^2}.\end{aligned}$$

下面我们讨论奇函数和偶函数的傅里叶变换. 设 $f(x)$ 是 $(-\infty,+\infty)$ 上的奇函数, 即 $f(-x)=-f(x)$, 那么

$$\int_{-\infty}^{+\infty} f(t)\cos\alpha t\,\mathrm{d}t=0,\quad \int_{-\infty}^{+\infty} f(t)\sin\alpha t\,\mathrm{d}t=2\int_{0}^{+\infty} f(t)\sin\alpha t\,\mathrm{d}t.$$

由式 (5.1.8) 得

$$\begin{aligned}f(x)&=\frac{1}{\pi}\int_{0}^{+\infty}\int_{-\infty}^{+\infty} f(t)(\cos\alpha t\cos\alpha x+\sin\alpha t\sin\alpha x)\mathrm{d}t\,\mathrm{d}\alpha\\&=\frac{2}{\pi}\int_{0}^{+\infty}\int_{0}^{+\infty} f(t)\sin\alpha t\sin\alpha x\,\mathrm{d}\alpha\,\mathrm{d}t,\end{aligned} \tag{5.1.12}$$

因此定义

$$F_s(\alpha)=\int_0^{+\infty}f(x)\sin\alpha x\,\mathrm{d}x, \tag{5.1.13}$$

则

$$f(x)=\frac{2}{\pi}\int_0^{+\infty}F_s(\alpha)\sin\alpha x\,\mathrm{d}\alpha. \tag{5.1.14}$$

函数 $F_s(\alpha)$ 称为 $f(x)$ 的**傅里叶正弦变换**, 记为 $\mathcal{F}_s[f(x)]$. 而由式 (5.1.14) 所确定的函数 $f(x)$ 称为 $F_s(\alpha)$ 的**傅里叶正弦逆变换**. 记为 $f(x)=\mathcal{F}_s^{-1}[F_s(\alpha)]$.

类似地, 当 $f(x)$ 是 $(-\infty,+\infty)$ 上的偶函数时, 积分

$$\mathcal{F}_c[f(x)]=F_c(\alpha)=\int_0^{+\infty}f(x)\cos\alpha x\,\mathrm{d}x \tag{5.1.15}$$

称为 $f(x)$ 的**傅里叶余弦变换**, 而

$$\mathcal{F}_c^{-1}[F_c(\alpha)]=f(x)=\frac{2}{\pi}\int_0^{+\infty}F_c(\alpha)\cos\alpha x\,\mathrm{d}\alpha \tag{5.1.16}$$

称为 $F_c(\alpha)$ 的**傅里叶余弦逆变换**.

例 5.1.2 求函数 $f(x)=\mathrm{e}^{-bx},b>0$ 的傅里叶余弦变换, 并由此计算积分

$$I=\int_0^{+\infty}\frac{\cos\alpha x}{\alpha^2+b^2}\mathrm{d}\alpha.$$

解 由定义, $f(x)$ 的傅里叶余弦变换为

$$\begin{aligned}F_c(\alpha)=&\int_0^{+\infty}f(x)\cos\alpha x\mathrm{d}x=\int_0^{+\infty}\mathrm{e}^{-bx}\cos\alpha x\mathrm{d}x\\=&\frac{\mathrm{e}^{-bx}}{\alpha^2+b^2}(-b\cos\alpha x+\alpha\sin\alpha x)\Big|_0^{+\infty}=\frac{b}{\alpha^2+b^2},\end{aligned}$$

所以由傅里叶余弦逆变换得

$$f(x)=\frac{2}{\pi}\int_0^{+\infty}F_c(\alpha)\cos\alpha x\mathrm{d}\alpha,$$

即

$$\mathrm{e}^{-bx}=\frac{2}{\pi}\int_0^{+\infty}\frac{b}{\alpha^2+b^2}\cos\alpha x\mathrm{d}\alpha,$$

所以

$$\int_0^{+\infty}\frac{\cos\alpha x}{\alpha^2+b^2}\mathrm{d}\alpha=\frac{\pi}{2b}\mathrm{e}^{-bx}.$$

5.2　傅里叶变换的性质

下面讨论傅里叶变换的一些基本性质. 我们总是假定所讨论函数满足定理 5.1.1 的条件.

性质 5.2.1(线性性质)　傅里叶变换和逆变换都是线性变换, 即

$$\mathcal{F}[c_1f(x)+c_2g(x)]=c_1\mathcal{F}[f(x)]+c_2\mathcal{F}[g(x)]=c_1F(\alpha)+c_2G(\alpha),$$

$$\mathcal{F}^{-1}[c_1F(\alpha)+c_2G(\alpha)]=c_1\mathcal{F}^{-1}[F]+c_2\mathcal{F}^{-1}[G]=c_1f(x)+c_2g(x),$$

其中 $F(\alpha)$ 和 $G(\alpha)$ 分别是 $f(x)$ 和 $g(x)$ 的傅里叶变换, c_1, c_2 是任意常数.

这个性质的证明可以直接从定义得到.

性质 5.2.2(位移性质)　设 $\mathcal{F}[f(x)]$ 是 $f(x)$ 的傅里叶变换, 那么

$$\mathcal{F}[f(x-c)]=\mathrm{e}^{-\mathrm{i}\alpha c}\mathcal{F}[f(x)],$$

其中 c 是任意实常数.

证　由定义,

$$\begin{aligned}\mathcal{F}[f(x-c)]&=\int_{-\infty}^{+\infty}f(x-c)\mathrm{e}^{-\mathrm{i}\alpha x}\mathrm{d}x\\&=\int_{-\infty}^{+\infty}f(t)\mathrm{e}^{-\mathrm{i}\alpha(t+c)}\mathrm{d}t=\mathrm{e}^{-\mathrm{i}\alpha c}\mathcal{F}[f(x)].\end{aligned}$$

性质 5.2.3(相似性质)　如果 $F(\alpha)=\mathcal{F}[f(x)]$ 是 $f(x)$ 的傅里叶变换, 那么

$$\mathcal{F}[f(cx)]=\frac{1}{|c|}F\left(\frac{\alpha}{c}\right),$$

其中 c 是任何不等于零的实常数.

证　对于 $c\neq 0$, 有

$$\begin{aligned}\mathcal{F}[f(cx)]&=\int_{-\infty}^{+\infty}f(cx)\mathrm{e}^{-\mathrm{i}\alpha x}\mathrm{d}x\\&=\frac{1}{|c|}\int_{-\infty}^{+\infty}f(t)\mathrm{e}^{-\mathrm{i}(\alpha/c)t}\mathrm{d}t=\frac{1}{|c|}F\left(\frac{\alpha}{c}\right).\end{aligned}$$

性质 5.2.4(微分性质)　设 $f(x)$ 在 $(-\infty,+\infty)$ 上满足狄利克雷条件, 并且当 $|x|\to+\infty$ 时, $f(x)\to 0$. 如果 $f(x)$ 和 $f'(x)$ 在 $(-\infty,+\infty)$ 上绝对可积, 那么

$$\mathcal{F}[f'(x)]=\mathrm{i}\alpha\mathcal{F}[f(x)].$$

证 事实上, 有

$$\mathcal{F}[f'(x)] = \int_{-\infty}^{+\infty} f'(x)\mathrm{e}^{-\mathrm{i}\alpha x}\mathrm{d}x = \left[f(x)\mathrm{e}^{-\mathrm{i}\alpha x}\Big|_{-\infty}^{+\infty} + \mathrm{i}\alpha\int_{-\infty}^{+\infty} f(x)\mathrm{e}^{-\mathrm{i}\alpha x}\mathrm{d}x \right]$$
$$= \mathrm{i}\alpha\mathcal{F}[f(x)].$$

推论 5.2.1 设 $f(x)$ 和它的直到 $(n-1)$ 阶的导数都是连续的, $f(x)$ 的 n 阶导数分段连续, 且 $f(x)$ 和它的直到 n 阶的导数在 $(-\infty, +\infty)$ 上绝对可积. 另外设当 $|x| \to +\infty$ 时, $f(x)$ 和它的直到 $(n-1)$ 阶的导数都趋于 0, 那么

$$\mathcal{F}[f^{(n)}(x)] = (\mathrm{i}\alpha)^n \mathcal{F}[f(x)]. \tag{5.2.1}$$

这个性质说明可以利用傅里叶变换把微分运算化成代数运算. 因此有可能把一个常微分方程化成一个函数方程, 或者把一个偏微分方程化成常微分方程. 这正是傅里叶变换方法在方程求解中具有重要位置的原因.

性质 5.2.5 如果 $F(\alpha) = \mathcal{F}[f(x)]$ 是 $f(x)$ 的傅里叶变换, 那么

$$\mathcal{F}[xf(x)] = \mathrm{i}\frac{\mathrm{d}}{\mathrm{d}\alpha}F(\alpha).$$

证 由定义, 我们有

$$\mathcal{F}[xf(x)] = \int_{-\infty}^{+\infty} xf(x)\mathrm{e}^{-\mathrm{i}\alpha x}\mathrm{d}x = \mathrm{i}\frac{\mathrm{d}}{\mathrm{d}\alpha}\int_{-\infty}^{+\infty} f(x)\mathrm{e}^{-\mathrm{i}\alpha x}\mathrm{d}x = \mathrm{i}\frac{\mathrm{d}}{\mathrm{d}\alpha}F(\alpha).$$

一般地成立

$$\mathcal{F}[x^n f(x)] = \mathrm{i}^n \frac{\mathrm{d}^n F(\alpha)}{\mathrm{d}\alpha^n}, \quad n = 1, 2, \cdots.$$

例 5.2.1 求函数 $f(x) = \mathrm{e}^{-bx^2}$ 的傅里叶变换, 这里常数 $b > 0$.

解 由定义和分部积分, 得

$$F(\alpha) = \int_{-\infty}^{+\infty} f(x)\mathrm{e}^{-\mathrm{i}\alpha x}\mathrm{d}x = \int_{-\infty}^{+\infty} \mathrm{e}^{-\mathrm{i}\alpha x - bx^2}\mathrm{d}x$$
$$= \frac{-1}{\mathrm{i}\alpha}\mathrm{e}^{-\mathrm{i}\alpha x - bx^2}\Big|_{-\infty}^{+\infty} - \frac{1}{\mathrm{i}\alpha}\int_{-\infty}^{+\infty} 2bx\mathrm{e}^{-\mathrm{i}\alpha x - bx^2}\mathrm{d}x$$
$$= \frac{2b\mathrm{i}}{\alpha}\mathcal{F}[xf(x)] = -\frac{2b}{\alpha}\frac{\mathrm{d}}{\mathrm{d}\alpha}F(\alpha).$$

由于

$$F(0) = \int_{-\infty}^{+\infty} \mathrm{e}^{-bx^2}\mathrm{d}x = \left(\frac{\pi}{b}\right)^{1/2},$$

所以 $f(x)$ 的傅里叶变换 $F(\alpha)$ 满足常微分方程初值问题：

$$\begin{cases} \dfrac{\mathrm{d}}{\mathrm{d}\alpha}F(\alpha)+\dfrac{\alpha}{2b}F(\alpha)=0, \\ F(0)=\left(\dfrac{\pi}{b}\right)^{1/2}. \end{cases} \tag{5.2.2}$$

其解为

$$F(\alpha)=\left(\frac{\pi}{b}\right)^{1/2}\mathrm{e}^{-\frac{\alpha^2}{4b}},$$

即

$$\mathcal{F}[\mathrm{e}^{-bx^2}]=\left(\frac{\pi}{b}\right)^{1/2}\mathrm{e}^{-\frac{\alpha^2}{4b}},\quad b>0. \tag{5.2.3}$$

特别地, 取 $b=(4c^2t)^{-1}$ 时, 有

$$\mathcal{F}[\mathrm{e}^{-x^2/(4c^2t)}]=2c\sqrt{\pi t}\mathrm{e}^{-c^2\alpha^2t} \tag{5.2.4}$$

或者

$$\mathcal{F}^{-1}[\mathrm{e}^{-c^2\alpha^2t}]=\frac{1}{2c\sqrt{\pi t}}\mathrm{e}^{-\frac{x^2}{4c^2t}}. \tag{5.2.5}$$

由式 (5.2.3), 还可以得到

$$\int_0^{+\infty}\mathrm{e}^{-bx^2}\cos\alpha x\mathrm{d}x=\frac{\sqrt{\pi}}{2\sqrt{b}}\mathrm{e}^{-\frac{\alpha^2}{4b}}. \tag{5.2.6}$$

下面考虑傅里叶变换的卷积 (convolution) 运算. 设函数 $f(x)$ 和 $g(x)$ 满足傅里叶变换的条件, 那么由富比尼 (Fubini) 定理, 不难证明广义积分

$$\int_{-\infty}^{+\infty}f(x-t)g(t)\mathrm{d}t$$

关于 x 在 $(-\infty,+\infty)$ 上也是绝对可积的. 我们称该积分为 $f(x)$ 和 $g(x)$ 在 $(-\infty,+\infty)$ 上的**卷积**. 记作 $(f*g)(x)$ 或 $f*g$, 即

$$(f*g)(x)=\int_{-\infty}^{+\infty}f(x-t)g(t)\mathrm{d}t. \tag{5.2.7}$$

符号“$*$”是一种函数间的运算, 它与乘法相似. 容易证明卷积有下列性质：

(1) (交换律)　$(f*g)(x)=(g*f)(x)$;

(2) (结合律)　$(f*(g*h))(x)=((f*g)*h)(x)$;

(3) (分配律) $(f*(g+h))(x)=(f*g)(x)+(f*h)(x)$.

性质 5.2.6(卷积定理) 如果 $F(\alpha)$ 和 $G(\alpha)$ 分别是函数 $f(x)$ 和 $g(x)$ 的傅里叶变换, 则成立

$$\mathcal{F}[(f*g)(x)]=\mathcal{F}[f(x)]\mathcal{F}[g(x)]=F(\alpha)G(\alpha) \tag{5.2.8}$$

或者

$$\mathcal{F}^{-1}(F(\alpha)G(\alpha))=\mathcal{F}^{-1}[F(\alpha)]*\mathcal{F}^{-1}[G(\alpha)]=(f*g)(x). \tag{5.2.9}$$

证 由定义, 得

$$\begin{aligned}\mathcal{F}[(f*g)(x)]&=\int_{-\infty}^{+\infty}\mathrm{e}^{-\mathrm{i}\alpha x}\left[\int_{-\infty}^{+\infty}f(x-\xi)g(\xi)\mathrm{d}\xi\right]\mathrm{d}x\\&=\int_{-\infty}^{+\infty}g(\xi)\mathrm{e}^{-\mathrm{i}\alpha\xi}\left[\int_{-\infty}^{+\infty}f(x-\xi)\mathrm{e}^{\mathrm{i}\alpha(-x+\xi)}\mathrm{d}x\right]\mathrm{d}\xi.\end{aligned}$$

这里因为 $(f*g)(x)$ 在 $(-\infty,+\infty)$ 上绝对可积, 所以上述积分可以交换次序. 利用变量代换 $\eta=x-\xi$ 得

$$\begin{aligned}\mathcal{F}[(f*g)(x)]&=\int_{-\infty}^{+\infty}g(\xi)\mathrm{e}^{-\mathrm{i}\alpha\xi}\mathrm{d}\xi\int_{-\infty}^{+\infty}f(\eta)\mathrm{e}^{-\mathrm{i}\alpha\eta}\mathrm{d}\eta\\&=F(\alpha)G(\alpha)=\mathcal{F}[f(x)]\mathcal{F}[g(x)].\end{aligned}$$

卷积定理提供了卷积计算的简便方法, 即化卷积计算为乘积运算.

性质 5.2.7(像函数的卷积定理) 如果 $F(\alpha)$ 和 $G(\alpha)$ 分别是函数 $f(x)$ 和 $g(x)$ 的傅里叶变换, 则成立

$$\mathcal{F}[f(x)g(x)]=\frac{1}{2\pi}\mathcal{F}[f(x)]*\mathcal{F}[g(x)]=\frac{1}{2\pi}(F*G)(\alpha) \tag{5.2.10}$$

或者

$$\mathcal{F}^{-1}[(F*G)(\alpha))=2\pi f(x)g(x). \tag{5.2.11}$$

证 由定义, 得

$$\begin{aligned}\mathcal{F}[f(x)g(x)]&=\int_{-\infty}^{+\infty}f(x)g(x)\mathrm{e}^{-\mathrm{i}\alpha x}\mathrm{d}x\\&=\frac{1}{2\pi}\int_{-\infty}^{+\infty}f(x)\int_{-\infty}^{+\infty}G(\lambda)\mathrm{e}^{\mathrm{i}\lambda x}\mathrm{e}^{-\mathrm{i}\alpha x}\mathrm{d}\lambda\mathrm{d}x\\&=\frac{1}{2\pi}\int_{-\infty}^{+\infty}G(\lambda)\int_{-\infty}^{+\infty}f(x)\mathrm{e}^{-\mathrm{i}x(\alpha-\lambda)}\mathrm{d}x\mathrm{d}\lambda\\&=\frac{1}{2\pi}\int_{-\infty}^{+\infty}G(\lambda)F(\alpha-\lambda)\mathrm{d}\lambda=\frac{1}{2\pi}(F*G)(\alpha).\end{aligned}$$

本性质证毕.

性质 5.2.8(Parseval 等式)　设 $F(\alpha)=\mathcal{F}[f(x)]$, 那么

$$\int_{-\infty}^{+\infty}|f(x)|^2\mathrm{d}x=\frac{1}{2\pi}\int_{-\infty}^{+\infty}|F(\alpha)|^2\mathrm{d}\alpha.$$

证　由卷积定理, 我们得到

$$(f*g)(x)=\mathcal{F}^{-1}[F(\alpha)G(\alpha)],$$

即

$$\int_{-\infty}^{+\infty}f(t)g(x-t)\mathrm{d}t=\frac{1}{2\pi}\int_{-\infty}^{+\infty}F(\alpha)G(\alpha)\mathrm{e}^{\mathrm{i}\alpha x}\mathrm{d}\alpha.$$

令 $x=0$ 得

$$\int_{-\infty}^{+\infty}f(t)g(-t)\mathrm{d}t=\frac{1}{2\pi}\int_{-\infty}^{+\infty}F(\alpha)G(\alpha)\mathrm{d}\alpha. \tag{5.2.12}$$

又设 $g(-t)=\overline{f(t)}$, 那么

$$\begin{aligned}G(\alpha)&=\int_{-\infty}^{+\infty}g(t)\mathrm{e}^{-\mathrm{i}\alpha t}\mathrm{d}t=\int_{-\infty}^{+\infty}\overline{f(-t)}\mathrm{e}^{-\mathrm{i}\alpha t}\mathrm{d}t\\&=\int_{-\infty}^{+\infty}\overline{f(\xi)}\mathrm{e}^{\mathrm{i}\alpha\xi}\mathrm{d}\xi=\overline{F(\alpha)}.\end{aligned}$$

因此由式 (5.2.12) 得

$$\int_{-\infty}^{+\infty}|f(t)|^2\mathrm{d}t=\frac{1}{2\pi}\int_{-\infty}^{+\infty}\overline{F(\alpha)}F(\alpha)\mathrm{d}\alpha=\frac{1}{2\pi}\int_{-\infty}^{+\infty}|F(\alpha)|^2\mathrm{d}\alpha.$$

注 5.2.1　我们可以类似地定义 n 个自变量函数的傅里叶变换和逆变换. 设 $\boldsymbol{x}=(x_1,x_2,\cdots,x_n)\in\mathbb{R}^n$, $\boldsymbol{\alpha}=(\alpha_1,\alpha_2,\cdots,\alpha_n)$, $\boldsymbol{\alpha}\cdot\boldsymbol{x}=\alpha_1x_1+\alpha_2x_2+\cdots+\alpha_nx_n$, $\mathrm{d}\boldsymbol{x}=\mathrm{d}x_1\mathrm{d}x_2\cdots\mathrm{d}x_n$. 如果 $f(\boldsymbol{x})=f(x_1,x_2,\cdots,x_n)$ 在 $\mathbb{R}^n$ 上连续, 分片光滑且绝对可积, 记

$$F(\boldsymbol{\alpha})=\int_{\mathbb{R}^n}f(x)\mathrm{e}^{-\mathrm{i}\boldsymbol{\alpha}\cdot\boldsymbol{x}}\mathrm{d}\boldsymbol{x}, \tag{5.2.13}$$

则对一切 $\boldsymbol{x}\in\mathbb{R}^n$, 有

$$f(\boldsymbol{x})=\frac{1}{(2\pi)^n}\int_{\mathbb{R}^n}F(\boldsymbol{\alpha})\mathrm{e}^{\mathrm{i}\boldsymbol{\alpha}\cdot\boldsymbol{x}}\mathrm{d}\boldsymbol{\alpha}, \tag{5.2.14}$$

其中 $F(\boldsymbol{\alpha})$ 称为 $f(x)$ 的 **n 维傅里叶变换**, 而 $f(\boldsymbol{x})$ 称为 $F(\boldsymbol{\alpha})$ 的 **n 维傅里叶逆变换**, 通常记为 $F(\boldsymbol{\alpha})=\mathcal{F}[f(\boldsymbol{x})]$ 和 $f(\boldsymbol{x})=\mathcal{F}^{-1}[F(\boldsymbol{\alpha})]$.

对于 n 个自变量函数的傅里叶变换, 性质 5.2.1~5.2.4 和性质 5.2.6, 5.2.7 也同样成立, 只要把上述性质中出现的记号修改如下:

$$\mathcal{F}[f(\boldsymbol{x}-\boldsymbol{c})]=\mathrm{e}^{-\mathrm{i}\boldsymbol{c}\cdot\boldsymbol{\alpha}}\mathcal{F}[f(\boldsymbol{x})], \tag{5.2.15}$$

其中 $\boldsymbol{c}=(c_1,c_2,\cdots,c_n)$.

$$\mathcal{F}[f(a\boldsymbol{x})]=|a|^{-n}F(a^{-1}\boldsymbol{\alpha}), \tag{5.2.16}$$

其中常数 $a\neq 0$.

$$\mathcal{F}\left[\frac{\partial}{\partial x_j}f(\boldsymbol{x})\right]=\mathrm{i}\alpha_j F(\boldsymbol{\alpha}), \tag{5.2.17}$$

其中 $j=1,2,\cdots,n$. 若定义卷积运算

$$(f*g)(\boldsymbol{x})=\int_{\mathbb{R}^n}f(\boldsymbol{x}-\boldsymbol{y})g(\boldsymbol{y})\mathrm{d}\boldsymbol{y}, \tag{5.2.18}$$

其中 $\boldsymbol{y}=(y_1,y_2,\cdots,y_n)$, 则成立

$$\mathcal{F}[(f*g)(\boldsymbol{x})]=\mathcal{F}[f(\boldsymbol{x})]\mathcal{F}[g(\boldsymbol{x})]=F(\boldsymbol{\alpha})G(\boldsymbol{\alpha}). \tag{5.2.19}$$

5.3 傅里叶变换的应用

在这一节里, 我们考虑傅里叶变换在求偏微分方程定解问题中的应用. 在以下例子中, 由于事先不知道未知函数 u 是否满足傅里叶变换及其运算条件, 因此其推导过程只是求形式解. 如果要证明形式解是 (古典) 解, 还需对初始数据和边界数据进一步附加条件.

例 5.3.1 求解下列无限杆的热传导方程的初值问题:

$$\begin{cases} u_t=a^2u_{xx}+f(x,t), & -\infty<x<+\infty,\ t>0, \\ u(x,0)=\phi(x), & -\infty<x<+\infty. \end{cases} \tag{5.3.1}$$

解 我们用 $U(\alpha,t),F(\alpha,t)$ 和 $\Phi(\alpha)$ 分别表示函数 $u(x,t),f(x,t)$ 和 $\phi(x)$ 关于 x 的傅里叶变换. 对 (5.3.1) 中的方程和初值条件关于 x 作傅里叶变换, 得到一个以 α 为参数的常微分方程的初值问题

$$\begin{cases} U_t+\alpha^2a^2U=F(\alpha,t), & t>0, \\ U(\alpha,0)=\Phi(\alpha). \end{cases} \tag{5.3.2}$$

其解为

$$U(\alpha,t)=\Phi(\alpha)\mathrm{e}^{-\alpha^2a^2t}+\int_0^t F(\alpha,\tau)\mathrm{e}^{-\alpha^2a^2(t-\tau)}\mathrm{d}\tau.$$

这样问题 (5.3.1) 的解为

$$u(x,t)=\mathcal{F}^{-1}[U]=\mathcal{F}^{-1}[\varPhi(\alpha)\mathrm{e}^{-\alpha^2a^2t}]+\mathcal{F}^{-1}\left[\int_0^t F(\alpha,\tau)\mathrm{e}^{-\alpha^2a^2(t-\tau)}\mathrm{d}\tau\right].$$

由卷积定理得

$$\begin{aligned}\mathcal{F}^{-1}[\varPhi(\alpha)\mathrm{e}^{-\alpha^2a^2t}]&=\mathcal{F}^{-1}[\varPhi(\alpha)]*\mathcal{F}^{-1}[\mathrm{e}^{-\alpha^2a^2t}]\\&=\frac{1}{2a\sqrt{\pi t}}\int_{-\infty}^{+\infty}\phi(\xi)\exp\left(-\frac{(x-\xi)^2}{4a^2t}\right)\mathrm{d}\xi.\end{aligned}$$

这里我们已经应用了式 (5.2.5). 同理可得

$$\begin{aligned}\mathcal{F}^{-1}\left[\int_0^t F(\alpha,\tau)\mathrm{e}^{-\alpha^2a^2(t-\tau)}\mathrm{d}\tau\right]&=\int_0^t\mathcal{F}^{-1}[F(\alpha,\tau)\mathrm{e}^{-\alpha^2a^2(t-\tau)}]\mathrm{d}\tau\\&=\int_0^t\int_{-\infty}^{+\infty}\frac{f(\xi,\tau)}{2a\sqrt{\pi(t-\tau)}}\exp\left(-\frac{(x-\xi)^2}{4a^2(t-\tau)}\right)\mathrm{d}\xi\mathrm{d}\tau.\end{aligned}$$

所以初值问题 (5.3.1) 的形式解为

$$\begin{aligned}u(x,t)=&\frac{1}{2a\sqrt{\pi t}}\int_{-\infty}^{+\infty}\phi(\xi)\exp\left(-\frac{(x-\xi)^2}{4a^2t}\right)\mathrm{d}\xi\\&+\int_0^t\int_{-\infty}^{+\infty}\frac{f(\xi,\tau)}{2a\sqrt{\pi(t-\tau)}}\exp\left(-\frac{(x-\xi)^2}{4a^2(t-\tau)}\right)\mathrm{d}\xi\mathrm{d}\tau.\end{aligned}\tag{5.3.3}$$

上述形式解是在假设上面各种运算都可以进行的情况下得到的. 它是否为古典解, 还有待说明. 通过分析论证, 我们可以得到如下定理.

定理 5.3.1 如果 $\phi(x)$ 在 $\mathbb{R}^1$ 上连续且有界, 而 $f(x,t)$ 在 $\mathbb{R}^1\times[0,+\infty)$ 上连续且有界, 则由式 (5.3.3) 表示的函数是问题 (5.3.1) 的有界古典解 (第 8 章).

例 5.3.2 求上半平面 $y>0$ 上的狄利克雷问题的解:

$$\begin{cases}u_{xx}+u_{yy}=0, & -\infty<x<+\infty,\ y>0,\\ u(x,0)=f(x), & -\infty<x<+\infty,\\ \lim\limits_{|x|\to+\infty}u(x,y)=0,\ \lim\limits_{|x|\to+\infty}u_x(x,y)=0.\end{cases}\tag{5.3.4}$$

上述收敛关于 y 在 $(0,+\infty)$ 上是一致的. 另外, 当 $y\to+\infty$ 时, $u(x,y)$ 关于 x 在 $\mathbb{R}^1$ 上一致有界.

解 令 $U(\alpha,y)$ 和 $F(\alpha)$ 分别表示函数 $u(x,y)$ 和 $f(x)$ 关于 x 的傅里叶变换. 对式 (5.3.4) 中的拉普拉斯方程和边界条件关于 x 进行傅里叶变换, 得到

$$\mathcal{F}[u_{xx}+u_{yy}]=0,\quad \mathcal{F}[u(x,0)]=\mathcal{F}[f(x)]=F(\alpha).$$

利用式 (5.2.1) 我们得到

$$U_{yy}-\alpha^2U=0,\ y>0,\qquad U(\alpha,0)=F(\alpha).\tag{5.3.5}$$

这是一个带参数 α 的二阶常微分方程, 其通解是

$$U(\alpha,y)=A(\alpha)\mathrm{e}^{\alpha y}+B(\alpha)\mathrm{e}^{-\alpha y}.$$

因为当 $y\to+\infty$ 时, u 是有界的, 故当 $y\to+\infty$ 时, $U(\alpha,y)$ 也必须有界. 于是当 $\alpha>0$ 时, 必须有 $A(\alpha)=0$; 当 $\alpha<0$ 时, 必须有 $B(\alpha)=0$. 所以

$$U(\alpha,y)=\begin{cases}F(\alpha)\mathrm{e}^{-\alpha y}, & \alpha>0,\\ F(\alpha)\mathrm{e}^{\alpha y}, & \alpha<0.\end{cases}$$

所以问题 (5.3.5) 的解是

$$U(\alpha,y)=U(\alpha,0)\mathrm{e}^{-|\alpha|y}=F(\alpha)\mathrm{e}^{-|\alpha|y}=\int_{-\infty}^{+\infty}f(x)\mathrm{e}^{-|\alpha|y}\mathrm{e}^{-\mathrm{i}\alpha x}\mathrm{d}x,\tag{5.3.6}$$

故 $U(\alpha,y)$ 的逆变换是

$$\begin{aligned}u(x,y)=\mathcal{F}^{-1}[U(\alpha,y)]&=\frac{1}{2\pi}\int_{-\infty}^{+\infty}\left[\int_{-\infty}^{+\infty}f(\xi)\mathrm{e}^{-|\alpha|y}\mathrm{e}^{-\mathrm{i}\alpha\xi}\mathrm{d}\xi\right]\mathrm{e}^{\mathrm{i}\alpha x}\mathrm{d}\alpha\\&=\frac{1}{2\pi}\int_{-\infty}^{+\infty}f(\xi)\mathrm{d}\xi\int_{-\infty}^{+\infty}\mathrm{e}^{\mathrm{i}\alpha(x-\xi)-|\alpha|y}\mathrm{d}\alpha.\end{aligned}\tag{5.3.7}$$

容易得到

$$\int_{-\infty}^{+\infty}\mathrm{e}^{\mathrm{i}\alpha(x-\xi)-|\alpha|y}\mathrm{d}\alpha=2\int_0^{+\infty}\mathrm{e}^{-\alpha y}\cos\alpha(\xi-x)\mathrm{d}\alpha=\frac{2y}{(\xi-x)^2+y^2}.$$

因此在上半平面 $y>0$ 上的狄利克雷问题 (5.3.4) 的解是

$$u(x,y)=\frac{1}{\pi}\int_{-\infty}^{+\infty}\frac{yf(\xi)\mathrm{d}\xi}{(\xi-x)^2+y^2}.\tag{5.3.8}$$

我们还可以利用这个解推出在上半平面$y>0$上的诺依曼 (Neumann) 问题的解.

例 5.3.3 求下列诺依曼问题的解:

$$\begin{cases}u_{xx}+u_{yy}=0, & -\infty<x<+\infty,\ y>0,\\ u_y(x,0)=f(x), & -\infty<x<+\infty,\\ \lim\limits_{|x|\to+\infty}u_x(x,y)=0,\ \lim\limits_{|x|\to+\infty}u_{xy}(x,y)=0.\end{cases}\tag{5.3.9}$$

上述收敛关于 y 在 $(0,+\infty)$ 上是一致的.

另外, 当 $y \to +\infty$ 时, $u(x,y)$ 关于 x 在 $(-\infty,+\infty)$ 上一致有界.

解　令 $v(x,y)=u_y(x,y)$, 则

$$u(x,y)=\int_a^y v(x,\eta)\mathrm{d}\eta,$$

其中 a 是任意正常数. 那么 $v(x,y)$ 满足下列狄利克雷问题:

$$\begin{cases} v_{xx}+v_{yy}=0, & -\infty<x<+\infty,\ y>0, \\ v(x,0)=u_y(x,0)=f(x), & -\infty<x<+\infty. \end{cases} \tag{5.3.10}$$

由例 5.3.2 知问题 (5.3.10) 的解为

$$v(x,y)=\frac{1}{\pi}\int_{-\infty}^{+\infty}\frac{yf(\xi)\mathrm{d}\xi}{(\xi-x)^2+y^2},$$

因此可以得到

$$u(x,y)=\frac{1}{\pi}\int_a^y\int_{-\infty}^{+\infty}\frac{\eta f(\xi)\mathrm{d}\xi\mathrm{d}\eta}{(\xi-x)^2+\eta^2}=\frac{1}{2\pi}\int_{-\infty}^{+\infty}f(\xi)\ln\frac{(\xi-x)^2+y^2}{(\xi-x)^2+a^2}\mathrm{d}\xi. \tag{5.3.11}$$

这里解的表达式 (5.3.11) 含有任意正常数 a, 说明诺依曼问题 (5.3.9) 的解不是唯一的. 事实上, 如果 u 是 (5.3.9) 的解, 那么对任意常数 c, $u+c$ 也是 (5.3.9) 的解.

例 5.3.4　利用傅里叶变换求解一维波动方程的初值问题

$$\begin{cases} u_{tt}=a^2u_{xx}+f(x,t), & -\infty<x<+\infty,\ t>0, \\ u(x,0)=\phi(x),\ u_t(x,0)=\psi(x), & -\infty<x<+\infty. \end{cases} \tag{5.3.12}$$

解　记 $U(\alpha,t)=\mathcal{F}[u(x,t)], \varPhi(\alpha)=\mathcal{F}[\phi(x)],\ \varPsi(\alpha)=\mathcal{F}[\psi(x)],\ F(\alpha,t)=\mathcal{F}[f(x,t)]$. 那么问题 (5.3.12) 化为

$$\begin{cases} U_{tt}+\alpha^2a^2U=F(\alpha,t), & -\infty<\alpha<+\infty,\ t>0, \\ U(\alpha,0)=\varPhi(\alpha),\ U_t(\alpha,0)=\varPsi(\alpha), & -\infty<\alpha<+\infty. \end{cases} \tag{5.3.13}$$

这是一个带参数 α 的常微分方程的初值问题, 其解为

$$\begin{aligned} U(\alpha,t)=&\varPhi(\alpha)\cos\alpha at+\frac{1}{\alpha a}\varPsi(\alpha)\sin\alpha at \\ &+\frac{1}{\alpha a}\int_0^t F(\alpha,\tau)\sin\alpha a(t-\tau)\mathrm{d}\tau. \end{aligned} \tag{5.3.14}$$

由于

$$\begin{aligned}\mathcal{F}^{-1}[\varPhi(\alpha)\cos\alpha at] &= \frac{1}{2\pi}\int_{-\infty}^{+\infty}\varPhi(\alpha)\cos\alpha at\mathrm{e}^{\mathrm{i}\alpha x}\mathrm{d}\alpha \\ &= \frac{1}{4\pi}\int_{-\infty}^{+\infty}\varPhi(\alpha)(\mathrm{e}^{-\mathrm{i}\alpha at}+\mathrm{e}^{\mathrm{i}\alpha at})\mathrm{e}^{\mathrm{i}\alpha x}\mathrm{d}\alpha \\ &= \frac{1}{4\pi}\int_{-\infty}^{+\infty}\varPhi(\alpha)(\mathrm{e}^{\mathrm{i}\alpha(x+at)}+\mathrm{e}^{\mathrm{i}\alpha(x-at)})\mathrm{d}\alpha \\ &= \frac{1}{2}(\phi(x+at)+\phi(x-at)),\end{aligned}$$

以及

$$\begin{aligned}\mathcal{F}^{-1}\left[\frac{1}{\alpha a}\varPsi(\alpha)\sin\alpha at\right] &= \frac{1}{2\pi}\int_{-\infty}^{+\infty}\varPsi(\alpha)\frac{\sin\alpha at}{\alpha a}\mathrm{e}^{\mathrm{i}\alpha x}\mathrm{d}\alpha \\ &= \frac{1}{4\pi}\int_{-\infty}^{+\infty}\varPsi(\alpha)\frac{-\mathrm{i}}{\alpha a}(\mathrm{e}^{\mathrm{i}\alpha at}-\mathrm{e}^{-\mathrm{i}\alpha at})\mathrm{e}^{\mathrm{i}\alpha x}\mathrm{d}\alpha \\ &= \frac{1}{4\pi}\int_{-\infty}^{+\infty}\varPsi(\alpha)\frac{-\mathrm{i}}{\alpha a}(\mathrm{e}^{\mathrm{i}\alpha(x+at)}-\mathrm{e}^{\mathrm{i}\alpha(x-at)})\mathrm{d}\alpha \\ &= \frac{1}{4a\pi}\int_{-\infty}^{+\infty}\varPsi(\alpha)\int_{x-at}^{x+at}\mathrm{e}^{\mathrm{i}\alpha\xi}\mathrm{d}\xi\mathrm{d}\alpha \\ &= \frac{1}{4a\pi}\int_{x-at}^{x+at}\int_{-\infty}^{+\infty}\varPsi(\alpha)\mathrm{e}^{\mathrm{i}\alpha\xi}\mathrm{d}\alpha\mathrm{d}\xi \\ &= \frac{1}{2a}\int_{x-at}^{x+at}\psi(\xi)\mathrm{d}\xi.\end{aligned}$$

类似地, 有

$$\mathcal{F}^{-1}\left[\frac{1}{\alpha a}\int_0^t F(\alpha,\tau)\sin\alpha a(t-\tau)\mathrm{d}\tau\right] = \frac{1}{2a}\int_0^t\int_{x-a(t-\tau)}^{x+a(t-\tau)}f(\xi,\tau)\mathrm{d}\xi\mathrm{d}\tau.$$

所以原问题 (5.3.12) 的解为

$$\begin{aligned}u(x,t) = &\frac{1}{2}(\phi(x+at)+\phi(x-at)) + \frac{1}{2a}\int_{x-at}^{x+at}\psi(\xi)\mathrm{d}\xi \\ &+\frac{1}{2a}\int_0^t\int_{x-a(t-\tau)}^{x+a(t-\tau)}f(\xi,\tau)\mathrm{d}\xi\mathrm{d}\tau,\end{aligned}\tag{5.3.15}$$

这就是波动方程的达朗贝尔解, 见式 (3.1.15).

例 5.3.5 利用傅里叶正弦变换方法求解下列问题:

$$\begin{cases} u_t = a^2 u_{xx}, \quad 0 < x < +\infty,\ t > 0, \\ u(x,0) = 0, \quad 0 < x < +\infty, \\ u(0,t) = u_0, \quad t > 0, \\ \lim\limits_{x\to+\infty} u(x,t) = \lim\limits_{x\to+\infty} u_x(x,t) = 0. \end{cases} \tag{5.3.16}$$

解 记 $U_s(\alpha,t) = \mathcal{F}_s[u(x,t)] = \int_0^{+\infty} u(x,t)\sin\alpha x\mathrm{d}x$. 对定解问题 (5.3.16) 中的方程和边界条件取傅里叶正弦变换, 得

$$\frac{\mathrm{d}U_s}{\mathrm{d}t} + a^2\alpha^2 U_s = a^2\alpha u_0, \quad t > 0; \quad U_s(\alpha,0) = 0. \tag{5.3.17}$$

其解为

$$U_s(\alpha,t) = \frac{u_0}{\alpha}(1 - \mathrm{e}^{-a^2\alpha^2 t}), \quad t \geqslant 0.$$

因此问题 (5.3.16) 的解是

$$\begin{aligned} u(x,t) &= \mathcal{F}_s^{-1}[U_s(\alpha,t)] = \frac{2}{\pi}\int_0^{+\infty} U_s(\alpha,t)\sin\alpha x\mathrm{d}\alpha \\ &= \frac{2u_0}{\pi}\int_0^{+\infty} \frac{\sin\alpha x}{\alpha}(1 - \mathrm{e}^{-a^2\alpha^2 t})\mathrm{d}\alpha. \end{aligned} \tag{5.3.18}$$

记误差函数

$$\mathrm{erf}(y) = \frac{2}{\sqrt{\pi}}\int_0^y \mathrm{e}^{-s^2}\mathrm{d}s \tag{5.3.19}$$

和余误差函数

$$\mathrm{erfc}(y) = 1 - \mathrm{erf}(y). \tag{5.3.20}$$

令

$$I(x) = \int_0^{+\infty} \mathrm{e}^{-\alpha^2}\frac{\sin(2\alpha x)}{\alpha}\mathrm{d}\alpha,$$

由式 (5.2.6) 得

$$I'(x) = 2\int_0^{+\infty} \mathrm{e}^{-\alpha^2}\cos(2\alpha x)\mathrm{d}\alpha = \sqrt{\pi}\mathrm{e}^{-x^2},$$

所以

$$I(x) = \int_0^{+\infty} \mathrm{e}^{-\alpha^2}\frac{\sin(2\alpha x)}{\alpha}\mathrm{d}\alpha = \frac{\pi}{2}\mathrm{erf}(x).$$

由于

$$\int_0^{+\infty} \frac{\sin \alpha x}{\alpha} \mathrm{d}\alpha = \frac{\pi}{2},$$

故由式 (5.3.18) 得问题 (5.3.16) 的解

$$u(x,t) = \frac{2u_0}{\pi}\left[\frac{\pi}{2} - \frac{\pi}{2}\mathrm{erf}\left(\frac{x}{2a\sqrt{t}}\right)\right] = u_0 \mathrm{erfc}\left(\frac{x}{2a\sqrt{t}}\right). \tag{5.3.21}$$

例 5.3.6　利用傅里叶余弦变换方法求解下列问题:

$$\begin{cases} u_t = a^2 u_{xx}, \quad 0 < x < +\infty,\ t > 0, \\ u(x,0) = 0, \quad 0 < x < +\infty, \\ u_x(0,t) = -u_0, \quad t > 0, \\ \lim\limits_{x\to+\infty} u(x,t) = \lim\limits_{x\to+\infty} u_x(x,t) = 0. \end{cases} \tag{5.3.22}$$

解　因为 $u_x(0,t)$ 是已知的, 我们用傅里叶余弦变换求解该问题. 记

$$U_c(\alpha,t) = \mathcal{F}_c[u(x,t)] = \int_0^{+\infty} u(x,t)\cos\alpha x \mathrm{d}x,$$

对 (5.3.22) 中方程和边界条件关于 x 取傅里叶余弦变换, 得

$$\frac{\mathrm{d}U_c}{\mathrm{d}t} + a^2\alpha^2 U_c = a^2 u_0, \quad t > 0,$$

其解为

$$U_c(\alpha,t) = \frac{u_0}{\alpha^2}(1 - \mathrm{e}^{-a^2\alpha^2 t}). \tag{5.3.23}$$

取傅里叶余弦逆变换, 得到问题 (5.3.22) 的解

$$u(x,t) = \mathcal{F}_c^{-1}[U_c(\alpha,t)] = \frac{2u_0}{\pi}\int_0^{+\infty} \frac{\cos\alpha x}{\alpha^2}(1 - \mathrm{e}^{-a^2\alpha^2 t})\mathrm{d}\alpha. \tag{5.3.24}$$

例 5.3.7　利用傅里叶正弦变换方法, 求解下列边值问题:

$$\begin{cases} u_{xx} + u_{yy} = 0, & 0 < x < +\infty,\ 0 < y < a, \\ u(x,0) = f(x);\ u(x,a) = 0, & 0 \leqslant x < +\infty, \\ u(0,y) = 0, & 0 \leqslant y \leqslant a, \\ \lim\limits_{x\to+\infty} u(x,y) = \lim\limits_{x\to+\infty} u_x(x,y) = 0. \end{cases} \tag{5.3.25}$$

解　记 $U_s(\alpha,y) = \mathcal{F}_s[u(x,y)], F_s(\alpha) = \mathcal{F}_s[f(x)]$. 对方程两边关于 x 取傅里叶正弦变换, 得

$$\frac{\mathrm{d}^2 U_s}{\mathrm{d}y^2} - \alpha^2 U_s = 0,$$

其通解为

$$U_s(\alpha, y) = A(\alpha)\cosh\alpha y + B(\alpha)\sinh\alpha y.$$

由边界条件, 得

$$U_s(\alpha, 0) = F_s(\alpha), \quad U_s(\alpha, a) = 0,$$

所以

$$A(\alpha) = F_s(\alpha), \quad B(\alpha) = -\frac{\cosh\alpha a}{\sinh\alpha a}F_s(\alpha),$$

因此

$$\begin{aligned} U_s(\alpha, y) &= \cosh\alpha y\int_0^{+\infty} f(\xi)\sin\alpha\xi \mathrm{d}\xi - \frac{\cosh\alpha a\sinh\alpha y}{\sinh\alpha a}\int_0^{+\infty} f(\xi)\sin\alpha\xi \mathrm{d}\xi \\ &= \int_0^{+\infty} f(\xi)\sin\alpha\xi\frac{\sinh(a-y)\alpha}{\sinh\alpha a}\mathrm{d}\xi. \end{aligned}$$

这样问题 (5.3.25) 的解为

$$\begin{aligned} u(x, y) &= \mathcal{F}_s^{-1}[U_s(\alpha, y)] \\ &= \frac{2}{\pi}\int_0^{+\infty} f(\xi)\int_0^{+\infty}\frac{\sinh(a-y)\alpha}{\sinh\alpha a}\sin\alpha\xi\sin\alpha x \mathrm{d}\alpha \mathrm{d}\xi. \end{aligned} \tag{5.3.26}$$

例 5.3.8　利用傅里叶变换方法求解下列问题:

$$\begin{cases} u_t = a^2 u_{xx}, & x > 0,\ t > 0, \\ u(x, 0) = f(x), & x \geqslant 0, \\ u(0, t) = 0, & t > 0. \end{cases} \tag{5.3.27}$$

解　我们用延拓的方法来解这个问题. 定义

$$F(x) = \begin{cases} f(x), & x \geqslant 0, \\ -f(-x), & x < 0. \end{cases}$$

考虑初值问题

$$\begin{cases} U_t = a^2 U_{xx}, & x \in \mathbb{R}^1,\ t > 0, \\ U(x, 0) = F(x), & x \in \mathbb{R}^1, \end{cases}$$

其解为

$$U(x, t) = \frac{1}{2a\sqrt{\pi t}}\int_{-\infty}^{+\infty} F(\xi)\exp\left(-\frac{(x-\xi)^2}{4a^2 t}\right)\mathrm{d}\xi,$$

因此问题 (5.3.27) 的解为

$$u(x, t) = \frac{1}{2a\sqrt{\pi t}}\int_0^{+\infty} f(\xi)\left[\exp\left(-\frac{(x-\xi)^2}{4a^2 t}\right) - \exp\left(-\frac{(x+\xi)^2}{4a^2 t}\right)\right]\mathrm{d}\xi.$$

习 题 5

1. 求下列函数的傅里叶变换:

(1) $f(x)=\begin{cases}1-x^2, & |x|<1,\\ 0, & |x|\geqslant 1;\end{cases}$

(2) $f(x)=\begin{cases}\mathrm{e}^{-ax}\sin bx, & x\geqslant 0,\\ 0, & x<0,\end{cases}$ 其中 $a>0$.

2. 求函数 e^{-x} 的傅里叶正弦变换和余弦变换.

3. 求函数 $f(x)=(1+x^2)^{-1}$ 的傅里叶余弦变换.

4. 设 $a>0$, b 是任意实数, 证明

$$\int_{-\infty}^{+\infty}\mathrm{e}^{-ax^2-2bx}\mathrm{d}x=\left(\frac{\pi}{a}\right)^{\frac{1}{2}}\mathrm{e}^{\frac{b^2}{a}}.$$

5. 设 $F(\alpha)=\mathcal{F}[f(x)]$ 是 $f(x)$ 的傅里叶变换, 证明

$$\mathcal{F}[f(x)\cos\omega x]=\frac{1}{2}[F(\alpha+w)+F(\alpha-w)];$$

$$\mathcal{F}[f(x)\sin\omega x]=\frac{1}{2\mathrm{i}}[F(\alpha-w)-F(\alpha+w)].$$

6. 已知

$$f_1(x)=\begin{cases}\mathrm{e}^{-x}, & x\geqslant 0,\\ 0, & x<0;\end{cases}\qquad f_2(x)=\begin{cases}\sin x, & 0<x\leqslant\dfrac{\pi}{2},\\ 0, & \text{其它}.\end{cases}$$

求 $f_1(x)*f_2(x)$.

7. 用傅里叶变换求解下列定解问题:

(1) $\begin{cases}u_t+au_x=f(x,t), & -\infty<x<+\infty,\ t>0,\\ u(x,0)=\phi(x), & -\infty<x<+\infty;\end{cases}$

(2) $\begin{cases}u_{tt}+2u_t=u_{xx}-u, & -\infty<x<+\infty,\ t>0,\\ u(x,0)=0,\ u_t(x,0)=x, & -\infty<x<+\infty;\end{cases}$

(3) $\begin{cases}u_t=a^2u_{xx}, & x>0,\ t>0,\\ u(x,0)=f(x),\ x\geqslant 0, & u_x(0,t)=0,\ \ t\geqslant 0;\end{cases}$

(4)* $\begin{cases}u_{tt}+a^2u_{xxxx}=0, & -\infty<x<+\infty,\ t>0,\\ u(x,0)=f(x),\ u_t(x,0)=g''(x), & -\infty<x<+\infty.\end{cases}$

8. 用正弦变换或余弦变换求解下列定解问题:

(1) $\begin{cases}u_t=a^2u_{xx}, & x>0,\ t>0,\\ u(x,0)=0, & x\geqslant 0, u(0,t)=\phi(t), t\geqslant 0,\\ \lim\limits_{x\to+\infty}u(x,t)=\lim\limits_{x\to+\infty}u_x(x,t)=0;\end{cases}$

(2) $\begin{cases} u_{xx}+u_{yy}=0, & x>0,\ y>0, \\ u(x,0)=\phi(x), & x\geqslant 0, \\ u_x(0,y)=0, & y\geqslant 0, \\ u(x,y)\ \text{有界}. \end{cases}$

9. 用二维傅里叶变换方法求解下列定解问题：

$$\begin{cases} u_t=a^2(u_{xx}+u_{yy}), & (x,y)\in\mathbb{R}^2,\ t>0, \\ u(x,y,0)=\phi(x,y), & (x,y)\in\mathbb{R}^2. \end{cases}$$

10. 用傅里叶变换方法求解下列定解问题：

(1) $u_t=a^2u_{xx}-tu\quad(x\in\mathbb{R}^1,\ \ t>0),\quad u(x,0)=f(x)\quad(x\in\mathbb{R}^1)$;

(2) $u_t=u_{xx}+cu\quad(x\in\mathbb{R}^1,\ \ t>0),\quad u(x,0)=\delta(x-\xi)\quad(x\in\mathbb{R}^1)$;

(3) $u_t=u_{xx}+3t^2\quad(x\in\mathbb{R}^1,\ \ t>0),\quad u(x,0)=\sin x\quad(x\in\mathbb{R}^1)$;

(4) $u_t=u_{xx}\quad(x\in\mathbb{R}^1,\ \ t>0),\quad u(x,0)=x\mathrm{e}^{-x^2}\quad(x\in\mathbb{R}^1)$.

第 6 章　拉普拉斯变换方法

傅里叶变换的函数 $f(x)$ 必须在 $(-\infty,+\infty)$ 上要有定义. 在许多物理现象中, 考察的是以时间 t 为自变量的函数. 此时函数定义在 $[0,+\infty)$ 上. 另外, 只有当 $f(x)$ 在 $(-\infty,+\infty)$ 绝对可积时, 存在古典意义下的傅里叶变换. 这些使得傅里叶变换的应用范围受到了限制. 在这一章里, 我们介绍求解偏微分方程时的另一种积分变换方法 —— 拉普拉斯 (Laplace) 变换. 这种变换对函数的要求, 比傅里叶变换的要求要弱. 本章在内容安排上, 同第 5 章类似. 先给出拉普拉斯变换的定义, 然后讨论其性质, 最后通过例子来说明拉普拉斯变换在求解常微分方程初值问题、积分方程问题和偏微分定解问题中的广泛应用.

6.1　拉普拉斯变换的定义与性质

先给出拉普拉斯变换的定义.

定义 6.1.1　设函数 $f(t)$ 定义在 $[0,+\infty)$ 上. 如果含参变量 s 的广义积分

$$\int_0^{+\infty} f(t)\mathrm{e}^{-st}\mathrm{d}t \tag{6.1.1}$$

收敛, 则称该积分为函数 $f(t)$ 的**拉普拉斯变换**. 记为

$$\mathcal{L}[f(t)]=\overline{f}(s)=\int_0^{+\infty} f(t)\mathrm{e}^{-st}\mathrm{d}t, \tag{6.1.2}$$

其中 s 可以是实数, 也可以是复数. 如果记 $s=\beta+\mathrm{i}\lambda$, β 和 λ 为实数, 则 $\mathrm{Re}(s)=\beta, \mathrm{Im}(s)=\lambda$.

我们可以形式地把 $f(t)$ 用 $\overline{f}(s)$ 表示出来. 设 $\beta>0$, 令

$$f_1(t)=\begin{cases}\mathrm{e}^{-\beta t}f(t), & t\geqslant 0,\\ 0, & t<0,\end{cases}$$

并且假定 $f_1(t)$ 可以进行傅里叶变换, 则由傅里叶积分公式 (5.1.9) 得

$$f_1(t)=\frac{1}{2\pi}\int_{-\infty}^{+\infty}\int_{-\infty}^{+\infty} f_1(\xi)\mathrm{e}^{-\mathrm{i}\lambda\xi}\mathrm{e}^{\mathrm{i}\lambda t}\mathrm{d}\xi\mathrm{d}\lambda=\frac{1}{2\pi}\int_{-\infty}^{+\infty}\int_0^{+\infty} f(\xi)\mathrm{e}^{-\beta\xi}\mathrm{e}^{-\mathrm{i}\lambda\xi}\mathrm{e}^{\mathrm{i}\lambda t}\mathrm{d}\xi\mathrm{d}\lambda,$$

所以

$$f(t)=\frac{1}{2\pi}\int_{-\infty}^{+\infty}\int_0^{+\infty} f(\xi)\mathrm{e}^{-(\beta+\mathrm{i}\lambda)\xi}\mathrm{e}^{(\beta+\mathrm{i}\lambda)t}\mathrm{d}\xi\mathrm{d}\lambda.$$

令 $s=\beta+\mathrm{i}\lambda$, 注意到式 (6.1.2), 我们得到

$$f(t)=\frac{1}{2\pi\mathrm{i}}\int_{\beta-\mathrm{i}\infty}^{\beta+\mathrm{i}\infty}\overline{f}(s)\mathrm{e}^{st}\mathrm{d}s,\quad \beta>0. \tag{6.1.3}$$

这就是所求的形式表达式, 其中积分变量 s 为复数. 它称为 $\overline{f}(s)$ 的**拉普拉斯逆变换**, 记为

$$\mathcal{L}^{-1}[\overline{f}(s)]=f(t)=\frac{1}{2\pi\mathrm{i}}\int_{\beta-\mathrm{i}\infty}^{\beta+\mathrm{i}\infty}\overline{f}(s)\mathrm{e}^{st}\mathrm{d}s. \tag{6.1.4}$$

这是一个复积分, 它可以通过复变函数中的柯西留数定理计算其值.

通常又称 $\overline{f}(s)$ 为 $f(t)$ 的拉普拉斯变换的**像函数**, 而 $f(t)$ 称为 $\overline{f}(s)$ 的拉普拉斯逆变换的**像原函数**.

下面讨论在什么条件下, 广义积分 (6.1.1) 收敛, 等式 (6.1.3) 成立. 我们先建立如下定理.

定理 6.1.1(拉普拉斯变换存在定理) 设函数 $f(t)$ 定义在 $[0,+\infty)$ 上, 且满足条件:

($\mathbf{L_1}$) 在 $t\geqslant 0$ 的任何有界区间上分段连续;

($\mathbf{L_2}$) 当 $t\to+\infty$ 时, $f(t)$ 的增长速度不超过某一个指数型函数, 即存在常数 $M,a\geqslant 0$, 使得

$$|f(t)|\leqslant M\mathrm{e}^{at},\quad t\geqslant 0. \tag{6.1.5}$$

这样的常数 a 称为 $f(t)$ 的增长指数.

那么函数 $f(t)$ 的拉普拉斯变换 $\overline{f}(s)$ 在半平面 $\mathrm{Re}(s)>a$ 上存在, 而且 $\overline{f}(s)$ 在该半平面上解析.

以后我们把 ($\mathbf{L_1}$) – ($\mathbf{L_2}$) 称为**拉普拉斯变换存在性条件**.

证 设 $\mathrm{Re}(s)=\beta$. 因为

$$|f(t)\mathrm{e}^{-st}|\leqslant M\mathrm{e}^{at}\mathrm{e}^{-\beta t}=M\mathrm{e}^{-(\beta-a)t},\qquad t\geqslant 0,$$

而当 $\beta>a$ 时, 积分 $\displaystyle\int_0^{+\infty}\mathrm{e}^{-(\beta-a)t}\mathrm{d}t$ 是收敛的, 所以积分 (6.1.1) 在右半平面 $\mathrm{Re}(s)=\beta>a$ 上绝对收敛. 又因为对 $n=1,2,\cdots$, 成立

$$\left|\frac{\partial^n}{\partial s^n}[f(t)\mathrm{e}^{-st}]\right|=\left|(-1)^n t^n f(t)\mathrm{e}^{-st}\right|\leqslant Mt^n\mathrm{e}^{-(\beta-a)t},\quad t\geqslant 0,$$

而积分 $\displaystyle\int_0^{+\infty}t^n\mathrm{e}^{-(\beta-a)t}\mathrm{d}t$ 当 $\beta>a$ 时也是收敛的, 所以积分

$$\int_0^{+\infty}\frac{\partial^n}{\partial s^n}[f(t)\mathrm{e}^{-st}]\mathrm{d}s$$

也在半平面 $\mathrm{Re}(s)=\beta>a$ 上绝对收敛的. 由此推得 $\overline{f}(s)$ 在半平面 $\mathrm{Re}(s)=\beta>a$ 上有定义且解析. 证毕.

利用定理 6.1.1 和傅里叶级数理论中的 Dirichlet 引理, 我们可以证明

定理 6.1.2 设函数 $f(t)$ 满足拉普拉斯变换存在性条件, $\overline{f}(s)$ 是它的拉普拉斯变换, 则当 $t>0$ 时, 在 $f(t)$ 的每一个连续点处, 都有

$$f(t)=\frac{1}{2\pi\mathrm{i}}\int_{\beta-\mathrm{i}\infty}^{\beta+\mathrm{i}\infty}\overline{f}(s)\mathrm{e}^{st}\mathrm{d}s, \tag{6.1.6}$$

其中积分是沿着任一直线 $\mathrm{Re}(s)=\beta(\beta>a)$ 进行的, 而右边的积分理解为主值积分. 当 $t<0$ 时, 有

$$\frac{1}{2\pi\mathrm{i}}\int_{\beta-\mathrm{i}\infty}^{\beta+\mathrm{i}\infty}\overline{f}(s)\mathrm{e}^{st}\mathrm{d}s=0. \tag{6.1.7}$$

式 (6.1.6) 和式 (6.1.7) 称为黎曼–梅林 (Riemann-Mellin) 反演公式.

因此我们把等式 (6.1.4) 作为拉普拉斯逆变换的定义.

例 6.1.1 求下列函数的拉普拉斯变换:

(1) $f(t)=c$(c 是常数); (2) $f(t)=\mathrm{e}^{at}$(a 是常数); (3) $f(t)=t^2$;

(4) $f(t)=\cos\omega t$(ω 是常数).

解 (1) $\mathcal{L}[c]=\int_0^{+\infty}c\mathrm{e}^{-st}\mathrm{d}t=-\left.\frac{c\mathrm{e}^{-st}}{s}\right|_0^{+\infty}=\frac{c}{s},\quad \mathrm{Re}(s)>0;$

(2) $\mathcal{L}[\mathrm{e}^{at}]=\int_0^{+\infty}\mathrm{e}^{at}\mathrm{e}^{-st}\mathrm{d}t=-\left.\frac{\mathrm{e}^{-(s-a)t}}{s-a}\right|_0^{+\infty}=\frac{1}{s-a},\quad \mathrm{Re}(s)>a;$

$$
\begin{aligned}
(3)\ \mathcal{L}[t^2]&=\int_0^{+\infty}t^2\mathrm{e}^{-st}\mathrm{d}t=-\frac{1}{s}t^2\mathrm{e}^{-st}\Big|_0^{+\infty}+\frac{2}{s}\int_0^{+\infty}t\mathrm{e}^{-st}\mathrm{d}t\\
&=-\frac{2}{s^2}t\mathrm{e}^{-st}\Big|_0^{+\infty}+\frac{2}{s^2}\int_0^{+\infty}\mathrm{e}^{-st}\mathrm{d}t=\frac{2}{s^3},\quad \mathrm{Re}(s)>0;
\end{aligned}
$$

$$
\begin{aligned}
(4)\ \mathcal{L}[\cos\omega t]&=\int_0^{+\infty}\cos\omega t\mathrm{e}^{-st}\mathrm{d}t=-\left.\frac{\mathrm{e}^{-st}\cos\omega t}{s}\right|_0^{+\infty}-\int_0^{+\infty}\frac{\omega\mathrm{e}^{-st}\sin\omega t}{s}\mathrm{d}t\\
&=\frac{1}{s}+\frac{\omega}{s}\left.\frac{\mathrm{e}^{-st}\sin\omega t}{s}\right|_0^{+\infty}-\frac{\omega}{s}\int_0^{+\infty}\frac{\omega\mathrm{e}^{-st}\cos\omega t}{s}\mathrm{d}t\\
&=\frac{1}{s}-\frac{\omega^2}{s^2}\mathcal{L}[\cos\omega t],\quad \mathrm{Re}(s)>0.
\end{aligned}
$$

所以

$$\mathcal{L}[\cos\omega t]=\frac{s}{s^2+\omega^2},\qquad \mathrm{Re}(s)>0.$$

同理可以得到

$$\mathcal{L}[\sin\omega t]=\frac{\omega}{s^2+\omega^2}.$$

下面讨论拉普拉斯变换的性质. 我们假定所考虑的函数都满足拉普拉斯变换存在性条件, 因此其拉普拉斯变换和逆变换存在.

性质 6.1.1(线性性质) 拉普拉斯变换和逆变换都是线性变换, 即

$$\mathcal{L}[c_1 f(t)+c_2 g(t)]=c_1\mathcal{L}[f(t)]+c_2\mathcal{L}[g(t)],$$

$$\mathcal{L}^{-1}[c_1\overline{f}(s)+c_2\overline{g}(s)]=c_1\mathcal{L}^{-1}[\overline{f}(s)]+c_2\mathcal{L}^{-1}[\overline{g}(s)],$$

其中 $\overline{f}(s)$ 和 $\overline{g}(s)$ 分别是 $f(t)$ 和 $g(t)$ 的拉普拉斯变换, c_1, c_2 是任意常数.

这个性质的证明可以直接从定义得到.

性质 6.1.2(位移性质) 设 $f(t)$ 的拉普拉斯变换为 $\overline{f}(s)$, 那么 $\mathrm{e}^{at}f(t)$ 的拉普拉斯变换是 $\overline{f}(s-a)$, 即

$$\mathcal{L}[\mathrm{e}^{at}f(t)]=\overline{f}(s-a),\quad 或者\ \ \mathcal{L}^{-1}[\overline{f}(s-a)]=\mathrm{e}^{at}f(t).$$

证 由定义, 得

$$\mathcal{L}[\mathrm{e}^{at}f(t)]=\int_0^{+\infty}\mathrm{e}^{-st}\mathrm{e}^{at}f(t)\mathrm{d}t=\int_0^{+\infty}\mathrm{e}^{-(s-a)t}f(t)\mathrm{d}t=\overline{f}(s-a).$$

例 6.1.2 求函数 $t^2\mathrm{e}^{-t}$ 和 $\mathrm{e}^{-t}\sin\omega t$ 的拉普拉斯变换.

解 (1) 因为 $\mathcal{L}[t^2]=\dfrac{2}{s^3}$, 所以

$$\mathcal{L}[t^2\mathrm{e}^{-t}]=\frac{2}{(s+1)^3}.$$

(2) 因为

$$\mathcal{L}[\sin\omega t]=\frac{\omega}{s^2+\omega^2},$$

所以

$$\mathcal{L}[\mathrm{e}^{-t}\sin\omega t]=\frac{\omega}{(s+1)^2+\omega^2}.$$

性质 6.1.3(相似性质) 设 $c>0$, 则

$$\mathcal{L}[f(ct)]=\frac{1}{c}\overline{f}\left(\frac{s}{c}\right).$$

证 由定义, 得

$$\mathcal{L}[f(ct)]=\int_0^{+\infty}\mathrm{e}^{-st}f(ct)\mathrm{d}t=\frac{1}{c}\int_0^{+\infty}\mathrm{e}^{-s\xi/c}f(\xi)\mathrm{d}\xi=\frac{1}{c}\overline{f}\left(\frac{s}{c}\right).$$

性质 6.1.4(微分性质) 设函数 $f(t)$ 满足定理 6.1.1 的条件, 那么 $f'(t)$ 的拉普拉斯变换存在, 且满足

$$\mathcal{L}[f'(t)] = s\overline{f}(s) - f(0), \quad \mathrm{Re}(s) > a.$$

证 由定义, 得

$$\begin{aligned}\mathcal{L}[f'(t)] &= \int_0^{+\infty} \mathrm{e}^{-st} f'(t)\mathrm{d}t = \lim_{T\to+\infty}\int_0^T \mathrm{e}^{-st} f'(t)\mathrm{d}t \\ &= \lim_{T\to+\infty}\left[\mathrm{e}^{-st}f(t)\Big|_0^T + s\int_0^T \mathrm{e}^{-st}f(t)\mathrm{d}t\right] \\ &= \lim_{T\to+\infty} f(T)\mathrm{e}^{-sT} - f(0) + s\overline{f}(s).\end{aligned}$$

因为 $|f(t)| \leqslant M\mathrm{e}^{at}$, 所以

$$\left|f(T)\mathrm{e}^{-sT}\right| \leqslant M\mathrm{e}^{-(\mathrm{Re}(s)-a)T}.$$

这说明当 $T \to +\infty$ 时, 只要 $\mathrm{Re}(s) > a$, 就有 $f(T)\mathrm{e}^{-sT} \to 0$,

$$\mathcal{L}[f'(t)] = s\overline{f}(s) - f(0), \quad \mathrm{Re}(s) > a.$$

本性质证毕.

一般地, 如果 $f(t), f'(t), \cdots, f^{(n-1)}(t)$ 在 $[0, +\infty)$ 上连续, 且满足定理 6.1.1 中的条件 ($\mathbf{L_2}$). 又 $f^{(n)}(t)$ 在 $[0, +\infty)$ 上分段连续, 则 $f^{(n)}(t)$ 的拉普拉斯变换存在, 且满足

$$\mathcal{L}[f^{(n)}] = s^n\overline{f}(s) - s^{n-1}f(0) - s^{n-2}f'(0) - \cdots - sf^{(n-2)}(0) - f^{(n-1)}(0). \quad (6.1.8)$$

性质 6.1.5(积分性质) 设函数 $f(t)$ 满足定理 6.1.1 的条件. 如果 $\overline{f}(s)$ 是 $f(t)$ 的拉普拉斯变换, 那么当 $\mathrm{Re}(s) > a$ 时, 成立

$$\mathcal{L}\left[\int_0^t f(\tau)\mathrm{d}\tau\right] = \frac{\overline{f}(s)}{s}, \quad 或\ \mathcal{L}^{-1}\left[\frac{\overline{f}(s)}{s}\right] = \int_0^t f(\tau)\mathrm{d}\tau. \quad (6.1.9)$$

证 由定义, 得

$$\begin{aligned}\mathcal{L}\left[\int_0^t f(\tau)\mathrm{d}\tau\right] &= \int_0^{+\infty}\left[\int_0^t f(\tau)\mathrm{d}\tau\right]\mathrm{e}^{-st}\mathrm{d}t \\ &= -\left[\frac{\mathrm{e}^{-st}}{s}\int_0^t f(\tau)\mathrm{d}\tau\right]_0^{+\infty} + \frac{1}{s}\int_0^{+\infty}\mathrm{e}^{-st}f(t)\mathrm{d}t.\end{aligned}$$

因为函数 $f(t)$ 满足性质 ($\mathbf{L_2}$), 所以函数 $\int_0^t f(\tau)\mathrm{d}\tau$ 也有此性质, 从而

$$\lim_{t\to+\infty}\frac{\mathrm{e}^{-st}}{s}\int_0^t f(\tau)\mathrm{d}\tau=0,\quad \mathrm{Re}(s)>a,$$

所以得到式 (6.1.9).

一般地, 我们有

$$\mathcal{L}^{-1}[s^{-n}\overline{f}(s)]=\int_0^t\int_0^{t_{n-1}}\cdots\int_0^{t_1}f(\tau)\mathrm{d}\tau\mathrm{d}t_1\cdots\mathrm{d}t_{n-1}.\tag{6.1.10}$$

例 6.1.3 设 $\mathcal{L}[f(t)]=[s^2(s^2+\omega^2)]^{-1},\omega>0$, 求 $f(t)$.

解 注意到 $\mathcal{L}[\sin\omega t]=\omega/(s^2+\omega^2)$, 因而

$$\mathcal{L}^{-1}\left[\frac{1}{s^2+\omega^2}\right]=\frac{\sin\omega t}{\omega}.$$

由式 (6.1.9) 得

$$\mathcal{L}^{-1}\left[\frac{1}{s}\cdot\frac{1}{s^2+\omega^2}\right]=\frac{1}{\omega}\int_0^t\sin\omega\tau\mathrm{d}\tau=\frac{1}{\omega^2}(1-\cos\omega t),$$

再一次使用式 (6.1.9) 得

$$\begin{aligned}f(t)&=\mathcal{L}^{-1}\left[\frac{1}{s^2}\cdot\frac{1}{s^2+\omega^2}\right]=\frac{1}{\omega^2}\int_0^t(1-\cos\omega\tau)\mathrm{d}\tau\\&=\frac{1}{\omega^3}(t\omega-\sin\omega t).\end{aligned}$$

性质 6.1.6 对 $n=1,2,\cdots$, 成立

$$\mathcal{L}[t^nf(t)]=(-1)^n\overline{f}^{(n)}(s),\quad 或者\ \mathcal{L}^{-1}[\overline{f}^{(n)}(s)]=(-1)^nt^nf(t).\tag{6.1.11}$$

证 由定义, 有

$$\overline{f}(s)=\mathcal{L}[f(t)]=\int_0^{+\infty}\mathrm{e}^{-st}f(t)\mathrm{d}t,$$

所以

$$\overline{f}^{(n)}(s)=(-1)^n\int_0^{+\infty}\mathrm{e}^{-st}t^nf(t)\mathrm{d}t=(-1)^n\mathcal{L}[t^nf(t)].$$

本性质证毕.

例 6.1.4 已知 $\mathcal{L}[\sin\omega t]=\omega/(s^2+\omega^2)$, 求 $\mathcal{L}[t\sin\omega t]$.

解 由性质 6.1.6, 得

$$\mathcal{L}[t\sin\omega t] = -\left(\frac{\omega}{s^2+\omega^2}\right)' = \frac{2s\omega}{(s^2+\omega^2)^2}.$$

例 6.1.5 已知

$$\overline{f}(s) = \mathcal{L}[f(t)] = \ln\frac{1+s^2}{s(s+1)},$$

求 $f(t) = \mathcal{L}^{-1}[\overline{f}(s)]$.

解 因为

$$\overline{f}'(s) = \frac{2s}{1+s^2} - \frac{1}{s} - \frac{1}{1+s},$$

所以由性质 6.1.6, 得

$$\begin{aligned}-tf(t) =& \mathcal{L}^{-1}[\overline{f}'(s)] = \mathcal{L}^{-1}\left[\frac{2s}{1+s^2}\right] - \mathcal{L}^{-1}\left[\frac{1}{s}\right] - \mathcal{L}^{-1}\left[\frac{1}{1+s}\right]\\ =& -1 - \mathrm{e}^{-t} + 2\cos t,\end{aligned}$$

故

$$f(t) = \frac{\mathrm{e}^{-t}+1-2\cos t}{t}.$$

同傅里叶变换一样, 我们也可以讨论拉普拉斯变换的卷积性质.

定义 6.1.2 设函数 $f(t), g(t)$ 在 $[0,+\infty)$ 上有定义, 如果积分 $\int_0^t f(t-\tau)g(\tau)\mathrm{d}\tau$ 在 $t\in[0,+\infty)$ 上存在, 则称该积分为 $f(t)$ 和 $g(t)$ 的卷积, 记作

$$(f*g)(t) = \int_0^t f(t-\tau)g(\tau)\mathrm{d}\tau. \tag{6.1.12}$$

性质 6.1.7(卷积定理) 设 $\overline{f}(s)$ 与 $\overline{g}(s)$ 分别是 $f(t)$ 与 $g(t)$ 的拉普拉斯变换, 那么卷积 $(f*g)(t)$ 的拉普拉斯变换是 $\overline{f}(s)\overline{g}(s)$, 即

$$\mathcal{L}[(f*g)(t)] = \mathcal{L}[f(t)]\mathcal{L}[g(t)] = \overline{f}(s)\overline{g}(s),$$

或者

$$\mathcal{L}^{-1}[\overline{f}(s)\overline{g}(s)] = (f*g)(t).$$

证 由定义, 得

$$\begin{aligned}\mathcal{L}[(f*g)(t)] &= \int_0^{+\infty}\mathrm{e}^{-st}\int_0^t f(t-\tau)g(\tau)\mathrm{d}\tau\mathrm{d}t\\ &= \int_0^{+\infty}\int_0^t \mathrm{e}^{-st}f(t-\tau)g(\tau)\mathrm{d}\tau\mathrm{d}t.\end{aligned}$$

交换积分次序得

$$
\begin{aligned}
\mathcal{L}[(f*g)(t)] &= \int_0^{+\infty}\int_\tau^{+\infty} \mathrm{e}^{-st} f(t-\tau)g(\tau)\mathrm{d}t\mathrm{d}\tau \\
&= \int_0^{+\infty} g(\tau)\int_\tau^{+\infty} \mathrm{e}^{-st} f(t-\tau)\mathrm{d}t\mathrm{d}\tau \\
&= \int_0^{+\infty} g(\tau)\int_0^{+\infty} \mathrm{e}^{-s(\tau+\eta)} f(\eta)\mathrm{d}\eta\mathrm{d}\tau \\
&= \int_0^{+\infty} g(\tau)\mathrm{e}^{-s\tau}\int_0^{+\infty} \mathrm{e}^{-s\eta} f(\eta)\mathrm{d}\eta = \overline{f}(s)\overline{g}(s).
\end{aligned}
$$

这就是我们所要证的.

容易证明卷积有如下性质:

(1) $(f*g)(t)=(g*f)(t)$ (交换律);

(2) $(f*(g*h))(t)=((f*g)*h)(t)$ (结合律);

(3) $(f*(g+h))(t)=(f*g)(t)+(f*h)(t)$ (分配律).

下面我们考虑阶梯函数 $H(t-a)$ 的拉普拉斯变换及性质. 单位阶梯函数又称为赫维赛德 (Heaviside) 单位函数, 它的定义是

$$
H(t-a)=\begin{cases} 0, & t<a, \\ 1, & t\geqslant a, \end{cases} \tag{6.1.13}
$$

其中常数 $a\geqslant 0$. 它的拉普拉斯变换是

$$
\begin{aligned}
\mathcal{L}[H(t-a)] &= \int_0^{+\infty} \mathrm{e}^{-st}H(t-a)\mathrm{d}t \\
&= \int_a^{+\infty} \mathrm{e}^{-st}\mathrm{d}t = \frac{\mathrm{e}^{-as}}{s}, \quad \mathrm{Re}(s)>0.
\end{aligned} \tag{6.1.14}
$$

性质 6.1.8(延迟性质)　如果 $\overline{f}(s)$ 是 $f(t)$ 的拉普拉斯变换, 那么

$$
\mathcal{L}[H(t-a)f(t-a)]=\mathrm{e}^{-as}\overline{f}(s),
$$

或

$$
\mathcal{L}^{-1}[\mathrm{e}^{-as}\overline{f}(s)]=H(t-a)f(t-a). \tag{6.1.15}
$$

证　由定义, 我们有

$$
\begin{aligned}
\mathcal{L}[H(t-a)f(t-a)] &= \int_0^{+\infty} \mathrm{e}^{-st}H(t-a)f(t-a)\mathrm{d}t = \int_a^{+\infty} \mathrm{e}^{-st}f(t-a)\mathrm{d}t \\
&= \int_0^{+\infty} \mathrm{e}^{-(\xi+a)s}f(\xi)\mathrm{d}\xi = \mathrm{e}^{-as}\int_0^{+\infty} \mathrm{e}^{-s\xi}f(\xi)\mathrm{d}\xi = \mathrm{e}^{-as}\overline{f}(s).
\end{aligned}
$$

例 6.1.6　设

$$
f(t)=\begin{cases} 0, & t<2, \\ t-2, & t\geqslant 2. \end{cases} \tag{6.1.16}
$$

求 $f(t)$ 的拉普拉斯变换.

解 设 $g(t)=t, t\geqslant 0$, 则由性质 6.1.8, 得

$$\mathcal{L}[f(t)]=\mathcal{L}[H(t-2)g(t-2)]=\mathrm{e}^{-2s}\mathcal{L}[g(t)]=\frac{\mathrm{e}^{-2s}}{s^2}.$$

例 6.1.7 求拉普拉斯变换 $\overline{f}(s)=(1+\mathrm{e}^{-2s})s^{-2}$ 的逆变换.

解 由定义

$$\begin{aligned}f(t)&=\mathcal{L}^{-1}[\overline{f}(s)]=\mathcal{L}^{-1}[s^{-2}]+\mathcal{L}^{-1}[s^{-2}\mathrm{e}^{-2s}]=t+H(t-2)(t-2)\\&=\begin{cases}t, & 0\leqslant t<2,\\ 2(t-1), & t\geqslant 2.\end{cases}\end{aligned}$$

性质 6.1.9 设 $\mathcal{L}[f(t)]=\overline{f}(s)$ 和 $\dfrac{f(t)}{t}$ 的拉普拉斯变换存在, 则

$$\mathcal{L}\left[\frac{f(t)}{t}\right]=\int_s^{+\infty}\overline{f}(\tau)\mathrm{d}\tau. \tag{6.1.17}$$

证 因为

$$\mathcal{L}[f(t)]=\overline{f}(s)=\int_0^{+\infty}\mathrm{e}^{-st}f(t)\mathrm{d}t,$$

两边积分得

$$\begin{aligned}\int_s^{+\infty}\overline{f}(\tau)\mathrm{d}\tau&=\int_s^{+\infty}\int_0^{+\infty}\mathrm{e}^{-\tau t}f(t)\mathrm{d}t\mathrm{d}\tau=\int_0^{+\infty}\int_s^{+\infty}f(t)\mathrm{e}^{-\tau t}\mathrm{d}\tau\mathrm{d}t\\&=\int_0^{+\infty}f(t)\left.\frac{\mathrm{e}^{-\tau t}}{-t}\right|_s^{+\infty}\mathrm{d}t=\int_0^{+\infty}\frac{f(t)}{t}\mathrm{e}^{-st}\mathrm{d}t=\mathcal{L}\left[\frac{f(t)}{t}\right].\end{aligned}$$

例 6.1.8 求函数 $g(t)=(1-\cos t)/t$ 的拉普拉斯变换.

解 由性质 6.1.9, 得

$$\mathcal{L}[g(t)]=\int_s^{+\infty}\overline{f}(\tau)\mathrm{d}\tau,$$

这里

$$\overline{f}(s)=\mathcal{L}[1-\cos t]=\frac{1}{s}-\frac{s}{s^2+1},$$

所以

$$\mathcal{L}[g(t)]=\int_s^{+\infty}\overline{f}(\tau)\mathrm{d}\tau=\int_s^{+\infty}\left(\frac{1}{\tau}-\frac{\tau}{1+\tau^2}\right)\mathrm{d}\tau=\ln\frac{\sqrt{1+s^2}}{s}.$$

关于拉普拉斯变换的性质, 我们就介绍到这里. 用拉普拉斯变换求解微分方程的定解问题的主要困难在于求逆变换. 虽然有求拉普拉斯逆变换的公式 (6.1.3), 但需要用到复变函数的知识. 然而对一些常见的函数来说, 有时不必利用公式 (6.1.3). 我们可以利用上述拉普拉斯变换的性质将给定的函数变换到较简单形式, 再对这些简单函数查拉普拉斯变换表 (见附录 2), 得到对应的逆变换.

例 6.1.9 求函数 $f(t)=\sin^3 2t$ 的拉普拉斯变换.

解 因为 $\sin 6t=\sin 3(2t)=3\sin 2t-4\sin^3 2t$, 所以 $\sin^3 2t=\dfrac{3}{4}\sin 2t-\dfrac{1}{4}\sin 6t$ 和

$$\begin{aligned}\mathcal{L}[\sin^3 2t]&=\frac{3}{4}\mathcal{L}[\sin 2t]-\frac{1}{4}\mathcal{L}[\sin 6t]\\&=\frac{3}{4}\times\frac{2}{s^2+4}-\frac{1}{4}\times\frac{6}{s^2+36}=\frac{48}{(s^2+4)(s^2+36)}.\end{aligned}$$

例 6.1.10 求函数 $J_0(t), tJ_0(t), \mathrm{e}^{-at}J_0(t)$ 的拉普拉斯变换. 这里 $J_0(t)$ 是零阶贝塞尔函数 (见式 (10.1.11)), 其定义为

$$J_0(t)=\sum_{k=0}^{\infty}\frac{(-1)^k}{(k!)^2}\left(\frac{t}{2}\right)^{2k}.$$

解 (1) 由定义

$$\begin{aligned}\mathcal{L}[J_0(t)]&=\sum_{k=0}^{\infty}\frac{(-1)^k}{(k!)^2}4^{-k}\mathcal{L}[t^{2k}]\\&=\frac{1}{s}\left[1-\frac{1}{2}\left(\frac{1}{s^2}\right)+\frac{1\times 3}{2\times 4}\left(\frac{1}{s^2}\right)^2-\frac{1\times 3\times 5}{2\times 4\times 6}\left(\frac{1}{s^2}\right)^3+\cdots\right]\\&=\frac{1}{s}\left(1+\frac{1}{s^2}\right)^{-1/2}=\frac{1}{\sqrt{1+s^2}}.\end{aligned}$$

(2) 由性质 6.1.6, 得

$$\mathcal{L}[tJ_0(t)]=-\frac{\mathrm{d}}{\mathrm{d}s}\left(\frac{1}{\sqrt{1+s^2}}\right)=\frac{s}{(1+s^2)^{3/2}}.$$

(3) 由位移性质得

$$\mathcal{L}[\mathrm{e}^{-at}J_0(t)]=\frac{1}{\sqrt{1+(s+a)^2}}.$$

例 6.1.11 求下列函数的拉普拉斯逆变换:

(1) $\overline{f}(s)=\dfrac{\mathrm{e}^{-as}}{1+s^2},\ a>0$;　　(2) $\overline{f}(s)=\dfrac{2s+3}{s^2-s-3/4}$;

(3) $\overline{f}(s)=\dfrac{1}{(s^2+w^2)^2}$.

解 (1) 设 $\overline{f_1}(s)=(1+s^2)^{-1}$, 则 $f_1(t)=\mathcal{L}^{-1}[\overline{f_1}(s)]=\sin t$, 所以

$$f(t)=\mathcal{L}^{-1}[\overline{f}(s)]=\sin(t-a)H(t-a).$$

(2) 因为

$$\frac{2s+3}{s^2-s-3/4}=\frac{2(s-1/2)+4}{(s-1/2)^2-1},$$

所以

$$\begin{aligned}f(t)&=2\mathcal{L}^{-1}\left[\frac{(s-1/2)}{(s-1/2)^2-1}\right]+4\mathcal{L}^{-1}\left[\frac{1}{(s-1/2)^2-1}\right]\\&=2\mathrm{e}^{t/2}\mathcal{L}^{-1}\left[\frac{s}{s^2-1}\right]+4\mathrm{e}^{t/2}\mathcal{L}^{-1}\left[\frac{1}{s^2-1}\right]=2\mathrm{e}^{t/2}(\cosh t+2\sinh t).\end{aligned}$$

(3) 首先注意到

$$\frac{1}{(s^2+w^2)^2}=\frac{1}{2w^2}\left(\frac{1}{s^2+w^2}-\frac{s^2-w^2}{(s^2+w^2)^2}\right)$$

和

$$\mathcal{L}[\sin wt]=\frac{w}{s^2+w^2},\quad \mathcal{L}[\cos wt]=\frac{s}{s^2+w^2},$$

以及由性质 6.1.6, 得

$$\mathcal{L}[t\cos wt]=-\left(\frac{s}{s^2+w^2}\right)'=\frac{s^2-w^2}{(s^2+w^2)^2},$$

所以

$$f(t)=\mathcal{L}^{-1}\left[\frac{1}{(s^2+w^2)^2}\right]=\frac{1}{2w^3}(\sin wt-wt\cos wt).$$

下面介绍求拉普拉斯逆变换的两个定理. 它的证明可由复变函数理论得到, 这里给予省略.

定理 6.1.3(Heaviside 第一展开定理)　设 $F(s)$ 和 $G(s)$ 是 s 的多项式, 其中 $F(s)$ 的次数小于 $G(s)$ 的次数, $\alpha_1,\alpha_2,\cdots,\alpha_n$ 是 $G(s)$ 的 n 个不同的零点, 且是 $\dfrac{F(s)}{G(s)}$ 的一阶极点, 则

$$\mathcal{L}^{-1}\left[\frac{F(s)}{G(s)}\right]=\sum_{i=1}^{n}\frac{F(\alpha_i)}{G'(\alpha_i)}\mathrm{e}^{\alpha_i t}.$$

例 6.1.12　求 $\overline{f}(s)$ 的拉普拉斯逆变换, 这里

$$\overline{f}(s)=\frac{s^2+1}{s^3+3s^2+2s}.$$

解　设 $F(s)=s^2+1, G(s)=s^3+3s^2+2s=s(s+1)(s+2)$. 易见, $G(s)$ 有三个根 $0,-1,-2$, $F(s)$ 的次数小于 $G(s)$ 的次数, 则由定理 6.1.3 得

$$\begin{aligned}\mathcal{L}^{-1}\left[\frac{s^2+1}{s^3+3s^2+2s}\right]&=\frac{F(0)}{G'(0)}\mathrm{e}^{0t}+\frac{F(-1)}{G'(-1)}\mathrm{e}^{-t}+\frac{F(-2)}{G'(-2)}\mathrm{e}^{-2t}\\&=\frac{1}{2}-2\mathrm{e}^{-t}+\frac{5}{2}\mathrm{e}^{-2t}.\end{aligned}$$

定理 6.1.4　设 $s_1,s_2,\cdots$ 是函数 $\overline{f}(s)=\mathcal{L}[f(t)]$ 的所有极点, 分布在半平面 $\mathrm{Re}(s)\leqslant\beta_0$ 上, 且当 $|s|\to+\infty$ 时, $\overline{f}(s)\to 0$; 并且对任意 $\beta>\beta_0$,

$$\int_{\beta-\mathrm{i}\infty}^{\beta+\mathrm{i}\infty}\overline{f}(s)\mathrm{d}s$$

绝对收敛, 则 $\overline{f}(s)$ 的拉普拉斯逆变换

$$f(t)=\frac{1}{2\pi i}\int_{\beta-\mathrm{i}\infty}^{\beta+\mathrm{i}\infty}\overline{f}(s)\mathrm{e}^{st}\mathrm{d}s=\sum_k\mathrm{Res}(\mathrm{e}^{st}\overline{f}(s),\ s_k),$$

即 $\overline{f}(s)$ 的像原函数 $f(t)$ 等于 $\mathrm{e}^{st}\overline{f}(s)$ 在半平面 $\mathrm{Re}(s)\leqslant\beta_0$ 上的留数之和. 其中

(1) 若 s_k 是 $\overline{f}(s)$ 的一阶极点, 则 $\mathrm{Res}(\mathrm{e}^{st}\overline{f}(s),\ s_k)=\lim\limits_{s\to s_k}(s-s_k)\mathrm{e}^{st}\overline{f}(s)$;

(2) 若 s_k 是 $\overline{f}(s)$ 的 $m(\geqslant 2)$ 阶极点, 则

$$\mathrm{Res}(\mathrm{e}^{st}\overline{f}(s),\ s_k)=\frac{1}{(m-1)!}\lim_{s\to s_k}\frac{\mathrm{d}^{m-1}}{\mathrm{d}s^{m-1}}((s-s_k)^m\mathrm{e}^{st}\overline{f}(s)).$$

例 6.1.13　求 $\overline{f}(s)$ 的拉普拉斯逆变换 $f(t)$, 这里

$$\overline{f}(s)=\frac{1}{(s+1)(s-2)^2}.$$

解　函数

$$\frac{\mathrm{e}^{st}}{(s+1)(s-2)^2}$$

有一个一阶极点 $s=-1$ 和一个二阶极点 $s=2$, 所以由定理 6.1.4 得

$$\begin{aligned}f(t)&=\mathcal{L}^{-1}\left[\frac{1}{(s+1)(s-2)^2}\right]=\sum_k\mathrm{Res}\left(\frac{\mathrm{e}^{st}}{(s+1)(s-2)^2},s_k\right)\\&=\lim_{s\to-1}\frac{(s+1)\mathrm{e}^{st}}{(s+1)(s-2)^2}+\lim_{s\to 2}\frac{\mathrm{d}}{\mathrm{d}s}\left(\frac{\mathrm{e}^{st}}{s+1}\right)\\&=\frac{\mathrm{e}^{-t}}{9}+\frac{t}{3}\mathrm{e}^{2t}-\frac{1}{9}\mathrm{e}^{2t}.\end{aligned}$$

例 6.1.14 求 $\overline{f}(s)$ 的拉普拉斯逆变换, 这里

$$\overline{f}(s)=\frac{1}{s(1+\mathrm{e}^{as})},\quad a>0.$$

解 函数 $\overline{f}(s)$ 在 $s=0$ 有一阶极点, 而 $1+\mathrm{e}^{as}=0$ 表明 $\mathrm{e}^{as}=-1=\mathrm{e}^{(2n-1)\pi\mathrm{i}}, n=0,\pm1,\pm2,\cdots$ 和 $s_n=\left(\frac{2n-1}{a}\right)\pi\mathrm{i}$ 是 $\overline{f}(s)$ 的一阶极点. 由于

$$\mathrm{Res}(\mathrm{e}^{st}\overline{f}(s),0)=\lim_{s\to0}s\mathrm{e}^{ts}\overline{f}(s)=\frac{1}{2}$$

和

$$\mathrm{Res}(\mathrm{e}^{st}\overline{f}(s),s_n)=\frac{\mathrm{e}^{ts_n}}{[s(1+\mathrm{e}^{as})]'|_{s=s_n}}=\frac{\mathrm{e}^{ts_n}}{as_n\mathrm{e}^{as_n}}=-\frac{\mathrm{e}^{t(2n-1)\pi\mathrm{i}/a}}{(2n-1)\pi\mathrm{i}}.$$

所以由定理 6.1.4, 得

$$\begin{aligned}\mathcal{L}^{-1}[\overline{f}(s)]&=\frac{1}{2}-\sum_{n=-\infty}^{\infty}\frac{1}{(2n-1)\pi\mathrm{i}}\mathrm{e}^{t(2n-1)\pi\mathrm{i}/a}\\&=\frac{1}{2}-\frac{2}{\pi}\sum_{n=1}^{\infty}\frac{1}{2n-1}\sin\left(\frac{2n-1}{a}\right)\pi t.\end{aligned}$$

例 6.1.15 求 $\overline{f}(s)$ 的拉普拉斯逆变换 $f(t)$, 这里

$$\overline{f}(s)=\frac{\sinh(x\sqrt{s})}{\sinh(L\sqrt{s})},\quad 0<x<L.$$

解 函数 $\overline{f}(s)$ 当 $\mathrm{e}^{L\sqrt{s}}-\mathrm{e}^{-L\sqrt{s}}=0$ 时有一阶极点, 即 $s=s_n=-n^2\pi^2/L^2, n=0,1,2,\cdots$. 下面计算其留数. 因为

$$\mathrm{Res}(\mathrm{e}^{st}\overline{f}(s),0)=\lim_{s\to0}s\mathrm{e}^{ts}\overline{f}(s)=0$$

和

$$\begin{aligned}\mathrm{Res}(\mathrm{e}^{st}\overline{f}(s),s_n)&=\lim_{s\to s_n}(s-s_n)\mathrm{e}^{ts}\overline{f}(s)=\frac{2\sqrt{s}}{L\cosh(L\sqrt{s})}\mathrm{e}^{ts}\sinh(x\sqrt{s})\Big|_{s=s_n}\\&=\frac{2\mathrm{i}n\pi}{L^2}\exp\left(-\frac{n^2\pi^2t}{L^2}\right)\frac{\sinh(\mathrm{i}xn\pi/L)}{\cosh(\mathrm{i}n\pi)}\\&=\frac{(-1)^{n+1}2n\pi}{L^2}\exp\left(-\frac{n^2\pi^2t}{L^2}\right)\sin\frac{n\pi x}{L},\quad n=1,2,\cdots,\end{aligned}$$

所以由定理 6.1.4, 得

$$f(t)=\mathcal{L}^{-1}\left[\frac{\sinh(x\sqrt{s})}{\sinh(L\sqrt{s})}\right]=\frac{2\pi}{L^2}\sum_{n=1}^{\infty}(-1)^{n+1}n\sin\frac{n\pi x}{L}\exp\left(-\frac{n^2\pi^2t}{L^2}\right).$$

6.2　拉普拉斯变换的应用举例

利用拉普拉斯变换求定解问题的主要步骤是:

(1) 对方程进行拉普拉斯变换, 并且考虑初值条件或者边值条件;

(2) 从变换后的方程中求出像函数;

(3) 对像函数进行逆变换, 得到的像原函数就是原来问题的解.

例 6.2.1　利用拉普拉斯变换, 求解下列初值问题:

$$y''(t)+4y'(t)+3y(t)=0,\ t>0,\ \ y(0)=3, y'(0)=1.$$

解　设 $Y(s)=\mathcal{L}[y(t)]$. 对微分方程两边取拉普拉斯变换, 得

$$(s^2Y(s)-sy(0)-y'(0))+4(sY(s)-y(0))+3Y(s)=0,$$

或者

$$(s+3)(s+1)Y(s)=3s+13.$$

所以

$$Y(s)=\frac{3s+13}{(s+3)(s+1)}=\frac{-2}{s+3}+\frac{5}{s+1},$$

故给定初值问题的解为

$$y(t)=\mathcal{L}^{-1}[Y(s)]=\mathcal{L}^{-1}\left[\frac{5}{s+1}\right]-\mathcal{L}^{-1}\left[\frac{2}{s+3}\right]=5\mathrm{e}^{-t}-2\mathrm{e}^{-3t}.$$

例 6.2.2　利用拉普拉斯变换, 求解下列初边值问题:

$$\begin{cases} u_{tt}=c^2u_{xx}+f(t), & x>0,\ t>0,\\ u(x,0)=0,\ u_t(x,0)=0, & x\geqslant 0,\\ u(0,t)=0,\ \lim\limits_{x\to+\infty}u_x(x,t)=0, t\geqslant 0. \end{cases} \tag{6.2.1}$$

解　因为 $u(x,0), u_t(x,0)$ 已知, 所以关于自变量 t 作变换. 设 $U(x,s)=\mathcal{L}[u(x,t)]$, $F(s)=\mathcal{L}[f(t)]$, 则由定解问题 (6.2.1) 中的方程和初始条件可得

$$\frac{\mathrm{d}^2U}{\mathrm{d}x^2}-\frac{s^2}{c^2}U=-\frac{F(s)}{c^2}, \tag{6.2.2}$$

其通解是

$$U=U(x,s)=A\mathrm{e}^{\frac{sx}{c}}+B\mathrm{e}^{-\frac{sx}{c}}+F(s)s^{-2}.$$

注意到边界条件得

$$U(0,s)=0,\quad \lim_{x\to+\infty}U_x(x,s)=0,$$

所以 $A=0,\ B=-F(s)s^{-2}$.

因此

$$U(x,s)=F(s)(1-\mathrm{e}^{-\frac{sx}{c}})s^{-2},$$

故问题 (6.2.1) 的解为

$$u(x,t)=\mathcal{L}^{-1}[U]=\mathcal{L}^{-1}[s^{-2}F(s)]-\mathcal{L}[F(s)\mathrm{e}^{-\frac{sx}{c}}s^{-2}].$$

利用性质 6.1.5 和性质 6.1.8, 得

$$\mathcal{L}^{-1}[s^{-2}F(s)]=\int_0^t\int_0^\xi f(\tau)\mathrm{d}\tau\mathrm{d}\xi\triangleq G(t),$$

$$\mathcal{L}^{-1}[F(s)\mathrm{e}^{-\frac{sx}{c}}s^{-2}]=G\left(t-\frac{x}{c}\right)H\left(t-\frac{x}{c}\right).$$

这就是所求的解.

例 6.2.3 利用拉普拉斯变换求解下列初边值问题:

$$\begin{cases}u_{tt}=u_{xx}, & 0<x<1,\ t>0,\\ u(0,t)=u(1,t)=0, & t\geqslant 0,\\ u(x,0)=\sin\pi x, u_t(x,0)=-\sin\pi x, & 0\leqslant x\leqslant 1.\end{cases}\tag{6.2.3}$$

解 对定解问题 (6.2.3) 中的方程两边关于 t 作拉普拉斯变换, 并且利用边界条件, 得

$$U_{xx}=s^2U+(1-s)\sin\pi x,$$

其通解为

$$U(x,s)=A\mathrm{e}^{sx}+B\mathrm{e}^{-sx}+\frac{(s-1)\sin\pi x}{\pi^2+s^2}.$$

对边界条件作 Laplace 变换得: $U(0,t)=U(1,t)=0$. 所以 $A=B=0$ 和

$$U(x,s)=\frac{(s-1)\sin\pi x}{\pi^2+s^2},$$

因此所求的解

$$u=\mathcal{L}^{-1}\left[\frac{(s-1)\sin\pi x}{\pi^2+s^2}\right]=\sin\pi x(\cos\pi t-\pi^{-1}\sin\pi t).$$

例 6.2.4 利用拉普拉斯变换, 求解下列初边值问题:

$$\begin{cases} u_t = c^2 u_{xx}, & 0 < x < L,\ 0 < t < \infty, \\ u(x,0) = 0, & 0 \leqslant x \leqslant L, \\ u(0,t) = 0, u(L,t) = g(t), & t \geqslant 0. \end{cases} \tag{6.2.4}$$

解 对定解问题 (6.2.4) 中的方程两边关于 t 作拉普拉斯变换, 并且利用初值条件, 得

$$\frac{\mathrm{d}^2 U}{\mathrm{d}x^2} - sc^{-2}U(x,s) = 0,$$

其通解为

$$U(x,s) = A\cosh(\sqrt{s}c^{-1}x) + B\sinh(\sqrt{s}c^{-1}x).$$

对边界条件作拉普拉斯变换得: $U(0,s) = 0,\ U(L,s) = G(s) = \mathcal{L}[g(t)]$, 所以 $A = 0$ 和 $G(s) = B\sinh(\sqrt{s}c^{-1}L)$. 因此

$$U(x,s) = \frac{G(s)\sinh(\sqrt{s}c^{-1}x)}{\sinh(\sqrt{s}c^{-1}L)}.$$

所求的解为

$$u(x,t) = L^{-1}[U(x,s)] = \frac{1}{2\pi\mathrm{i}}\int_{\beta-\mathrm{i}\infty}^{\beta+\mathrm{i}\infty} \mathrm{e}^{st}G(s)\frac{\sinh(\sqrt{s}c^{-1}x)}{\sinh(\sqrt{s}c^{-1}L)}\mathrm{d}s.$$

假设 $G(s)$ 无极点, 那么 s 是被积函数的极点当且仅当 $\sinh(\sqrt{s}c^{-1}L) = 0$. 由此得

$$0 = \sinh(\sqrt{s}c^{-1}L) = \mathrm{e}^{\sqrt{s}c^{-1}L} - \mathrm{e}^{-\sqrt{s}c^{-1}L}, \quad \mathrm{e}^{2\sqrt{s}c^{-1}L} = 1 = \mathrm{e}^{2n\pi\mathrm{i}}.$$

这表明极点 $s_n = -\left(\frac{n\pi c}{L}\right)^2$, $n = 0, \pm1, \pm2, \cdots$ 是一阶的. 极点 $s = 0$ 的留数是零. 极点 $s = s_n$ 的留数是

$$\begin{aligned} &\lim_{s\to s_n} G(s)\mathrm{e}^{st}\frac{\sinh(\sqrt{s}c^{-1}x)}{\frac{\mathrm{d}}{\mathrm{d}s}[\sinh\sqrt{s}c^{-1}L]} \\ =&\frac{2\mathrm{i}n\pi c^2}{L^2}\frac{G(s_n)}{\cosh(\mathrm{i}n\pi)}\sinh\left(\frac{\mathrm{i}n\pi x}{L}\right)\exp(s_n t). \end{aligned}$$

利用 $\cosh(\mathrm{i}n\pi) = \cos n\pi$ 和 $\sinh(\mathrm{i}n\pi x/L) = \mathrm{i}\sin(n\pi x/L)$, 得到所求的解为

$$u(x,t) = \frac{4\pi c^2}{L^2}\sum_{n=1}^{\infty} n(-1)^{n+1}G\left[-\left(\frac{n\pi c}{L}\right)^2\right]\sin\left(\frac{n\pi x}{L}\right)\exp\left[-\left(\frac{n\pi c}{L}\right)^2 t\right].$$

例 6.2.5 利用拉普拉斯变换, 求解下列初边值问题:

$$\begin{cases} u_t = u_{xx}, & 0 < x < L,\ 0 < t < \infty, \\ u(x,0) = u_0, & 0 \leqslant x \leqslant L, \\ u_x(0,t) = 0, u(L,t) = u_1, & t \geqslant 0. \end{cases} \tag{6.2.5}$$

解 对定解问题 (6.2.5) 中的方程两边关于 t 作拉普拉斯变换, 并且利用初值条件, 得

$$\frac{\mathrm{d}^2 U}{\mathrm{d}x^2} = sU - u_0,$$

其通解为

$$U = A\cosh(\sqrt{s}x) + B\sinh(\sqrt{s}x) + \frac{u_0}{s}.$$

由边界条件得: $U_x(0,s) = 0$ 和 $U(L,s) = u_1/s$, 所以

$$U(x,s) = \frac{(u_1 - u_0)\cosh(\sqrt{s}x)}{s\cosh\sqrt{s}L} + \frac{u_0}{s}.$$

由拉普拉斯逆变换得所求的解

$$\begin{aligned} u(x,t) &= u_0 + (u_1 - u_0)\mathcal{L}^{-1}\left[\frac{\cosh(\sqrt{s}x)}{s\cosh\sqrt{s}L}\right] \\ &= u_1 + \frac{4(u_1 - u_0)}{\pi}\sum_{n=1}^{\infty}\frac{(-1)^n}{2n-1}\mathrm{e}^{-(2n-1)^2\pi^2 t/4L^2}\cos\frac{(2n-1)\pi x}{2L}. \end{aligned}$$

例 6.2.6 利用拉普拉斯变换, 求解下列初边值问题:

$$\begin{cases} u_t = u_{xx}, & x > 0,\ t > 0, \\ u(x,0) = 0, & x \geqslant 0, \\ u(0,t) = f(t), & t \geqslant 0, \\ \lim\limits_{x\to+\infty} u(x,t) = 0. \end{cases} \tag{6.2.6}$$

解 对定解问题 (6.2.6) 中的方程两边关于 t 作拉普拉斯变换, 并且利用初值条件, 得

$$\frac{\mathrm{d}^2 U}{\mathrm{d}x^2} = sU,$$

其通解为

$$U(x,s) = A\mathrm{e}^{-\sqrt{s}x} + B\mathrm{e}^{\sqrt{s}x}.$$

因为 $\lim\limits_{x\to+\infty} U(x,s)=0$, 所以 $B=0$. 又由边界条件, 得

$$U(0,s)=\mathcal{L}[f(t)]=F(s),$$

所以 $A=F(s)$ 和

$$U(x,s)=F(s)\mathrm{e}^{-\sqrt{s}x}.$$

查表得

$$g(t)=\mathcal{L}^{-1}[\mathrm{e}^{-a\sqrt{s}}]=\frac{a}{2\sqrt{\pi t^3}}\mathrm{e}^{-\frac{a^2}{4t}},\quad a>0;$$

那么利用性质 6.1.7, 得

$$u(x,t)=L^{-1}[U(x,s)]=(f*g)(t)=\int_0^t\frac{x}{2\sqrt{\pi\tau^3}}\mathrm{e}^{-x^2/4\tau}f(t-\tau)\mathrm{d}\tau.$$

令 $\sigma^2=x^2/4\tau$, 我们得到所要的解

$$u(x,t)=\frac{2}{\sqrt{\pi}}\int_{\frac{x}{2\sqrt{t}}}^{+\infty}\mathrm{e}^{-\sigma^2}f\left(t-\frac{x^2}{4\sigma^2}\right)\mathrm{d}\sigma.$$

习　题　6

1. 求下列函数的拉普拉斯变换:

(1) $f(t)=t^n$;　(2) $f(t)=\cos\omega t$;　(3) $f(t)=\sinh\omega t$;

(4) $f(t)=\cosh\omega t$;　(5) $f(t)=\mathrm{e}^{at}\sin\omega t$;　(6) $f(t)=\mathrm{e}^{at}\cos\omega t$;

(7) $f(t)=t\mathrm{e}^{-t}\sin 2t$;　(8) $f(t)=(1+t)^2\mathrm{e}^{-at}$.

2. 求下列函数的拉普拉斯变换:

(1) $f(t)=\begin{cases} t, & 0\leqslant t<1,\\ 1-t, & 1\leqslant t<2,\\ 0, & t\geqslant 2;\end{cases}$

(2) $f(t)=\begin{cases} t, & 0<t<1,\\ 0, & 1\leqslant t<2,\end{cases}$ 其中 $f(t+2)=f(t)$.

3. 求下列函数的拉普拉斯变换:

(1) $f(t)=J_1(t)$;　(2) $f(t)=tJ_1(t)$.

4. 求下列函数的拉普拉斯逆变换:

(1) $\dfrac{1}{s(s+1)(s+2)}$;　(2) $\dfrac{s}{(s-2)^3}$;　(3) $\dfrac{1}{s(s^2+1)}$;　(4) $\dfrac{s^2+1}{s^3+3s^2+2s}$;

(5) $\dfrac{s}{(s^2+\omega^2)^2}$;　(6) $\dfrac{s^2}{(s^2+\omega^2)^2}$;　(7) $\dfrac{s^2+\omega^2}{(s^2-\omega^2)^2}$;　(8) $\ln\dfrac{1+s^2}{(s-1)^2}$.

5. 利用卷积定理, 求下列函数的拉普拉斯逆变换:

(1) $\dfrac{1}{s^2(s^2+a^2)}$;　(2) $\dfrac{s}{(s^2+4)^3}$;　(3) $\dfrac{1}{\sqrt{s}(s-a)}$.

6. 利用定理 6.1.3, 求下列函数的拉普拉斯逆变换:

(1) $\overline{f}(s)=\dfrac{1}{s^3+1}$;　　(2) $\overline{f}(s)=\dfrac{3s+1}{(s-1)(s^2+1)}$.

7. 求下列函数的拉普拉斯逆变换:

(1) $\overline{f}(s)=\dfrac{\mathrm{e}^{-\pi s}}{s^2+1}$;　(2) $\overline{f}(s)=\dfrac{\cosh(x\sqrt{s})}{s\cosh\sqrt{s}}$,　$0<x<1$.

8. 利用拉普拉斯变换求解下列常微分方程的初值问题:

(1) $\begin{cases} y''(t)+3y'(t)+2y(t)=t\mathrm{e}^{-t}, & t>0, \\ y(0)=1, y'(0)=0; \end{cases}$

(2) $\begin{cases} y''(t)-3y'(t)+2y(t)=4\mathrm{e}^{2t}, & t>0, \\ y(0)=-3, y'(0)=5; \end{cases}$

(3) $\begin{cases} \dfrac{\mathrm{d}x}{\mathrm{d}t}-y=\mathrm{e}^t, & t>0, \\ \dfrac{\mathrm{d}y}{\mathrm{d}t}+x=\sin t, & t>0, \\ x(0)=1, y(0)=0; \end{cases}$

(4) $\begin{cases} ty''(t)+y'(t)+ty(t)=0, & t>0, \\ y(0)=1, y'(0)=0, & t>0. \end{cases}$

9. 利用拉普拉斯变换和卷积性质求解下列积分方程问题:

(1) $y(t)=t+\displaystyle\int_0^t y(\tau)\sin(t-\tau)\mathrm{d}\tau$;

(2) $y(t)=\sin t+\displaystyle\int_0^t y(\tau)\sin(t-\tau)\mathrm{d}\tau$.

10. 利用拉普拉斯变换求解下列偏微分方程的定解问题:

(1) $\begin{cases} u_x+\dfrac{1}{x}u_t=t, & x>0,\ t>0, \\ u(x,0)=x, & x\geqslant 0, \\ u(0,t)=0, & t\geqslant 0; \end{cases}$

(2) $\begin{cases} u_{xy}=1, & x>0,\ y>0, \\ u(0,y)=1+y, & y\geqslant 0, \\ u(x,0)=1, & x\geqslant 0; \end{cases}$

(3) $\begin{cases} u_t=a^2u_{xx}, & 0<x<L,\ t>0, \\ u(x,0)=Ax, & 0\leqslant x\leqslant L, \\ u(0,t)=0,\ u(L,t)=0, & t\geqslant 0; \end{cases}$

(4) $\begin{cases} u_t = u_{xx}, & x > 0,\ t > 0, \\ u(x,0) = 1, & x > 0, \\ u(0,t) = 0, & t > 0, \\ \lim\limits_{x\to+\infty} u(x,t) = 1; \end{cases}$

(5) $\begin{cases} u_t = a^2 u_{xx}, & 0 < x < \pi,\ t > 0, \\ u(x,0) = 0, & 0 \leqslant x \leqslant \pi, \\ u(0,t) = 1 - \mathrm{e}^{-t},\ u(\pi,t) = 0, & t \geqslant 0, \end{cases}$

其中 $a \neq n^{-1}, n = 1, 2, \cdots$;

(6) $\begin{cases} u_{tt} = a^2 u_{xx}, & x > 0,\ t > 0, \\ u(x,0) = 0, & u_t(x,0) = 0,\ x > 0, \\ u(0,t) = f(t), & t > 0, \\ \lim\limits_{x\to+\infty} u(x,t) = 0, \end{cases}$

其中 $f(t)$ 是已知函数, 且 $f(0) = 0$;

(7) $\begin{cases} u_{tt} = a^2 u_{xx} + a^2 \cos\omega t, & x > 0,\ t > 0, \\ u(x,0) = u_t(x,0) = 0, & x \geqslant 0, \\ u(0,t) = 0,\quad t \geqslant 0; \text{当 } x \to +\infty \text{ 时}, u(x,t) \text{ 有界}; \end{cases}$

(8) $\begin{cases} u_{tt} = u_{xx}, & 0 < x < L,\ t > 0, \\ u(x,0) = 0,\ u_t(x,0) = 0, & 0 \leqslant x \leqslant L, \\ u(0,t) = 0,\ u(L,t) = A, & t \geqslant 0; \end{cases}$

(9) $\begin{cases} u_t = u_{xx}, & x > 0,\ t > 0, \\ u(x,0) = 0, & x > 0, \\ u(0,t) = \delta(t), & t > 0, \\ \lim\limits_{x\to+\infty} u(x,t) = 0; \end{cases}$

(10) $\begin{cases} u_t = a^2 u_{xx}, & x > 0,\ t > 0, \\ u(x,0) = \delta(x), & x > 0, \\ u_x(0,t) = 0, & t > 0, \\ \lim\limits_{x\to+\infty} u(x,t) = 0. \end{cases}$

第 7 章　格林函数方法和 δ 函数方法

格林函数是根据英国数学家和物理学家乔治 – 格林 (George Green) 而命名的. 1828 年, 格林在他的论文*Mathematical analysis to the theories of electricity and magnetism* 提出了格林函数的概念. 在这篇文章中格林首次把拉普拉斯方程和泊松方程的解通过格林函数和积分表示出来. 格林函数不仅有直接的物理意义, 而且是一种有力的数学工具. 它已经应用于电磁学和声学、固体物理、量子力学和其它近代数学和数学物理领域中. 事实上, 人们以格林函数为工具, 已经成功求解电磁学中的 Maxwell 方程, 光学中的 Helmhotz 方程, 量子力学中的 Schrödinger 方程, 流体动力学中的黏性流体 (viscous fluid) 方程和相对粒子动力学中的 Klein-Gordon 方程等著名数学物理方程.

从数学方面来看, 格林函数可以用来求解线性非齐次偏微分方程, 包括单个方程和方程组, 自变量可以是任意的. 格林函数方法提供的不只是一个解, 它可以把一个物理问题的偏微分方程表达式, 变成一个积分表达式.

格林函数方法的基本想法是把一个线性非齐次方程和带有非齐次边值条件的问题转化为求一个特殊的边值问题. 这个问题的解称为格林函数. 这个方法的优点在于, 只要能够求出定解问题的格林函数, 将它代入相应的求解公式, 定解问题的解随之解决. 但是对一般区域, 求格林函数不是件容易的事情. 本章讨论了格林函数的性质, 对一些比较规则的区域 Ω, 构造出了格林函数, 并由此建立了拉普拉斯方程和泊松方程的第一边值问题解的积分表达式.

本章第二部分内容是 δ 函数方法. 通过引进 δ 函数和基本解概念, 把三类典型方程定解问题的解也用积分表示出来.

7.1　格林公式及应用

7.1.1　格林公式

在研究三维拉普拉斯方程, 建立其解的积分表达式时, 常需要格林公式. 格林公式是联系曲面积分与三重积分之间的关系 —— 高斯公式的直接推论.

设 Ω 是空间 $\mathbb{R}^3$ 中的有界区域, 边界曲面 $\partial\Omega$ 光滑或分片光滑, 函数 $P(x,y,z)$, $Q(x,y,z)$, $R(x,y,z)$ 在 $\overline{\Omega}=\Omega\cup\partial\Omega$ 上连续, 在 Ω 内具有一阶连续偏导数, 那么成立

$$\iiint\limits_{\Omega}\left(\frac{\partial P}{\partial x}+\frac{\partial Q}{\partial y}+\frac{\partial R}{\partial z}\right)\mathrm{d}x\mathrm{d}y\mathrm{d}z$$
$$=\iint\limits_{\partial\Omega}[P\cos(n,x)+Q\cos(n,y)+R\cos(n,z)]\mathrm{d}S, \tag{7.1.1}$$

其中 $\boldsymbol{n}$ 是 $\partial\Omega$ 的单位外法线方向, $(\cos(n,x),\cos(n,y),\cos(n,z))$ 是 $\boldsymbol{n}$ 的方向余弦. 式 (7.1.1) 就是我们熟悉的高斯公式. 下面利用式 (7.1.1), 推出第一、第二格林公式.

设函数 $u,v\in C^2(\Omega)\cap C^1(\overline{\Omega})$. 在式 (7.1.1) 中, 令

$$P=u\frac{\partial v}{\partial x},\quad Q=u\frac{\partial v}{\partial y},\quad R=u\frac{\partial v}{\partial z},$$

则有

$$\iiint\limits_{\Omega}(u\Delta v)\mathrm{d}x\mathrm{d}y\mathrm{d}z+\iiint\limits_{\Omega}\left(\frac{\partial u}{\partial x}\frac{\partial v}{\partial x}+\frac{\partial u}{\partial y}\frac{\partial v}{\partial y}+\frac{\partial u}{\partial z}\frac{\partial v}{\partial z}\right)\mathrm{d}x\mathrm{d}y\mathrm{d}z=\iint\limits_{\partial\Omega}u\frac{\partial v}{\partial n}\mathrm{d}S,$$

或

$$\iiint\limits_{\Omega}(u\Delta v)\mathrm{d}x\mathrm{d}y\mathrm{d}z=\iint\limits_{\partial\Omega}u\frac{\partial v}{\partial n}\mathrm{d}S-\iiint\limits_{\Omega}\nabla u\cdot\nabla v\mathrm{d}x\mathrm{d}y\mathrm{d}z, \tag{7.1.2}$$

其中

$$\nabla u=\mathrm{grad}u=\left(\frac{\partial u}{\partial x},\frac{\partial u}{\partial y},\frac{\partial u}{\partial z}\right),\quad \nabla v=\mathrm{grad}v=\left(\frac{\partial v}{\partial x},\frac{\partial v}{\partial y},\frac{\partial v}{\partial z}\right)$$

分别是函数 u 和 v 的梯度向量. 式 (7.1.2) 称为**第一格林公式**.

在式 (7.1.2) 中将函数 u 和 v 的位置互换, 得

$$\iiint\limits_{\Omega}(v\Delta u)\mathrm{d}x\mathrm{d}y\mathrm{d}z=\iint\limits_{\partial\Omega}v\frac{\partial u}{\partial n}\mathrm{d}S-\iiint\limits_{\Omega}\nabla u\cdot\nabla v\mathrm{d}x\mathrm{d}y\mathrm{d}z. \tag{7.1.3}$$

将式 (7.1.2) 减去式 (7.1.3), 得

$$\iiint\limits_{\Omega}(u\Delta v-v\Delta u)\mathrm{d}x\mathrm{d}y\mathrm{d}z=\iint\limits_{\partial\Omega}\left(u\frac{\partial v}{\partial n}-v\frac{\partial u}{\partial n}\right)\mathrm{d}S. \tag{7.1.4}$$

式 (7.1.4) 称为**第二格林公式**.

7.1.2　格林公式的应用

利用格林公式可以推出调和函数的一些基本性质.

1. 调和函数的边界性质

定理 7.1.1 设函数 $u(x,y,z)\in C^2(\Omega)\cap C^1(\overline{\Omega})$, 在 Ω 内调和, 则有

$$\iint\limits_{\partial\Omega}\frac{\partial u}{\partial n}\mathrm{d}S=0. \tag{7.1.5}$$

证 在第二格林公式 (7.1.4) 中取 u 为调和函数, 即满足 $\Delta u=0$. 同时取 $v=1$, 即得等式 (7.1.5).

利用定理 7.1.1 立即可得, 三维拉普拉斯方程的诺伊曼 (Neumann) 内问题

$$\begin{cases}\Delta u=u_{xx}+u_{yy}+u_{zz}=0, & (x,y,z)\in\Omega,\\ \dfrac{\partial u}{\partial n}=f(x,y,z), & (x,y,z)\in\partial\Omega\end{cases} \tag{7.1.6}$$

有解的必要条件是

$$\iint\limits_{\partial\Omega}f\mathrm{d}S=0. \tag{7.1.7}$$

这个结果告诉我们, 不可以任意地提诺伊曼内问题. 只有当所给边界数据函数满足 (7.1.7) 时, 拉普拉斯方程的诺伊曼内问题才可能有解. 对二维拉普拉斯方程诺伊曼内问题也有类似的结论, 见本章习题 17.

2. 调和函数的积分表达式

设 $M_0=M_0(x_0,y_0,z_0)$ 是空间 $\mathbb{R}^3$ 中某一固定点, $M=M(x,y,z)$ 是 $\mathbb{R}^3$ 中的动点, 定义函数

$$v=-\frac{1}{4\pi r_{MM_0}}=-\frac{1}{4\pi\sqrt{(x-x_0)^2+(y-y_0)^2+(z-z_0)^2}}, \tag{7.1.8}$$

这里 r_{MM_0} 表示空间 M_0 与 M 两点之间的距离. 容易验证当 $M\neq M_0$ 时, 函数 v 满足三维拉普拉斯方程. 它称为**三维拉普拉斯方程的基本解**.

下面我们用三维拉普拉斯方程的基本解, 推出调和函数的积分表达式.

定理 7.1.2 设 Ω 是空间 $\mathbb{R}^3$ 中的有界区域, 边界 $\partial\Omega$ 光滑或分片光滑, 函数 $u=u(x,y,z)\in C^2(\Omega)\cap C^1(\overline{\Omega})$, 那么对任意 $M_0=M_0(x_0,y_0,z_0)\in\Omega$, 成立

$$u(M_0)=\frac{1}{4\pi}\iint\limits_{\partial\Omega}\left[\frac{1}{r_{MM_0}}\frac{\partial u}{\partial n}-u\frac{\partial}{\partial n}\left(\frac{1}{r_{MM_0}}\right)\right]\mathrm{d}S-\frac{1}{4\pi}\iiint\limits_{\Omega}\frac{\Delta u}{r_{MM_0}}\mathrm{d}x\mathrm{d}y\mathrm{d}z, \tag{7.1.9}$$

其中 n 是边界曲面 $\partial\Omega$ 的单位外法线方向, $\mathrm{d}S$ 是 $\partial\Omega$ 上的面积元.

证 在第二格林公式 (7.1.4) 中, 取 $v=\dfrac{1}{r_{MM_0}}=\dfrac{1}{r}$, 其中 $M_0\in\Omega$. 由于 v 在

Ω 内有奇异点 M_0, 故不能直接应用第二格林公式. 作一个以 M_0 为中心, 充分小的正数 ϵ 为半径的小球 $B_\epsilon \subset \Omega$, 它的边界曲面记为 ∂B_ϵ(图 7.1).

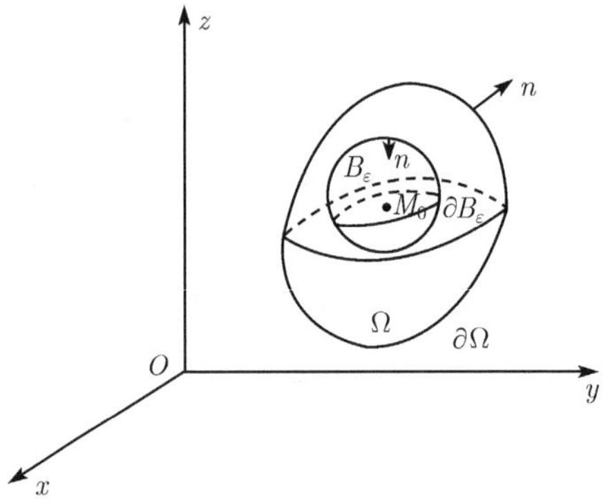

图 7.1

在 $\Omega_\epsilon = \Omega \setminus B_\epsilon$ 内, 应用第二格林公式 (7.1.4), 得

$$\iiint\limits_{\Omega_\epsilon} \left[u\Delta\left(\frac{1}{r}\right) - \frac{1}{r}\Delta u\right] \mathrm{d}x\mathrm{d}y\mathrm{d}z = \iint\limits_{\partial\Omega_\epsilon} \left(u\frac{\partial}{\partial n}\left(\frac{1}{r}\right) - \frac{1}{r}\frac{\partial u}{\partial n}\right) \mathrm{d}S, \tag{7.1.10}$$

其中边界曲面 $\partial\Omega_\epsilon = \partial\Omega \cup \partial B_\epsilon$.

在 Ω_ϵ 上, $\Delta\left(\dfrac{1}{r}\right) = 0$. 在 ∂B_ϵ 上,

$$\frac{\partial}{\partial n}\left(\frac{1}{r}\right) = -\frac{\partial}{\partial r}\left(\frac{1}{r}\right) = \frac{1}{r^2} = \frac{1}{\epsilon^2}.$$

又由积分中值定理, 存在 $M'_\epsilon, M''_\epsilon \in \partial B_\epsilon$, 使得当 $\epsilon \to 0$ 时, $M'_\epsilon, M''_\epsilon \to M_0$. 因此

$$\iint\limits_{\partial B_\epsilon} u\frac{\partial}{\partial n}\left(\frac{1}{r}\right)\mathrm{d}S = \frac{1}{\epsilon^2}\iint\limits_{\partial B_\epsilon} u\mathrm{d}S = 4\pi u(M'_\epsilon) \to 4\pi u(M_0);$$

$$\iint\limits_{\partial B_\epsilon} \frac{1}{r}\frac{\partial u}{\partial n}\mathrm{d}S = \frac{1}{\epsilon}\iint\limits_{\partial B_\epsilon} \frac{\partial u}{\partial n}\mathrm{d}S = 4\pi\epsilon\frac{\partial u(M''_\epsilon)}{\partial n} \to 0.$$

这样在式 (7.1.10) 中, 令 $\epsilon \to 0$, 得式 (7.1.9). 定理证毕.

利用定理 7.1.2, 立即可以推出以下两个重要结论.

定理 7.1.3　设 $u = u(x, y, z) \in C^2(\Omega) \cap C^1(\overline{\Omega})$, 且在 Ω 上满足 $\Delta u = 0$(即 u 是三维调和函数), 则对任意 $M_0 \in \Omega$, 成立

$$u(M_0) = \frac{1}{4\pi}\iint\limits_{\partial\Omega} \left[\frac{1}{r_{MM_0}}\frac{\partial u}{\partial n} - u\frac{\partial}{\partial n}\left(\frac{1}{r_{MM_0}}\right)\right] \mathrm{d}S. \tag{7.1.11}$$

公式 (7.1.11) 称为**三维调和函数的基本积分公式**, 其中 $M_0 = M_0(x_0, y_0, z_0)$, $M = M(x, y, z)$.

定理 7.1.2 的推导是在点 M_0 位于区域 Ω 内进行的. 如果点 M_0 取在 Ω 的外部或者取在边界 $\partial\Omega$ 上. 用类似的方法, 可得如果 u 是三维调和函数, 则

$$\iint\limits_{\partial\Omega}\left[\frac{1}{r_{MM_0}}\frac{\partial u}{\partial n} - u\frac{\partial}{\partial n}\left(\frac{1}{r_{MM_0}}\right)\right]\mathrm{d}S = \begin{cases} 4\pi u(M_0), & M_0 \in \Omega, \\ 2\pi u(M_0), & M_0 \in \partial\Omega, \\ 0, & M_0 \text{在 } \Omega \text{ 外}. \end{cases} \tag{7.1.12}$$

由定理 7.1.2, 得

定理 7.1.4 设 $u = u(x, y, z) \in C^2(\Omega) \cap C^1(\overline{\Omega})$, 在 Ω 内满足三维泊松方程 $\Delta u = F(x, y, z)$, 则对任意 $M_0 = M_0(x_0, y_0, z_0) \in \Omega$, 成立

$$u(M_0) = \frac{1}{4\pi}\iint\limits_{\partial\Omega}\left[\frac{1}{r_{MM_0}}\frac{\partial u}{\partial n} - u\frac{\partial}{\partial n}\left(\frac{1}{r_{MM_0}}\right)\right]\mathrm{d}S - \frac{1}{4\pi}\iiint\limits_{\Omega}\frac{F(x, y, z)}{r_{MM_0}}\mathrm{d}x\mathrm{d}y\mathrm{d}z. \tag{7.1.13}$$

它称为**位势函数的基本积分公式**.

3. 调和函数的平均值定理

定理 7.1.5 设 $u(M)$ 是 Ω 上的调和函数, B_a 是以 $M_0 \in \Omega$ 为中心, a 为半径的球域, 且 $B_a \subset \Omega$, 则成立

$$u(M_0) = \frac{1}{4\pi a^2}\iint\limits_{\partial B_a} u\mathrm{d}S. \tag{7.1.14}$$

它称为**三维调和函数的球面平均值公式**.

证 在调和函数基本积分公式 (7.1.11) 中, 取 $\Omega = B_a$, 得

$$u(M_0) = \frac{1}{4\pi}\iint\limits_{\partial B_a}\left[\frac{1}{r_{MM_0}}\frac{\partial u}{\partial n} - u\frac{\partial}{\partial n}\left(\frac{1}{r_{MM_0}}\right)\right]\mathrm{d}S. \tag{7.1.15}$$

在 ∂B_a 上

$$\frac{1}{r_{MM_0}} = \frac{1}{a}, \quad \frac{\partial}{\partial n}\left(\frac{1}{r_{MM_0}}\right) = \frac{\partial}{\partial r}\left(\frac{1}{r}\right) = -\frac{1}{a^2}.$$

又由于 u 是 Ω 上的调和函数, 由定理 7.1.1, 得

$$\iint\limits_{\partial B_a}\frac{\partial u}{\partial n}\mathrm{d}S = 0,$$

因此得到

$$u(M_0) = \frac{1}{4\pi a^2}\iint\limits_{\partial B_a} \frac{\partial u}{\partial n}\mathrm{d}S + \frac{1}{4\pi a^2}\iint\limits_{\partial B_a} u\mathrm{d}S = \frac{1}{4\pi a^2}\iint\limits_{\partial B_a} u\mathrm{d}S,$$

这就是式 (7.1.14). 定理证毕.

对于定义在 Oxy 平面区域 $\mathcal{D}$ 上的二元函数, 我们可以建立类似于式 (7.1.4) 的格林公式, 以及定理 7.1.1~7.1.5 的类似结论. 下面我们列出主要结论, 有兴趣的读者可作为练习给出证明.

设 $M_0 = M_0(x_0, y_0), M = M(x, y)$. 记函数

$$v = -\frac{1}{2\pi}\ln\frac{1}{r} = -\frac{1}{2\pi}\ln\frac{1}{r_{MM_0}} = -\frac{1}{2\pi}\ln\frac{1}{\sqrt{(x-x_0)^2+(y-y_0)^2}}, \qquad (7.1.16)$$

其中 r_{MM_0} 表示 Oxy 平面上点 M_0 与 M 之间的距离. 容易验证, 当 $M \neq M_0$ 时, 函数 v 满足二维拉普拉斯方程. 它称为**二维拉普拉斯方程的基本解**.

定理 7.1.6　设 $\mathcal{D}$ 为 Oxy 平面上由光滑或分段光滑的简单闭曲线 Γ 所围成的单连通区域, 函数 $u, v \in C^2(\mathcal{D}) \cap C^1(\overline{\mathcal{D}})$, 则成立**平面上第二格林公式**

$$\iint\limits_{\mathcal{D}} (u\Delta v - v\Delta u)\mathrm{d}x\mathrm{d}y = \int_\Gamma \left(u\frac{\partial v}{\partial n} - v\frac{\partial u}{\partial n}\right)\mathrm{d}s, \qquad (7.1.17)$$

其中 $\mathrm{d}s$ 是弧微分.

定理 7.1.7　设区域 $\mathcal{D}$ 满足定理 7.1.6 的假设, 函数 $u = u(x, y) \in C^2(\mathcal{D}) \cap C^1(\overline{\mathcal{D}})$, 且在 $\mathcal{D}$ 上调和, 那么对任意 $M_0 \in \mathcal{D}$, 成立

$$u(M_0) = \frac{1}{2\pi}\int_\Gamma \left[\ln\frac{1}{r_{MM_0}}\frac{\partial u}{\partial n} - u\frac{\partial}{\partial n}\left(\ln\frac{1}{r_{MM_0}}\right)\right]\mathrm{d}s, \qquad (7.1.18)$$

其中 $\boldsymbol{n}$ 是边界曲线 Γ 的单位外法线方向, $M_0 = M_0(x_0, y_0)$, $M = M(x, y) \in \Gamma$, $r_{MM_0} = \sqrt{(x-x_0)^2+(y-y_0)^2}$ 为点 (x_0, y_0) 与边界曲线 Γ 上的点 (x, y) 间的距离. 公式 (7.1.18) 称为**二维调和函数的基本积分公式**.

定理 7.1.8　设 $u = u(x, y)$ 是 $\mathcal{D}$ 上的调和函数, C_a 是以 $M_0 = M_0(x_0, y_0) \in \mathcal{D}$ 为中心, a 为半径的圆域, 且 $C_a \subset \mathcal{D}$, 则成立

$$u(M_0) = \frac{1}{2\pi a}\int_{\Gamma_a} u(\xi, \eta)\mathrm{d}s, \qquad (7.1.19)$$

其中 $\Gamma_a = \{(\xi, \eta) | (\xi - x_0)^2 + (\eta - y_0)^2 = a^2\}$. 公式 (7.1.19) 称为**二维调和函数的圆周平均值公式**.

7.2 格林函数及性质

7.1 节讨论了调和函数的基本积分公式 (7.1.11), 它说明了调和函数可由在边界 $\partial\Omega$ 上的值及其法向导数值来确定在区域 Ω 内的值. 但公式 (7.1.11) 还不能直接提供拉普拉斯方程的狄利克雷问题或诺伊曼问题的解. 因为在公式 (7.1.11) 中除了需要 u 在边界 $\partial\Omega$ 上的值以外, 还需要 $\dfrac{\partial u}{\partial n}$ 在边界 $\partial\Omega$ 上的值. 而在狄利克雷问题中, 只知道 u 在边界上的值. 在诺伊曼问题中, 只知道 $\dfrac{\partial u}{\partial n}$ 在边界上的值. 这两个定解问题都不容许同时给出 u 和 $\dfrac{\partial u}{\partial n}$ 在边界上的值. 这是因为当狄利克雷问题的解存在时, 由解的唯一性 (将在第 8 章讨论), $\dfrac{\partial u}{\partial n}$ 在边界上的值也就唯一确定, 而不能再任意给定了, 否则会引起矛盾. 因此, 若要利用公式 (7.1.11) 导出拉普拉斯方程定解问题的解, 必须将公式 (7.1.11) 中的 $u|_{\partial\Omega}$ 项消去或者 $\left.\dfrac{\partial u}{\partial n}\right|_{\partial\Omega}$ 项消去. 为此引进格林函数.

在第二格林公式 (7.1.4) 中, 取 u 和 v 都为调和函数, 且在 $\overline{\Omega}$ 上有一阶连续偏导数, 那么

$$0=\iint\limits_{\partial\Omega}\left(u\frac{\partial v}{\partial n}-v\frac{\partial u}{\partial n}\right)\mathrm{d}S. \tag{7.2.1}$$

将式 (7.2.1) 与式 (7.1.11) 相减, 得

$$u(M_0)=-\iint\limits_{\partial\Omega}\left[u\frac{\partial}{\partial n}\left(v+\frac{1}{4\pi}\frac{1}{r_{MM_0}}\right)-\frac{\partial u}{\partial n}\left(v+\frac{1}{4\pi}\frac{1}{r_{MM_0}}\right)\right]\mathrm{d}S. \tag{7.2.2}$$

若能够选取 Ω 上的调和函数 $v=v(M,M_0)$, 使其满足

$$v=-\frac{1}{4\pi}\frac{1}{r_{MM_0}},\quad M\in\partial\Omega, \tag{7.2.3}$$

则式 (7.2.2) 中含有 $\dfrac{\partial u}{\partial n}$ 的那项就消失了. 于是有

$$u(M_0)=-\iint\limits_{\partial\Omega}u\frac{\partial}{\partial n}\left(v+\frac{1}{4\pi}\frac{1}{r_{MM_0}}\right)\mathrm{d}S=-\iint\limits_{\partial\Omega}u\frac{\partial G}{\partial n}\mathrm{d}S, \tag{7.2.4}$$

其中

$$G(M,M_0)=v+\frac{1}{4\pi}\frac{1}{r_{MM_0}}. \tag{7.2.5}$$

由此可见, 在求出函数 $G(M,M_0)$ 后, 式 (7.2.4) 就给出了拉普拉斯方程的狄利克雷问题的解. 我们称函数 $G(M,M_0)$ 为三维拉普拉斯方程的狄利克雷问题在区域 Ω 上的**格林函数**.

如果上述格林函数 $G(M,M_0)$ 存在, 即调和函数 v 存在, 且它在闭区域 $\overline{\Omega}$ 内具有一阶连续偏导数, 则狄利克雷问题

$$\begin{cases} \Delta u = u_{xx}+u_{yy}+u_{zz}=0, & (x,y,z)\in\Omega, \\ u(x,y,z)=f(x,y,z), & (x,y,z)\in\partial\Omega \end{cases} \tag{7.2.6}$$

的解存在, 且这个解可以表示为

$$u(M_0) = -\iint\limits_{\partial\Omega} f(M)\frac{\partial G}{\partial n}\mathrm{d}S, \tag{7.2.7}$$

其中 $M_0=M_0(x_0,y_0,z_0)\in\Omega$ 是定点, $M=M(x,y,z)\in\Omega$ 是动点.

公式 (7.2.7) 告诉我们, 对任意连续函数 f, 求解拉普拉斯方程的狄利克雷问题可以转化为求此区域 Ω 内的格林函数, 而要确定格林函数又必须求解一个特殊的狄利克雷问题

$$\begin{cases} \Delta v = v_{xx}+v_{yy}+v_{zz}=0, & (x,y,z)\in\Omega, \\ v(x,y,z) = -\dfrac{1}{4\pi}\dfrac{1}{r_{MM_0}}, & (x,y,z)\in\partial\Omega. \end{cases} \tag{7.2.8}$$

虽然对于一般区域 Ω, 求解定解问题 (7.2.8) 也不容易, 但是公式 (7.2.7) 还是有重要意义的. 一方面, 因为格林函数仅仅依赖于区域, 而与原定解问题的边界数据无关. 如果求得该区域上的格林函数, 则这个区域上的所有狄利克雷问题都得到了解决. 这对于某些特殊区域, 如球域、半球域、半空间等, 格林函数可以用初等方法求出. 另一方面, 公式 (7.2.7) 给出了狄利克雷问题解的积分形式, 这对于进一步研究解的性质起着重要的作用.

下面我们给出格林函数的性质以及格林函数的物理意义.

性质 7.2.1　格林函数 $G(M,M_0)$ 除 $M=M_0$ 点外, 在 Ω 内是调和函数, 即当 $M\neq M_0$ 时, $\Delta G=0$; 另外, 当 $M\to M_0$ 时, $G(M,M_0)$ 趋近无穷大, 其阶数和 $\dfrac{1}{r_{MM_0}}$ 相同.

性质 7.2.2　在边界 $\partial\Omega$ 上, 格林函数 $G(M,M_0)=0$.

以上性质由格林函数的定义可立即得出.

性质 7.2.3　格林函数 $G(M,M_0)$ 在区域 Ω 上成立

$$0 < G(M,M_0) < \frac{1}{4\pi}\frac{1}{r_{MM_0}}.$$

利用第 8 章拉普拉斯方程的极值原理, 可以给出该性质的证明.

性质 7.2.4 格林函数 G 满足

$$\iint_{\partial\Omega} \frac{\partial G}{\partial n} \mathrm{d}S = -1.$$

在公式 (7.2.7) 中令 $u \equiv 1$, 便得上式.

性质 7.2.5 格林函数 $G(M, M_0)$ 具有对称性, 即对任意 $M_1, M_2 \in \Omega$, 成立

$$G(M_1, M_2) = G(M_2, M_1).$$

证明见后面第 7.4 节.

格林函数有明显的物理意义. 设在闭曲面 Γ 所围的空间区域 Ω(导体) 中一点 M_0 处放置一单位正电荷. 由静电感应性质, 在曲面 Γ 的内侧, 就感应有一定分布密度的负电荷, 而在曲面 Γ 的外侧, 分布有相应的正电荷. 如果把外侧接地, 则外侧正电荷消失, 且电位为零. 现在考察 Ω 内任意一点 M, 由 M_0 处正电荷所产生的电位是 $\dfrac{1}{4\pi}\dfrac{1}{r_{MM_0}}$ (取介电系数 $q = 1$). 由 Γ 内侧负电荷所产生的电位设为 v, 此时在 M 处的电位和是

$$G(M, M_0) = \frac{1}{4\pi}\frac{1}{r_{MM_0}} + v.$$

而当 M 在 Γ 上时, 电位为零. 即 $G(M, M_0) = 0, M \in \Gamma$.

因此格林函数的物理意义是: 某导体 Ω 表面接地, 在内部点 M_0 处放置一单位正电荷, 那么在导体内部所产生的电位分布就是格林函数. 因此格林函数又称为**源函数**或**影响函数**.

类似地, 我们可以定义二维拉普拉斯方程狄利克雷问题的格林函数和解的积分表达式. 此时格林函数

$$G(M, M_0) = v + \frac{1}{2\pi} \ln \frac{1}{r_{MM_0}}, \tag{7.2.9}$$

其中 $M_0 = M_0(x_0, y_0), M = M(x, y) \in \mathcal{D}$, $r_{MM_0} = \sqrt{(x - x_0)^2 + (y - y_0)^2}$ 和 $v = v(x, y)$ 满足

$$\begin{cases} \Delta v = v_{xx} + v_{yy} = 0, & (x, y) \in \mathcal{D}, \\ v(x, y) = -\dfrac{1}{2\pi} \ln \dfrac{1}{r_{MM_0}}, & (x, y) \in \Gamma = \partial\mathcal{D}. \end{cases} \tag{7.2.10}$$

那么平面区域 $\mathcal{D}$ 上狄利克雷问题

$$\begin{cases} \Delta u = u_{xx} + u_{yy} = 0, & (x, y) \in \mathcal{D}, \\ u(x, y) = f(x, y), & (x, y) \in \Gamma = \partial\mathcal{D} \end{cases} \tag{7.2.11}$$

的解可以表示为

$$u(M_0) = -\int_{\Gamma} f(M)\frac{\partial G}{\partial n}\mathrm{d}s. \tag{7.2.12}$$

通过由式 (7.2.9) 所定义的格林函数, 我们也可以建立同性质 7.2.1~7.2.5 类似的性质, 有兴趣的读者可作为练习, 给出证明.

7.3 一些特殊区域上的格林函数和狄利克雷问题的解

格林函数的物理意义启发我们, 对于某些特殊的区域, 它的格林函数可以通过**镜像法** (method of images)求得. 先介绍镜像法. 从静电学知道, 若在点 M_0 处放置一单位正电荷 (称为源点 (source point)), 它对另一点所产生的正电位是 $\dfrac{1}{4\pi}\dfrac{1}{r_{MM_0}}$. 现求格林函数

$$G(M, M_0) = \frac{1}{4\pi}\frac{1}{r_{MM_0}} + v(M, M_0),$$

使其在 $\partial\Omega$ 上为零.

所谓镜像法, 就是在 Ω 外找出 $M_0 \in \Omega$ 关于边界 $\partial\Omega$ 的像点 (image point)M_1, 然后在这个像点放置适当的负电荷, 由它产生的负电位与 M_0 点单位正电荷所产生的正电位在边界 $\partial\Omega$ 上相互抵消. 设在点 M_1 处放置 q 单位负电荷, 它在 $\partial\Omega$ 上产生的电位是

$$v = -\frac{q}{4\pi}\frac{1}{r_{M_1M}}, \quad M = M(x, y, z) \in \partial\Omega.$$

它与 M_0 处单位正电荷在 $\partial\Omega$ 上产生的电位相互抵消, 即

$$\frac{1}{4\pi}\frac{1}{r_{MM_0}} - \frac{q}{4\pi}\frac{1}{r_{M_1M}} = 0, \quad M = M(x, y, z) \in \partial\Omega,$$

因此可以取 Ω 内的格林函数为

$$G(M, M_0) = \frac{1}{4\pi}\frac{1}{r_{MM_0}} - \frac{q}{4\pi}\frac{1}{r_{M_1M}}.$$

对于一般区域来说用镜像法求格林函数是困难的, 因为既要决定 M_1 的位置, 又要决定 M_1 处的电荷. 但对于某些特殊区域, 如球域、半空间、半平面、圆域等, 利用镜像法可以比较容易求得格林函数.

例 7.3.1　求拉普拉斯方程在半空间 $z \geqslant 0$ 上的狄利克雷问题的解:

$$\begin{cases} \Delta u = u_{xx} + u_{yy} + u_{zz} = 0, & -\infty < x, y < +\infty,\ z > 0, \\ u(x, y, 0) = f(x, y), & -\infty < x, y < +\infty. \end{cases} \tag{7.3.1}$$

解 为了用公式 (7.2.7) 求解, 先求半空间 $z>0$ 上的格林函数. 在半空间 $z>0$ 上任取一点 $M_0=M_0(x_0,y_0,z_0)$, 在其上放置一单位正电荷, 它在无穷空间形成电场, 在上半空间任一点 $M(x,y,z)$ 处的电位为 $\dfrac{1}{4\pi r_{MM_0}}$. 然后找出 M_0 关于边界 $z=0$ 的对称点 $M_1=M_1(x_0,y_0,-z_0)$, 并在其上放置一单位负电荷. 则它与 M_0 点的单位正电荷所产生的电位在平面 $z=0$ 上电位互相抵消 (图 7.2).

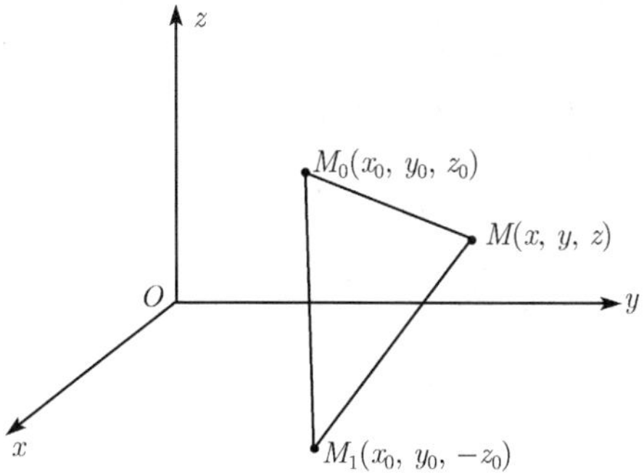

图 7.2

因为 $\dfrac{1}{4\pi r_{M_1M}}$ 在 $z>0$ 上为调和函数, 在闭域 $z\geqslant 0$ 上具有一阶偏导数, 故

$$G(M,M_0)=\frac{1}{4\pi}\left(\frac{1}{r_{MM_0}}-\frac{1}{r_{M_1M}}\right) \tag{7.3.2}$$

便是半空间 $z>0$ 上的格林函数, 其中

$$r_{MM_0}=\sqrt{(x-x_0)^2+(y-y_0)^2+(z-z_0)^2},$$
$$r_{M_1M}=\sqrt{(x-x_0)^2+(y-y_0)^2+(z+z_0)^2}.$$

下面我们来计算 $\dfrac{\partial G}{\partial n}$. 因为在平面 $z=0$ 上的外法线方向是 z 轴的负方向, 所以

$$\left.\frac{\partial G}{\partial n}\right|_{z=0}=-\left.\frac{\partial G}{\partial z}\right|_{z=0}=-\frac{1}{2\pi}\frac{z_0}{[(x-x_0)^2+(y-y_0)^2+z_0^2]^{3/2}}.$$

由解的积分表达式 (7.2.7), 得定解问题 (7.3.1) 的形式解为

$$u(M_0)=u(x_0,y_0,z_0)=\frac{z_0}{2\pi}\int_{-\infty}^{+\infty}\int_{-\infty}^{+\infty}\frac{f(\xi,\eta)\mathrm{d}\xi\mathrm{d}\eta}{[(\xi-x_0)^2+(\eta-y_0)^2+z_0^2]^{3/2}}. \tag{7.3.3}$$

这里需要说明一下, 当式 (7.2.7) 用于无界区域时, 只要函数 $u(x,y,z)$ 在无穷远处满足以下条件: 存在常数 $r_0>0, A>0$, 当 $r\geqslant r_0$ 时

$$|u(x,y,z)|\leqslant\frac{A}{r},\quad |\nabla u(x,y,z)|\leqslant\frac{A}{r^2},$$

则公式 (7.2.7) 对于包含无穷远点的区域仍成立, 这里 $r=\sqrt{x^2+r^2+z^2}$.

例 7.3.2　求解球域上拉普拉斯方程的狄利克雷问题:

$$\begin{cases} \Delta u = u_{xx}+u_{yy}+u_{zz}=0, & x^2+y^2+z^2<R^2, \\ u(x,y,z)=f(x,y,z), & x^2+y^2+z^2=R^2. \end{cases} \tag{7.3.4}$$

解　先求球域上的格林函数. 记球域 $B_R=\{(x,y,z)|x^2+y^2+z^2<R^2\}$, 边界为 $S_R=\{(x,y,z)|x^2+y^2+z^2=R^2\}$. 在球 B_R 内任意取一点 M_0(不与球心重合), 在线段 OM_0 的延长线上取一点 M_1, 使得

$$\rho_0\rho_1=R^2, \tag{7.3.5}$$

其中 $\rho_0=r_{OM_0}$, $\rho_1=r_{OM_1}$. 称 M_1 点是关于球面 S_R 的对称点 (或反演点)(图 7.3).

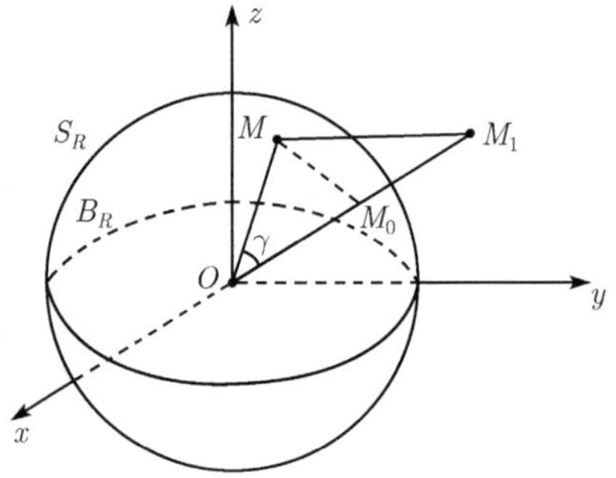

图 7.3

在 M_0 处放置一单位正电荷, 在 M_1 处放置 q 单位的负电荷. 我们可以适当选择 q 的值, 使得这两个电荷所产生的电位在球面 S_R 上互相抵消, 即

$$\frac{1}{4\pi r_{MM_0}}=\frac{q}{4\pi r_{MM_1}}, \quad M\in S_R$$

或

$$q=\frac{r_{MM_1}}{r_{MM_0}}.$$

由 (7.3.5) 知, $\triangle OM_0M$ 与 $\triangle OMM_1$ 相似. 因此

$$\frac{r_{MM_1}}{r_{MM_0}}=\frac{R}{\rho_0}, \quad 故\ q=\frac{R}{\rho_0}.$$

即只要在 M_1 处放置 $\dfrac{R}{\rho_0}$ 单位的负电荷, 由它所形成的电场的电位 $\dfrac{R}{4\pi\rho_0 r_{MM_1}}$ 与

M_0 处放置一单位正电荷所形成的电场的电位在球面 S_R 上相互抵消.

显然, 函数 $v=\dfrac{R}{4\pi\rho_0 r_{MM_1}}$ 在球域 B_R 内是调和函数, 在闭球 $\overline{B_R}$ 上具有一阶连续偏导数, 故球域 B_R 上的格林函数为

$$G(M,M_0)=\frac{1}{4\pi}\left(\frac{1}{r_{MM_0}}-\frac{R}{\rho_0 r_{MM_1}}\right). \tag{7.3.6}$$

为求问题 (7.3.4) 的解, 需计算 $\left.\dfrac{\partial G}{\partial n}\right|_{S_R}$. 注意到

$$r_{MM_0}=\sqrt{\rho_0^2+\rho^2-2\rho\rho_0\cos\gamma},\quad r_{MM_1}=\sqrt{\rho_1^2+\rho^2-2\rho\rho_1\cos\gamma},$$

其中 $\rho=r_{OM}$, γ 是 $\overrightarrow{OM}$ 与 $\overrightarrow{OM_0}$ 的夹角. 注意到式 (7.3.5), 于是式 (7.3.6) 可表为

$$G(M,M_0)=\frac{1}{4\pi}\left(\frac{1}{\sqrt{\rho_0^2+\rho^2-2\rho\rho_0\cos\gamma}}-\frac{R}{\sqrt{\rho_0^2\rho^2-2R^2\rho_0\rho\cos\gamma+R^4}}\right), \tag{7.3.7}$$

其中 $\rho_0\rho_1=R^2$.

在球面 S_R 上, 外法向 n 与半径 ρ 方向一致. 因此

$$\left.\frac{\partial G}{\partial n}\right|_{S_R}=\left.\frac{\partial G}{\partial \rho}\right|_{\rho=R}=-\frac{1}{4\pi R}\cdot\frac{R^2-\rho_0^2}{(R^2+\rho_0^2-2R\rho_0\cos\gamma)^{3/2}}.$$

代入式 (7.2.7), 得球域 B_R 内定解问题 (7.3.4) 的形式解为

$$u(M_0)=\frac{1}{4\pi R}\iint\limits_{S_R}\frac{(R^2-\rho_0^2)f(M)}{(R^2+\rho_0^2-2R\rho_0\cos\gamma)^{3/2}}\mathrm{d}S, \tag{7.3.8}$$

或写成球坐标形式

$$u(\rho_0,\theta_0,\phi_0)=\frac{R}{4\pi}\int_0^{2\pi}\int_0^{\pi}\frac{(R^2-\rho_0^2)f(R,\theta,\phi)}{(R^2+\rho_0^2-2R\rho_0\cos\gamma)^{3/2}}\sin\theta\mathrm{d}\theta\mathrm{d}\phi, \tag{7.3.9}$$

其中 $f(R,\theta,\phi)=f(R\sin\theta\cos\phi,\ R\sin\theta\sin\phi,\ R\cos\theta)$, (ρ_0,θ_0,ϕ_0) 是点 M_0 的坐标, (R,θ,ϕ) 是球面上点 M 的坐标, $\cos\gamma$ 是 $\overrightarrow{OM_0}$ 与 $\overrightarrow{OM}$ 夹角的余弦. 因为向量 $\overrightarrow{OM_0}$ 与 $\overrightarrow{OM}$ 的方向余弦分别为

$$(\sin\theta_0\cos\phi_0,\ \sin\theta_0\sin\phi_0,\ \cos\theta_0)\quad 和\quad (\sin\theta\cos\phi,\ \sin\theta\sin\phi,\ \cos\theta),$$

所以

$$\begin{aligned}\cos\gamma&=\cos\theta\cos\theta_0+\sin\theta\sin\theta_0(\sin\phi\sin\phi_0+\cos\phi\cos\phi_0)\\&=\cos\theta\cos\theta_0+\sin\theta\sin\theta_0\cos(\phi-\phi_0).\end{aligned}$$

公式 (7.3.9) 称为**球域上的狄利克雷问题解的泊松公式**. 它只是问题 (7.3.4) 的形式解. 关于古典解, 有如下结论:

定理 7.3.1　设 $f \in C(S_R)$, 则由式 (7.3.9) 所定义的函数是定解问题 (7.3.4) 的唯一古典解. (证明略)

例 7.3.3　试作出上半球域的格林函数.

解　如图 7.4.

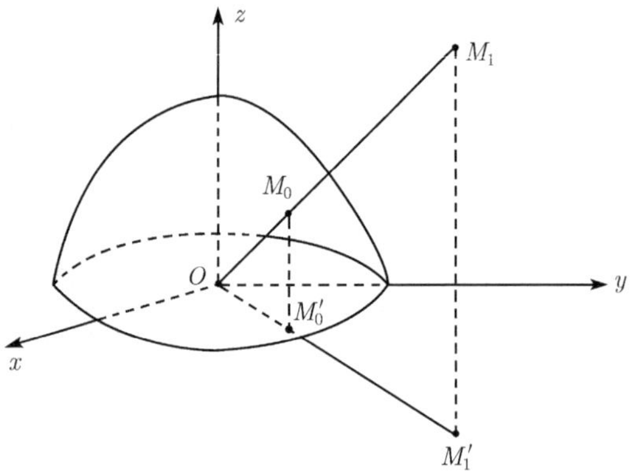

图 7.4

设球的中心为坐标原点 O, 半径为 R, M_0 为上半球域内的任一点 (不与球心重合), M_1 是 M_0 关于球面的对称点, M_0', M_1' 分别是 M_0, M_1 关于坐标面 $z=0$ 的对称点. 在点 M_0 处放置一单位正电荷, 在 M_1 处放置 $\dfrac{R}{\rho_0}$单位负电荷 (其中 $\rho_0 = r_{OM_0}$); 在 M_0' 处放置一单位负电荷, 在 M_1' 处放置 $\dfrac{R}{\rho_0}$ 单位正电荷.则由这四个点处所产生的电位在上半球域表面相互抵消, 故得上半球域的格林函数为

$$\begin{aligned}
G(M,M_0) &= \frac{1}{4\pi}\left(\frac{1}{r_{MM_0}} - \frac{1}{r_{MM_0'}}\right) + \frac{R}{4\pi\rho_0}\left(\frac{1}{r_{MM_1'}} - \frac{1}{r_{MM_1}}\right) \\
&= \frac{1}{4\pi}\left(\frac{1}{r_{MM_0}} - \frac{R}{\rho_0}\frac{1}{r_{MM_1}}\right) - \frac{1}{4\pi}\left(\frac{1}{r_{MM_0'}} - \frac{R}{\rho_0}\frac{1}{r_{MM_1'}}\right) \\
&= G_{\text{球}}(M,M_0) - G_{\text{球}}(M,M_0'). \qquad (7.3.10)
\end{aligned}$$

下面我们使用上述诸例中的方法和步骤, 研究 Oxy 平面上几类特殊区域的格林函数和二维拉普拉斯方程的狄利克雷问题解的积分表达式.

例 7.3.4　求解上半平面内二维拉普拉斯方程的狄利克雷问题

$$\begin{cases} \Delta u = u_{xx} + u_{yy} = 0, & -\infty < x < +\infty,\ y > 0, \\ u(x,0) = f(x), & -\infty < x < +\infty. \end{cases} \qquad (7.3.11)$$

解 采用例 7.3.1 中的方法. 设 $M_0 = M_0(x_0, y_0)$ 是上半平面内一点, 关于直线 $y = 0$ 的对称点为 $M_1 = M_1(x_0, -y_0)$. 于是可得到格林函数为

$$\begin{aligned} G(M, M_0) &= \frac{1}{2\pi}\left(\ln\frac{1}{r_{MM_0}} - \ln\frac{1}{r_{MM_1}}\right) \\ &= \frac{1}{4\pi}\left[\ln((x-x_0)^2 + (y+y_0)^2) - \ln((x-x_0)^2 + (y-y_0)^2)\right], \end{aligned} \tag{7.3.12}$$

显然有 $G|_{y=0} = 0$. 进一步可得

$$\left.\frac{\partial G}{\partial n}\right|_{y=0} = -\left.\frac{\partial G}{\partial y}\right|_{y=0} = -\frac{1}{\pi}\frac{y_0}{(x-x_0)^2 + y_0^2}.$$

所以由解式 (7.2.12) 得定解问题 (7.3.11) 的解为

$$u(x_0, y_0) = \frac{y_0}{\pi}\int_{-\infty}^{+\infty}\frac{f(x)}{(x-x_0)^2 + y_0^2}\mathrm{d}x. \tag{7.3.13}$$

例 7.3.5 求解圆域上二维拉普拉斯方程的狄利克雷问题

$$\begin{cases} \Delta u = u_{xx} + u_{yy} = 0, & (x, y) \in \mathcal{D}, \\ u(x, y) = f(x, y), & (x, y) \in \Gamma = \partial\mathcal{D}, \end{cases} \tag{7.3.14}$$

其中 $\mathcal{D} = \{(x, y)|x^2 + y^2 < a^2\}, \Gamma = \{(x, y)|x^2 + y^2 = a^2\}$.

解 采用例 7.3.2 中的方法, 可得圆域上的格林函数为

$$G(M, M_0) = \frac{1}{2\pi}\left(\ln\frac{1}{r_{MM_0}} - \ln\frac{a}{\rho_0 r_{MM_1}}\right), \tag{7.3.15}$$

其中 $M_0, M \in \mathcal{D}, \rho = r_{OM}, \rho_0 = r_{OM_0}, \rho_1 = r_{OM_1}$, M_1 是 M_0 关于圆周 Γ 的对称点, 即 $\rho_0\rho_1 = a^2$. 注意到

$$\frac{1}{r_{MM_0}} = \frac{1}{\sqrt{\rho_0^2 + \rho^2 - 2\rho_0\rho\cos\gamma}}, \quad \frac{1}{r_{MM_1}} = \frac{1}{\sqrt{\rho_1^2 + \rho^2 - 2\rho_1\rho\cos\gamma}}, \tag{7.3.16}$$

其中 γ 是 $\overrightarrow{OM_0}$ 与 $\overrightarrow{OM}$ 的夹角 (图 7.5).

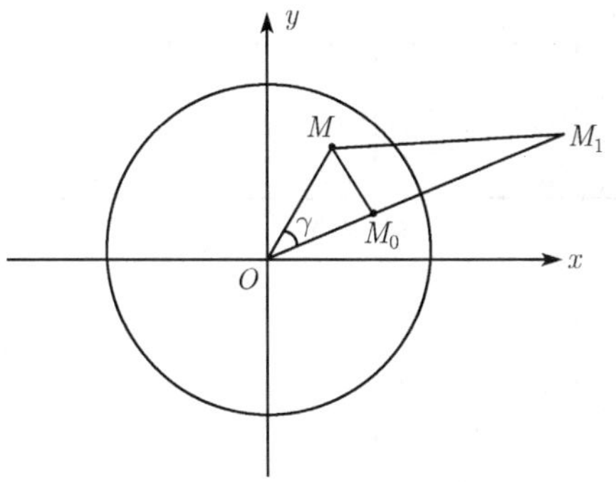

图7.5

由于 $\overrightarrow{OM_0}$ 与 $\overrightarrow{OM}$ 的方向余弦分别是 $(\cos\theta_0, \sin\theta_0)$ 和 $(\cos\theta, \sin\theta)$, 所以 $\cos\gamma = \cos\theta_0\cos\theta + \sin\theta_0\sin\theta = \cos(\theta_0 - \theta)$.

因此在极坐标系 (ρ, θ) 下, 圆域上的格林函数为

$$G(M, M_0) = \frac{1}{2\pi}\left(\ln\frac{1}{\sqrt{\rho_0^2 + \rho^2 - 2\rho_0\rho\cos\gamma}} - \ln\frac{a}{\rho_0\sqrt{\rho_1^2 + \rho^2 - 2\rho_1\rho\cos\gamma}}\right).$$

进一步可得

$$\left.\frac{\partial G}{\partial n}\right|_{\rho=a} = \left.\frac{\partial G}{\partial \rho}\right|_{\rho=a} = -\frac{1}{2a\pi}\,\frac{a^2 - \rho_0^2}{a^2 - 2a\rho_0\cos(\theta_0 - \theta) + \rho_0^2},$$

因此定解问题 (7.3.14) 的解为

$$\begin{aligned} u(\rho_0, \theta_0) &= \frac{1}{2a\pi}\int_\Gamma \frac{(a^2 - \rho_0^2) f(M)\mathrm{d}s}{a^2 - 2a\rho_0\cos(\theta_0 - \theta) + \rho_0^2} \\ &= \frac{1}{2\pi}\int_0^{2\pi} \frac{(a^2 - \rho_0^2) f(\theta)\mathrm{d}\theta}{a^2 - 2a\rho_0\cos(\theta_0 - \theta) + \rho_0^2}, \end{aligned} \tag{7.3.17}$$

其中 $f(\theta) = f(a\cos\theta, a\sin\theta)$. 称式 (7.3.17) 为**圆域内狄利克雷问题解的泊松公式**. 同样可以证明

定理 7.3.2 设 $f \in C(\Gamma)$, 则由式 (7.3.17) 所定义的函数是定解问题 (7.3.14) 的唯一古典解. (证明略)

例 7.3.6 作出四分之一平面区域 $\mathcal{D} = \{(x, y) | x > 0, y > 0\}$ 上的格林函数.

解 在 $\mathcal{D}$ 上任取一点 $M_0(x_0, y_0)$, 得到三个对称点 $M_1(x_0, -y_0)$, $M_2(-x_0, y_0)$, $M_3(-x_0, -y_0)$, 如图 7.6.

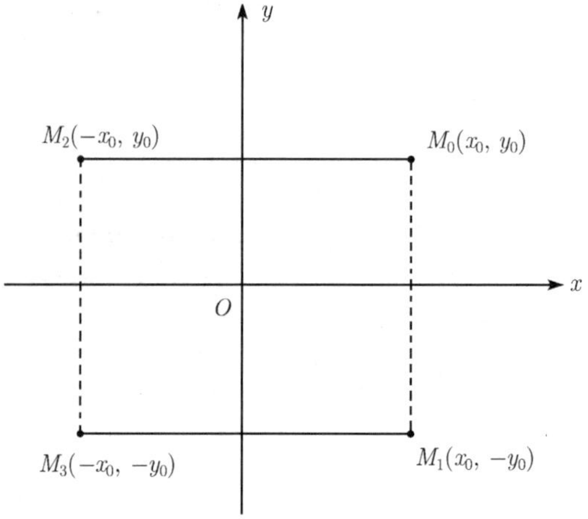

图 7.6

那么应用镜像法, 容易得到函数

$$G(M,M_0)=\frac{1}{4\pi}\ln\frac{[(x-x_0)^2+(y+y_0)^2][(x+x_0)^2+(y-y_0)^2]}{[(x-x_0)^2+(y-y_0)^2][(x+x_0)^2+(y+y_0)^2]}. \tag{7.3.18}$$

不难验证, 这个函数除点 M_0 外, 满足 $\Delta G=0$, 且 $G|_{x=0}=G|_{y=0}=0$. 因此它是区域 $\mathcal{D}$ 上的格林函数.

至此, 我们用区域上的格林函数给出了拉普拉斯方程的狄利克雷问题解的积分表达式, 并用镜像法导出了几类特殊区域上的格林函数. 但要注意的是上述推导都是形式的, 即在假定定解问题有解的条件下得到解的表达式. 至于解式 (7.3.3), (7.3.9), (7.3.13) 和 (7.3.17) 是否就是相应定解问题的解还应加以验证, 包括定解问题的存在性、唯一性以及解对边界条件的连续依赖性 (即稳定性). 关于这一点, 将在后面的章节中讨论.

7.4 δ 函数及性质、拉普拉斯方程的基本解

在 7.2 节里, 我们用格林函数方法导出了拉普拉斯方程的狄利克雷问题解的积分表达式 (7.2.7)(或式 (7.2.12)). 在这一节里, 我们将介绍 δ 函数和基本解及其求法, 并且把格林函数的概念进行拓广.

7.4.1 δ 函数及性质

我们知道, 力学和物理学中许多连续分布的量 (如质量分布密度、电荷分布密度、热源强度等) 都是用密度函数表示的. 设 $f(M)$ 是某物理量的密度函数, 则分布在区域 Ω 上的该物理量的总值为

$$Q=\iiint\limits_{\Omega} f(M)\mathrm{d}\Omega.$$

δ 函数是一个描述点源的数学工具, 下面通过一个物理例子来引进 δ 函数.

例 7.4.1 点电荷的线密度函数.

点电荷是一个理想化的概念, 它可以看成是一种分布电荷的极限. 设在数轴上分布有电荷, 其密度函数为

$$\rho_\epsilon(x)=\begin{cases}\dfrac{1}{2\varepsilon}, & |x|\leqslant\varepsilon,\\ 0, & |x|>\varepsilon.\end{cases}$$

这时数轴上的电荷总量为

$$Q=\int_{-\infty}^{+\infty}\rho_\varepsilon(x)\mathrm{d}x=\int_{-\varepsilon}^{\varepsilon}\rho_\varepsilon(x)\mathrm{d}x=1.$$

令 $\varepsilon \to 0$, 上述分布电荷的极限状态可以近似地看作放置在 $x=0$ 处的单位点电荷的分布

$$\rho(x)=\begin{cases} +\infty, & x=0, \\ 0, & x\neq 0. \end{cases}$$

将集中于点 $x=0$ 的单位物理量引起的密度函数称为δ **函数**, 记为 $\delta(x)$. 狄拉克 (Dirac) 首先在量子力学中引入了 δ 函数, 所以, 通常又称**狄拉克** δ **函数**. 它在经典物理中也有广泛的应用. δ 函数是定义在 $(-\infty,+\infty)$ 上, 并具有以下性质的函数:

$$\delta(x)=\begin{cases} +\infty, & x=0, \\ 0, & x\neq 0. \end{cases} \tag{7.4.1}$$

$$\int_{-\infty}^{+\infty}\delta(x)\mathrm{d}x=1. \tag{7.4.2}$$

这样, 单位点电荷的密度 $\rho(x)$ 可由 δ 函数表示成 $\rho(x)=\delta(x)$.

置于 $x=\xi$ 点的单位物理量引起的密度函数可由 $\delta(x)$ 的平移 $\delta(x-\xi)$ 表示:

$$\delta(x-\xi)=\begin{cases} +\infty, & x=\xi, \\ 0, & x\neq \xi. \end{cases} \tag{7.4.3}$$

$$\int_{-\infty}^{+\infty}\delta(x-\xi)\mathrm{d}x=1. \tag{7.4.4}$$

从定义可以看出, δ 函数不是通常意义下的函数, 而是一个算符, 或者说是一种运算. 它在物理上是一种特殊的分布. 在数学上可以看作连续函数空间上一个特殊的线性泛函 (也称广义函数). 有关 δ 函数的等式都是从泛函相等的角度去理解的. 因此, 关于 δ 函数的一些性质就必须从式 (7.4.1) 和 (7.4.2)(或者式 (7.4.3) 和 (7.4.4)) 出发来理解. 下面列出 δ 函数的一些重要性质, 就是利用式 (7.4.1) 和 (7.4.2) 来作形式的说明, 而不给予严格的论证.

性质 7.4.1 对任何区间 (a,b), 成立

$$\int_a^b\delta(x)\mathrm{d}x=\begin{cases} 1, & 若\ 0\in[a,b], \\ 0, & 若\ 0\notin[a,b]. \end{cases} \tag{7.4.5}$$

性质 7.4.2 对任何 $(-\infty,+\infty)$ 上的连续函数 $f(x)$, 成立

$$\int_a^b\delta(x)f(x)\mathrm{d}x=\begin{cases} f(0), & 若\ 0\in[a,b], \\ 0, & 若\ 0\notin[a,b]. \end{cases} \tag{7.4.6}$$

特别有

$$\int_{-\infty}^{+\infty}\delta(x)f(x)\mathrm{d}x=f(0). \tag{7.4.7}$$

类似地, 我们有

$$\int_a^b\delta(x-\xi)f(x)\mathrm{d}x=\begin{cases}f(\xi), & 若\ \xi\in[a,b],\\ 0, & 若\ \xi\notin[a,b]\end{cases} \tag{7.4.8}$$

和

$$\int_{-\infty}^{+\infty}\delta(x-\xi)f(x)\mathrm{d}x=f(\xi). \tag{7.4.9}$$

性质 7.4.3 δ 函数是偶函数, 即 $\delta(x-\xi)=\delta(\xi-x)$.

事实上, 对任意连续函数 $f(x)\in C(\mathbb{R}^1)$, 记

$$(\delta(\xi-x),f(x))=\int_{-\infty}^{+\infty}\delta(\xi-x)f(x)\mathrm{d}x.$$

作变量变换 $x=2\xi-t$, 则得

$$(\delta(\xi-x),f(x))=\int_{-\infty}^{+\infty}\delta(t-\xi)f(2\xi-t)\mathrm{d}t=f(\xi)=(\delta(x-\xi),f(x)),$$

所以

$$\delta(x-\xi)=\delta(\xi-x). \tag{7.4.10}$$

性质 7.4.4 δ 函数有任意阶导数.

设 $f(x)\in C^1(\mathbb{R}^1)$, 则由

$$\int_{-\infty}^{+\infty}\delta'(x)f(x)\mathrm{d}x=-f'(0) \tag{7.4.11}$$

定义的算符 $\delta'(x)$ 称为 δ 函数的导数. 这个定义的合理性由下面形式地分部积分看出:

$$\int_{-\infty}^{+\infty}\delta'(x)f(x)\mathrm{d}x=\delta(x)f(x)\Big|_{-\infty}^{+\infty}-\int_{-\infty}^{+\infty}\delta(x)f'(x)\mathrm{d}x=-f'(0).$$

这说明 $\delta'(x)$ 也不是一个普通函数. 它可以看成 $C^1(\mathbb{R}^1)$ 上的一个泛函, 作用在 $C^1(\mathbb{R}^1)$ 中函数 $f(x)$ 上, 得到 $-f'(0)$.

一般地, 对任意正整数 $n \geqslant 1$, 可以定义 $\delta(x)$ 的 n 阶导数 $\delta^{(n)}(x)$ 如下：对任意 $f(x) \in C^n(\mathbb{R}^1)$, 成立

$$\int_{-\infty}^{+\infty} \delta^{(n)}(x) f(x) \mathrm{d}x = (-1)^n \int_{-\infty}^{+\infty} \delta(x) f^{(n)}(x) \mathrm{d}x = (-1)^n f^{(n)}(0). \tag{7.4.12}$$

更一般地, 有

$$\int_{-\infty}^{+\infty} \delta^{(n)}(x-\xi) f(x) \mathrm{d}x = (-1)^n f^{(n)}(\xi). \tag{7.4.13}$$

性质 7.4.5　δ 函数与普通函数的乘积：对任意连续函数 $f(x)$, 成立

$$f(x)\delta(x-\xi) = f(\xi)\delta(x-\xi). \tag{7.4.14}$$

事实上, 对任意 $\phi(x) \in C^1(\mathbb{R}^1)$,

$$(f(x)\delta(x-\xi), \phi(x)) = \int_{-\infty}^{+\infty} f(x)\delta(x-\xi)\phi(x) \mathrm{d}x = \int_{-\infty}^{+\infty} \delta(x-\xi)[f(x)\phi(x)] \mathrm{d}x$$

$$= f(\xi)\phi(\xi) = f(\xi) \int_{-\infty}^{+\infty} \delta(x-\xi)\phi(x) \mathrm{d}x = (f(\xi)\delta(x-\xi), \phi(x)),$$

所以式 (7.4.14) 成立. 特别地, 我们有 $x^m \delta(x) = 0,\ m = 1, 2, \cdots$.

性质 7.4.6　δ 函数的原函数是单位阶梯函数. 即设

$$H(x) = \begin{cases} 0, & 若\ x < 0, \\ 1, & 若\ x \geqslant 0, \end{cases} \tag{7.4.15}$$

则

$$H'(x) = \delta(x). \tag{7.4.16}$$

函数 $H(x)$ 称为Heaviside **函数**.

事实上, 由式 (7.4.5) 得

$$H(x) = \int_{-\infty}^{x} \delta(\xi) \mathrm{d}\xi = \begin{cases} 0, & 若\ x < 0, \\ 1, & 若\ x \geqslant 0, \end{cases}$$

那么, 对任意 $f(x) \in C^1(\mathbb{R}^1)$, 且 $\lim\limits_{|x| \to +\infty} f(x) = 0$ 时, 成立

$$(H'(x), f(x)) = \int_{-\infty}^{+\infty} f(x) H'(x) \mathrm{d}x = H(x) f(x) \big|_{-\infty}^{+\infty} - \int_{-\infty}^{+\infty} f'(x) H(x) \mathrm{d}x$$

$$= -\int_{0}^{+\infty} f'(x) \mathrm{d}x = f(0) = \int_{-\infty}^{+\infty} f(x)\delta(x) \mathrm{d}x = (\delta(x), f(x)).$$

这说明 $H'(x)=\delta(x)$.

性质 7.4.7 δ 函数与普通函数的卷积. 设 $f(x)\in C(\mathbb{R}^1)$, 则

$$\delta(x)*f(x)=\int_{-\infty}^{+\infty}\delta(x-y)f(y)\mathrm{d}y=f(x). \tag{7.4.17}$$

性质 7.4.8 $\delta(x)$ 函数的傅里叶变换是 1, 而 1 的傅里叶逆变换是 $\delta(x)$.

事实上, 由定义

$$\mathcal{F}[\delta(x)]=\int_{-\infty}^{+\infty}\delta(x)\mathrm{e}^{-\mathrm{i}\alpha x}\mathrm{d}x=1, \tag{7.4.18}$$

因此

$$\mathcal{F}^{-1}[1]=\frac{1}{2\pi}\int_{-\infty}^{+\infty}\mathrm{e}^{\mathrm{i}\alpha x}\mathrm{d}\alpha=\delta(x). \tag{7.4.19}$$

类似地, 我们有

$$\begin{aligned}\mathcal{F}[\delta(x-\xi)]&=\int_{-\infty}^{+\infty}\delta(x-\xi)\mathrm{e}^{-\mathrm{i}\alpha x}\mathrm{d}x=\mathrm{e}^{-\mathrm{i}\alpha\xi},\\ \mathcal{F}^{-1}[\mathrm{e}^{-\mathrm{i}\alpha\xi}]&=\frac{1}{2\pi}\int_{-\infty}^{+\infty}\mathrm{e}^{\mathrm{i}\alpha(x-\xi)}\mathrm{d}\alpha=\delta(x-\xi).\end{aligned} \tag{7.4.20}$$

借助于这些表达式, 可以求得下列傅里叶变换:

$$\begin{aligned}\mathcal{F}[\cos wx]&=\mathcal{F}\left[\frac{\mathrm{e}^{\mathrm{i}wx}+\mathrm{e}^{-\mathrm{i}wx}}{2}\right]=\pi[\delta(\alpha+w)+\delta(\alpha-w)],\\ \mathcal{F}[\sin wx]&=\mathcal{F}\left[\frac{\mathrm{e}^{\mathrm{i}wx}-\mathrm{e}^{-\mathrm{i}wx}}{2\mathrm{i}}\right]=\mathrm{i}\pi[\delta(\alpha+w)-\delta(\alpha-w)],\\ \mathcal{F}[x]&=-\mathrm{i}\mathcal{F}[\mathrm{i}x]=\mathrm{i}\frac{\mathrm{d}}{\mathrm{d}\alpha}\mathcal{F}[1]=2\pi\mathrm{i}\delta'(\alpha).\end{aligned} \tag{7.4.21}$$

需要注意的是这些式子中的像函数、原函数都是广义函数, 对它们必须在泛函运算的意义下理解.

性质 7.4.9 δ 函数在区间 $(-L,L)$ 上可以展开成广义傅里叶级数.

设 $x,\xi\in(-L,L)$, 那么

$$\delta(x-\xi)=\frac{a_0}{2}+\sum_{n=1}^{\infty}\left(a_n\cos\frac{n\pi x}{L}+b_n\sin\frac{n\pi x}{L}\right), \tag{7.4.22}$$

其中傅里叶系数

$$\begin{aligned}a_n&=\frac{1}{L}\int_{-L}^{L}\delta(x-\xi)\cos\frac{n\pi x}{L}\mathrm{d}x=\frac{1}{L}\cos\frac{n\pi\xi}{L},\quad n=0,1,2,\cdots,\\ b_n&=\frac{1}{L}\int_{-L}^{L}\delta(x-\xi)\sin\frac{n\pi x}{L}\mathrm{d}x=\frac{1}{L}\sin\frac{n\pi\xi}{L},\quad n=1,2,\cdots.\end{aligned} \tag{7.4.23}$$

对于其它正交基, δ 函数也可以作广义傅里叶级数展开.

性质 7.4.10 设 $f(x) \in C^1(\mathbb{R}^1)$, 且在 $\mathbb{R}^1$ 上只有单零点 $x_1, x_2, \cdots, x_m$, 则 δ 函数的复合函数 $\delta[f(x)]$ 可以表示成

$$\delta[f(x)] = \sum_{k=1}^{m} \frac{\delta(x - x_k)}{|f'(x_k)|}. \tag{7.4.24}$$

事实上, 由于 x_k 是 $f(x)$ 的单根, 故由定义, 得

$$\delta[f(x)] = \begin{cases} 0, & x \neq x_k, \\ +\infty, & x = x_k,\ k = 1, 2, \cdots, m. \end{cases}$$

又因为 x_k 是 $f(x)$ 的单零点, 故 $f'(x_k) \neq 0$. 又由于 $f(x)$ 连续, 所以存在适当小的 $\varepsilon_k > 0$, 使得在区间 $[x_k - \varepsilon_k, x_k + \varepsilon_k]$ 上, $f'(x)$ 保持定号. 不妨设 $f'(x) > 0$, 则在该区间上 $f(x)$ 严格单调增加. 作变量代换 $t = f(x)$, 记 $t_1 = f(x_k - \varepsilon_k), t_2 = f(x_k + \varepsilon_k)$, 则 $t_1 < 0 < t_2$. 所以对任意 $\phi(x) \in C(\mathbb{R}^1)$,

$$\begin{aligned} \int_{x_k-\varepsilon_k}^{x_k+\varepsilon_k} \delta[f(x)]\phi(x)\mathrm{d}x &= \int_{t_1}^{t_2} \delta(t)\phi(x(t))x'(t)\mathrm{d}t = \int_{t_1}^{t_2} \delta(t)\frac{\phi(x(t))}{f'(x)}\mathrm{d}t \\ &= \frac{\phi(x(t))}{|f'(x(t))|}\Big|_{t=0} = \frac{\phi(x_k)}{|f'(x_k)|} = \frac{1}{|f'(x_k)|}\int_{-\infty}^{+\infty} \delta(x - x_k)\phi(x)\mathrm{d}x. \end{aligned}$$

因此

$$\int_{-\infty}^{+\infty} \delta[f(x)]\phi(x)\mathrm{d}x = \sum_{k=1}^{m}\int_{x_k-\varepsilon_k}^{x_k+\varepsilon_k} \delta[f(x)]\phi(x)\mathrm{d}x = \int_{-\infty}^{+\infty}\sum_{k=1}^{m}\frac{\delta(x - x_k)}{|f'(x_k)|}\phi(x)\mathrm{d}x.$$

这就说明式 (7.4.24) 成立.

利用复合公式 (7.4.24), 我们可得

$$\delta(ax) = \frac{\delta(x)}{|a|}, \quad \delta(\sin x) = \sum_{k=-\infty}^{+\infty} \delta(x - k\pi).$$

性质 7.4.11 $\delta(x)$ 可以看作普通函数列的弱收敛极限.

设 $\{f_n(x)\}$ 是一普通函数列, $f(x)$ 是广义函数. 若对任意 $\phi(x) \in C_0^\infty(\mathbb{R}^1)$(在实轴上除去有限区间外恒为 0 的任意阶可微函数), 有

$$(f_n(x), \phi(x)) = \int_{-\infty}^{+\infty} f_n(x)\phi(x)\mathrm{d}x \overset{n\to+\infty}{\longrightarrow} \int_{-\infty}^{+\infty} f(x)\phi(x)\mathrm{d}x = (f(x), \phi(x)),$$

则称**函数列** $\{f_n(x)\}$ **弱收敛于** $f(x)$, 记为 $\lim\limits_{n\to+\infty} f_n(x) \overset{\mathrm{w}}{=} f(x)$ 或 $f_n(x) \rightharpoonup f(x)$, 而 $f(x)$ 称为**弱收敛的极限函数**.

容易验证

$$\lim_{\varepsilon\to0^+}\rho_\varepsilon(x)\overset{\mathrm{w}}{=}\delta(x),\quad \lim_{\varepsilon\to0^+}\frac{\varepsilon}{\pi(x^2+\varepsilon^2)}\overset{\mathrm{w}}{=}\delta(x),\quad \lim_{t\to0^+}\frac{1}{\sqrt{2\pi}t}\mathrm{e}^{-\frac{x^2}{2t^2}}\overset{\mathrm{w}}{=}\delta(x).\tag{7.4.25}$$

我们还可以把一维 $\delta(x)$ 函数的定义推广到 n 维 δ 函数上去. 以三维空间为例. 设 $M=M(x,y,z)$, $M_0=M_0(x_0,y_0,z_0)$. 如果 $\delta(M-M_0)$ 满足

$$\delta(M-M_0)=\begin{cases}+\infty, & M=M_0,\\ 0, & M\neq M_0\end{cases}$$

和

$$\iiint\limits_{\mathbb{R}^3}\delta(M-M_0)f(M)\mathrm{d}M=f(M_0),\quad \forall f(M)\in C(\mathbb{R}^3),$$

则称 $\delta(M-M_0)$ 为**三维 δ 函数**. 对于三维 δ 函数, 其性质同于一维情况, 但在应用上强调下列性质:

性质 7.4.12 三维 δ 函数可以表示成三个一维 δ 函数的乘积, 即

$$\delta(M-M_0)=\delta(x-x_0)\delta(y-y_0)\delta(z-z_0).$$

性质 7.4.13 设 Ω 是 $\mathbb{R}^3$ 中的区域, 函数 $f(M)$ 在 Ω 上连续, 则成立

$$\iiint\limits_{\Omega}\delta(M-M_0)f(M)\mathrm{d}M=\begin{cases}f(M_0), & 若\ M_0\in\overline{\Omega},\\ 0, & 若\ M_0\notin\overline{\Omega}.\end{cases}\tag{7.4.26}$$

性质 7.4.14 $\delta(M-M_0)$ 函数是偶函数, 即 $\delta(M-M_0)=\delta(M_0-M)$.

例 7.4.2 求下列定解问题的解:

$$\begin{cases}u_t=a^2u_{xx}, & 0<x<2L,\ t>0,\\ u(x,0)=\delta(x-L), & 0\leqslant x\leqslant 2L,\\ u_x(0,t)=u_x(2L,t)=0, & t\geqslant 0.\end{cases}$$

解 利用分离变量法, 可知问题的特征值为 $\left(\dfrac{n\pi}{2L}\right)^2$, 对应的特征函数为 $\cos\dfrac{n\pi x}{2L}$ $(n=0,1,2,\cdots)$. 因此可设满足方程和边界条件的级数形式解为

$$u(x,t)=\frac{a_0}{2}+\sum_{n=1}^{\infty}a_n\exp\left(-\frac{n^2\pi^2a^2}{4L^2}t\right)\cos\frac{n\pi x}{2L}.$$

由初始条件得

$$\delta(x-L)=u(x,0)=\frac{a_0}{2}+\sum_{n=1}^{\infty}a_n\cos\frac{n\pi x}{2L}.$$

利用三角函数系 $\left\{\cos\frac{n\pi x}{2L}\right\}$ 的正交性, 可得

$$a_n=\frac{1}{L}\int_0^{2L}\delta(x-L)\cos\frac{n\pi x}{2L}\mathrm{d}x=\frac{1}{L}\cos\frac{n\pi}{2},\quad n=0,1,2,\cdots.$$

所以原问题的形式解为

$$u(x,t)=\frac{1}{2L}+\sum_{k=1}^{\infty}(-1)^k\frac{1}{L}\exp\left(-\frac{k^2\pi^2a^2}{L^2}t\right)\cos\frac{k\pi x}{L}.$$

7.4.2　基本解

我们知道, 函数

$$u=-\frac{1}{2\pi}\ln\frac{1}{\sqrt{x^2+y^2}}$$

满足方程

$$\Delta u=u_{xx}+u_{yy}=\delta(x,y),$$

而函数

$$u=-\frac{1}{4\pi\sqrt{x^2+y^2+z^2}}$$

满足方程

$$\Delta u=u_{xx}+u_{yy}+u_{zz}=\delta(x,y,z).$$

它们分别称为二维和三维拉普拉斯方程的基本解. 在这一节里, 我们借助 δ 函数, 把基本解的概念推广到更广泛的一类偏微分方程.

定义 7.4.1　设 L 是关于自变量 x,y,z 的常系数偏微分算子, 称方程

$$Lu=\delta(M) \tag{7.4.27}$$

的解 $U(M)$ 为方程

$$Lu=0 \tag{7.4.28}$$

的**基本解**, 这里点 $M=M(x,y,z)$.

由叠加原理, 我们得, 如果 U 是方程 (7.4.28) 的基本解, u 是 (7.4.28) 的任一解, 则 $U+u$ 仍是方程 (7.4.28) 的基本解, 因此基本解不是唯一的.

定理 7.4.1 设 $U(M)$ 是 $Lu=0$ 的基本解, $f(M)$ 连续, 则卷积函数

$$U(M)*f(M)=\iiint\limits_{\mathbb{R}^3}U(M-M_0)f(M_0)\mathrm{d}M_0 \tag{7.4.29}$$

是非齐次方程

$$Lu=f(M) \tag{7.4.30}$$

的解, 这里 $M_0=M_0(x_0,y_0,z_0)$ 是空间 $\mathbb{R}^3$ 中的点坐标, $\mathrm{d}M_0$ 是体积元 $\mathrm{d}x_0\mathrm{d}y_0\mathrm{d}z_0$.

证 因为 $LU(M)=\delta(M)$, 所以

$$LU(M-M_0)=\delta(M-M_0).$$

交换微分和积分的次序, 得

$$\begin{aligned}L(U*f)&=\iiint\limits_{\mathbb{R}^3}LU(M-M_0)f(M_0)\mathrm{d}M_0\\&=\iiint\limits_{\mathbb{R}^3}\delta(M-M_0)f(M_0)\mathrm{d}M_0=f(M).\end{aligned}$$

定理证毕.

我们知道, 从物理的角度来看, 非齐次方程 (7.4.30) 的右端 $f(M)$ 是场源的强度 (可能相差一个常数因子), $\delta(M)$ 则表示点源. 所以本定理表明, 求得了点源产生的场, 就可以求得任何连续分布源的场. 所以, 基本解也称为点源函数.

下面介绍几类方程基本解的求法, 常用方法有乘子方法、格林公式方法、傅里叶变换和特征函数展开等方法.

例 7.4.3 求方程 $y'+ay=0$ 的基本解, 这里 $a>0$ 为常数.

解 将方程

$$y'+ay=\delta(x)$$

两边同乘以 e^{ax}, 并且注意到

$$\mathrm{e}^{ax}\delta(x)=\delta(x),$$

我们得到

$$\frac{\mathrm{d}}{\mathrm{d}x}(\mathrm{e}^{ax}y)=\delta(x).$$

由性质 7.4.6, 得 $H'(x)=\delta(x)$. 故所求的基本解为

$$Y_0(x) = \mathrm{e}^{-ax}H(x).$$

有了基本解, 利用定理 7.4.1, 即可得非齐次方程

$$y' + ay = f(x)$$

的一个特解为

$$y(x) = Y_0(x) * f(x) = \int_{-\infty}^{+\infty} \mathrm{e}^{-a\xi}H(\xi)f(x-\xi)\mathrm{d}\xi = \int_{0}^{+\infty} \mathrm{e}^{-a\xi}f(x-\xi)\mathrm{d}\xi.$$

例 7.4.4　用傅里叶变换求三维拉普拉斯方程的基本解.

解　记

$$U(\alpha_1,\alpha_2,\alpha_3) = \mathcal{F}[u] = \iiint\limits_{\mathbb{R}^3} u(x,y,z)\mathrm{e}^{-\mathrm{i}(\alpha_1 x+\alpha_2 y+\alpha_3 z)}\mathrm{d}x\mathrm{d}y\mathrm{d}z.$$

对方程

$$\Delta u = u_{xx} + u_{yy} + u_{zz} = \delta(x,y,z)$$

两边作傅里叶变换, 得

$$U(\alpha_1,\alpha_2,\alpha_3) = -\frac{1}{\rho^2}, \quad \rho = \sqrt{\alpha_1^2+\alpha_2^2+\alpha_3^2}.$$

因此有

$$u(x,y,z) = \mathcal{F}^{-1}[U(\alpha_1,\alpha_2,\alpha_3)] = -\frac{1}{(2\pi)^3}\iiint\limits_{\mathbb{R}^3} \frac{1}{\rho^2}\mathrm{e}^{\mathrm{i}(\alpha_1 x+\alpha_2 y+\alpha_3 z)}\mathrm{d}\alpha_1\mathrm{d}\alpha_2\mathrm{d}\alpha_3.$$

由对称性, 不妨把 α_3 轴的方向取为向径 $\boldsymbol{r}=(x,y,z)$ 的方向, 记向量 $\boldsymbol{\rho}=(\alpha_1,\alpha_2,\alpha_3)$. 作球坐标变换

$$\alpha_1 = \rho\sin\theta\cos\phi, \quad \alpha_2 = \rho\sin\theta\sin\phi, \quad \alpha_3 = \rho\cos\theta.$$

因为

$$\alpha_1 x + \alpha_2 y + \alpha_3 z = \boldsymbol{\rho}\cdot\boldsymbol{r} = \rho r\cos\theta,$$

所以

$$\begin{aligned} u(x,y,z) &= -\frac{1}{(2\pi)^3}\int_0^{+\infty}\int_0^{\pi}\int_0^{2\pi} \exp(\mathrm{i}\rho r\cos\theta)\sin\theta\mathrm{d}\rho\mathrm{d}\theta\mathrm{d}\phi \\ &= \frac{1}{(2\pi)^2}\int_0^{+\infty} \frac{\exp(\mathrm{i}\rho r\cos\theta)}{\mathrm{i}\rho r}\Big|_0^{\pi}\mathrm{d}\rho = -\frac{1}{2\pi^2 r}\int_0^{+\infty}\frac{\sin\rho r}{\rho}\mathrm{d}\rho \end{aligned}$$

$$= -\frac{1}{4\pi r} = -\frac{1}{4\pi}\frac{1}{\sqrt{x^2+y^2+z^2}}.$$

例 7.4.5 用格林公式求二维拉普拉斯方程的基本解, 即求 u 使其满足方程

$$\Delta u = u_{xx} + u_{yy} = \delta(x,y). \tag{7.4.31}$$

解 我们寻求关于原点径向对称的基本解. 在极坐标系下可设基本解为 $u = u(r), r = \sqrt{x^2+y^2}$, 它满足方程 (7.4.31), 即

$$\frac{1}{r}\frac{\mathrm{d}}{\mathrm{d}r}\left(r\frac{\mathrm{d}u}{\mathrm{d}r}\right) = \delta(r),$$

其通解为

$$u(r) = C\ln r + C_1, \quad r > 0.$$

因为常数 C_1 在 $\mathbb{R}^2$ 上处处满足二维拉普拉斯方程, 所以考虑 $u(r) = C\ln r$ 形式的基本解.

对于任意一个无穷次连续可微, 并在某个有界区域外恒为零的函数 $\phi(x,y)$, 可取一闭曲线 Γ, 使得在 Γ 附近以及 Γ 外, $\phi(x,y)=0$. 记 D 为 Γ 所围成的区域, D_ε 是一个在 D 内的, 以原点为中心, ε 为半径的圆域, C_ε 是它的圆周, 见图 7.7.

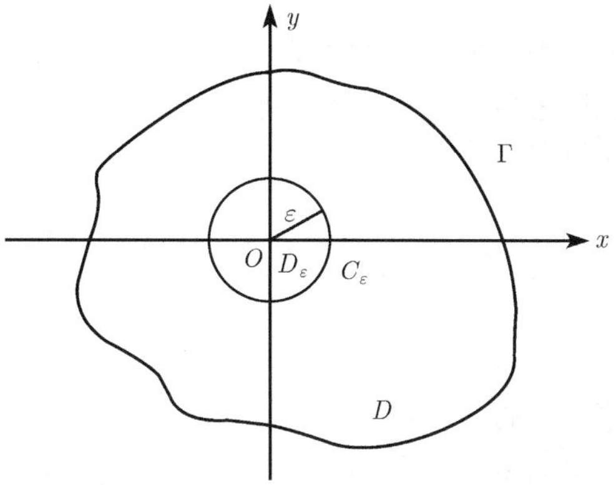

图 7.7

在 $D \setminus \overline{D_\varepsilon}$ 上应用格林公式, 得

$$\begin{aligned}\phi(0,0) &= (\delta,\phi) = (\Delta u,\phi) = (u,\Delta\phi)\\ &= \iint\limits_{D} u\Delta\phi\mathrm{d}x\mathrm{d}y = \lim_{\varepsilon\to 0}\iint\limits_{D-\bar{D}_\varepsilon} u\Delta\phi\mathrm{d}x\mathrm{d}y\\ &= \lim_{\varepsilon\to 0}\iint\limits_{D\setminus\bar{D}_\varepsilon}(u\Delta\phi - \phi\Delta u)\mathrm{d}x\mathrm{d}y = \lim_{\varepsilon\to 0}\int_{\Gamma\cup C_\varepsilon}\left(u\frac{\partial\phi}{\partial n} - \phi\frac{\partial u}{\partial n}\right)\mathrm{d}s\end{aligned}$$

$$
\begin{aligned}
&= \lim_{\varepsilon\to 0}\int_{C_\varepsilon}\left(u\frac{\partial\phi}{\partial n}-\phi\frac{\partial u}{\partial n}\right)\mathrm{d}s = \lim_{\varepsilon\to 0}\int_{C_\varepsilon}\left(-C\ln r\frac{\partial\phi}{\partial r}+C\phi\frac{1}{r}\right)\mathrm{d}s\\
&= \lim_{\varepsilon\to 0}2\pi\varepsilon\left(-C\ln\varepsilon\frac{\partial\phi}{\partial r}+C\phi\frac{1}{\varepsilon}\right) = 2\pi C\phi(0,0).
\end{aligned}
$$

因而 $C=\dfrac{1}{2\pi}$, 故所求的基本解为

$$
u(r)=\frac{1}{2\pi}\ln r=-\frac{1}{2\pi}\ln\frac{1}{r},\quad r=\sqrt{x^2+y^2}.
$$

用类似的方法可求得三维拉普拉斯方程的基本解为

$$
u(r)=-\frac{1}{4\pi r},\quad r=\sqrt{x^2+y^2+z^2}.
$$

下面借助于 δ 函数, 重新考虑 7.2 节中格林函数的概念. 为了不引起混淆, 记 $M=M(x,y,z), M_0=M_0(\xi,\eta,\zeta)$. 那么容易验证由式 (7.2.5) 所定义的格林函数 $G=G(M,M_0)$ 满足

$$
\begin{cases}
\Delta G(M,M_0)=G_{xx}+G_{yy}+G_{zz}=-\delta(M-M_0), & M\in\Omega,\\
G(M,M_0)=0, & M\in\partial\Omega,
\end{cases}
\tag{7.4.32}
$$

其中 Ω 是 $\mathbb{R}^3$ 中的区域, 边界 $\partial\Omega$ 光滑或者分片光滑, $\delta(M-M_0)=\delta(x-\xi,y-\eta,z-\zeta)$.

定义 7.4.2　如果函数 $G=G(M,M_0)$ 是定解问题 (7.4.32) 的解, 则称 G 为区域 Ω 上三维泊松方程的第一边值问题

$$
\begin{cases}
\Delta u=u_{xx}+u_{yy}+u_{zz}=-F(x,y,z), & (x,y,z)\in\Omega,\\
u(x,y,z)=f(x,y,z), & (x,y,z)\in\partial\Omega
\end{cases}
\tag{7.4.33}
$$

的**格林函数**.

利用上述定义, 我们可以证明:

定理 7.4.2　格林函数 G 是对称函数, 即对任意两点 $M_1=M_1(\xi_1,\eta_1,\zeta_1)$, $M_2=M_2(\xi_2,\eta_2,\zeta_2)$, 有 $G(M_1,M_2)=G(M_2,M_1)$.

证　记动点 $M=M(x,y,z)$, 则

$$
\begin{cases}
\Delta G(M,M_1)=-\delta(M-M_1), & M\in\Omega,\\
G(M,M_1)=0, & M\in\partial\Omega.
\end{cases}
$$

把 M_1 换成 M_2, 得

$$
\begin{cases}
\Delta G(M,M_2)=-\delta(M-M_2), & M\in\Omega,\\
G(M,M_2)=0, & M\in\partial\Omega.
\end{cases}
$$

所以, 由第二格林公式, 得

$$\iiint\limits_{\Omega} [G(M, M_1)\Delta G(M, M_2) - G(M, M_2)\Delta G(M, M_1)]\,\mathrm{d}M$$

$$= \iint\limits_{\partial\Omega} \left[G(M, M_1)\frac{\partial G(M, M_2)}{\partial n} - G(M, M_2)\frac{\partial G(M, M_2)}{\partial n}\right]\mathrm{d}S = 0,$$

所以

$$\iiint\limits_{\Omega} G(M, M_1)\delta(M - M_2)\mathrm{d}M = \iiint\limits_{\Omega} G(M, M_2)\delta(M - M_1)\mathrm{d}M.$$

由 δ 函数的性质, 得 $G(M_1, M_2) = G(M_2, M_1)$. 证毕.

定理 7.4.3 设 $f(M), F(M)$ 是 Ω 上的连续函数, $G = G(M, M_0)$ 是边值问题 (7.4.33) 的格林函数, 则 (7.4.33) 的解可表示为

$$u(M) = -\iint\limits_{\partial\Omega} f(M_0)\frac{\partial G}{\partial n}\mathrm{d}S + \iiint\limits_{\Omega} G(M, M_0)F(M_0)\mathrm{d}M_0, \tag{7.4.34}$$

其中 $M_0 = M_0(\xi, \eta, \zeta) \in \overline{\Omega}, \mathrm{d}M_0 = \mathrm{d}\xi\mathrm{d}\eta\mathrm{d}\zeta$.

证 先求边值问题

$$\begin{cases} \Delta u = u_{xx} + u_{yy} + u_{zz} = 0, & M(x, y, z) \in \Omega, \\ u(x, y, z) = f(x, y, z), & M(x, y, z) \in \partial\Omega \end{cases} \tag{7.4.35}$$

的解, 由假设和第二格林公式, 得

$$u(M) = \iiint\limits_{\Omega} \delta(M - M_0)u(M_0)\mathrm{d}M_0 = -\iiint\limits_{\Omega} u(M_0)\Delta G(M, M_0)\mathrm{d}M_0$$

$$= -\iint\limits_{\partial\Omega} \left[u\frac{\partial G}{\partial n} - G\frac{\partial u}{\partial n}\right]\mathrm{d}S - \iiint\limits_{\Omega} G\Delta u\mathrm{d}M_0.$$

因为在 Ω 内, $\Delta u = 0$; 在 $\partial\Omega$ 上, $u = f(M_0), G = 0$, 所以

$$u(M) = -\iint\limits_{\partial\Omega} f(M_0)\frac{\partial G}{\partial n}\mathrm{d}S.$$

记

$$w(M) = \iiint\limits_{\Omega} G(M, M_0)F(M_0)\mathrm{d}M_0,$$

则

$$
\begin{aligned}
\Delta w &= \iiint\limits_{\Omega} \Delta G(M, M_0) F(M_0) \mathrm{d}M_0 \\
&= -\iiint\limits_{\Omega} \delta(M - M_0) F(M_0) \mathrm{d}M_0 = -F(M),
\end{aligned}
$$

以及

$$
w(M)\Big|_{\partial\Omega} = \iiint\limits_{\Omega} G(M, M_0)\Big|_{\partial\Omega} F(M_0) \mathrm{d}M_0 = 0.
$$

再由叠加原理, 得表达式 (7.4.34) 是边值问题 (7.4.33) 的解. 定理证毕.

由定理 7.4.3 可知, 如果能够求得格林函数 $G(M, M_0)$, 那么三维拉普拉斯方程的第一边值问题 (7.4.33) 的解就可以用积分 (7.4.34) 表示出来了. 因此如何求得格林函数就显得很重要了. 通常把格林函数 $G(M, M_0)$ 分解为

$$
G(M, M_0) = v(M, M_0) + w(M, M_0), \tag{7.4.36}
$$

其中 $w(M, M_0)$ 满足

$$
\Delta w(M, M_0) = -\delta(M - M_0), \quad M \in \Omega, \tag{7.4.37}
$$

而 $v(M, M_0)$ 满足

$$
\begin{cases}
\Delta v(M, M_0) = 0, & M \in \Omega, \\
v(M, M_0) = -w(M, M_0), & M \in \partial\Omega.
\end{cases} \tag{7.4.38}
$$

在 7.2 节中, 我们取 $w(M, M_0) = \dfrac{1}{4\pi r_{MM_0}}$, 从而对一些特殊区域 (球, 半球, 上半空间等), 求得了 $w(M, M_0)$ 和格林函数 $G(M, M_0)$.

注 7.4.1 严格地讲, 在定理 7.4.2 和定理 7.4.3 的证明中, 不能直接利用第二格林公式, 而应该在 Ω 内部挖去两个分别以 M_1 及 M_2 为中心, ε 为半径的小球 B_1, B_2, 然后在区域 $\Omega \setminus (B_1 \cup B_2)$ 上利用第二格林公式, 再令 $\varepsilon \to 0$ 取极限.

类似地, 可以定义二维拉普拉斯方程的第一边值问题的格林函数和建立解的积分表达式, 有关结果叙述如下.

定义 7.4.3 如果函数 $G = G(M, M_0)$ 是定解问题

$$
\begin{cases}
\Delta G(M, M_0) = G_{xx} + G_{yy} = -\delta(M - M_0), & M \in \mathcal{D}, \\
G(M, M_0) = 0, & M \in \Gamma = \partial\mathcal{D}
\end{cases} \tag{7.4.39}
$$

的解, 则称 $G(M, M_0)$ 为二维泊松方程的第一边值问题

$$\begin{cases} \Delta u = u_{xx} + u_{yy} = -F(x,y), & (x,y) \in \mathcal{D}, \\ u(x,y) = f(x,y), & (x,y) \in \Gamma = \partial\mathcal{D} \end{cases} \tag{7.4.40}$$

的格林函数, 这里 $\mathcal{D}$ 是 Oxy 平面上的区域, 点 $M = M(x,y)$, $M_0 = M_0(\xi,\eta) \in \mathcal{D}$, $\delta(M - M_0) = \delta(x-\xi, y-\eta)$.

定理 7.4.4 设 $f(M), F(M)$ 是 $\mathcal{D}$ 上的连续函数, $G = G(M, M_0)$ 是边值问题 (7.4.40) 的格林函数, 则定解问题 (7.4.40) 的解可表达为

$$u(M) = -\int_\Gamma f(M_0)\frac{\partial G}{\partial n}\mathrm{d}s + \iint\limits_{\mathcal{D}} G(M, M_0)F(M_0)\mathrm{d}M_0, \tag{7.4.41}$$

其中 $M_0 = M_0(\xi,\eta) \in \overline{\mathcal{D}}, \mathrm{d}M_0 = \mathrm{d}\xi\mathrm{d}\eta$, $\mathrm{d}s$ 是弧微分.

下面用特征函数展开的方法求问题 (7.4.40) 的格林函数. 考虑特征值问题

$$\begin{cases} \Delta\phi + \lambda\phi = 0, & (x,y) \in \mathcal{D}, \\ \phi(x,y) = 0, & (x,y) \in \Gamma = \partial\mathcal{D}. \end{cases} \tag{7.4.42}$$

设定解问题 (7.4.42) 存在无穷多个特征值 λ_{mn} 和对应的正交特征函数列 $\phi_{mn}(x,y)$, $m,n = 1,2,\cdots$. 我们把格林函数 $G = G(M,M_0) = G(x,y,\xi,\eta)$ 按 $\{\phi_{mn}(x,y)\}$ 展开, 得

$$G(x,y,\xi,\eta) = \sum_{m=1}^{\infty}\sum_{n=1}^{\infty} a_{mn}(\xi,\eta)\phi_{mn}(x,y). \tag{7.4.43}$$

把式 (7.4.43) 代入到式 (7.4.39) 中的方程, 并且注意到

$$\Delta\phi_{mn} + \lambda_{mn}\phi_{mn} = 0, \quad (x,y) \in \mathcal{D}, \tag{7.4.44}$$

那么

$$\begin{aligned} -\delta(x-\xi, y-\eta) = \Delta G &= \sum_{m=1}^{\infty}\sum_{n=1}^{\infty} a_{mn}(\xi,\eta)\Delta\phi_{mn}(x,y) \\ &= -\sum_{m=1}^{\infty}\sum_{n=1}^{\infty} a_{mn}(\xi,\eta)\lambda_{mn}\phi_{mn}(x,y). \end{aligned} \tag{7.4.45}$$

方程 (7.4.45) 两边同乘以 $\phi_{kl}(x,y)$ 和在 $\mathcal{D}$ 上积分, 并且利用正交性, 得

$$a_{kl}(\xi,\eta)\lambda_{kl}\|\phi_{kl}\|_2^2 = \iint\limits_{\mathcal{D}} \delta(x-\xi, y-\eta)\phi_{kl}(x,y)\mathrm{d}x\mathrm{d}y = \phi_{kl}(\xi,\eta).$$

所以

$$a_{kl}(\xi,\eta)=\frac{\phi_{kl}(\xi,\eta)}{\lambda_{kl}\|\phi_{kl}\|_2^2},\quad k,l=1,2,\cdots,\tag{7.4.46}$$

其中

$$\|\phi_{kl}\|_2^2=\iint\limits_{\mathcal{D}}\phi_{kl}^2(x,y)\mathrm{d}x\mathrm{d}y.\tag{7.4.47}$$

例 7.4.6　求矩形区域 $\mathcal{D}=\{(x,y)|0\leqslant x\leqslant a,\ 0\leqslant y\leqslant b\}$ 上的二维拉普拉斯方程的第一边值问题的格林函数.

解　我们解特征值问题

$$\begin{cases}\Delta u+\lambda u=0, & 0<x<a,\ 0<y<b,\\ u(0,y)=u(a,y)=0, & 0\leqslant y\leqslant b,\\ u(x,0)=u(x,b)=0, & 0\leqslant x\leqslant a.\end{cases}$$

由例 4.2.3 可知, 该问题的特征值为

$$\lambda_{mn}=\frac{m^2\pi^2}{a^2}+\frac{n^2\pi^2}{b^2},\quad m,n=1,2,\cdots.$$

对应的特征函数为

$$\phi_{mn}(x,y)=\sin\frac{m\pi x}{a}\sin\frac{n\pi y}{b},$$

那么

$$\|\phi_{mn}\|_2^2=\int_0^a\int_0^b\sin^2\frac{m\pi x}{a}\sin^2\frac{n\pi y}{b}\mathrm{d}x\mathrm{d}y=\frac{ab}{4}.$$

所以, 要求的格林函数为

$$G(x,y,\xi,\eta)=\frac{4ab}{\pi^2}\sum_{m=1}^{\infty}\sum_{n=1}^{\infty}\frac{1}{m^2b^2+n^2a^2}\sin\frac{m\pi x}{a}\sin\frac{n\pi y}{b}\sin\frac{m\pi\xi}{a}\sin\frac{n\pi\eta}{b}.$$

7.5　热传导方程和波动方程的基本解和格林函数方法

这一节我们介绍热传导方程和波动方程的基本解以及格林函数.

7.5.1　热传导方程的基本解和格林函数方法

定义 7.5.1　设 L 是关于变量 x 的常系数线性微分算子, 称初值问题

$$\begin{cases}U_t=LU, & -\infty<x<+\infty,\ t>0,\\ U(x,0)=\delta(x), & -\infty<x<+\infty\end{cases}\tag{7.5.1}$$

的解 $U(x,t)$ 为初值问题

$$\begin{cases} u_t = Lu + f(x,t), & -\infty < x < +\infty,\ t > 0, \\ u(x,0) = \phi(x), & -\infty < x < +\infty \end{cases} \tag{7.5.2}$$

的基本解. 类似地可以定义多维热传导方程的基本解.

定理 7.5.1 设函数 $\phi(x), f(x,t)$ 连续, $U(x,t)$ 是 (7.5.2) 的基本解, 则

$$u(x,t) = U(x,t) * \phi(x) + \int_0^t U(x,t-\tau) * f(x,\tau)\mathrm{d}\tau \tag{7.5.3}$$

是初值问题 (7.5.2) 的解.

证 设 $u_1 = U(x,t) * \phi(x), u_2 = \displaystyle\int_0^t U(x,t-\tau) * f(x,\tau)\mathrm{d}\tau$. 直接验证, 得

$$\begin{aligned} \frac{\partial u_1}{\partial t} &= \frac{\partial}{\partial t}\int_{-\infty}^{+\infty} U(x-\xi,t)\phi(\xi)\mathrm{d}\xi \\ &= \int_{-\infty}^{+\infty} U_t(x-\xi,t)\phi(\xi)\mathrm{d}\xi = \int_{-\infty}^{+\infty} LU(x-\xi,t)\phi(\xi)\mathrm{d}\xi \\ &= L\left(\int_{-\infty}^{+\infty} U(x-\xi,t)\phi(\xi)\mathrm{d}\xi\right) = Lu_1, \\ u_1|_{t=0} &= U(x,t)\Big|_{t=0} * \phi(x) = \delta(x) * \phi(x) = \phi(x) \end{aligned}$$

以及

$$\begin{aligned} \frac{\partial u_2}{\partial t} &= \frac{\partial}{\partial t}\int_0^t\int_{-\infty}^{+\infty} U(x-\xi,t-\tau)f(\xi,\tau)\mathrm{d}\xi\mathrm{d}\tau \\ &= \int_0^t\int_{-\infty}^{+\infty} U_t(x-\xi,t-\tau)f(\xi,\tau)\mathrm{d}\xi\mathrm{d}\tau + \int_{-\infty}^{+\infty} U(x-\xi,0)f(\xi,t)\mathrm{d}\xi \\ &= \int_0^t\int_{-\infty}^{+\infty} LU(x-\xi,t-\tau)f(\xi,\tau)\mathrm{d}\xi\mathrm{d}\tau + \int_{-\infty}^{+\infty} \delta(x-\xi)f(\xi,t)\mathrm{d}\xi \\ &= L\left(\int_0^t\int_{-\infty}^{+\infty} U(x-\xi,t-\tau)f(\xi,\tau)\mathrm{d}\xi\mathrm{d}\tau\right) + f(x,t) = Lu_2 + f(x,t) \end{aligned}$$

和 $u_2(x,0) = 0$. 所以由叠加原理知, $u = u_1 + u_2$ 是初值问题 (7.5.2) 的解. 定理证毕.

例 7.5.1 求下列三维热传导方程初值问题:

$$\begin{cases} U_t = a^2\Delta U, & (x,y,z) \in \mathbb{R}^3,\ t > 0, \\ U(x,y,z,0) = \delta(x,y,z), & (x,y,z) \in \mathbb{R}^3 \end{cases} \tag{7.5.4}$$

的基本解.

解 我们用 $\overline{U}(\alpha_1,\alpha_2,\alpha_2,t)$ 表示函数 $U(x,y,z,t)$ 关于空间变量 x,y,z 的傅里叶变换. 对上述方程和初始条件作傅里叶变换, 得

$$\begin{cases} \overline{U}_t + a^2(\alpha_1^2+\alpha_2^2+\alpha_3^2)\overline{U} = 0, & t>0, \\ \overline{U}(\alpha_1,\alpha_2,\alpha_2,0) = 1, \end{cases}$$

容易求得这个常微分方程初值问题的解为

$$\overline{U}(\alpha_1,\alpha_2,\alpha_2,t) = \exp\left[-a^2(\alpha_1^2+\alpha_2^2+\alpha_3^2)t\right].$$

再作傅里叶逆变换, 即得所求的解为

$$\begin{aligned} U(x,y,z,t) &= \mathscr{F}^{-1}[\overline{U}(\alpha_1,\alpha_2,\alpha_2,t)] \\ &= \frac{1}{8\pi^3}\iiint\limits_{\mathbb{R}^3} \bar{U}(\alpha_1,\alpha_2,\alpha_2,t)\exp\left[\mathrm{i}(\alpha_1 x+\alpha_2 y+\alpha_3 z)\right]\mathrm{d}\alpha_1\mathrm{d}\alpha_2\mathrm{d}\alpha_3 \\ &= \frac{1}{8\pi^3}\int_{-\infty}^{+\infty} \mathrm{e}^{-a^2\alpha_1^2 t+\mathrm{i}\alpha_1 x}\mathrm{d}\alpha_1 \int_{-\infty}^{+\infty} \mathrm{e}^{-a^2\alpha_2^2 t+\mathrm{i}\alpha_2 y}\mathrm{d}\alpha_2 \int_{-\infty}^{+\infty} \mathrm{e}^{-a^2\alpha_3^2 t+\mathrm{i}\alpha_3 z}\mathrm{d}\alpha_3. \end{aligned}$$

由式 (5.2.5)

$$\mathscr{F}^{-1}[\mathrm{e}^{-a^2\alpha^2 t}] = \frac{1}{2\pi}\int_{-\infty}^{+\infty} \mathrm{e}^{-a^2\alpha^2 t+\mathrm{i}\alpha\xi}\mathrm{d}\alpha = \frac{1}{2a\sqrt{\pi t}}\exp\left(-\frac{\xi^2}{4a^2 t}\right)$$

得式 (7.5.4) 的解为

$$U(x,y,z,t) = \frac{1}{(2a\sqrt{\pi t})^3}\exp\left(-\frac{x^2+y^2+z^2}{4a^2 t}\right), \quad (x,y,z)\in\mathbb{R}^3, \ t>0. \tag{7.5.5}$$

它是三维热传导方程的基本解. 类似地可以得到 n 维热传导方程的基本解为

$$U(\boldsymbol{x},t) = \frac{1}{(2a\sqrt{\pi t})^n}\exp\left(-\frac{|\boldsymbol{x}|^2}{4a^2 t}\right), \quad \boldsymbol{x} = (x_1,x_2,\cdots,x_n)\in\mathbb{R}^n, \ t>0. \tag{7.5.6}$$

进一步地, 同定理 7.5.1 的证明相类似, 可以得到三维热传导方程初值问题

$$\begin{cases} u_t = a^2\Delta u + f(x,y,z,t), & (x,y,z)\in\mathbb{R}^3, \ t>0, \\ u(x,y,z,0) = \phi(x,y,z), & (x,y,z)\in\mathbb{R}^3 \end{cases} \tag{7.5.7}$$

解的表达式为

$$\begin{aligned} u(x,y,z,t) &= U(x,y,z,t)*\phi(x,y,z) + \int_0^t U(x,y,z,t-\tau)*f(x,y,z,\tau)\mathrm{d}\tau \\ &= \frac{1}{(2a\sqrt{\pi t})^3}\iiint\limits_{\mathbb{R}^3} \phi(\xi,\eta,\zeta)\exp\left(-\frac{\rho^2}{4a^2 t}\right)\mathrm{d}\xi\mathrm{d}\eta\mathrm{d}\zeta \\ &\quad + \frac{1}{(2a\sqrt{\pi})^3}\int_0^t \iiint\limits_{\mathbb{R}^3} \frac{f(\xi,\eta,\zeta,\tau)}{(t-\tau)^{3/2}}\exp\left(-\frac{\rho^2}{4a^2(t-\tau)}\right)\mathrm{d}\xi\mathrm{d}\eta\mathrm{d}\zeta\mathrm{d}\tau, \end{aligned} \tag{7.5.8}$$

其中 $\rho=\sqrt{(x-\xi)^2+(y-\eta)^2+(z-\zeta)^2}$.

下面讨论热传导方程的格林函数. 为了方便起见, 只给出一维热传导方程初值问题和第一类初边值问题的格林函数的定义. 其它初边值问题格林函数的定义可以类似地给出.

定义 7.5.2 如果函数 $G=G(x,t;\xi,\tau)$ 是初值问题

$$\begin{cases} G_t-a^2G_{xx}=\delta(x-\xi)\delta(t-\tau), & -\infty<x,\ \xi<+\infty,\ t,\tau>0, \\ G(x,t;\xi,\tau)|_{t=0}=0 \end{cases} \tag{7.5.9}$$

的解, 则称 G 是初值问题

$$\begin{cases} u_t-a^2u_{xx}=f(x,t), & -\infty<x<+\infty,\ t>0, \\ u(x,0)=0, & -\infty<x<+\infty \end{cases} \tag{7.5.10}$$

的格林函数.

利用傅里叶变换, 容易求得

$$G(x,t;\xi,\tau)=\begin{cases} \dfrac{1}{2a\sqrt{\pi(t-\tau)}}\exp\left[-\dfrac{(x-\xi)^2}{4a^2(t-\tau)}\right], & t>\tau, \\ 0, & t<\tau, \end{cases} \tag{7.5.11}$$

这样初值问题 (7.5.10) 的解就可以用格林函数 G 表示为

$$u(x,t)=\int_0^t\int_{-\infty}^{+\infty}f(\xi,\tau)G(x,t;\xi,\tau)\mathrm{d}\xi\mathrm{d}\tau. \tag{7.5.12}$$

对于热传导方程的初边值问题也可以定义格林函数.

定义 7.5.3 如果函数 $G=G(x,t;\xi,\tau)$ 是初边值问题

$$\begin{cases} G_t-a^2G_{xx}=\delta(x-\xi)\delta(t-\tau), & 0<x,\xi<l,\ t,\tau>0, \\ G|_{x=0}=G|_{x=l}=0, & 0\leqslant\xi\leqslant l,t,\tau\geqslant 0, \\ G|_{t=0}=0, & 0\leqslant x,\xi\leqslant l,\tau\geqslant 0 \end{cases} \tag{7.5.13}$$

的解, 则称 G 是初边值问题

$$\begin{cases} u_t-a^2u_{xx}=f(x,t), & 0<x<l,\ t>0, \\ u(0,t)=u(l,t)=0, & t\geqslant 0, \\ u(x,0)=0, & 0\leqslant x\leqslant l \end{cases} \tag{7.5.14}$$

的格林函数.

利用特征函数展开法, 可得 (7.5.13) 的解为

$$G(x,t;\xi,\tau)=\frac{2}{l}\sum_{n=1}^{\infty}\exp\left[-\left(\frac{n\pi a}{l}\right)^2(t-\tau)\right]\sin\frac{n\pi\xi}{l}\sin\frac{n\pi x}{l}, \tag{7.5.15}$$

其中 $\tau\in[0,t]$, $x,\xi\in[0,l]$, 以及当 $t\leqslant\tau$ 时, $G(x,t;\xi,\tau)=0$. 这样容易证明 (7.5.14) 的解可以表示为

$$u(x,t)=\int_0^t\int_0^l f(\xi,\tau)G(x,t;\xi,\tau)\mathrm{d}\xi\mathrm{d}\tau. \tag{7.5.16}$$

7.5.2 波动方程的基本解和格林函数方法

定义 7.5.4　设 L 是关于变量 x 的常系数线性微分算子, 称初值问题

$$\begin{cases} U_{tt}=LU, & -\infty<x<+\infty,\ t>0, \\ U(x,0)=0,\ U_t(x,0)=\delta(x), & -\infty<x<+\infty \end{cases} \tag{7.5.17}$$

的解 $U(x,t)$ 为一维波动方程的初值问题

$$\begin{cases} u_{tt}=Lu+f(x,t), & -\infty<x<+\infty,\ t>0, \\ u(x,0)=\phi(x),\ u_t(x,0)=\psi(x), & -\infty<x<+\infty \end{cases} \tag{7.5.18}$$

的基本解. 类似地可以定义 n 维波动方程的初值问题的基本解.

我们可以建立如下定理:

定理 7.5.2　若 $U(x,t)$ 是 (7.5.18) 的基本解, 则

$$u(x,t)=U(x,t)*\psi(x)+\frac{\partial}{\partial t}[U(x,t)*\phi(x)]+\int_0^t U(x,t-\tau)*f(x,\tau)\mathrm{d}\tau \tag{7.5.19}$$

是初值问题 (7.5.18) 的解.

定义 7.5.5　如果函数 $G=G(x,t;\xi,\tau)$ 是初值问题

$$\begin{cases} G_{tt}-a^2G_{xx}=\delta(x-\xi)\delta(t-\tau), & -\infty<x,\ \xi<+\infty,\ t,\tau>0, \\ G|_{t=0}=G_t|_{t=0}=0, & -\infty<x,\xi<+\infty,\tau\geqslant 0 \end{cases} \tag{7.5.20}$$

的解, 则称 G 是初值问题

$$\begin{cases} u_{tt}-a^2u_{xx}=f(x,t), & -\infty<x<+\infty,\ t>0, \\ u(x,0)=u_t(x,0)=0, & -\infty<x<+\infty \end{cases} \tag{7.5.21}$$

的格林函数.

利用傅里叶变换, 容易求得 (7.5.20) 的解为

$$G(x,t;\xi,\tau)=\begin{cases}\dfrac{1}{2a}, & x-a(t-\tau)<\xi<x+a(t-\tau),\\ 0, & \text{其它}.\end{cases} \tag{7.5.22}$$

这样初边值问题 (7.5.21) 的解就可以用格林函数 G 表示为

$$u(x,t)=\int_0^t\int_{-\infty}^{+\infty}f(\xi,\tau)G(x,t;\xi,\tau)\mathrm{d}\xi\mathrm{d}\tau=\frac{1}{2a}\int_0^t\int_{x-a(t-\tau)}^{x+a(t-\tau)}f(\xi,\tau)\mathrm{d}\xi\mathrm{d}\tau. \tag{7.5.23}$$

对于波动方程的初边值问题也可以定义格林函数.

定义 7.5.6　如果函数 $G=G(x,t;\xi,\tau)$ 满足

$$\begin{cases}G_{tt}-a^2G_{xx}=\delta(x-\xi)\delta(t-\tau), & 0<x,\xi<l,\ t,\tau>0,\\ G|_{x=0}=G|_{x=l}=0, & 0\leqslant\xi\leqslant l,t,\tau\geqslant 0,\\ G|_{t=0}=G_t|_{t=0}=0, & 0\leqslant x,\xi\leqslant l,\tau\geqslant 0,\end{cases} \tag{7.5.24}$$

则称 G 是波动方程的初边值问题

$$\begin{cases}u_{tt}-a^2u_{xx}=f(x,t), & 0<x<l,\ t>0,\\ u(0,t)=u(l,t)=0, & t\geqslant 0,\\ u(x,0)=u_t(x,0)=0, & 0\leqslant x\leqslant l\end{cases} \tag{7.5.25}$$

的格林函数.

利用特征函数展开法, 可得 (7.5.24) 的解为

$$G(x,t;\xi,\tau)=\frac{2}{\pi a}\sum_{n=1}^{\infty}\frac{1}{n}\sin\frac{n\pi\xi}{l}\sin\frac{n\pi a(t-\tau)}{l}\sin\frac{n\pi x}{l},\quad t>\tau \tag{7.5.26}$$

和 $G(x,t;\xi,\tau)=0,\ t\leqslant\tau$. 这样 (7.5.25) 的解可以表示为

$$u(x,t)=\int_0^t\int_0^l f(\xi,\tau)G(x,t;\xi,\tau)\mathrm{d}\xi\mathrm{d}\tau. \tag{7.5.27}$$

习　题　7

1. 证明下列函数都是调和函数:

(1) $ax+by+c$ (a,b,c 都是常数);

(2) x^2-y^2 和 $2xy$;

(3) x^3-3xy^2 和 $3x^2y-y^3$;

(4) $\sinh nx\sin ny, \sinh nx\cos ny, \cosh nx\cos ny, \cosh nx\sin ny$ (n 为常数).

2. 证明二维拉普拉斯方程在极坐标系下可以写成

$$\Delta u=\frac{\partial^2 u}{\partial r^2}+\frac{1}{r}\frac{\partial u}{\partial r}+\frac{1}{r^2}\frac{\partial^2 u}{\partial \theta^2}=0.$$

3. 证明三维拉普拉斯方程在球坐标系下可以写成

$$\Delta u=\frac{\partial^2 u}{\partial r^2}+\frac{2}{r}\frac{\partial u}{\partial r}+\frac{1}{r^2}\left(\frac{\partial^2 u}{\partial \theta^2}+\cot\theta\frac{\partial u}{\partial \theta}+\frac{1}{\sin^2\theta}\frac{\partial^2 u}{\partial \phi^2}\right)=0.$$

4. 证明三维拉普拉斯方程在柱坐标系下可以写成

$$\Delta u=\frac{\partial^2 u}{\partial r^2}+\frac{1}{r}\frac{\partial u}{\partial r}+\frac{1}{r^2}\frac{\partial^2 u}{\partial \theta^2}+\frac{\partial^2 u}{\partial z^2}=0.$$

5. 证明用极坐标表示的下列函数满足二维拉普拉斯方程.

(1) $r^n\cos n\theta$ 和 $r^n\sin n\theta$;

(2) $r\ln r\cos\theta-r\theta\sin\theta$ 和 $r\ln r\sin\theta+r\theta\cos\theta$.

6. 求下列问题的解:

$$\begin{cases}\Delta u=u_{xx}+u_{yy}+u_{zz}=0, & x^2+y^2+z^2<1,\\ u=2\cos 2\theta+1, & x^2+y^2+z^2=1,\end{cases}$$

其中 (r,θ,ϕ) 为球坐标.

7. 证明定理 7.1.6.

8. 证明定理 7.1.7.

9. 证明定理 7.1.8.

10. 设 $u\in C^2(\Omega)\cap C^1(\overline{\Omega})$. 证明: 如果对任意球面 $\partial B_a\subset\Omega$, 式 (7.1.5) 成立, 则 u 是 Ω 上的调和函数.

11. 利用定理 7.1.5. 证明: 如果 $u=u(x,y,z)$ 是 Ω 内的调和函数, 且不恒等于常数, 则它不能在 Ω 内达到其最大值或最小值.(调和函数极值原理)

12. 作出上半圆区域的格林函数.

13. 求区域 $x\geqslant 0,\ y\geqslant 0$ 上的格林函数, 并由此求解下列狄利克雷问题:

$$\begin{cases}\Delta u=u_{xx}+u_{yy}=0, & x>0,\ y>0,\\ u(0,y)=0, & y\geqslant 0,\\ u(x,0)=f(x), & x\geqslant 0,\end{cases}$$

其中 $f(x)$ 为已知连续函数, 且 $f(0)=0$.

14. 证明公式 (7.1.13) 中 M_0 在边界 $\partial\Omega$ 上和 M_0 在 Ω 外的两种情况.

15. 先求出单位圆外区域上的格林函数, 然后求狄利克雷外问题的解:

$$\begin{cases}\Delta u=u_{xx}+u_{yy}=0, & x^2+y^2>1,\\ u(x,y)=f(x,y), & x^2+y^2=1.\end{cases}$$

16. 对式 (7.2.9) 所定义的格林函数, 建立同性质 7.2.1~7.2.5 类似的性质.

17. 证明拉普拉斯方程的第二边值问题:

$$\begin{cases} u_{xx}+u_{yy}=0, & 0<x<a,\ 0<y<b, \\ u_x(0,y)=f_1(y),\ u_x(a,y)=f_2(y), & 0\leqslant y\leqslant b, \\ u_y(x,0)=g_1(x),\ u_y(x,b)=g_2(x), & 0\leqslant x\leqslant a \end{cases}$$

有解的必要条件是函数 $f_1(y),f_2(y),g_1(x),g_2(x)$ 满足相容性条件

$$\int_0^a [g_1(x)-g_2(x)]\mathrm{d}x+\int_0^b [f_1(y)-f_2(y)]\mathrm{d}y=0.$$

18. 利用 δ 函数性质证明:

(1) $\delta(x)\cos x+\delta(x)\sin x=\delta(x)$;

(2) $x\delta'(x)=-\delta(x)$;

(3) $\delta'(-x)=-\delta'(x)$;

(4) $\displaystyle\int_{-\infty}^{+\infty}\delta(x-\xi)\mathrm{e}^{-\mathrm{i}\lambda x}\mathrm{d}x=\mathrm{e}^{-\mathrm{i}\lambda\xi}$;

(5) $\displaystyle\int_{-\infty}^{+\infty}\frac{1}{2}[\delta(x-at)+\delta(x+at)]\mathrm{e}^{-\mathrm{i}\lambda x}\mathrm{d}x=\cos\lambda at$;

(6) $\displaystyle\int_{-\infty}^{+\infty}\frac{1}{2\mathrm{i}}[\delta(x+at)-\delta(x-at)]\mathrm{e}^{-\mathrm{i}\lambda x}\mathrm{d}x=\sin\lambda at$.

19. 利用格林公式求三维拉普拉斯方程的基本解.

20. 利用傅里叶变换求二维拉普拉斯方程的基本解.

21. 求下列定解问题的解:

(1) $\begin{cases} u_t=a^2u_{xx}, & 0<x<L,\ t>0, \\ u(0,t)=u(L,t)=0, & t\geqslant 0, \\ u(x,0)=\delta(x-\xi), & 0<x,\ \xi<L; \end{cases}$

(2) $\begin{cases} u_{tt}=a^2u_{xx}, & 0<x<L,\ t>0, \\ u_x(0,t)=u_x(L,t)=0, & t\geqslant 0, \\ u(x,0)=0,\ u_t(x,0)=\delta(x-\xi), & 0\leqslant x,\ \xi\leqslant L; \end{cases}$

(3) $\begin{cases} u_{xx}+u_{yy}=0, & 0<x<a,\ 0<y<b, \\ u(0,y)=u(a,y)=0, & 0\leqslant y\leqslant b, \\ u(x,0)=\delta(x-\xi),\ u(x,b)=0, & 0\leqslant x,\ \xi\leqslant a. \end{cases}$

22. 利用拉普拉斯方程的基本解, 求解下列方程的基本解:

(1) $\alpha^2u_{xx}+\beta^2u_{yy}=\delta(x,y)\quad (x>0,\ \alpha,\beta>0$为常数);

(2) $\Delta^2u=u_{xxxx}+2u_{xxyy}+u_{yyyy}=\delta(x,y)$.

23. 求初值问题

$$\begin{cases} u_t = a^2 u_{xx} + bu, & -\infty < x < +\infty,\ t > 0, \\ u(x,0) = 0, & -\infty < x < +\infty \end{cases}$$

的格林函数 (其中 b 是常数), 并且写出初值问题

$$\begin{cases} u_t = a^2 u_{xx} + bu + f(x,t), & -\infty < x < +\infty,\ t > 0, \\ u(x,0) = \phi(x), & -\infty < x < +\infty \end{cases}$$

解的表达式, 其中 $\phi(x)$ 适当光滑和 $f(x,t)$ 连续.

第 8 章　极值原理和应用

在前面几章里, 我们采用不同的方法, 讨论了各类定解问题解的存在性. 在这一章里, 我们将介绍热传导方程和拉普拉斯方程的极值原理, 并且利用极值原理来讨论定解的唯一性和对初始数据和边界条件的连续依赖性.

8.1　热传导方程的极值原理和应用

考虑一维热传导方程

$$u_t = c^2 u_{xx}, \quad 0 < x < L, 0 < t \leqslant T. \tag{8.1.1}$$

记 $Q = \{(x,t)|0 < x < L,\ 0 < t \leqslant T\}$, Q 的侧边与底边统称为 Q 的抛物边界, 记为 Γ. 易见, $\Gamma = S_1 \cup S_2 \cup S_3$ (图 8.1).

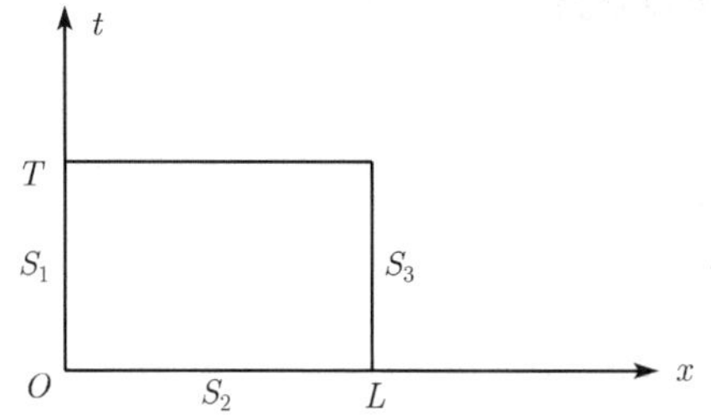

图 8.1

这里

$$S_1 = \{(0,t)|0 \leqslant t \leqslant T\}, \quad S_2 = \{(x,0)|0 \leqslant x \leqslant L\}, \quad S_3 = \{(L,t)|0 \leqslant t \leqslant T\}.$$

我们用 $C^{2,1}(Q)$ 表示在 Q 内对 x 二次连续可微, 对 t 一次连续可微的函数的集合, $C(\overline{Q})$ 表示在闭区域 $\overline{Q}$ 上连续函数的集合.

定理 8.1.1(极值原理)　假设函数 $u = u(x,t) \in C^{2,1}(Q) \cap C(\overline{Q})$ 且满足方程 (8.1.1), 那么 $u(x,t)$ 在 $\overline{Q}$ 上的最大值和最小值在边界 Γ 上可以达到, 即

$$\max_{\overline{Q}} u(x,t) = \max_{\Gamma} u(x,t), \quad \min_{\overline{Q}} u(x,t) = \min_{\Gamma} u(x,t). \tag{8.1.2}$$

证　由假设 $u = u(x,t)$ 在闭区域 $\overline{Q}$ 上连续, 因此 $\max_{\overline{Q}} u(x,t)$ 和 $\min_{\overline{Q}} u(x,t)$ 必存在, 且为有限值. 我们用反证法证明 $\max_{\overline{Q}} u(x,t)$ 在边界 Γ 上达到. 记 $m =$

$\max_\Gamma u(x,t)$, $M=\max_{\overline{Q}} u(x,t)$. 显然, $M \geqslant m$. 如果 $M>m$, 则必存在 $(x_0,t_0)\in \overline{Q}\backslash\Gamma$, 使得 $u(x_0,t_0)=M$, 那么 $0<x_0<L, 0<t_0\leqslant T$. 由微积分知识, 在 (x_0,t_0) 处, 必有 $u_t\geqslant 0$, $u_{xx}\leqslant 0$. 因此在 (x_0,t_0) 处成立, $u_t-c^2u_{xx}\geqslant 0$.

作辅助函数

$$w(x,t)=u(x,t)+\frac{M-m}{2L^2}(x-x_0)^2,\quad (x,t)\in\overline{Q}. \tag{8.1.3}$$

易见 $w(x,t)$ 也是 $\overline{Q}$ 上的连续函数, 故在 $\overline{Q}$ 上必有最大值. 因为在 Γ 上

$$w(x,t)\leqslant m+\frac{M-m}{2L^2}L^2=\frac{M+m}{2}<M,$$

而 $w(x_0,t_0)=M$, 所以函数 $w(x,t)$ 和 $u(x,t)$ 一样, 不在 Γ 上取得最大值. 于是, 必存在 $(x_1,t_1)\in\overline{Q}\backslash\Gamma$, 使得

$$w(x_1,t_1)=\max_{\overline{Q}} w(x,t)\geqslant M,$$

其中 $0<x_1<L, 0<t_1\leqslant T$. 在该点处, 应有 $w_{xx}\leqslant 0$, $w_t\geqslant 0$(若 $t_1<T$, 则 $w_t=0$; 若 $t_1=T$, 则 $w_t\geqslant 0$). 所以在点 (x_1,t_1) 处, 有 $w_t-c^2w_{xx}\geqslant 0$. 但直接计算得

$$w_t-c^2w_{xx}=u_t-c^2u_{xx}-\frac{(M-m)c^2}{L^2}=-\frac{(M-m)c^2}{L^2}<0.$$

这是一个矛盾. 所以 $M=m$, 即

$$\max_{\overline{Q}} u(x,t)=\max_{\Gamma} u(x,t). \tag{8.1.4}$$

为了证明最小值可在边界 Γ 上取到, 我们注意到, 如果 u 满足方程 (8.1.1), 则 $-u$ 也满足方程 (8.1.1), 所以

$$\max_{\overline{Q}}(-u(x,t))=\max_{\Gamma}(-u(x,t))$$

或

$$\min_{\overline{Q}} u(x,t)=\min_{\Gamma} u(x,t).$$

定理证毕.

注 8.1.1 为了证明定理 8.1.1, 辅助函数 (8.1.3) 也可以取为

$$w(x,t)=u(x,t)+\frac{M-m}{2T}(t_0-t),\quad (x,t)\in\overline{Q} \tag{8.1.5}$$

或

$$w(x,t)=u(x,t)+\varepsilon x^2,\quad (x,t)\in\overline{Q}, \tag{8.1.6}$$

其中 $\varepsilon>0$ 适当小. 读者可作为习题来练习.

对于一般的具有常系数一维线性热传导方程

$$v_t=c^2v_{xx}+av_x+bv, \tag{8.1.7}$$

可以通过变换 $v=u\mathrm{e}^{\lambda x+\mu t}$, 把方程 (8.1.7) 化为式 (8.1.1) 的形式, 其中

$$\lambda=-\frac{a}{2c^2},\quad \mu=b-\frac{a^2}{4c^2}.$$

注 8.1.2 用类似的方法可以证明定理 8.1.1 的结论可以推广到 n 维热传导方程上去.

下面利用极值原理来讨论热传导方程解的唯一性和对边界及初始数据的连续依赖性 (即稳定性).

定理 8.1.2 初边值问题

$$\begin{cases} u_t=c^2u_{xx}+h(x,t), & 0<x<L,\ t>0,\\ u(x,0)=f(x), & 0\leqslant x\leqslant L,\\ u(0,t)=p(t),\ u(L,t)=q(t), & t\geqslant 0 \end{cases} \tag{8.1.8}$$

在函数空间 $C^{2,1}(Q_0)\cap C(\overline{Q}_0)$ 中的解是唯一的, 且连续依赖初始和边界数据, 这里 $Q_0=\{(x,t)|0<x<L,t>0\}$.

证 先证解的唯一性. 设 $u_1(x,t)$ 和 $u_2(x,t)$ 是问题 (8.1.8) 在函数空间 $C^{2,1}(Q_0)\cap C(\overline{Q}_0)$ 中的两个解. 记 $u(x,t)=u_1(x,t)-u_2(x,t)$, 那么 $u=u(x,t)$ 满足齐次方程和齐次初边值条件的定解问题

$$\begin{cases} u_t=c^2u_{xx}, & 0<x<L,\ t>0,\\ u(x,0)=0, & 0\leqslant x\leqslant L,\\ u(0,t)=u(L,t)=0, & t\geqslant 0. \end{cases} \tag{8.1.9}$$

对任意一点 $(x_0,t_0), 0\leqslant x_0\leqslant L, t_0>0$, 记

$$Q=\{(x,t)|0\leqslant x\leqslant L,0\leqslant t<t_0\}$$

和 Γ 为 Q 的抛物边界. 那么 $u(x,t)$ 在 $\overline{Q}$ 上连续, 且满足

$$u_t=c^2u_{xx},\quad 0<x<L,0<t\leqslant t_0. \tag{8.1.10}$$

由定理 8.1.1 得, 对任意 $(x,t)\in\overline{Q}$, 成立

$$0=\min_{\Gamma}u(x,t)\leqslant u(x,t)\leqslant\max_{\overline{Q}}u(x,t)=0.$$

即在区域 $\overline{Q}$ 上, $u(x,t)=0$. 特别地, $u(x_0,t_0)=0$ 和 $u_1(x_0,t_0)=u_2(x_0,t_0)$. 由于 (x_0,t_0) 是任意的, 所以

$$u_1(x,t)=u_2(x,t),\quad 0\leqslant x\leqslant L,\ t\geqslant 0,$$

这表明解是唯一的.

下面考虑解对初始数据和边界数据的连续依赖性. 设 $u_i(x,t)(i=1,2)$ 是问题

$$\begin{cases}u_t=c^2u_{xx}+h(x,t), & 0<x<L,\ t>0,\\ u(x,0)=f_i(x), & 0\leqslant x\leqslant L,\\ u(0,t)=p_i(t),u(L,t)=q_i(t), & t\geqslant 0\end{cases}\tag{8.1.11}$$

的解. 令 $u(x,t)=u_1(x,t)-u_2(x,t)$, $p(t)=p_1(t)-p_2(t)$, $q(t)=q_1(t)-q_2(t)$, $f(x)=f_1(x)-f_2(x)$. 则 $u=u(x,t)$ 满足

$$\begin{cases}u_t=c^2u_{xx}, & 0<x<L,\ t>0,\\ u(x,0)=f(x), & 0\leqslant x\leqslant L,\\ u(0,t)=p(t),u(L,t)=q(t), & t\geqslant 0.\end{cases}\tag{8.1.12}$$

当 $0\leqslant x\leqslant L,\ \ t\geqslant 0$ 时, 如果有 $|f(x)|<\varepsilon,|p(t)|<\varepsilon,|q(t)|<\varepsilon$, 那么由极值原理得 $|u(x,t)|<\varepsilon,0\leqslant x\leqslant L,\ \ t\geqslant 0$. 这就证明了初边值问题 (8.1.8) 解关于初始数据和边界数据的稳定性. 定理证毕.

下面研究初值问题

$$\begin{cases}u_t=c^2u_{xx}+f(x,t), & -\infty<x<+\infty,\ t>0,\\ u(x,0)=\phi(x), & -\infty<x<+\infty\end{cases}\tag{8.1.13}$$

解的存在性、唯一性和对初始数据的连续依赖性.

在第 5 章里, 我们由傅里叶变换, 得到了初值问题 (8.1.13) 的形式解

$$\begin{aligned}u(x,t)=&\frac{1}{2c\sqrt{\pi t}}\int_{-\infty}^{+\infty}\phi(\xi)\exp\left(-\frac{(x-\xi)^2}{4c^2t}\right)\mathrm{d}\xi\\ &+\int_0^t\int_{-\infty}^{+\infty}\frac{f(\xi,\tau)}{2c\sqrt{\pi(t-\tau)}}\exp\left(-\frac{(x-\xi)^2}{4c^2(t-\tau)}\right)\mathrm{d}\xi\mathrm{d}\tau,\end{aligned}\tag{8.1.14}$$

见式 (5.3.3). 下面我们就齐次方程 (即 $f=0$), 证明由式 (8.1.14) 所定义的函数确是问题 (8.1.13) 的解. 对于 $f\neq 0$ 的情况, 可以类似讨论.

定理 8.1.3 如果 $\phi(x)$ 在 $\mathbb{R}^1$ 上连续且有界, 则

$$u(x,t)=\frac{1}{2c\sqrt{\pi t}}\int_{-\infty}^{+\infty}\phi(\xi)\exp\left(-\frac{(x-\xi)^2}{4c^2t}\right)\mathrm{d}\xi \tag{8.1.15}$$

是一维齐次热传导方程初值问题

$$\begin{cases} u_t=c^2u_{xx}, & -\infty<x<+\infty,\ t>0,\\ u(x,0)=\phi(x), & -\infty<x<+\infty \end{cases} \tag{8.1.16}$$

的古典解, 即 $u(x,t)$ 在 $\mathbb{R}^1\times(0,\infty)$ 上, 关于 x 二次连续可微, 关于 t 一次连续可微, 且满足初值问题 (8.1.16) 中的方程和对任意 $x_0\in\mathbb{R}^1$, 当 $x\to x_0$, $t\to 0^+$ 时, 成立 $u(x,t)\to\phi(x_0)$.

证 首先证明在定理 8.1.3 的条件下, 广义积分 (8.1.15) 当 $x\in\mathbb{R}^1, t>0$ 时是收敛的. 因此表达式 (8.1.15) 在 $x\in\mathbb{R}^1, t>0$ 有意义.

由假设, 存在常数 $M>0$, 使得 $|\phi(x)|\leqslant M$, $x\in\mathbb{R}^1$. 因此, 当 $x\in\mathbb{R}^1, t>0$ 时

$$\frac{1}{2c\sqrt{\pi t}}|\phi(\xi)|\exp\left(-\frac{(x-\xi)^2}{4c^2t}\right)\leqslant\frac{M}{2c\sqrt{\pi t}}\exp\left(-\frac{(x-\xi)^2}{4c^2t}\right).$$

令 $\eta=(\xi-x)/2c\sqrt{t}$, 得

$$\int_{-\infty}^{+\infty}\frac{1}{2c\sqrt{\pi t}}\exp\left(-\frac{(x-\xi)^2}{4c^2t}\right)\mathrm{d}\xi=\int_{-\infty}^{+\infty}\frac{1}{\sqrt{\pi}}\mathrm{e}^{-\eta^2}\mathrm{d}\eta=1.$$

因此式 (8.1.15) 右端的广义积分是收敛的. 由于

$$\begin{aligned}|u(x,t)|&\leqslant\int_{-\infty}^{+\infty}\frac{1}{2c\sqrt{\pi t}}|\phi(\xi)|\exp\left(-\frac{(x-\xi)^2}{4c^2t}\right)\mathrm{d}\xi\\&\leqslant\int_{-\infty}^{+\infty}\frac{M}{2c\sqrt{\pi t}}\exp\left(-\frac{(x-\xi)^2}{4c^2t}\right)\mathrm{d}\xi=M,\end{aligned}$$

即 $u(x,t)$ 在 $\mathbb{R}^1\times[0,\infty)$ 上有界.

为了证明式 (8.1.15) 为初值问题 (8.1.16) 的解, 还需证明它满足初值问题 (8.1.16) 中的方程和初始条件. 由于积分号下的函数

$$w(x,t,\xi,\tau)=\frac{1}{2c\sqrt{\pi t}}\phi(\xi)\exp\left(-\frac{(x-\xi)^2}{4c^2t}\right)$$

对变量 x,t 来说, 当 $t>0$ 时, 满足 $w_t=c^2w_{xx}$, 这里 ξ,τ 作为参数. 所以只要证明当 $t>0$ 时, 式 (8.1.15) 右端的广义积分关于 x 的二阶偏导数、关于 t 的一阶偏导

数都能在积分号下求得就可以了. 这只需证明对任意点 $(x_0,t_0), t_0>0$, 存在包含该点的某个邻域, 使式 (8.1.15) 右端的被积函数在积分号下求导后所得的广义积分在该邻域内一致收敛.

以对 t 的一阶偏导数为例, 把上述被积函数对 t 求导后所构成的积分写成

$$\int_{-\infty}^{+\infty} w_t \mathrm{d}\xi = \frac{1}{2c\sqrt{\pi}}\int_{-\infty}^{+\infty} \phi(\xi)\exp\left(-\frac{(x-\xi)^2}{4c^2t}\right)\left[\frac{(x-\xi)^2}{4c^2t^{5/2}}-\frac{1}{2t^{3/2}}\right]\mathrm{d}\xi. \quad (8.1.17)$$

当 $t_0/2\leqslant t\leqslant 4t_0$ 时, 有

$$\begin{aligned}&\left|\phi(\xi)\left[\frac{(x-\xi)^2}{4c^2t^{5/2}}-\frac{1}{2t^{3/2}}\right]\right|\exp\left(-\frac{(x-\xi)^2}{4c^2t}\right)\\ \leqslant{}& \sqrt{2}M\left[\frac{(x-\xi)^2}{c^2t_0^{5/2}}+\frac{1}{t_0^{3/2}}\right]\exp\left(-\frac{(x-\xi)^2}{16c^2t_0}\right).\end{aligned}$$

由于广义积分

$$\frac{1}{4c\sqrt{t_0}}\int_{-\infty}^{+\infty}\exp\left(-\frac{(x-\xi)^2}{16c^2t_0}\right)\mathrm{d}\xi=\int_{-\infty}^{+\infty}\mathrm{e}^{-\eta^2}\mathrm{d}\eta=\sqrt{\pi},$$

$$\frac{1}{4c\sqrt{t_0}}\int_{-\infty}^{+\infty}\frac{(x-\xi)^2}{16c^2t_0}\exp\left(-\frac{(x-\xi)^2}{16c^2t_0}\right)\mathrm{d}\xi=\int_{-\infty}^{+\infty}\eta^2\mathrm{e}^{-\eta^2}\mathrm{d}\eta=\frac{\sqrt{\pi}}{2}$$

都是收敛的, 因此积分 (8.1.17) 在 $t_0/2\leqslant t\leqslant 4t_0,\ x\in\mathbb{R}^1$ 上一致收敛.

同理可以证明式 (8.1.15) 右端的广义积分对 x 的二阶偏导数也可在积分号下求导而得到, 因此 $u(x,t)$ 满足方程 (8.1.16).

最后证明 $u(x,t)$ 满足初始条件, 即证明对任意 x_0, 当 $x\to x_0,\ t\to 0^+$ 时, $u(x,t)\to\phi(x_0)$. 令 $\eta=(\xi-x)/2c\sqrt{t}$, 那么

$$u(x,t)=\frac{1}{\sqrt{\pi}}\int_{-\infty}^{+\infty}\phi(x+2c\sqrt{t}\eta)\mathrm{e}^{-\eta^2}\mathrm{d}\eta.$$

因为

$$\phi(x_0)=\frac{1}{\sqrt{\pi}}\int_{-\infty}^{+\infty}\phi(x_0)\mathrm{e}^{-\eta^2}\mathrm{d}\eta,$$

所以

$$|u(x,t)-\phi(x_0)|\leqslant\frac{1}{\sqrt{\pi}}\int_{-\infty}^{+\infty}|\phi(x+2c\eta\sqrt{t})-\phi(x_0)|\mathrm{e}^{-\eta^2}\mathrm{d}\eta.$$

又因为

$$\int_{-\infty}^{+\infty}\mathrm{e}^{-\eta^2}\mathrm{d}\eta=\sqrt{\pi},$$

所以任给 $\varepsilon>0$, 存在充分大的 N, 使得

$$\frac{1}{\sqrt{\pi}}\int_{-\infty}^{-N}\mathrm{e}^{-\eta^2}\mathrm{d}\eta<\frac{\varepsilon}{6M},\quad \frac{1}{\sqrt{\pi}}\int_{N}^{+\infty}\mathrm{e}^{-\eta^2}\mathrm{d}\eta<\frac{\varepsilon}{6M},$$

因此

$$\begin{aligned}|u(x,t)-\phi(x_0)|&\leqslant\frac{1}{\sqrt{\pi}}\left[\int_{-\infty}^{-N}+\int_{-N}^{N}+\int_{N}^{+\infty}\right]|\phi(x+2c\eta\sqrt{t})-\phi(x_0)|\mathrm{e}^{-\eta^2}\mathrm{d}\eta\\&\leqslant 4M\cdot\frac{\varepsilon}{6M}+\frac{1}{\sqrt{\pi}}\int_{-N}^{N}|\phi(x+2c\eta\sqrt{t})-\phi(x_0)|\mathrm{e}^{-\eta^2}\mathrm{d}\eta.\end{aligned}$$

当 $|\eta|\leqslant N$, $x\to x_0$ 和 $t\to 0^+$ 时, $x+2c\eta\sqrt{t}\to x_0$. 另外由 $\phi(x)$ 的连续性, 对上述 $\varepsilon>0$, 可找到 $\delta>0$, 当

$$|x+2c\eta\sqrt{t}-x_0|\leqslant\delta$$

时, 成立

$$|\phi(x+2c\eta\sqrt{t})-\phi(x_0)|\leqslant\frac{\varepsilon}{3},$$

所以

$$\begin{aligned}|u(x,t)-\phi(x_0)|&\leqslant\frac{2\varepsilon}{3}+\frac{1}{\sqrt{\pi}}\int_{-N}^{N}\frac{\varepsilon}{3}\mathrm{e}^{-\eta^2}\mathrm{d}\eta\\&<\frac{2\varepsilon}{3}+\frac{\varepsilon}{3}=\varepsilon.\end{aligned}$$

即当 $|\eta|\leqslant N$, $x\to x_0$ 和 $t\to 0^+$ 时, $u(x,t)\to\phi(x_0)$. 因此当 $\phi(x)$ 为 $\mathbb{R}^1$ 上的有界连续函数时, 式 (8.1.15) 给出了问题 (8.1.16) 的古典解. 定理证毕.

类似地, 可以证明由式 (8.1.14) 定义的函数 $u(x,t)$ 是一维非齐次热传导方程初值问题 (8.1.13) 的古典解, 证明留给读者.

下面讨论初值问题 (8.1.13) 解的唯一性和连续依赖性.

定理 8.1.4 初值问题 (8.1.13) 的解, 如果存在有界的古典解, 则必唯一且连续依赖于初始数据.

证 假设 $u_1(x,t)$ 和 $u_2(x,t)$ 是问题 (8.1.13) 的两个有界的古典解, 记 $u(x,t)=u_1(x,t)-u_2(x,t)$. 则 $u=u(x,t)$ 满足

$$\begin{cases}u_t=c^2u_{xx}, & -\infty<x<+\infty,\ t>0,\\ u(x,0)=0, & -\infty<x<+\infty,\\ |u(x,t)|\leqslant 2B, & -\infty<x<+\infty,\ t\geqslant 0,\end{cases}\tag{8.1.18}$$

其中 B 是常数, 满足 $|u_i(x,t)| \leqslant B, i=1,2$.

任取 x_0, t_0, 这里 $-\infty < x_0 < +\infty, t_0 > 0$. 记

$$R_L = \{(x,t) | |x-x_0| \leqslant L, 0 \leqslant t \leqslant t_0\},$$

以及 Γ_L 为 R_L 的抛物边界, 其中 L 为任意正数, R_L 所代表的区域见图 8.2.

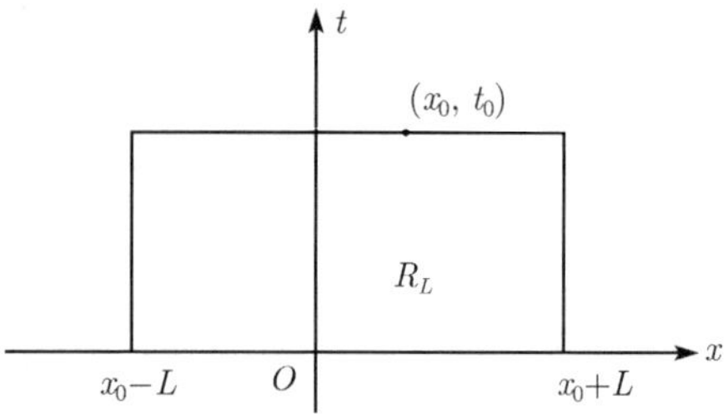

图 8.2

我们引入辅助函数

$$v(x,t) = \frac{B}{L^2}[2(x-x_0)^2 + 4c^2 t].$$

容易验证 $v(x,t)$ 在 R_L 上连续, 在 $R_L \backslash \Gamma_L$ 上满足式 (8.1.18) 中的方程. 进一步可得

$$v(x,0) = \frac{2B}{L^2}(x-x_0)^2 \geqslant 0 = u(x,0), \quad -L \leqslant x - x_0 \leqslant L,$$

$$v(x_0 \pm L, t) \geqslant 2B \geqslant u(x_0 \pm L, t), \quad t \geqslant 0.$$

因此由极值原理, 得

$$u(x,t) \leqslant v(x,t), \quad (x,t) \in R_L,$$

即

$$u(x,t) \leqslant v(x,t) = \frac{B}{L^2}[2(x-x_0)^2 + 4c^2 t], \quad (x,t) \in R_L.$$

类似地, 可以得到

$$u(x,t) \geqslant -v(x,t) = -\frac{B}{L^2}[2(x-x_0)^2 + 4c^2 t], \quad (x,t) \in R_L,$$

所以

$$|u(x,t)| \leqslant v(x,t) = \frac{B}{L^2}[2(x-x_0)^2 + 4c^2 t], \quad (x,t) \in R_L.$$

特别地

$$|u(x_0,t_0)|\leqslant \frac{4B}{L^2}c^2t_0,\quad (x,t)\in R_L.$$

令 $L\to+\infty$, 得 $u(x_0,t_0)=0$, 即 $u_1(x_0,t_0)=u_2(x_0,t_0)$. 由于 (x_0,t_0) 是任意的, 我们得到

$$u_1(x,t)=u_2(x,t),\quad x\in\mathbb{R}^1,\ t\geqslant 0,$$

所以解是唯一的.

为了证明解的稳定性, 只需证明当 $|\phi(x)|\leqslant\eta$ 时, 可以得到 $|u(x,t)|\leqslant\eta$, $x\in\mathbb{R}^1$, $t\geqslant 0$.

事实上我们可以选取辅助函数

$$v(x,t)=\frac{B}{L^2}[2(x-x_0)^2+4c^2t]+\eta.$$

同前面的证明类似, 我们可以推得

$$|u(x,t)|\leqslant v(x,t)=\frac{B}{L^2}[2(x-x_0)^2+4c^2t]+\eta,\quad x\in\mathbb{R}^1,t\geqslant 0.$$

令 $L\to+\infty$, 得

$$|u(x,t)|\leqslant\eta,\quad x\in\mathbb{R}^1,t\geqslant 0.$$

这就证明了解的稳定性.

注 8.1.3 F.John 在*Partial Differential Equations* (Springer-Verlag, 1978) 中推广了定理 8.1.4 的结果. 他证明了如果问题的解 $u(x,t)$ 满足

$$|u(x,t)|<M\mathrm{e}^{ax^2},\quad x\in\mathbb{R}^1,\ 0\leqslant t\leqslant T,$$

则解是唯一的, 这里常数 $M>0,a>0,T>0$.

8.2 拉普拉斯方程的极值原理和应用

在第 5 章里, 我们介绍了调和方程 (即拉普拉斯方程) 和调和函数的基本概念和性质. 在这一节里, 我们讨论调和函数的另一个重要性质, 即极值原理.

从物理意义上看, 一个调和函数可以表示稳定温度场. 当内部无热源时, 物体内部的温度分布不可能在内部有最高点和最低点. 否则热量就要从温度高处向温度低处流动. 这种现象在数学上的反映就是一个区域 Ω 上的调和函数不可能在区域内部达到极值, 除非它恒等于常数.

定理 8.2.1(极值原理)　设 Ω 是 $\mathbb{R}^3$ 中的有界区域, 边界 $\partial\Omega$ 光滑. 如果 $u \in C^2(\Omega) \cap C(\overline{\Omega})$ 且满足

$$\Delta u = u_{xx} + u_{yy} + u_{zz} = 0, \quad (x, y, z) \in \Omega, \tag{8.2.1}$$

则 u 在边界 $\partial\Omega$ 上达到 $\bar{\Omega}$ 上的最大值和最小值, 即

$$\max_{\overline{\Omega}} u(x, y, z) = \max_{\partial\Omega} u(x, y, z), \quad \min_{\overline{\Omega}} u(x, y, z) = \min_{\partial\Omega} u(x, y, z). \tag{8.2.2}$$

证　用反证法. 记 β 是 u 在边界 $\partial\Omega$ 上的最大值. 设 u 在闭区域 $\overline{\Omega}$ 上的最大值 α 在 Ω 的内部点 $M_0 = M_0(x_0, y_0, z_0)$ 达到, 记 $\alpha = u(x_0, y_0, z_0)$. 显然 $\alpha \geqslant \beta$. 如果 $\alpha > \beta$, 我们引进辅助函数

$$v(x, y, z) = u(x, y, z) + \frac{\alpha - \beta}{4R^2}[(x - x_0)^2 + (y - y_0)^2 + (z - z_0)^2], \tag{8.2.3}$$

其中 R 是闭区域 $\overline{\Omega}$ 的直径. 注意到

$$v(x_0, y_0, z_0) = u(x_0, y_0, z_0) = \alpha$$

和在边界 $\partial\Omega$ 上, 有

$$v(x, y, z) \leqslant \beta + \frac{\alpha - \beta}{2} < \alpha.$$

这表明函数 $v(x, y, z)$ 在区域 Ω 内部的某一点 $M_1(x_1, y_1, z_1)$ 上达到最大值. 在该点处,

$$\Delta v = v_{xx} + v_{yy} + v_{zz} = \Delta u + \frac{3}{2}\frac{\alpha - \beta}{R^2} = \frac{3(\alpha - \beta)}{2R^2} > 0. \tag{8.2.4}$$

但在 M_1 处, 由微积分知识得

$$v_{xx} \leqslant 0, \quad v_{yy} \leqslant 0, \quad v_{zz} \leqslant 0,$$

即 $\Delta v \leqslant 0$, 这同式 (8.2.4) 矛盾. 所以 $\alpha = \beta$, 即

$$\max_{\overline{\Omega}} u(x, y, z) = \max_{\partial\Omega} u(x, y, z).$$

把上述结果用于调和函数 $-u$, 得

$$\min_{\overline{\Omega}} u(x, y, z) = \min_{\partial\Omega} u(x, y, z),$$

这就完成了定理 8.2.1 的证明.

从定理 8.2.1 的证明, 可以得到

注 8.2.1 设 $u\in C^2(\Omega)$, 且 $\Delta u>0$ (或 $\Delta u<0$), 则 u 不可能在 Ω 内达到最大 (最小) 值.

利用区域的连通性和比较深刻些的微积分知识, 可以证明

定理 8.2.2 设 Ω 是 $\mathbb{R}^3$ 中的一有界连通区域. 如果 $u\in C^2(\Omega)\cap C(\overline{\Omega})$, 且在 Ω 上, $\Delta u\geqslant 0$, 那么, 或者 u 恒为常数, 或者

$$u(\xi,\eta,\zeta)<\max_{\partial\Omega}u(x,y,z),\quad \forall(\xi,\eta,\zeta)\in\Omega.$$

下面利用极值原理来讨论调和方程的第一边值问题解的唯一性和稳定性.

定理 8.2.3 设 Ω 是 $\mathbb{R}^3$ 中的一有界区域, 其边界 $\partial\Omega$ 光滑. 如果泊松方程的狄利克雷内问题

$$\begin{cases}\Delta u=g(x,y,z), & (x,y,z)\in\Omega,\\ u(x,y,z)=f(x,y,z), & (x,y,z)\in\partial\Omega\end{cases}\tag{8.2.5}$$

在函数空间 $C^2(\Omega)\cap C(\overline{\Omega})$ 中存在解, 则必唯一, 且连续依赖于边界数据.

证 设 u_1,u_2 是问题 (8.2.5) 的两个解, 那么函数 $u=u_1-u_2$ 满足

$$\Delta u=0,\quad (x,y,z)\in\Omega;\quad u(x,y,z)=0,\quad (x,y,z)\in\partial\Omega.$$

由定理 8.2.1, 在 Ω 上, $u=0$. 所以问题 (8.2.5) 的解是唯一的. 下面证明解对边界数据的稳定性.

设 u_1 和 u_2 是定解问题 (8.2.5) 分别对应于边值 f_1 和 f_2 的两个解, 则函数 $u=u_1-u_2$ 满足

$$\begin{cases}\Delta u=0, & (x,y,z)\in\Omega,\\ u(x,y,z)=f(x,y,z), & (x,y,z)\in\partial\Omega,\end{cases}$$

其中 $f(x,y,z)=f_1(x,y,z)-f_2(x,y,z)$.

假定在边界 $\partial\Omega$ 上, $|f(x,y,z)|<\varepsilon$, 那么由定理 8.2.1, 对任意 $(x,y,z)\in\Omega$, 成立

$$-\varepsilon<\min_{\partial\Omega}(f_1-f_2)=\min_{\partial\Omega}u\leqslant u(x,y,z)\leqslant\max_{\partial\Omega}u=\max_{\partial\Omega}(f_1-f_2)<\varepsilon.$$

即对任意 $(x,y,z)\in\overline{\Omega}, |u(x,y,z)|<\varepsilon$. 所以定解问题 (8.2.5) 的解连续依赖于所给的边界数据. 定理证毕.

注 8.2.2 对于无界区域上的边值问题, 一般要在无穷远处附加另外条件, 才能保证其解的唯一性. 比如, 函数 $u_1\equiv 1$ 和 $u_2=r^{-1}$ 都满足边值问题:

$$\begin{cases}\Delta u=u_{xx}+u_{yy}+u_{zz}=0, & r>1,\\ u(x,y,z)=1, & r=1,\end{cases}\tag{8.2.6}$$

其中 $r=\sqrt{x^2+y^2+z^2}$. 显然定解问题 (8.2.6) 的解不唯一.

定理 8.2.4 设 Ω 是 $\mathbb{R}^3$ 中的有界区域, 其边界 $\partial\Omega$ 光滑. 记 $\Omega^c=\mathbb{R}^3\backslash\Omega$ 是 Ω 的补区域, 那么泊松方程的狄利克雷外问题

$$\begin{cases}\Delta u=g(x,y,z), & (x,y,z)\in\Omega^c,\\ u(x,y,z)=f(x,y,z), & (x,y,z)\in\partial\Omega,\\ \lim\limits_{r\to\infty}u(x,y,z)=a\end{cases}\tag{8.2.7}$$

在 $C^2(\Omega^c)\cap C(\overline{\Omega^c})$ 中的解必唯一, 且连续依赖于边界数据, 这里 $r=\sqrt{x^2+y^2+z^2}$, a 为给定的常数.

证 设 u_1 和 u_2 是问题 (8.2.7) 的两个解, 那么函数 $u=u_1-u_2$ 是问题

$$\begin{cases}\Delta u=0 & (x,y,z)\in\Omega^c,\\ u(x,y,z)=0, & (x,y,z)\in\partial\Omega,\\ \lim\limits_{r\to\infty}u(x,y,z)=0\end{cases}\tag{8.2.8}$$

的解. 由式 (8.2.8) 得, 对任意 $\varepsilon>0$ 存在 $R>0$, 当 $r=r_{AM}\geqslant R$ 时, $|u(M)|<\varepsilon$, 这里点 $A\in\Omega$ 且固定 (图 8.3).

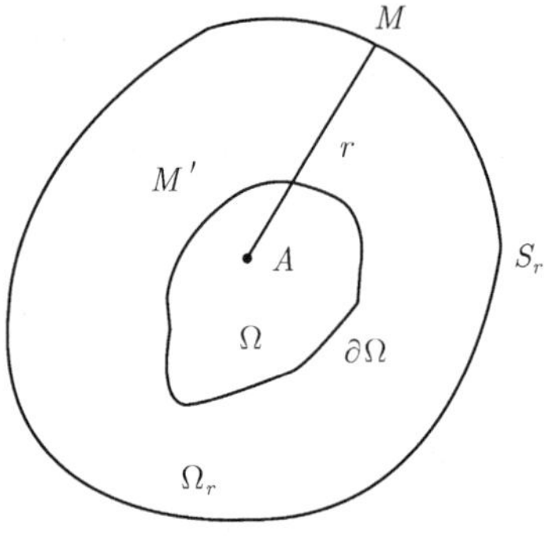

图 8.3

设 S_r 表示中心在点 A、半径为 r 的球面, Ω_r 表示以 S_r 和 $\partial\Omega$ 为边界的区域.

由于 u 在 Ω_r 内调和, 且在边界 $\partial\Omega$ 上, $u=0$, 而在 S_r 上, $|u|<\varepsilon$. 所以根据定理 8.2.1, 得到

$$|u(M')|<\varepsilon,\quad M'\in\Omega_r.$$

因为 ε 是任意小的, 所以在 Ω_r 上, $u=0$, 即 $u_1=u_2$. 由于 r 可以充分大, 故成立

$$u(M)=0,\quad M\in\Omega^c.$$

类似地可证明狄利克雷外问题的解是稳定的 (留作习题). 定理证毕.

利用定理 8.2.1, 我们还可以证明

定理 8.2.5　设 Ω 是 $\mathbb{R}^3$ 中的有界区域, 其边界 $\partial\Omega$ 光滑. 设函数列 $u_m \in C^2(\Omega)\cap C(\overline{\Omega})$, $m=1,2,\cdots$, 且在 Ω 内调和. 那么, 如果在边界 $\partial\Omega$ 上, $\{u_m\}$ 一致收敛, 则在它在整个区域 $\overline{\Omega}$ 上也一致收敛.

证　因为函数列 $\{u_m\}$ 在 $\partial\Omega$ 上一致收敛, 那么它是一个柯西列, 即对任意 $\epsilon>0$, 存在 $N>0$, 使得当 $m,n>N$

$$|u_m(x,y,z)-u_n(x,y,z)|<\epsilon,\quad (x,y,z)\in\partial\Omega.$$

由于函数 $u_m(x,y,z)-u_n(x,y,z)$ 也在 Ω 上调和, 故由定理 8.2.1 得

$$|u_m(x,y,z)-u_n(x,y,z)|<\epsilon,\quad (x,y,z)\in\overline{\Omega}.$$

这说明函数列 $\{u_m\}$ 是 Ω 中的柯西列, 由连续函数空间 $C(\overline{\Omega})$ 的完备性, $\{u_m\}$ 在 $\overline{\Omega}$ 上也一致收敛. 证毕.

注 8.2.3　在本节中, 我们假定 Ω 是 $\mathbb{R}^3$ 中的区域. 事实上, 可以类似地证明定理 8.2.1~8.2.5 对一般 $\mathbb{R}^n$ 中的区域 Ω 也是成立的.

习　题　8

1. 设 $u=u(x,t)$ 是初边值问题

$$\begin{cases} u_t=c^2u_{xx}+bu, & 0<x<L,\ 0<t<T,\\ u(x,0)=f(x), & 0\leqslant x\leqslant L,\\ u(0,t)=p(t),\ \ u(L,t)=q(t), & 0\leqslant t\leqslant T \end{cases}$$

的解, 其中 $b\geqslant 0$ 为常数, $|p(t)|\leqslant B, |q(t)|\leqslant B, |f(x)|\leqslant M$. 证明

$$|u(x,t)|\leqslant\max\{M\mathrm{e}^{bt},B\mathrm{e}^{bt}\},\quad (x,t)\in[0,L]\times[0,T].$$

由此建立上述初边值问题解的唯一性和对初值和边界数据的连续依赖性.

2. 对二维热传导方程

$$u_t=c^2(u_{xx}+u_{yy}),$$

试建立同定理 8.1.1 类似的极值原理, 并由此证明二维热传导方程的初边值问题解的唯一性和稳定性.

3. 设 Ω 是 $\mathbb{R}^2$ 中的有界区域, $u=u(x,y,t)$ 满足

$$u_t-u_{xx}-u_{yy}+\alpha u_x+\beta u_y\geqslant 0,\quad (x,y)\in\overline{\Omega},\ t\geqslant 0$$

以及

$$u(x,y,0)\geqslant 0,\quad (x,y)\in\overline{\Omega},$$

其中 α 和 β 是常数. 证明

$$u(x,y,t)\geqslant 0,\quad (x,y)\in\overline{\Omega},\ t\geqslant 0.$$

进一步, 如果 $u(x,y,0)>0,(x,y)\in\overline{\Omega}$, 则

$$u(x,y,t)>0,\quad (x,y)\in\overline{\Omega},\ t\geqslant 0.$$

4. 利用证明热传导方程极值原理的方法, 证明满足二维调和方程

$$\Delta u=u_{xx}+u_{yy}=0,\quad (x,y)\in\Omega$$

的函数 u 在有界闭区域 $\overline{\Omega}$ 上的最大 (小) 值不会超过它在边界 $\partial\Omega$ 上的最大 (小) 值. 这里 Ω 是 $\mathbb{R}^2$ 中的有界区域, 边界 $\partial\Omega$ 光滑.

5. 设 $u=u(x,t)\in C^{2,1}(Q)\cap C(\overline{Q})$ 且满足

$$u_t-a^2u_{xx}+cu\leqslant 0,\quad (x,t)\in Q,$$

其中 $c\geqslant 0$. 试证明: 如果 u 在 $\overline{Q}$ 上存在非负最大值, 则 u 必在抛物边界 Γ 上达到它在 $\overline{Q}$ 上的非负最大值.

6. 证明半无界区域上的初边值问题

$$\begin{cases} u_t-a^2u_{xx}=f(x,t), & 0<x<+\infty,\ t>0,\\ u(x,0)=\phi(x), & 0\leqslant x<+\infty,\\ u(0,t)=p(t), & t\geqslant 0\end{cases}$$

的有界解是唯一的, 这里假设 $f(x,t),\phi(x),p(t)$ 都是有界连续函数.

7. 证明三维调和方程狄利克雷外问题 (8.2.7) 的解对边界数据的稳定性.

8. 设函数 $u=u(x,y)$ 满足

$$u_{xx}+u_{yy}+cu=0,\quad (x,y)\in\Omega,$$

其中常数 $c<0$. 试证明它的解也满足极值原理, 即 u 不能在 Ω 的内部达到正的最大值或负的最小值.

9. 举例说明, 当 $c>0$ 时, 方程

$$u_{xx}+u_{yy}+cu=0,\quad (x,y)\in\Omega$$

极值原理不成立, 由此说明狄利克雷内边值问题

$$\begin{cases} u_{xx}+u_{yy}+cu=0, & (x,y)\in\Omega,\\ u(x,y)=0, & (x,y)\in\partial\Omega\end{cases}$$

可能有非零解存在.

第 9 章　能量积分方法和应用

在第 8 章里, 我们通过极值原理讨论了热传导方程和调和方程解的唯一性和稳定性. 在这里, 我们介绍另一种方法, 它也可用来研究解的唯一性和稳定性问题. 该方法通常称为**能量积分方法**, 又称**能量方法**. 它在偏微分方程的定性研究中被广泛使用. 下面通过具体问题来介绍这种方法.

9.1　热传导方程和调和方程中的能量方法与应用

设 Ω 是 $\mathbb{R}^3$ 中的一有界区域, 边界 $\partial\Omega$ 光滑. 记 $Q=\Omega\times[0,T),T>0$. 我们考虑三维热传导方程的初边值问题

$$\begin{cases} u_t=c^2\Delta u+h(x,y,z,t), & (x,y,z)\in\Omega, 0<t\leqslant T,\\ u(x,y,z,0)=f(x,y,z), & (x,y,z)\in\Omega,\\ u(x,y,z,t)=g(x,y,z,t), & (x,y,z)\in\partial\Omega, 0\leqslant t\leqslant T,\end{cases} \tag{9.1.1}$$

其中 f,g,h 都是已知连续函数, $\Delta u=u_{xx}+u_{yy}+u_{zz}$.

定理 9.1.1　如果初边值问题 (9.1.1) 在 $C^{2,1}(Q)\cap C(\overline{Q})$ 中存在解, 则必唯一.

证　事实上, 如果 u_1 和 u_2 是问题 (9.1.1) 的两个解, 那么 $u=u_1-u_2$ 是齐次定解问题

$$\begin{cases} u_t=c^2\Delta u, & (x,y,z)\in\Omega, 0<t\leqslant T,\\ u(x,y,z,0)=0, & (x,y,z)\in\Omega,\\ u(x,y,z,t)=0, & (x,y,z)\in\partial\Omega, 0\leqslant t\leqslant T\end{cases} \tag{9.1.2}$$

的解. 为了证明上述问题只有零解, 我们利用能量积分方法.

用 $u=u(x,y,z,t)$ 乘以定解问题 (9.1.2) 中的方程, 并在 Ω 上积分, 然后利用第一格林公式, 得

$$\frac{1}{2}\frac{\mathrm{d}}{\mathrm{d}t}\iiint\limits_{\Omega}u^2\mathrm{d}x\mathrm{d}y\mathrm{d}z+c^2\iiint\limits_{\Omega}|\nabla u|^2\mathrm{d}x\mathrm{d}y\mathrm{d}z=c^2\iint\limits_{\partial\Omega}u\frac{\partial u}{\partial n}\mathrm{d}S=0, \tag{9.1.3}$$

其中 $|\nabla u|^2=u_x^2+u_y^2+u_z^2$.

现在我们定义能量函数

$$E(t)=\frac{1}{2}\iiint\limits_{\Omega}u^2(x,y,z,t)\mathrm{d}x\mathrm{d}y\mathrm{d}z,\quad 0\leqslant t\leqslant T. \tag{9.1.4}$$

由式 (9.1.3) 知, $E'(t) \leqslant 0,\ 0 \leqslant t \leqslant T$. 这表明 $E(t)$ 在 $[0,T)$ 上是单调递减函数. 又由于 $E(t) \geqslant 0$ 和

$$E(0) = \frac{1}{2}\iiint\limits_{\Omega} u^2(x,y,z,0)\mathrm{d}x\mathrm{d}y\mathrm{d}z = 0,$$

所以 $E(t) \equiv 0,\ 0 \leqslant t \leqslant T$. 由此得出 $u(x,y,z,t) \equiv 0$. 唯一性得证.

注 9.1.1 在 $C^{2,1}(Q) \cap C(\overline{Q})$ 中的解称为古典解, 或称为光滑解.

注 9.1.2 如果问题 (9.1.1) 中的边界条件换为第二类或第三类边界条件

$$\alpha u + \beta\frac{\partial u}{\partial n} = g,$$

区域 Ω 换为 $\mathbb{R}^n (n \geqslant 1)$ 中的有界区域, 定理 9.1.1 的结论仍然正确, 其中 $\alpha, \beta \geqslant 0, \alpha + \beta > 0$. 我们以一维热传导方程为例来建立唯一性定理.

定理 9.1.2 如果一维热传导方程的初边值问题

$$\begin{cases} u_t = c^2 u_{xx} + h(x,t), & 0 < x < L, t > 0, \\ u(x,0) = f(x), & 0 \leqslant x \leqslant L, \\ u(0,t) = p(t), u_x(L,t) = q(t), & t \geqslant 0 \end{cases} \tag{9.1.5}$$

的古典解若存在, 则必唯一.

证 事实上只需证明定解问题

$$\begin{cases} u_t = c^2 u_{xx}, & 0 < x < L, t > 0, \\ u(x,0) = 0, & 0 \leqslant x \leqslant L, \\ u(0,t) = 0, u_x(L,t) = 0, & t \geqslant 0 \end{cases} \tag{9.1.6}$$

只有零解.

用 $u = u(x,t)$ 乘以初边值问题 (9.1.6) 中的方程, 并在 $[0,L]$ 上积分, 得

$$\frac{1}{2}\frac{\mathrm{d}}{\mathrm{d}t}\int_0^L u^2\mathrm{d}x = \int_0^L uu_t\mathrm{d}x = c^2\int_0^L u_{xx}u\mathrm{d}x = c^2\int_0^L (u_x u)_x\mathrm{d}x - c^2\int_0^L u_x^2\mathrm{d}x.$$

由 (9.1.6) 中的边界条件, 得

$$\int_0^L (u_x u)_x\mathrm{d}x = u_x(x,t)u(x,t)\Big|_0^L = u_x(L,t)u(L,t) - u_x(0,t)u(0,t) = 0,$$

所以

$$\frac{1}{2}\frac{\mathrm{d}}{\mathrm{d}t}\int_0^L u^2(x,t)\mathrm{d}x = -c^2\int_0^L u_x^2(x,t)\mathrm{d}x \leqslant 0$$

和

$$0 \leqslant \int_0^L u^2(x,t)\mathrm{d}x \leqslant \int_0^L u^2(x,0)\mathrm{d}x = 0.$$

这表明 $u(x,t) \equiv 0,\ 0 \leqslant x \leqslant L, t \geqslant 0$. 唯一性证毕.

下面考虑泊松方程的边值问题:

$$\begin{cases} \Delta u = u_{xx} + u_{yy} + u_{zz} = h(x,y,z), & (x,y,z) \in \Omega, \\ \alpha u + \beta \dfrac{\partial u}{\partial n} = g(x,y,z), & (x,y,z) \in \partial\Omega. \end{cases} \tag{9.1.7}$$

定理 9.1.3 设 $u = u(x,y,z) \in C^2(\Omega) \cap C^1(\overline{\Omega})$. 如果 u 是边值问题 (9.1.7) 的解, 则当 $\alpha > 0, \beta \geqslant 0$ 时, 解是唯一的. 当 $\alpha = 0, \beta > 0$ 时, 解在相差一任意常数的意义下是唯一的.

证 设 u_1 和 u_2 是边值问题 (9.1.7) 的两个解, 那么函数 $u = u_1 - u_2$ 是边值问题

$$\Delta u = 0, \quad (x,y,z) \in \Omega; \quad \alpha u + \beta \frac{\partial u}{\partial n} = 0, \quad (x,y,z) \in \partial\Omega \tag{9.1.8}$$

的解.

用 $u = u(x,y,z)$ 乘以式 (9.1.8) 中的方程, 并在 Ω 上积分, 然后使用第一格林公式, 得

$$\iiint\limits_{\Omega} |\nabla u|^2 \mathrm{d}x\mathrm{d}y\mathrm{d}z - \iint\limits_{\partial\Omega} u \frac{\partial u}{\partial n} \mathrm{d}S = 0.$$

当 $\alpha > 0$ 和 $\beta \geqslant 0$ 时, 由式 (9.1.8) 中的边界条件得

$$\iiint\limits_{\Omega} |\nabla u|^2 \mathrm{d}x\mathrm{d}y\mathrm{d}z + \iint\limits_{\partial\Omega} \frac{\beta}{\alpha} \left(\frac{\partial u}{\partial n}\right)^2 \mathrm{d}S = 0.$$

由于 $\beta/\alpha \geqslant 0$, 我们得

$$|\nabla u|^2 = u_x^2 + u_y^2 + u_z^2 = 0, \quad (x,y,z) \in \Omega.$$

这蕴含了 u 恒为常数. 进一步, 由式 (9.1.8) 和 $\alpha > 0$, 得 $u \equiv 0$. 所以, 当 $\alpha > 0, \beta \geqslant 0$ 时, 解是唯一的.

当 $\alpha = 0$ 和 $\beta > 0$ 时, 容易看到, 如果 u 是问题 (9.1.7) 的解, 那么 u 加上任意常数也是其解. 定理 9.1.3 证毕.

9.2 波动方程的能量方法和应用

下面我们考虑三维波动方程的初边值问题:

$$\begin{cases} u_{tt}=c^2\Delta u+h(x,y,z,t), & (x,y,z)\in\Omega, t>0, \\ u|_{t=0}=f(x,y,z),\ \ u_t|_{t=0}=g(x,y,z), & (x,y,z)\in\Omega, \\ \alpha u+\beta\dfrac{\partial u}{\partial n}=\phi(x,y,z,t), & (x,y,z)\in\partial\Omega, t\geqslant 0, \end{cases} \tag{9.2.1}$$

其中常数 $\alpha,\beta\geqslant 0$ 和 $\alpha+\beta>0, \Delta u=u_{xx}+u_{yy}+u_{zz}$. 记 $Q=\Omega\times(0,T), T>0$.

定理 9.2.1 设 $u=u(x,y,z,t)\in C^1(\overline{Q})\cap C^2(Q)$ 是问题 (9.2.1) 的解, 则它是唯一的.

证 设 u_1 和 u_2 是问题 (9.2.1) 的解, 那么 $u=u_1-u_2$ 是定解问题

$$\begin{cases} u_{tt}=c^2\Delta u, & (x,y,z)\in\Omega, t>0, \\ u|_{t=0}=0,\ \ u_t|_{t=0}=0, & (x,y,z)\in\Omega, \\ \alpha u+\beta\dfrac{\partial u}{\partial n}=0, & (x,y,z)\in\partial\Omega, t\geqslant 0 \end{cases} \tag{9.2.2}$$

的解. 下面利用能量积分方法证明上述问题只有零解.

用 u_t 乘以 (9.2.2) 中的方程, 并 Ω 在上积分, 然后利用第一格林公式, 得

$$\frac{1}{2}\frac{\mathrm{d}}{\mathrm{d}t}\iiint\limits_{\Omega}[u_t^2+c^2|\nabla u|^2]\mathrm{d}x\mathrm{d}y\mathrm{d}z=c^2\iint\limits_{\partial\Omega}u_t\frac{\partial u}{\partial n}\mathrm{d}S. \tag{9.2.3}$$

当 $\beta>0$ 时, 有

$$\iint\limits_{\partial\Omega}u_t\frac{\partial u}{\partial n}\mathrm{d}S=-\iint\limits_{\partial\Omega}\frac{\alpha}{\beta}uu_t\mathrm{d}S=-\frac{1}{2}\frac{\mathrm{d}}{\mathrm{d}t}\iint\limits_{\partial\Omega}\frac{\alpha}{\beta}u^2\mathrm{d}S. \tag{9.2.4}$$

此时问题 (9.2.1) 的能量定义为

$$E(t)=\frac{1}{2}\iiint\limits_{\Omega}[u_t^2+c^2|\nabla u|^2]\mathrm{d}x\mathrm{d}y\mathrm{d}z+\frac{\alpha c^2}{2\beta}\iint\limits_{\partial\Omega}u^2\mathrm{d}S. \tag{9.2.5}$$

这样由式 (9.2.3) 和 (9.2.4) 得

$$E'(t)=0,\quad t\geqslant 0,$$

所以 $E(t)=E(0)=0(t\geqslant 0)$. 这蕴含了

$$u_t^2=u_x^2=u_y^2=u_z^2=0,$$

所以 u 恒为常数. 进一步由定解问题 (9.2.2) 中的初始条件得

$$u(x,y,z,t)=0, \quad (x,y,z)\in\overline{\Omega}, t\geqslant 0.$$

当 $\beta=0$ 时, 那么 $\alpha>0$. 由定解问题 (9.2.2) 中的边界条件知, 在边界 $\partial\Omega$ 上, $u=0$. 由此在 $\partial\Omega$ 上, $u_t=0$. 此时问题 (9.2.1) 的能量定义为

$$E(t)=\frac{1}{2}\iiint\limits_{\Omega}[u_t^2+c^2|\nabla u|^2]\mathrm{d}x\mathrm{d}y\mathrm{d}z. \tag{9.2.6}$$

式 (9.2.3) 蕴含了 $E'(t)=0$. 因此 $E(t)=E(0)=0(t\geqslant 0)$. 这表明当 $(x,y,z)\in\overline{\Omega}, t\geqslant 0$ 时, $u(x,y,z,t)=0$. 即问题 (9.2.2) 只有零解. 定理 9.2.1 证毕.

注 9.2.1 以后我们指初边值问题 (9.2.1) 的解 u 是指古典解, 即 $u\in C^1(\overline{Q})\cap C^2(Q)$.

注 9.2.2 通过以上定理的证明可以看出, 所谓能量积分方法就是在方程两边同乘以 u 或 u_t 后, 在区域 Ω 上积分, 然后利用第一格林公式化简, 最后得到能量估计. 能量积分方法也可用来证明对初始和边界数据, 以及自由项的连续依赖性. 我们先考虑解对初始数据的连续依赖性.

定理 9.2.2 初边值问题 (9.2.1) 的解在下述意义下关于初值是稳定的.

设 u_1 和 u_2 满足问题 (9.2.1) 中的方程和边界条件, 同时

$$u_i|_{t=0}=f_i(x,y,z), \quad u_{it}|_{t=0}=g_i(x,y,z), \quad (x,y,z)\in\Omega, \tag{9.2.7}$$

其中 $i=1,2$, 那么对任意 $\varepsilon>0$ 和 $T>0$, 存在 $\eta>0$, 只要

$$\|f\|_{\Omega}+\|f\|_{\partial\Omega}+\|\nabla f\|_{\Omega}<\eta, \quad \|g\|_{\Omega}<\eta, \tag{9.2.8}$$

就有

$$\|u(t)\|_{\Omega}<\varepsilon,\ \|u_t(t)\|_{\Omega}<\varepsilon,\ \|\nabla u(t)\|_{\Omega}<\varepsilon,\ 0\leqslant t\leqslant T, \tag{9.2.9}$$

其中 $u=u_1-u_2, f=f_1-f_2, g=g_1-g_2,\cdots$, 以及形如 $\|g\|_{\Omega}$ 和 $\|g\|_{\partial\Omega}$ 分别表示

$$\|g\|_{\Omega}=\left(\iiint\limits_{\Omega}g^2\mathrm{d}x\mathrm{d}y\mathrm{d}z\right)^{1/2}, \quad \|g\|_{\partial\Omega}=\left(\iint\limits_{\partial\Omega}g^2\mathrm{d}S\right)^{1/2}.$$

它们又分别称为函数 g 在区域 Ω 上和边界 $\partial\Omega$ 上的 L^2 范数.

证 设 $u=u_1-u_2, f=f_1-f_2, g=g_1-g_2$, 则 u 满足

$$\begin{cases} u_{tt}=c^2\Delta u, & (x,y,z)\in\Omega, t>0, \\ u|_{t=0}=f,\ \ u_t|_{t=0}=g, & (x,y,z)\in\overline{\Omega}, \\ \alpha u+\beta\dfrac{\partial u}{\partial n}=0, & (x,y,z)\in\partial\Omega, t\geqslant 0. \end{cases} \tag{9.2.10}$$

当 $\beta > 0$ 时, 定解问题 (9.2.10) 的能量 $E(t)$(式 (9.2.5)) 为

$$E(t) = E(0) = \frac{1}{2}\iiint\limits_{\Omega}[g^2 + c^2|\nabla f|^2]\mathrm{d}x\mathrm{d}y\mathrm{d}z + \frac{\alpha c^2}{2\beta}\iint\limits_{\partial\Omega} f^2\mathrm{d}S. \tag{9.2.11}$$

所以由式 (9.2.8) 可推出

$$E(t) = E(0) < \frac{1}{2}\left(1 + c^2 + \frac{\alpha c^2}{\beta}\right)\eta^2. \tag{9.2.12}$$

进一步, 记

$$E_0(t) = \frac{1}{2}\iiint\limits_{\Omega} u^2\mathrm{d}x\mathrm{d}y\mathrm{d}z = \frac{1}{2}\iiint\limits_{\Omega} u^2(x,y,z,t)\mathrm{d}x\mathrm{d}y\mathrm{d}z, \tag{9.2.13}$$

而由式 (9.2.8) 得

$$E_0(0) = \frac{1}{2}\iiint\limits_{\Omega} f^2\mathrm{d}x\mathrm{d}y\mathrm{d}z < \frac{1}{2}\eta^2. \tag{9.2.14}$$

由柯西不等式, 得

$$E_0'(t) = \iiint\limits_{\Omega} uu_t\mathrm{d}x\mathrm{d}y\mathrm{d}z \leqslant \frac{1}{2}\iiint\limits_{\Omega}(u^2 + u_t^2)\mathrm{d}x\mathrm{d}y\mathrm{d}z \leqslant E_0(t) + E(t). \tag{9.2.15}$$

不等式 (9.2.15) 又称为能量不等式. 这样由式 (9.2.15) 得

$$\frac{\mathrm{d}}{\mathrm{d}t}(E_0(t)\mathrm{e}^{-t}) \leqslant \mathrm{e}^{-t}E(t) = \mathrm{e}^{-t}E(0),$$

两边关于 t 积分得

$$E_0(t) \leqslant E_0(0)\mathrm{e}^t + E(0)(\mathrm{e}^t - 1), \quad t \geqslant 0.$$

所以从式 (9.2.12) 和式 (9.2.14) 推得, 当 $0 \leqslant t \leqslant T$ 时, 成立

$$E_0(t) \leqslant E_0(0)\mathrm{e}^T + E(0)(\mathrm{e}^T - 1) \leqslant \mathrm{e}^T(E_0(0) + E(0)) \leqslant \frac{1}{2}\mathrm{e}^T(2 + c^2 + \alpha c^2/\beta)\eta^2.$$

这说明对任意 $\varepsilon > 0$, 取

$$0 < \eta \leqslant 2\varepsilon[\mathrm{e}^T(2 + c^2 + \alpha c^2/\beta)]^{-1/2}.$$

这样保证了

$$E_0(t) < \varepsilon^2, \quad E(t) < \varepsilon^2, \quad 0 \leqslant t \leqslant T.$$

该不等式蕴含了式 (9.2.9). 这就完成了定理 9.2.2 的证明.

下面我们考虑初边值问题 (9.2.1) 的解对自由项 h 的稳定性.

定理 9.2.3 三维波动方程的初边值问题 (9.2.1) 的解关于自由项 h 是稳定的, 即对任意 $\varepsilon > 0$, 存在 $\eta > 0$, 当 $h = h_1 - h_2$ 满足

$$\int_0^T \iiint_\Omega h^2 \mathrm{d}x\mathrm{d}y\mathrm{d}z\mathrm{d}t < \eta^2 \tag{9.2.16}$$

时, 分别以 f, g, ϕ 和 $h_i (i = 1, 2)$ 为已知数据的初边值问题 (9.2.1) 的解之差 $u = u_1 - u_2$ 满足

$$\iiint_\Omega u^2(x, y, z, t) \mathrm{d}x\mathrm{d}y\mathrm{d}z < \varepsilon^2, \quad 0 \leqslant t \leqslant T. \tag{9.2.17}$$

证 由假设 $u_i (i = 1, 2)$ 是问题

$$\begin{cases} u_{tt} = c^2 \Delta u + h_i, & (x, y, z) \in \Omega, t > 0, \\ u|_{t=0} = f, \quad u_t|_{t=0} = g, & (x, y, z) \in \Omega, \\ \alpha u + \beta \dfrac{\partial u}{\partial n} = \phi, & (x, y, z) \in \partial\Omega, t \geqslant 0 \end{cases} \tag{9.2.18}$$

的解, 则 $u = u_1 - u_2$ 满足

$$\begin{cases} u_{tt} = c^2 \Delta u + h, & (x, y, z) \in \Omega, t > 0, \\ u|_{t=0} = 0, \quad u_t|_{t=0} = 0, & (x, y, z) \in \Omega, \\ \alpha u + \beta \dfrac{\partial u}{\partial n} = 0, & (x, y, z) \in \partial\Omega, t \geqslant 0. \end{cases} \tag{9.2.19}$$

用 u_t 乘以 (9.2.19) 中的方程, 并在区域 Ω 上积分得

$$E'(t) = \iiint_\Omega u_t h \mathrm{d}x\mathrm{d}y\mathrm{d}z. \tag{9.2.20}$$

这里能量函数 $E(t)$ 由式 (9.2.5)(当 $\beta > 0$ 时) 和式 (9.2.6)(当 $\beta = 0$ 时) 所定义. 由柯西不等式得

$$E'(t) \leqslant \left(\iiint_\Omega u_t^2 \mathrm{d}x\mathrm{d}y\mathrm{d}z \right)^{1/2} \left(\iiint_\Omega h^2 \mathrm{d}x\mathrm{d}y\mathrm{d}z \right)^{1/2} \leqslant \sqrt{E(t)H(t)}, \tag{9.2.21}$$

其中

$$H(t) = \iiint_\Omega h^2(x, y, z, t) \mathrm{d}x\mathrm{d}y\mathrm{d}z, \quad t \geqslant 0.$$

解微分不等式 (9.2.21) 得

$$\sqrt{E(t)}-\sqrt{E(0)}\leqslant\frac{1}{2}\int_0^t (H(\tau))^{1/2}\mathrm{d}\tau\leqslant\frac{1}{2}t^{1/2}\left(\int_0^t H(\tau)\mathrm{d}\tau\right)^{1/2}.$$

因为 $E(0)=0$, 所以

$$E(t)\leqslant\frac{t}{4}\int_0^t H(\tau)\mathrm{d}\tau,\quad t\geqslant 0. \tag{9.2.22}$$

下面估计

$$E_0(t)=\iiint\limits_{\Omega} u^2(x,y,z,t)\mathrm{d}x\mathrm{d}y\mathrm{d}z,\quad t\geqslant 0.$$

由 (9.2.19) 中的初始条件得

$$u(x,y,z,t)=u(x,y,z,0)+\int_0^t u_\tau\mathrm{d}\tau=\int_0^t u_\tau\mathrm{d}\tau,$$

所以

$$E_0(t)\leqslant t\int_0^t\iiint\limits_{\Omega} u_\tau^2\mathrm{d}x\mathrm{d}y\mathrm{d}z\mathrm{d}\tau\leqslant t\int_0^t E(\tau)\mathrm{d}\tau.$$

这样由式 (9.2.16) 和式 (9.2.22) 可推出

$$E_0(t)\leqslant t\int_0^t\tau\int_0^\tau H(s)\mathrm{d}s\mathrm{d}\tau\leqslant t\int_0^t\tau\int_0^T H(s)\mathrm{d}s\mathrm{d}\tau\leqslant\frac{\eta^2T^3}{2},$$

其中 $0\leqslant t\leqslant T$. 因此, 对任意 $\varepsilon>0$, 只要取

$$0<\eta^2<2\varepsilon^2\min\{T^{-1},T^{-3}\},$$

当式 (9.2.16) 满足时, 就有

$$E_0(t)<\varepsilon^2,\ \ E(t)<\varepsilon^2,\quad 0\leqslant t\leqslant T.$$

定理 9.2.3 证毕.

9.3 初值问题解的唯一性和稳定性

在这一节里, 我们利用能量积分方法来研究三维波动方程的初值问题

$$\begin{cases} u_{tt}=c^2\Delta u+h(x,y,z,t), & (x,y,z)\in\mathbb{R}^3, t>0,\\ u|_{t=0}=f(x,y,z),\ \ u_t|_{t=0}=g(x,y,z), & (x,y,z)\in\mathbb{R}^3 \end{cases} \tag{9.3.1}$$

解的唯一性和稳定性.

为了证明问题 (9.3.1) 解的唯一性, 我们只需要证明下述问题:

$$\begin{cases} u_{tt} = c^2 \Delta u, & (x,y,z) \in \mathbb{R}^3, t > 0, \\ u|_{t=0} = 0, \ \ u_t|_{t=0} = 0, & (x,y,z) \in \mathbb{R}^3 \end{cases} \tag{9.3.2}$$

只有零解. 而问题 (9.3.1) 对初值的稳定性转化为下列问题:

$$\begin{cases} u_{tt} = c^2 \Delta u, & (x,y,z) \in \mathbb{R}^3, t > 0, \\ u|_{t=0} = f(x,y,z), \ \ u_t|_{t=0} = g(x,y,z), & (x,y,z) \in \mathbb{R}^3. \end{cases} \tag{9.3.3}$$

当 f 和 g"适当小"时, 对应的解 u 也"适当小". 先建立能量不等式.

设 $M_0 = M_0(x_0, y_0, z_0)$ 是空间 $\mathbb{R}^3$ 中的一固定点, $r > 0$. B_0 是 $\mathbb{R}^3$ 中以 M_0 为中心, r 为半径的球, 即

$$B_0 = \{(x,y,z) \in \mathbb{R}^3 | (x-x_0)^2 + (y-y_0)^2 + (z-z_0)^2 \leqslant r^2\}.$$

下面我们考虑以 $(x_0, y_0, z_0, r/c)$ 为顶点的特征锥体

$$K: (x-x_0)^2 + (y-y_0)^2 + (z-z_0)^2 \leqslant (r-ct)^2, \quad 0 \leqslant t \leqslant r/c.$$

该锥体在 $t = t$ 平面上的截面区域为球

$$B_t: (x-x_0)^2 + (y-y_0)^2 + (z-z_0)^2 \leqslant (r-ct)^2,$$

它表示中心在 M_0 半径为 $r_t = r - ct$ 的球体.

假设函数 $u = u(x,y,z,t)$ 关于其变量是二阶连续可微的. 初值问题 (9.3.1) 解的能量 (有时又称为能量模) 定义为

$$E_1(t) = \iiint\limits_{B_t} (u_t^2(x,y,z,t) + c^2 |\nabla u(x,y,z,t)|^2) \mathrm{d}x\mathrm{d}y\mathrm{d}z. \tag{9.3.4}$$

引理 9.3.1 设 u 满足 $u_{tt} = c^2 \Delta u$, 则

$$E_1(t) \leqslant E_1(0), \quad 0 \leqslant t \leqslant r/c. \tag{9.3.5}$$

证 事实上, 有

$$\begin{aligned} \frac{\mathrm{d}E_1(t)}{\mathrm{d}t} &= \frac{\mathrm{d}}{\mathrm{d}t} \iiint\limits_{B_t} (u_t^2 + c^2(u_x^2 + u_y^2 + u_z^2)) \mathrm{d}x\mathrm{d}y\mathrm{d}z \\ &= \frac{\mathrm{d}}{\mathrm{d}t} \int_0^{r_t} \int_0^{2\pi} \int_0^{\pi} (u_t^2 + c^2(u_x^2 + u_y^2 + u_z^2)) \rho^2 \sin\theta \mathrm{d}\theta \mathrm{d}\phi \mathrm{d}\rho \end{aligned}$$

$$
\begin{aligned}
&=\frac{\mathrm{d}r_t}{\mathrm{d}t}\int_0^{2\pi}\int_0^{\pi}(u_t^2+c^2(u_x^2+u_y^2+u_z^2))r_t^2\sin\theta\mathrm{d}\theta\mathrm{d}\phi\\
&\quad+2\int_0^{r_t}\int_0^{2\pi}\int_0^{\pi}(u_tu_{tt}+c^2(u_xu_{xt}+u_yu_{yt}+u_zu_{zt}))\rho^2\sin\theta\mathrm{d}\theta\mathrm{d}\phi\mathrm{d}\rho\\
&=-c\int_0^{2\pi}\int_0^{\pi}[u_t^2+c^2(u_x^2+u_y^2+u_z^2)](r-ct)^2\sin\theta\mathrm{d}\theta\mathrm{d}\phi\\
&\quad+2\int_0^{r_t}\int_0^{2\pi}\int_0^{\pi}\Big\{u_t[u_{tt}-c^2(u_{xx}+u_{yy}+u_{zz})]\\
&\quad+c^2[(u_tu_x)_x+(u_tu_y)_y+(u_tu_z)_z]\Big\}\rho^2\sin\theta\mathrm{d}\theta\mathrm{d}\phi\mathrm{d}\rho.
\end{aligned}
$$

因为 u 满足 $u_{tt}=c^2\Delta u$, 所以

$$
\begin{aligned}
\frac{\mathrm{d}E_1(t)}{\mathrm{d}t}=&-c\iint\limits_{S_t}(u_t^2+c^2(u_x^2+u_y^2+u_z^2))\mathrm{d}S\\
&+2c^2\iiint\limits_{B_t}[(u_tu_x)_x+(u_tu_y)_y+(u_tu_z)_z]\mathrm{d}x\mathrm{d}y\mathrm{d}z,
\end{aligned}
$$

其中 S_t 表示 B_t 的边界, $\mathrm{d}S=r_t^2\sin\theta\mathrm{d}\theta\mathrm{d}\phi$. 利用高斯公式, 得

$$
\begin{aligned}
&\iiint\limits_{B_t}[(u_tu_x)_x+(u_tu_y)_y+(u_tu_z)_z]\mathrm{d}x\mathrm{d}y\mathrm{d}z\\
=&\iint\limits_{S_t}[u_tu_x\cos(n,x)+u_tu_y\cos(n,y)+u_tu_z\cos(n,z)]\mathrm{d}S.
\end{aligned}
$$

注意到 $\cos^2(n,x)+\cos^2(n,y)+\cos^2(n,z)=1$, 这里 n 是球面 S_t 的外法线方向. 所以

$$
\begin{aligned}
\frac{\mathrm{d}E_1(t)}{\mathrm{d}t}=&-c\iint\limits_{S_t}\Big\{u_t^2[\cos^2(n,x)+\cos^2(n,y)+\cos^2(n,z)]+c^2(u_x^2+u_y^2+u_z^2)\\
&-2cu_t[u_x\cos(n,x)+u_y\cos(n,y)+u_z\cos(n,z)]\Big\}\mathrm{d}S\\
=&-c\iint\limits_{S_t}\Big\{(u_t\cos(n,x)-cu_x)^2+(u_t\cos(n,y)-cu_y)^2\\
&+(u_t\cos(n,z)-cu_z)^2\Big\}\mathrm{d}S\leqslant 0.
\end{aligned}
$$

这表明

$$E_1(t) \leqslant E_1(0), \quad 0 \leqslant t \leqslant r/c.$$

本引理证毕.

引理 9.3.2 记

$$E_0(t) = \iiint\limits_{B_t} u^2(x,y,z,t)\mathrm{d}x\mathrm{d}y\mathrm{d}z, \tag{9.3.6}$$

那么, 如果 u 满足 $u_{tt} = c^2\Delta u$, 则

$$E_0(t) \leqslant \mathrm{e}^t E_0(0) + (\mathrm{e}^t - 1)E_1(0), \quad 0 \leqslant t \leqslant r/c. \tag{9.3.7}$$

证 由于

$$\begin{aligned}
\frac{\mathrm{d}E_0(t)}{\mathrm{d}t} &= \frac{\mathrm{d}}{\mathrm{d}t}\int_0^{r_t} \iint\limits_{S_1} u^2\rho^2 \sin\theta \mathrm{d}\theta\mathrm{d}\phi\mathrm{d}\rho \\
&= -c\iint\limits_{S_t} u^2\mathrm{d}S + 2\iiint\limits_{B_t} uu_t\mathrm{d}x\mathrm{d}y\mathrm{d}z \\
&\leqslant 2\iiint\limits_{B_t} uu_t\mathrm{d}x\mathrm{d}y\mathrm{d}z \leqslant \iiint\limits_{B_t} (u^2 + u_t^2)\mathrm{d}x\mathrm{d}y\mathrm{d}z \\
&\leqslant E_0(t) + E_1(t) \leqslant E_0(t) + E_1(0),
\end{aligned}$$

所以

$$\frac{\mathrm{d}}{\mathrm{d}t}(\mathrm{e}^{-t}E_0(t)) \leqslant \mathrm{e}^{-t}E_1(0),$$

两边关于 t 从 0 到 t 积分, 就得出式 (9.3.7). 证毕.

有了上述准备工作, 我们可以讨论初值问题 (9.3.1) 解的唯一性和稳定性.

定理 9.3.1 初值问题 (9.3.1) 的解, 如果存在则必唯一.

证 设 u_1 和 u_2 是问题 (9.3.1) 的两个解, 那么 $u = u_1 - u_2$ 是问题 (9.3.2) 的解. 由引理 9.3.1, 我们得到: 当 $0 \leqslant t \leqslant r/c$ 时, 成立

$$0 \leqslant E_1(t) = \iiint\limits_{B_t} [u_t^2 + c^2(u_x^2 + u_y^2 + u_z^2)]\mathrm{d}x\mathrm{d}y\mathrm{d}z \leqslant E_1(0) = 0.$$

这蕴含了

$$u_t = u_x = u_y = u_z = 0, \quad (x,y,z) \in B_t,\ 0 \leqslant t \leqslant r/c,$$

所以

$$u(x,y,z,t) = u(x,y,z,0) = 0, \quad (x,y,z) \in B_t,\ 0 \leqslant t \leqslant r/c.$$

我们让 r 足够大, 因此

$$u(x,y,z,t)=0,\quad (x,y,z)\in\mathbb{R}^3,\ t\geqslant 0,$$

即

$$u_1(x,y,z,t)=u_1(x,y,z,t),\quad (x,y,z)\in\mathbb{R}^3,\ t\geqslant 0.$$

这就完成了定理的证明.

定理 9.3.2　初值问题 (9.3.1) 的解 $u=u(x,y,z,t)$ 关于初始数据在任一有限区间 $0\leqslant t\leqslant T$ 上是稳定的, 即对任意 $\varepsilon>0$ 和 $T>0$, 存在 $\eta>0$, 当 $f=f_1-f_2$ 和 $g=g_1-g_2$ 满足

$$\|f\|_{\mathbb{R}^3}<\eta,\quad \|\nabla f\|_{\mathbb{R}^3}<\eta,\quad \|g\|_{\mathbb{R}^3}<\eta \tag{9.3.8}$$

时, 分别以 h, f_i 和 $g_i(i=1,2)$ 为已知数据的初值问题 (9.3.1) 的解之差 $u=u_1-u_2$ 满足

$$\|u(t)\|_{\mathbb{R}^3}<\eta,\quad \|\nabla u(t)\|_{\mathbb{R}^3}<\eta,\quad \|u_t(t)\|_{\mathbb{R}^3}<\eta,\quad 0\leqslant t\leqslant T. \tag{9.3.9}$$

这里

$$\|w(t)\|_{\mathbb{R}^3}=\left(\iiint\limits_{\mathbb{R}^3} w^2(x,y,z,t)\mathrm{d}x\mathrm{d}y\mathrm{d}z\right)^{1/2}.$$

证　显然 u 满足问题 (9.3.3). 由引理 9.3.2, 对任意 $t\in[0,T]$, 成立

$$\begin{aligned}E_0(t)&\leqslant \mathrm{e}^T E_0(0)+(\mathrm{e}^T-1)E_1(0)\\&=\mathrm{e}^T\iiint\limits_{B_0} f^2\mathrm{d}x\mathrm{d}y\mathrm{d}z+(\mathrm{e}^T-1)\iiint\limits_{B_0}(g^2+c^2|\nabla f|^2)\mathrm{d}x\mathrm{d}y\mathrm{d}z\\&\leqslant \mathrm{e}^T\|f\|^2_{\mathbb{R}^3}+(\mathrm{e}^T-1)(\|g\|^2_{\mathbb{R}^3}+c^2\|\nabla f\|^2_{\mathbb{R}^3})\\&\leqslant \eta^2[\mathrm{e}^T+(\mathrm{e}^T-1)(1+c^2)].\end{aligned}$$

而由引理 9.3.1, 知

$$E_1(t)\leqslant E_1(0)=\iiint\limits_{B_t}(g^2+c^2|\nabla f|^2)\mathrm{d}x\mathrm{d}y\mathrm{d}z\leqslant(1+c^2)\eta^2,$$

因此对任意的 $\varepsilon>0$, 取

$$0<\eta\leqslant\varepsilon\min\left\{(1+c^2)^{-1/2},\ [\mathrm{e}^T+(\mathrm{e}^T-1)(1+c^2)]^{-1/2}\right\}.$$

当条件 (9.3.8) 满足时, 成立

$$E_0(t) < \varepsilon^2, \quad E_1(t) < \varepsilon^2, \quad 0 \leqslant t \leqslant T,$$

这蕴含了

$$\|u\|_{B_t} < \varepsilon, \quad \|u_t\|_{B_t} < \varepsilon, \quad \|\nabla u\|_{B_t} < \varepsilon, \quad 0 \leqslant t \leqslant T.$$

由于 r 可取任意大, 所以球体 B_t 也可任意大. 因此式 (9.3.9) 成立. 定理 9.3.2 证毕.

本章我们着重讨论三维热传导方程、三维调和方程和三维波动方程的能量积分方法. 对于同类低维 (二维和一维) 方程可以作类似的讨论, 并得到类似的结论. 有关讨论, 建议读者作为练习.

习 题 9

1. 利用能量积分方法, 证明下述初边值问题解的唯一性:

$$\begin{cases} u_{tt} = c^2 u_{xx}, & 0 < x < L,\ t > 0, \\ u(x,0) = \phi(x),\ u_t(x,0) = \psi(x), & 0 \leqslant x \leqslant L, \\ (-\alpha u_x + \beta u)|_{x=0} = p(t), & t \geqslant 0, \\ (\alpha u_x + \beta u)|_{x=L} = q(t), & t \geqslant 0, \end{cases}$$

其中常数 $\alpha, \beta > 0$.

2. 设 $u = u(x,t)$ 是问题

$$\begin{cases} u_{tt} = c^2 u_{xx} - b u_t, & 0 < x < L,\ t > 0, \\ u(x,0) = \phi(x),\ u_t(x,0) = \psi(x), & 0 \leqslant x \leqslant L, \\ u(0,t) = u(L,t) = 0, & t \geqslant 0 \end{cases}$$

的解, 这里常数 $b > 0$. 该问题的能量定义为

$$E(t) = \frac{1}{2}\int_0^L (u_t^2 + c^2 u_x^2)\mathrm{d}x.$$

证明 $E'(t) \leqslant 0 (t \geqslant 0)$. 由此证明初边值问题

$$\begin{cases} u_{tt} = c^2 u_{xx} - b u_t + h(x,t), & 0 < x < L,\ t > 0, \\ u(x,0) = \phi(x),\ u_t(x,0) = \psi(x), & 0 \leqslant x \leqslant L, \\ u(0,t) = p(t),\ u(L,t) = q(t), & t \geqslant 0 \end{cases}$$

的解, 如果存在, 则必唯一, 并且关于初始数据是稳定的.

3. 设 $u=u(x,y,t)$ 是二维波动方程的初边值问题

$$\begin{cases} u_{tt}=c^2(u_{xx}+u_{yy})+h(x,y,t), & (x,y)\in\Omega, t>0,\\ u(x,y,0)=\phi(x,y),\ u_t(x,y,0)=\psi(x,y), & (x,y)\in\overline{\Omega},\\ \alpha u+\beta\dfrac{\partial u}{\partial n}=g(x,y,t), & (x,y)\in\partial\Omega, t\geqslant 0 \end{cases}$$

的解, 其中常数 $\alpha,\beta\geqslant 0,\alpha+\beta>0;\Omega$ 是 Oxy 平面上的有界区域. 求证上述问题的解, 如果存在, 则必唯一, 并且关于初始数据是稳定的.

4. 利用能量积分方法, 证明一维波动方程初值问题

$$\begin{cases} u_{tt}=c^2u_{xx}+f(x,t), & -\infty<x<+\infty,\ t>0,\\ u(x,0)=\phi(x),\ u_t(x,0)=\psi(x), & -\infty<x<+\infty \end{cases}$$

解 $u=u(x,t)$ 的唯一性和关于初始数据在任一有限区间 $0\leqslant t\leqslant T$ 上的连续依赖性.

5. 利用能量积分方法, 证明初边值问题

$$\begin{cases} u_t=c^2(u_{xx}+u_{yy})-bu+h(x,y,t), & (x,y)\in\Omega, t>0,\\ u(x,y,0)=\phi(x,y), & (x,y)\in\overline{\Omega},\\ \alpha u+\beta\dfrac{\partial u}{\partial n}=\psi(x,y,t), & (x,y)\in\partial\Omega, t\geqslant 0 \end{cases}$$

的解, 如果存在, 则必唯一. 这里 α,β,b 均为常数, 且 $\alpha,\beta\geqslant 0,\alpha+\beta>0$; Ω 是 Oxy 平面上的有界区域.

6. 设 (x_0,y_0) 是 Oxy 平面上的一固定点, $r>0$. 记平面区域

$$\Omega_t=\{(x,y)|(x-x_0)^2+(y-y_0)^2\leqslant(r-ct)^2\},\quad 0\leqslant t\leqslant r/c.$$

若 $u=u(x,y,t)$ 是二维波动方程 $u_{tt}=c^2(u_{xx}+u_{yy})$ 在 Ω_t 内的解, 求证下列能量不等式:

(1) $E(t)\leqslant E(0)$;

(2) $E_0(t)\leqslant \mathrm{e}^tE_0(0)+(\mathrm{e}^t-1)E(0)$.

这里 $0\leqslant t\leqslant r/c$ 和

$$E(t)=\iint\limits_{\Omega_t}(u_t^2+c^2(u_x^2+u_y^2))\mathrm{d}x\mathrm{d}y,\quad E_0(t)=\iint\limits_{\Omega_t}u^2(x,y,t)\mathrm{d}x\mathrm{d}y.$$

7. 利用上题结果证明二维波动方程的初值问题

$$\begin{cases} u_{tt}=c^2(u_{xx}+u_{yy})+h(x,y,t), & (x,y)\in\mathbb{R}^2,\ t>0,\\ u(x,y,0)=\phi(x,y),\ u_t(x,y,0)=\psi(x,y), & (x,y)\in\mathbb{R}^2 \end{cases}$$

的解 $u=u(x,t)$ 关于初始数据在任一有限区间 $0\leqslant t\leqslant T$ 上是稳定的.

第 10 章　贝塞尔函数和勒让德函数及应用

在讨论薄圆盘的温度分布或者薄圆膜的振动问题时, 如果采用极坐标进行分离变量时会出现贝塞尔 (Bessel) 方程. 在对三维拉普拉斯方程在柱坐标下进行分离变量时也会出现贝塞尔方程. 而对三维拉普拉斯方程在球坐标下进行分离变量时会出现勒让德 (Legendre) 方程. 这两种方程的解分别称为贝塞尔函数和勒让德函数. 它们是工程技术中经常遇到的两类特殊函数. 这一章我们将分别介绍这两种方程和两类特殊函数, 讨论这两类特殊函数的性质以及在求解数学物理方程中的应用.

10.1　贝塞尔方程与贝塞尔函数

通常把方程

$$x^2y''(x)+xy'(x)+(x^2-\nu^2)y(x)=0 \tag{10.1.1}$$

称为**贝塞尔方程**, 其中 ν 是非负实数. 由于方程 (10.1.1) 是二阶变系数常微分方程, 我们采用幂级数方法求其解. 设其解的形式为

$$y(x)=x^r(c_0+c_1x+c_2x^2+\cdots+c_mx^m+\cdots)=\sum_{m=0}^{\infty}c_mx^{m+r}, \tag{10.1.2}$$

其中 $c_0\neq 0$ 和 $c_m(m=0,1,2,\cdots)$ 为常数, 可以将 y,y',y'' 代入式 (10.1.1), 用待定系数法确定.

将式 (10.1.2) 代入式 (10.1.1), 我们得到

$$\sum_{m=0}^{\infty}(m+r)(m+r-1)c_mx^{m+r}+\sum_{m=0}^{\infty}(m+r)c_mx^{m+r}$$
$$+\sum_{m=0}^{\infty}c_mx^{m+r+2}-\nu^2\sum_{m=0}^{\infty}c_mx^{m+r}=0.$$

要使上式成为恒等式, 各个幂的系数必须全部为 0. 这样我们得到 x^r 的系数为

$$r(r-1)c_0+rc_0-\nu^2c_0=0 \tag{10.1.3}$$

和 x^{r+1} 的系数为

$$(r+1)rc_1+(r+1)c_1-\nu^2c_1=0, \tag{10.1.4}$$

以及一般项 x^{r+s} 的系数为

$$(s+r)(s+r-1)c_s+(s+r)c_s+c_{s-2}-\nu^2c_s=0,\quad s=2,3,\cdots. \tag{10.1.5}$$

由于 $c_0\neq 0$, 从式 (10.1.3) 得到 $r^2-\nu^2=0$. 因此有两个根 $r_1=\nu\geqslant 0$ 和 $r_2=-\nu\leqslant 0$. 先确定对应于 r_1 的解. 由式 (10.1.4) 得 $c_1=0$. 由式 (10.1.5), 得

$$(s+r+\nu)(s+r-\nu)c_s+c_{s-2}=0,\quad s=2,3,\cdots. \tag{10.1.6}$$

取 $r=\nu$, 得

$$s(s+2\nu)c_s+c_{s-2}=0. \tag{10.1.7}$$

因为 $c_1=0$ 和 $\nu\geqslant 0$, 所以 $c_3=c_5=\cdots=0$. 如果在式 (10.1.7) 中令 $s=2m$, 得

$$c_{2m}=-\frac{c_{2m-2}}{2^2m(m+\nu)},\quad m=1,2,\cdots. \tag{10.1.8}$$

利用上述递推关系可以确定系数 $c_2,c_4,\cdots$. 此时 c_0 仍然是任意的. 通常取

$$c_0=\frac{1}{2^\nu\Gamma(\nu+1)}, \tag{10.1.9}$$

其中 $\Gamma(\nu+1)$ 是 Γ 函数, 它由广义积分

$$\Gamma(s)=\int_0^{+\infty}t^{s-1}\mathrm{e}^{-t}\mathrm{d}t$$

所定义. 显然, 当 $s>0$ 时, $0<\Gamma(s)<+\infty$; 当 $s\leqslant 0$ 时, $\Gamma(s)=+\infty$.

由分部积分可以得到如下递推关系:

$$\Gamma(s+1)=s\Gamma(s),\quad s>0. \tag{10.1.10}$$

因为 $\Gamma(1)=1$, 所以由式 (10.1.10) 得 $\Gamma(k+1)=k!$, $k=0,1,\cdots$. 为了记号上的方便起见, 我们约定

$$\frac{1}{\Gamma(s)}=0,\quad 当\ s\leqslant 0.$$

由式 (10.1.8) 和式 (10.1.9) 得

$$c_2=-\frac{c_0}{2^2(\nu+1)}=-\frac{1}{2^{2+\nu}1!\Gamma(\nu+2)},$$
$$c_4=-\frac{c_2}{2^22(\nu+2)}=\frac{1}{2^{4+\nu}2!\Gamma(\nu+3)}.$$

一般地, 我们有

$$c_{2m}=\frac{(-1)^m}{2^{2m+\nu}m!\Gamma(\nu+m+1)},\quad m=1,2,\cdots.$$

因此由式 (10.1.2) 得到贝塞尔方程 (10.1.1) 的一个特解:

$$J_\nu(x)=x^\nu\sum_{m=0}^{\infty}\frac{(-1)^m x^{2m}}{2^{2m+\nu}m!\Gamma(m+\nu+1)},\quad \nu\geqslant 0. \tag{10.1.11}$$

它称为 ν 阶**第一类贝塞尔函数**. 用级数的比值判别法 (即达朗贝尔判别法) 可以判定上述级数对任意实数 x 都收敛. 在式 (10.1.11) 中用 $-\nu$ 代替 ν, 我们可以得到方程的另一个特解

$$J_{-\nu}(x)=x^{-\nu}\sum_{m=0}^{\infty}\frac{(-1)^m x^{2m}}{2^{2m-\nu}m!\Gamma(m-\nu+1)}. \tag{10.1.12}$$

由于当 ν 不为整数时, J_ν 与 $J_{-\nu}$ 线性无关, 因此我们有

定理 10.1.1 如果 ν 不为整数, 则贝塞尔方程 (10.1.1) 的通解为

$$y(x)=C_1J_\nu(x)+C_2J_{-\nu}(x),\quad x\neq 0, \tag{10.1.13}$$

其中 C_1, C_2 为任意常数.

在 ν 不为整数的情况下, 方程 (10.1.1) 的通解除了可以写成式 (10.1.13) 以外还可以写成其它形式. 只要能够找到该方程的另一个与 $J_\nu(x)$ 线性无关的特解, 它与 $J_\nu(x)$ 的线性组合就构成方程 (10.1.1) 的通解. 在有关文献中已经讨论了一些不同形式的特解, 但最常用的一个特解是

$$\begin{aligned}Y_\nu(x)&=\cot\nu\pi J_\nu(x)-\csc\nu\pi J_{-\nu}(x)\\&=\frac{J_\nu(x)\cos\nu\pi-J_{-\nu}(x)}{\sin\nu\pi},\quad \nu\text{ 不为整数}.\end{aligned} \tag{10.1.14}$$

显然 $Y_\nu(x)$ 与 $J_\nu(x)$ 线性无关, 故方程 (10.1.1) 的通解可写为

$$y(x)=AJ_\nu(x)+BY_\nu(x),\quad x\neq 0. \tag{10.1.15}$$

由式 (10.1.14) 所确定的函数 $Y_\nu(x)$ 称为 ν 阶**第二类贝塞尔函数**, 或称为 ν 阶**诺依曼** (Neumann) **函数**. 函数 $Y_\nu(x)$ 有时记为 $N_\nu(x)$.

当 ν 为整数时, 我们有

定理 10.1.2 设 $\nu=n$ 为正整数, 则

$$J_{-n}(x)=(-1)^nJ_n(x),\quad x\neq 0,\quad n=1,2,\cdots, \tag{10.1.16}$$

即 $J_n(x)$ 与 $J_{-n}(x)$ 线性相关.

证 因为 n 为正整数, 那么

$$\frac{1}{\Gamma(-n+m+1)}=0,\quad m=0,1,2,\cdots,n-1,$$

这时, 级数 (10.1.12) 从 $m=n$ 起才开始出现非零项. 所以

$$\begin{aligned}J_{-n}(x)&=x^{-n}\sum_{m=n}^{\infty}\frac{(-1)^m x^{2m}}{2^{2m-n}m!\Gamma(m-n+1)}\\&=x^{-n}\sum_{k=0}^{\infty}\frac{(-1)^{n+k}x^{2(n+k)}}{2^{n+2k}(n+k)!\Gamma(k+1)}\\&=(-1)^n x^n\sum_{k=0}^{\infty}\frac{(-1)^k x^{2k}}{2^{n+2k}(n+k)!\Gamma(k+1)}\\&=(-1)^n x^n\sum_{k=0}^{\infty}\frac{(-1)^k x^{2k}}{2^{n+2k}k!\Gamma(n+k+1)}=(-1)^n J_n(x).\end{aligned}$$

定理证毕.

由此可见 $J_n(x)$ 与 $J_{-n}(x)$ 线性相关. 为了求出方程 (10.1.1) 的另外一个特解, 需要求出与 $J_n(x)$ 线性无关的另一个特解. 为此, 我们自然想到第二类贝塞尔函数. 但当 n 为整数时, 式 (10.1.14) 右端没有意义. 要想把整数阶的贝塞尔方程的通解也写成式 (10.1.15) 的形式, 我们需修改第二类贝塞尔函数的定义. 如果 n 为整数, 定义

$$Y_n(x)=\lim_{\alpha\to n}\frac{J_\alpha(x)\cos\alpha\pi-J_{-\alpha}(x)}{\sin\alpha\pi}. \tag{10.1.17}$$

当 $\alpha\to n$ 时, 上式右端为 $\dfrac{0}{0}$ 型不定式. 应用洛必达法则, 得

$$\begin{aligned}Y_n(x)&=\lim_{\alpha\to n}\frac{-\pi\sin\alpha\pi J_\alpha(x)+\cos\alpha\pi\dfrac{\partial J_\alpha(x)}{\partial\alpha}-\dfrac{\partial J_{-\alpha}(x)}{\partial\alpha}}{\pi\cos\alpha\pi}\\&=\lim_{\alpha\to n}\frac{1}{\pi}\left(\frac{\partial J_\alpha(x)}{\partial\alpha}-\frac{1}{\cos\alpha\pi}\frac{\partial J_{-\alpha}(x)}{\partial\alpha}\right).\end{aligned} \tag{10.1.18}$$

将 $J_\alpha(x),J_{-\alpha}(x)$ 的级数代入式 (10.1.18), 并且利用 $\Gamma(x)$ 函数的性质, 得

$$\begin{aligned}Y_n(x)=&\frac{2}{\pi}J_n(x)\left(\ln\frac{x}{2}+\gamma\right)+\frac{x^n}{\pi}\sum_{m=0}^{\infty}\frac{(-1)^{m-1}(h_m+h_{n+m})}{2^{2m+n}m!(n+m)!}x^{2m}\\&-\frac{x^{-n}}{\pi}\sum_{m=0}^{n-1}\frac{(n-m-1)!}{2^{2m-n}m!}x^{2m},\end{aligned} \tag{10.1.19}$$

其中 $x>0, n=1,2,\cdots$, 和

$$h_0=0, \quad h_s=1+\frac{1}{2}+\cdots+\frac{1}{s} \ (s=1,2,\cdots),$$
$$\gamma=\lim_{s\to+\infty}(h_s-\ln s)=0.57721566490\cdots.$$

γ 通常称为**欧拉常数**. 可以证明:

$$Y_{-n}(x)=(-1)^n Y_n(x).$$

当 $n=0$ 时, 有

$$Y_0(x)=\frac{2}{\pi}J_0(x)\left(\ln\frac{x}{2}+\gamma\right)+\frac{2}{\pi}\sum_{m=1}^{\infty}\frac{(-1)^{m-1}h_m}{2^{2m}(m!)^2}x^{2m}. \tag{10.1.20}$$

当 $n>0$ 时, 由式 (10.1.19) 可知 $\lim\limits_{x\to 0}Y_n(x)=\infty$, 而 $J_n(0)$ 是有界的, 故 $J_n(x)$ 与 $Y_n(x)$ 线性无关. 因此对任意实数 ν, 贝塞尔方程 (10.1.1) 的通解都可以表示为

$$y(x)=AJ_\nu(x)+BY_\nu(x), \tag{10.1.21}$$

其中 A, B 为任意常数.

例 10.1.1 求方程

$$x^2y''(x)+xy'(x)+(\lambda^2x^2-\nu^2)y(x)=0$$

的通解, 这里参数 $\lambda>0$.

解 作变换 $z=\lambda x$, 则原方程可以变为

$$z^2\frac{\mathrm{d}^2y}{\mathrm{d}z^2}+z\frac{\mathrm{d}y}{\mathrm{d}z}+(z^2-\nu^2)y=0.$$

它是关于 z 的 ν 阶贝塞尔方程, 其通解为 $y=AJ_\nu(z)+BY_\nu(z)$. 所以原方程的通解是 $y(x)=AJ_\nu(\lambda x)+BY_\nu(\lambda x)$, 其中 A, B 为任意常数.

注 10.1.1 有许多二阶微分方程通过适当的变换可以化为贝塞尔方程, 从而得到其通解. 见本章习题.

10.2 贝塞尔函数的性质

在这一节里, 我们讨论贝塞尔函数的性质. 这些性质对于应用来讲是非常重要的.

10.2.1　微分关系和递推公式

我们先引进如下引理.

引理 10.2.1　设 $J_\nu(x)$ 是 ν 阶第一类贝塞尔函数, $\nu \geqslant 0$, 则下面微分关系成立:

$$\frac{\mathrm{d}}{\mathrm{d}x}(x^\nu J_\nu(x)) = x^\nu J_{\nu-1}(x), \tag{10.2.1}$$

$$\frac{\mathrm{d}}{\mathrm{d}x}(x^{-\nu} J_\nu(x)) = -x^{-\nu} J_{\nu+1}(x). \tag{10.2.2}$$

证　先证式 (10.2.1). 由定义

$$J_\nu(x) = x^\nu \sum_{m=0}^{\infty} \frac{(-1)^m x^{2m}}{2^{\nu+2m} m!\Gamma(\nu+m+1)}$$

逐项求导得

$$\begin{aligned}\frac{\mathrm{d}}{\mathrm{d}x}(x^\nu J_\nu(x)) &= \frac{\mathrm{d}}{\mathrm{d}x}\sum_{m=0}^{\infty} \frac{(-1)^m x^{2\nu+2m}}{2^{\nu+2m} m!\Gamma(\nu+m+1)} \\ &= x^\nu \sum_{m=0}^{\infty} \frac{(-1)^m x^{\nu+2m-1}}{2^{\nu+2m-1} m!\Gamma(\nu+m)} \\ &= x^\nu J_{\nu-1}(x).\end{aligned}$$

同理可以证明式 (10.2.2).

式 (10.2.1) 和式 (10.2.2) 还可以写成另一种形式. 先把式 (10.2.1) 和式 (10.2.2) 两边除以 x, 即得

$$\frac{\mathrm{d}}{x\mathrm{d}x}[x^\nu J_\nu(x)] = x^{\nu-1} J_{\nu-1}(x),$$
$$\frac{\mathrm{d}}{x\mathrm{d}x}[x^{-\nu} J_\nu(x)] = -x^{-(\nu+1)} J_{\nu+1}(x).$$

把 $\dfrac{\mathrm{d}}{x\mathrm{d}x}$ 看成一个整体的运算符号, 并且把这个算符对上式再作用一次, 得到

$$\left(\frac{\mathrm{d}}{x\mathrm{d}x}\right)^2 [x^\nu J_\nu(x)] = x^{\nu-2} J_{\nu-2}(x),$$
$$\left(\frac{\mathrm{d}}{x\mathrm{d}x}\right)^2 [x^{-\nu} J_\nu(x)] = x^{-(\nu+2)} J_{\nu+2}(x).$$

注意这里

$$\left(\frac{\mathrm{d}}{x\mathrm{d}x}\right)^2 = \left(\frac{\mathrm{d}}{x\mathrm{d}x}\right)\left(\frac{\mathrm{d}}{x\mathrm{d}x}\right) \neq \frac{\mathrm{d}^2}{x^2\mathrm{d}x^2}.$$

一般地, 有

$$\left(\frac{\mathrm{d}}{x\mathrm{d}x}\right)^n [x^\nu J_\nu(x)] = x^{\nu-n} J_{\nu-n}(x) \tag{10.2.3}$$

和

$$\left(\frac{\mathrm{d}}{x\mathrm{d}x}\right)^n \left[x^{-\nu} J_\nu(x)\right] = (-1)^n x^{-(\nu+n)} J_{\nu+n}(x). \tag{10.2.4}$$

如果将式 (10.2.1) 和式 (10.2.2) 中的导数求出, 并且分别相减和相加, 得到

引理 10.2.2 设 $J_\nu(x)$ 是 ν 阶第一类贝塞尔函数, $\nu \geqslant 0$, 则下面递推关系式成立:

$$J_{\nu-1}(x) + J_{\nu+1}(x) = \frac{2\nu}{x} J_\nu(x), \tag{10.2.5}$$

$$J_{\nu-1}(x) - J_{\nu+1}(x) = 2J'_\nu(x). \tag{10.2.6}$$

引理 10.2.1 表明, 通过 ν 阶第一类贝塞尔函数, 可以求出低一阶 $\nu-1$ 阶或者高一阶的 $\nu+1$ 阶第一类贝塞尔函数.

在式 (10.2.2) 中, 令 $\nu=0$, 得

$$J'_0(x) = -J_1(x).$$

由此断言 $J_0(x)$ 的极值点就是 $J_1(x)$ 的零点.

引理 10.2.2 表明由两个相邻阶的第一类贝塞尔函数, 可以求出更高一阶的第一类贝塞尔函数. 如

$$J_2(x) = 2x^{-1} J_1(x) - J_0(x),$$

$$J_3(x) = 4x^{-1} J_2(x) - J_1(x) = (8x^{-2} - 1) J_1(x) - 4x^{-1} J_0(x).$$

注意到关系 $J_{-n}(x) = (-1)^n J_n(x)$, 可知所有整数阶的贝塞尔函数 $J_n(x)$(n 为整数) 都可用 $J_0(x)$ 和 $J_1(x)$ 来表示. 这样, 只要有了关于 $J_0(x)$ 和 $J_1(x)$ 的函数表, 就可以求出 $J_2(x), J_3(x)$ 以至 $J_n(x)$ 在相应处的函数值.

例 10.2.1 利用递推公式, 求下列不定积分:

(1) $\displaystyle\int x J_2(x)\mathrm{d}x$; (2) $\displaystyle\int x^3 J_0(x)\mathrm{d}x$.

解 (1) 利用式 (10.2.2) 和分部积分得

$$\begin{aligned}\int x J_2(x)\mathrm{d}x &= \int x^2 (x^{-1} J_2(x))\mathrm{d}x = -\int x^2 \mathrm{d}(x^{-1} J_1(x)) \\ &= -x^2 (x^{-1} J_1(x)) + 2\int x (x^{-1} J_1(x))\mathrm{d}x \\ &= -x J_1(x) + 2\int J_1(x)\mathrm{d}x = -x J_1(x) - 2J_0(x) + C.\end{aligned}$$

(2) 由分部积分得

$$\begin{aligned}\int x^3J_0(x)\mathrm{d}x &= \int x^2(xJ_0(x))\mathrm{d}x = \int x^2\mathrm{d}(xJ_1(x)) = x^3J_1(x) - 2\int x^2J_1(x)\mathrm{d}x\\ &= x^3J_1(x) - 2x^2J_2(x) + C = x^3J_1(x) - 2x^2(2x^{-1}J_1(x) - J_0(x)) + C\\ &= (x^3-4x)J_1(x) + 2x^2J_0(x) + C.\end{aligned}$$

例 10.2.2　化简 $4J_0'''(x)+2J_0'(x)+J_3(x)$.

解　利用引理 10.2.2, 有

$$\begin{aligned}4J_0'''(x)+2J_0'(x)+J_3(x) &= -4J_1''(x)+2J_0'(x)+J_3(x)\\ &= -2(J_0'(x)-J_2'(x))+2J_0'(x)+J_3(x)\\ &= -2J_0'(x)+2J_2'(x)+2J_0'(x)+J_3(x)\\ &= (J_1(x)-J_3(x))+J_3(x)=J_1(x),\end{aligned}$$

所以

$$4J_0'''(x)+2J_0'(x)+J_3(x)=J_1(x).$$

例 10.2.3　设 $\nu+1>0, a>0$, 证明

$$\int_0^1 x^{\nu+1}J_\nu(ax)\mathrm{d}x = \frac{1}{a}J_{\nu+1}(a). \tag{10.2.7}$$

证　由等式 (10.2.1) 得

$$\frac{\mathrm{d}}{\mathrm{d}t}(t^{\nu+1}J_{\nu+1}(t)) = t^{\nu+1}J_\nu(t).$$

令 $t=ax$, 上式变为

$$\frac{\mathrm{d}}{\mathrm{d}x}[(ax)^{\nu+1}J_{\nu+1}(ax)]\frac{\mathrm{d}x}{\mathrm{d}t} = (ax)^{\nu+1}J_\nu(ax),$$

即

$$\frac{\mathrm{d}}{\mathrm{d}x}[x^{\nu+1}J_{\nu+1}(ax)]\frac{1}{a} = x^{\nu+1}J_\nu(ax).$$

于是得

$$\int x^{\nu+1}J_\nu(ax)\mathrm{d}x = x^{\nu+1}\frac{J_{\nu+1}(ax)}{a}+C,$$

其中 C 为积分常数. 所以

$$\int_0^1 x^{\nu+1}J_\nu(ax)\mathrm{d}x = \left[x^{\nu+1}\frac{J_{\nu+1}(ax)}{a}\right]_0^1.$$

注意到 $\nu+1>0, J_{\nu+1}(ax)|_{x=0}=0$, 故

$$\int_0^1 x^{\nu+1}J_\nu(ax)\mathrm{d}x=\frac{J_{\nu+1}(a)}{a}.$$

这就是我们所要证的.

10.2.2 半奇数阶函数

第一类贝塞尔函数和诺依曼函数一般说来不是初等函数, 但半奇数阶第一类贝塞尔函数 $J_\nu(x)(\nu=n+\dfrac{1}{2}, n$ 为整数) 可以用初等函数来表示. 比如, 我们计算 $J_{\frac{1}{2}}(x)$ 和 $J_{-\frac{1}{2}}(x)$.

由定义

$$J_{\frac{1}{2}}(x)=x^{\frac{1}{2}}\sum_{m=0}^{\infty}\frac{(-1)^m x^{2m}}{2^{2m+1/2}m!\Gamma(m+3/2)}.$$

由于

$$\Gamma(m+3/2)=\frac{1\cdot3\cdot5\cdot\cdots\cdot(2m+1)}{2^{m+1}}\Gamma(1/2),\quad \Gamma(1/2)=\sqrt{\pi},$$

所以

$$J_{\frac{1}{2}}(x)=\sqrt{\frac{2}{\pi x}}\sum_{m=0}^{\infty}\frac{(-1)^m x^{2m+1}}{(2m+1)!}=\sqrt{\frac{2}{\pi x}}\sin x.$$

类似地可以求得

$$J_{-\frac{1}{2}}(x)=\sqrt{\frac{2}{\pi x}}\cos x.$$

利用递推关系得

$$J_{\frac{3}{2}}(x)=\frac{1}{x}J_{\frac{1}{2}}(x)-J_{-\frac{1}{2}}(x)=\sqrt{\frac{2}{\pi x}}\left(\frac{\sin x}{x}-\cos x\right)=-\sqrt{\frac{2}{\pi}}x^{\frac{3}{2}}\frac{\mathrm{d}}{x\mathrm{d}x}\left(\frac{\sin x}{x}\right).$$

同理可得

$$J_{-\frac{3}{2}}(x)=-\sqrt{\frac{2}{\pi x}}\left(\frac{\cos x}{x}+\sin x\right)=\sqrt{\frac{2}{\pi}}x^{\frac{3}{2}}\frac{\mathrm{d}}{x\mathrm{d}x}\left(\frac{\cos x}{x}\right).$$

一般地, 我们可以得到如下表达式:

$$J_{n+\frac{1}{2}}(x)=(-1)^n\sqrt{\frac{2}{\pi}}x^{n+\frac{1}{2}}\left(\frac{\mathrm{d}}{x\mathrm{d}x}\right)^n\left(\frac{\sin x}{x}\right), \tag{10.2.8}$$

$$J_{-(n+\frac{1}{2})}(x) = \sqrt{\frac{2}{\pi}} x^{n+\frac{1}{2}} \left(\frac{\mathrm{d}}{x\mathrm{d}x}\right)^n \left(\frac{\cos x}{x}\right), \tag{10.2.9}$$

其中 n 为非负整数.

第二类贝塞尔函数也具有与第一类贝塞尔函数类似的递推关系

$$\frac{\mathrm{d}}{\mathrm{d}x}\left[x^{\nu} Y_{\nu}(x)\right] = x^{\nu} Y_{\nu-1}(x), \tag{10.2.10}$$

$$\frac{\mathrm{d}}{\mathrm{d}x}\left[x^{-\nu} Y_{\nu}(x)\right] = -x^{-\nu} Y_{\nu+1}(x), \tag{10.2.11}$$

$$Y_{\nu-1}(x) + Y_{\nu+1}(x) = 2\nu x^{-1} Y_{\nu}(x), \tag{10.2.12}$$

$$Y_{\nu-1}(x) - Y_{\nu+1}(x) = 2Y_{\nu}'(x). \tag{10.2.13}$$

它们的证明可以根据式 (10.1.14) 和式 (10.1.19) 给出. 作为练习留给读者.

10.2.3　贝塞尔函数的零点

贝塞尔函数的零点, 即方程 $J_{\nu}(x) = 0$ 的根, 在求解数学物理方程的定解问题时, 具有重要意义. 对于给定的 ν, 贝塞尔函数 $J_{\nu}(x)$ 是否存在零点, 如果有, 有多少? 它们是怎样分布的? 为此首先考虑 $J_{\nu}(x)$ 的级数表达式

$$J_{\nu}(x) = x^{\nu} \sum_{m=0}^{\infty} \frac{(-1)^m x^{2m}}{2^{\nu+2m} m! \Gamma(\nu+m+1)}. \tag{10.2.14}$$

由此可见, $J_{\nu}(x)$ 的级数部分是偶函数. 故若 $J_{\nu}(x)$ 的实零点存在的话, 必成对出现, 而 $J_0(0) = 1, J_{\nu}(0) = 0(\nu > 0)$. 下面我们不加证明地给出关于贝塞尔函数零点的一些重要结论:

(1) $J_{\nu}(x)$ 有无穷多个单重零点, 且这无穷多个实零点在 x 轴上关于原点是对称分布的, 因而必有无穷多个正零点. 当 $\nu > -1$ 时, $J_{\nu}(x)$ 只有实零点.

(2) $J_{\nu}(x)$ 的零点与 $J_{\nu+1}(x)$ 的零点是彼此相间的, 即 $J_{\nu}(x)$ 的任意两个相邻实零点之间必存在一个且仅有一个 $J_{\nu+1}(x)$ 的零点. $J_{\nu}(x)$ 与 $J_{\nu+1}(x)$ 没有非零的公共零点.

(3) 以 $\mu_{(m+1)\nu}, \mu_{m\nu}$ 表示 $J_{\nu}(x)$ 的两个相邻的正实零点, 则当 $m \to +\infty$ 时, $\mu_{(m+1)\nu} - \mu_{m\nu} \to \pi$, 即 $J_{\nu}(x)$ 几乎是以 2π 为周期的函数. $J_0(x)$ 和 $J_1(x)$ 的图形如图 10.1.

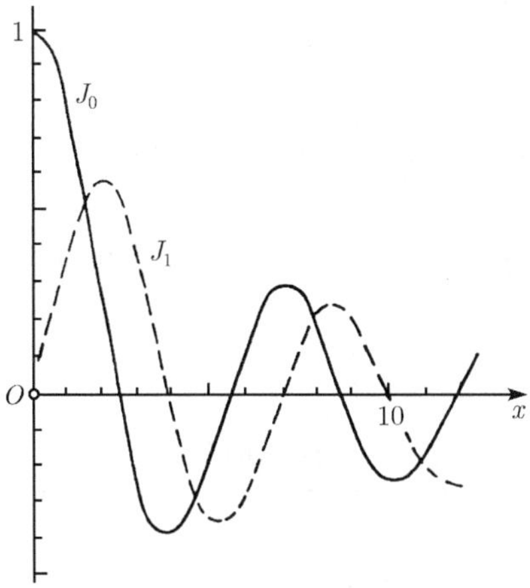

图 10.1

(4) 第二类贝塞尔函数 $Y_\nu(x)$ 的零点分布在 $(0,+\infty)$ 上, 它与第一类贝塞尔函数 $J_\nu(x)$ 的零点有相似的结论. $Y_0(x)$ 和 $Y_1(x)$ 的图形如图 10.2.

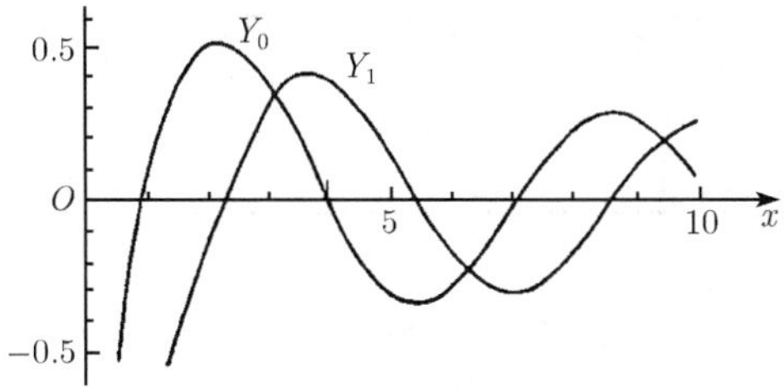

图 10.2

(5) 第一类贝塞尔函数 $J_\nu(x)$ 的正零点与第二类贝塞尔函数 $Y_\nu(x)$ 的零点相间分布. $J_0(x)$ 和 $Y_1(x)$ 的图形如图 10.3.

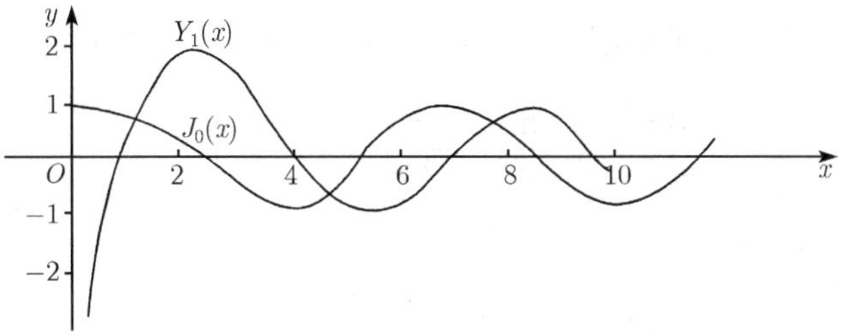

图 10.3

(6) 渐近公式. 当 x 适当大时

$$J_{2n}(x) \approx (-1)^n \sqrt{\frac{1}{\pi x}}(\cos x + \sin x),$$

$$
\begin{aligned}
J_{2n+1}(x) &\approx (-1)^{n+1}\sqrt{\frac{1}{\pi x}}(\cos x-\sin x),\\
Y_n(x) &\approx \sqrt{\frac{2}{\pi x}}\sin\left(x-\frac{1}{2}n\pi-\frac{1}{4}\pi\right).
\end{aligned}
\tag{10.2.15}
$$

为了便于工程技术上的应用, 贝塞尔函数的零点的数值已被详细计算出来, 并且列成表格, 下表给出了 $J_\nu(x)$ $(\nu=0,1,2,3,4,5)$ 的前 10 个正零点 $\mu_{m\nu}$ $(m=1,2,\cdots,10)$ 的近似值.

表 10.1

$\mu_{m\nu}$ (m \ ν)	0	1	2	3	4	5
1	2.405	3.832	5.136	6.380	7.588	8.771
2	5.520	7.016	8.417	9.761	11.065	12.339
3	8.654	10.173	11.620	13.015	14.373	15.700
4	11.792	13.324	14.796	16.223	17.616	18.980
5	14.931	16.471	17.960	19.409	20.827	22.218
6	18.071	19.616	21.117	22.583	24.019	25.430
7	21.212	22.760	24.270	25.748	27.199	28.627
8	24.352	25.904	27.421	28.908	30.371	31.812
9	27.493	29.047	30.569	32.065	33.537	34.989
10	30.635	32.190	33.716	35.219	36.699	38.160

在应用上还会用到其它类型的贝塞尔函数, 如当我们在圆域内求解定解问题, 圆柱上下两底的边界是齐次的, 侧面的边界条件是非齐次时, 就会遇到

$$x^2y''(x)+xy'(x)-(x^2+\nu^2)y(x)=0 \tag{10.2.16}$$

这样的方程. 它和贝塞尔方程仅有一项有差别. 所以我们自然会想到作自变量代换将方程 (10.2.16) 转化为贝塞尔方程. 令 $x=-\mathrm{i}t, \mathrm{i}=\sqrt{-1}$, 则 $\mathrm{d}x=-\mathrm{i}\mathrm{d}t$ 以及

$$\frac{\mathrm{d}y}{\mathrm{d}x}=-\frac{1}{\mathrm{i}}\frac{\mathrm{d}y}{\mathrm{d}t},\quad \frac{\mathrm{d}^2y}{\mathrm{d}x^2}=-\frac{\mathrm{d}^2y}{\mathrm{d}t^2}.$$

代入到式 (10.2.16), 得

$$t^2\frac{\mathrm{d}^2y}{\mathrm{d}t^2}+t\frac{\mathrm{d}y}{\mathrm{d}t}+(t^2-\nu^2)y=0,$$

由此可知, 方程 (10.2.16) 的通解为

$$y(x)=AJ_\nu(\mathrm{i}x)+BY_\nu(\mathrm{i}x),$$

其中

$$J_\nu(\mathrm{i}x)=\mathrm{i}^\nu\sum_{m=0}^{\infty}\frac{x^{2m+\nu}}{2^{2m+\nu}m!\Gamma(m+\nu+1)}.$$

函数 $\mathrm{i}^{-\nu}J_\nu(\mathrm{i}x)$ 称为**第一类虚宗量的 ν 阶贝塞尔函数**或称为**第一类修正的 ν 阶贝塞尔函数** (the modified Bessel function of the first kind of order ν), 并且记作

$$I_\nu(x)=\mathrm{i}^{-\nu}J_\nu(\mathrm{i}x)=\sum_{m=0}^{\infty}\frac{x^{2m+\nu}}{2^{2m+\nu}m!\Gamma(m+\nu+1)}. \tag{10.2.17}$$

关于**第二类虚宗量的 ν 阶贝塞尔函数**或称**第二类修正的 ν 阶贝塞尔函数**$K_\nu(x)$ 定义如下:

当 ν 是非整数时

$$K_\nu(x)=\frac{\pi}{2\sin\nu\pi}[I_{-\nu}(x)-I_\nu(x)];$$

当 ν 是整数时

$$K_\nu(x)=\lim_{\alpha\to\nu}\frac{\pi}{2\sin\alpha\pi}[I_{-\alpha}(x)-I_\alpha(x)].$$

所以方程 (10.2.16) 的通解为

$$y(x)=AI_\nu(x)+BK_\nu(x),\quad A,B\text{是任意常数}. \tag{10.2.18}$$

容易证明 $I_\nu(x)$ 与 $K_\nu(x)$ 不存在实零点.

10.2.4 贝塞尔函数的正交性和模值

由傅里叶级数理论可知, 利用三角函数系的正交性质, 函数在满足狄利克雷 (Dirichlet) 条件下, 可以展开傅里叶级数. 下面证明贝塞尔函数也具有正交性质.

定理 10.2.1(贝塞尔函数的正交性) 对每一非负整数 $n=0,1,2,\cdots$, 让 μ_{mn} $(m=1,2,\cdots)$ 是 $J_n(x)$ 的正零点. 记 $\lambda_{mn}=\dfrac{\mu_{mn}}{R}$. 那么 n 阶贝塞尔函数系 $J_n(\lambda_{1n}x),J_n(\lambda_{2n}x),\cdots$, 在区间 $[0,R]$ 上关于权函数 $\rho(x)=x$ 构成一个正交函数系, 即

$$\int_0^R xJ_n(\lambda_{mn}x)J_n(\lambda_{kn}x)\mathrm{d}x=0,\quad m\neq k,\ m,k=1,2,\cdots \tag{10.2.19}$$

以及

$$\int_0^R xJ_n^2(\lambda_{mn}x)\mathrm{d}x=\frac{R^2}{2}J_{n+1}^2(\lambda_{mn}R),\quad m=1,2,\cdots. \tag{10.2.20}$$

通常称

$$\sqrt{\int_0^R xJ_n^2(\lambda_{mn}x)\mathrm{d}x}=\frac{R}{\sqrt{2}}J_{n+1}(\lambda_{mn}R),\quad m=1,2,\cdots \tag{10.2.21}$$

为贝塞尔函数 $J_n(\lambda_{mn}x)$ 的模值, 记为 $\|J_n(\lambda_{mn}x)\|_2$.

证 设 n 是非负整数. $J_n(s)$ 是 n 阶贝塞尔函数, 满足 n 阶贝塞尔方程

$$s^2\frac{\mathrm{d}^2}{\mathrm{d}s^2}J_n(s)+s\frac{\mathrm{d}}{\mathrm{d}s}J_n(s)+(s^2-n^2)J_n(s)=0.$$

令 $s=\lambda x$, 则 $J_n(\lambda x)$ 满足

$$x^2\frac{\mathrm{d}^2}{\mathrm{d}x^2}J_n(\lambda x)+x\frac{\mathrm{d}}{\mathrm{d}x}J_n(\lambda x)+(\lambda^2x^2-n^2)J_n(\lambda x)=0.$$

方程两边同除以 x, 上述方程可以写成如下形式:

$$\frac{\mathrm{d}}{\mathrm{d}x}\left[x\frac{\mathrm{d}}{\mathrm{d}x}J_n(\lambda x)\right]+\left(\lambda^2x-\frac{n^2}{x}\right)J_n(\lambda x)=0. \tag{10.2.22}$$

设 $J_n(\lambda_{mn}x)$ 与 $J_n(\lambda_{kn}x)$ 分别满足

$$\frac{\mathrm{d}}{\mathrm{d}x}\left[x\frac{\mathrm{d}}{\mathrm{d}x}J_n(\lambda_{mn}x)\right]+\left(\lambda_{mn}^2x-\frac{n^2}{x}\right)J_n(\lambda_{mn}x)=0, \tag{10.2.23}$$

$$\frac{\mathrm{d}}{\mathrm{d}x}\left[x\frac{\mathrm{d}}{\mathrm{d}x}J_n(\lambda_{kn}x)\right]+\left(\lambda_{kn}^2x-\frac{n^2}{x}\right)J_n(\lambda_{kn}x)=0. \tag{10.2.24}$$

用 $J_n(\lambda_{kn}x)$ 乘以 (10.2.23), $J_n(\lambda_{mn}x)$ 乘以 (10.2.24), 相减后再在 $[0,R]$ 上积分得

$$\begin{aligned}&(\lambda_{mn}^2-\lambda_{kn}^2)\int_0^R xJ_n(\lambda_{mn}x)J_n(\lambda_{kn}x)\mathrm{d}x\\ =&\left[xJ_n(\lambda_{mn}x)\frac{\mathrm{d}}{\mathrm{d}x}J_n(\lambda_{kn}x)-xJ_n(\lambda_{kn}x)\frac{\mathrm{d}}{\mathrm{d}x}J_n(\lambda_{mn}x)\right]_0^R=0.\end{aligned}$$

由于 $\lambda_{mn}\neq\lambda_{kn}$, 于是

$$\int_0^R xJ_n(\lambda_{mn}x)J_n(\lambda_{kn}x)\mathrm{d}x=0,\quad m\neq k. \tag{10.2.25}$$

这就是式 (10.2.19). 下面证明式 (10.2.21). 在式 (10.2.23) 中, 令 $\lambda=\lambda_{mn}$. 用 $2x\dfrac{\mathrm{d}}{\mathrm{d}x}J_n(\lambda x)$ 乘以式 (10.2.23) 得

$$\frac{\mathrm{d}}{\mathrm{d}x}\left[x\frac{\mathrm{d}}{\mathrm{d}x}J_n(\lambda x)\right]^2+(\lambda^2x^2-n^2)\frac{\mathrm{d}}{\mathrm{d}x}J_n^2(\lambda x)=0. \tag{10.2.26}$$

而由式 (10.2.2) 得

$$-\frac{n}{s}J_n(s)+\frac{\mathrm{d}}{\mathrm{d}s}J_n(s)=-J_{n+1}(s).$$

令 $s=\lambda x$ 得

$$x\frac{\mathrm{d}}{\mathrm{d}x}J_n(\lambda x)=nJ_n(\lambda x)-\lambda xJ_{n+1}(\lambda x). \tag{10.2.27}$$

注意到 $J_n(0)=0(n=1,2,\cdots)$ 和 $\lambda=\lambda_{mn}, J_n(\lambda R)=0$. 因此对方程 (10.2.26) 从 0 到 R 积分得

$$\begin{aligned}&-\int_0^R(\lambda^2x^2-n^2)\frac{\mathrm{d}}{\mathrm{d}x}J_n^2(\lambda x)\mathrm{d}x=\left[x\frac{\mathrm{d}}{\mathrm{d}x}J_n(\lambda x)\right]^2\Big|_0^R\\&=[nJ_n(\lambda x)-\lambda xJ_{n+1}(\lambda x)]^2\Big|_0^R=\lambda_{mn}^2R^2J_{n+1}^2(\lambda_{mn}R).\end{aligned} \tag{10.2.28}$$

但是利用分部积分, 上式左边等于

$$2\lambda_{mn}^2\int_0^R xJ_n^2(\lambda_{mn}x)\mathrm{d}x-\left[(\lambda_{mn}^2x^2-n^2)J_n^2(\lambda_{mn}x)\right]_0^R=2\lambda_{mn}^2\int_0^R xJ_n^2(\lambda_{mn}x)\mathrm{d}x,$$

因此得到

$$\|J_n(\lambda_{mn}x)\|_2^2=\int_0^R xJ_n^2(\lambda_{mn}x)\mathrm{d}x=\frac{R^2}{2}J_{n+1}^2(\lambda_{mn}R),$$

其中 $\lambda_{mn}=\mu_{mn}/R$. 定理证毕.

10.2.5 函数的傅里叶 – 贝塞尔级数

我们知道, 由于三角函数系$\left\{\sin\frac{n\pi x}{L},\cos\frac{n\pi x}{L}\right\}$在 $[-L,L]$ 上的正交性, 当函数 $f(x)$ 满足一定的条件可以进行傅里叶展开. 同样由于贝塞尔函数系 $\{J_n(\lambda_{mn}x)\}$ 的正交性, 我们也可考虑把函数 $f(x)$ 展开成 $\{J_n(\lambda_{mn}x)\}$ 的无穷级数. 我们不加证明地引用如下定理.

定理 10.2.2 设函数 $f(x)$ 在 $[0,R]$ 上满足狄利克雷条件 (定理 4.1.1), 且 $f(0)$ 有界, $f(R)=0$, 那么函数 $f(x)$ 在 $[0,R]$ 上可以展开成贝塞尔函数系 $\{J_n(\lambda_{mn}x)\}$ 的级数

$$f(x)=\sum_{m=1}^{\infty}A_mJ_n(\lambda_{mn}x),\quad n=0,1,2,\cdots, \tag{10.2.29}$$

其中 $\lambda_{mn}=\mu_{mn}/R$, 而 μ_{mn} 是 $J_n(x)$ 的正零点, 系数

$$A_m=\frac{2}{R^2J_{n+1}^2(\mu_{mn})}\int_0^R xf(x)J_n(\lambda_{mn}x)\mathrm{d}x,\quad m=1,2,\cdots. \tag{10.2.30}$$

若 x_0 为 $f(x)$ 的间断点, 则式 (10.2.29) 右边的级数收敛于 $(f(x_0+0)+f(x_0-0))/2$.

例 10.2.4　设 $\mu_m(m=1,2,\cdots)$ 是方程 $J_1(x)=0$ 的正根, 将函数 $f(x)=x$ $(0<x<1)$ 展开成贝塞尔函数系 $\{J_1(\mu_m x), m=1,2,\cdots\}$ 的级数.

解　设

$$x=\sum_{m=1}^{\infty} 2A_m J_1(\mu_m x).$$

由式 (10.2.30) 得

$$A_m=\frac{\displaystyle\int_0^1 x^2 J_1(\mu_m x)\mathrm{d}x}{J_2^2(\mu_m)},\quad m=1,2,\cdots.$$

令 $\xi=\mu_m x$, 则

$$\int_0^1 x^2 J_1(\mu_m x)\mathrm{d}x=\frac{1}{\mu_m^3}\int_0^{\mu_m}\xi^2 J_1(\xi)\mathrm{d}\xi=\mu_m^{-1}J_2(\mu_m).$$

因此我们得到

$$x=\sum_{m=1}^{\infty}\frac{2}{\mu_m J_2(\mu_m)}J_1(\mu_m x),\quad 0<x<1.$$

10.3　贝塞尔函数应用举例

本节我们通过举例说明贝塞尔函数在求解数学物理方程中的应用.

例 10.3.1　求解圆柱区域的边值问题: 在圆柱内 $\Delta u=0$, 在圆柱侧面 $u|_{r=a}=0$, 在圆柱下底 $u|_{z=0}=f(r,\theta)$, 在上底 $u|_{z=L}=0$.

解　设圆柱半径为 a, 高为 L, 其定解问题为

$$\begin{cases}\Delta u=u_{rr}+\dfrac{1}{r}u_r+\dfrac{1}{r^2}u_{\theta\theta}+u_{zz}=0, & 0<r<a, 0\leqslant\theta<2\pi, 0<z<L,\\ u|_{z=0}=f(r,\theta), u|_{z=L}=0, & 0\leqslant r<a, 0\leqslant\theta<2\pi,\\ u|_{r=a}=0, & 0\leqslant\theta<2\pi, 0\leqslant z\leqslant L,\end{cases}\tag{10.3.1}$$

其中 $u=u(r,\theta,z)$. 由于我们寻求有界解, 故 $|u(0,\theta,z)|<\infty$. 又因为在柱坐标系中, (r,θ,z) 与 $(r,\theta+2\pi,z)$ 实际上表示同一点, 所以 $u(r,\theta,z)=u(r,\theta+2\pi,z)$. 即 u 关于 θ 是以 2π 为周期的函数. 下面我们用分离变量方法求出该问题的解.

设 $u=R(r)H(\theta)Z(z)$, 代入到问题 (10.3.1) 中的方程, 得

$$\frac{R''(r)}{R(r)}+\frac{1}{r}\frac{R'(r)}{R(r)}+\frac{1}{r^2}\frac{H''(\theta)}{H(\theta)}=-\frac{Z''(z)}{Z(z)}=-\beta^2,\quad \beta>0,$$

因此

$$\frac{r^2R''(r)+rR'(r)}{R(r)}+r^2\beta^2=-\frac{H''(\theta)}{H(\theta)}=\mu^2,\quad \mu\geqslant 0,$$

其中 $-\beta^2,\mu^2$ 是分离常数. 由此得到 $Z(z),R(r)$ 和 $H(\theta)$ 满足的微分方程

$$\begin{cases} r^2R''(r)+rR'(r)+(\beta^2r^2-\mu^2)R(r)=0, & 0\leqslant r<a,\\ H''(\theta)+\mu^2H(\theta)=0, & 0\leqslant\theta\leqslant 2\pi,\\ Z''(z)-\beta^2Z(z)=0, & 0<z<L. \end{cases}\tag{10.3.2}$$

利用周期条件, 可以得到关于 $H(\theta)$ 的特征值问题

$$\begin{cases} H''(\theta)+\mu^2H(\theta)=0, \quad 0\leqslant\theta\leqslant 2\pi,\\ H(\theta)=H(\theta+2\pi). \end{cases}\tag{10.3.3}$$

那么, 其特征值 $\mu=n(n=0,1,2,\cdots)$, 且对应的特征函数为

$$H_n(\theta)=A_n\cos n\theta+B_n\sin n\theta.$$

由边界条件 $u(r,\theta,L)=0$, 得到关于 $Z(z)$ 的特征值问题

$$Z''(z)-\beta^2Z(z)=0,\quad 0<z<L,\quad Z(L)=0.\tag{10.3.4}$$

其解可以表示为

$$Z(z)=C\sinh\beta(L-z),\tag{10.3.5}$$

其中 C 为任意常数.

引进新变量 $s=\beta r$, 则问题 (10.3.2) 中关于 $R(r)$ 的方程可以化为

$$s^2\frac{\mathrm{d}^2R}{\mathrm{d}s^2}+s\frac{\mathrm{d}R}{\mathrm{d}s}+(s^2-n^2)R=0.\tag{10.3.6}$$

这是 n 阶贝塞尔方程, 其通解为

$$R(r)=D_nJ_n(s)+E_nY_n(s)=D_nJ_n(\beta r)+E_nY_n(\beta r),\tag{10.3.7}$$

其中 $J_n(s)$ 和 $Y_n(s)$ 分别是 n 阶第一类和第二类贝塞尔函数. 因为 $Y_n(\beta r)$ 在 $r=0$ 处无界, 而从物理意义来看, 解 u 在 $r=0$ 处应该是有界的, 故 $E_n=0$. 又由边界条件 $u(a,\theta,z)=0$ 得 $R(a)=0$. 所以 $J_n(\beta a)=0$.

设 $J_n(x)=0$ 的正根为 $\mu_{1n},\mu_{2n},\cdots,\mu_{mn},\cdots$, 所以 $\beta=\beta_{mn}=\dfrac{\mu_{mn}}{a}(m=1,2,\cdots)$. 对应的特征函数为

$$R(r)=R_{mn}(r)=D_{mn}J_n\left(\frac{\mu_{mn}}{a}r\right),\quad n=0,1,2,\cdots;m=1,2,\cdots.$$

利用叠加原理, 我们得到级数

$$u(r,\theta,z)=\sum_{n=0}^{\infty}\sum_{m=1}^{\infty}J_n(\beta_{mn}r)(a_{mn}\cos n\theta+b_{mn}\sin n\theta)\sinh\beta_{mn}(L-z) \tag{10.3.8}$$

也满足问题 (10.3.1) 中的方程和边界条件 $u(a,\theta,z)=u(r,\theta,L)=0$. 由问题 (10.3.1) 中的另一边界条件得

$$f(r,\theta)=u(r,\theta,0)=\sum_{n=0}^{\infty}\sum_{m=1}^{\infty}J_n(\beta_{mn}r)(a_{mn}\cos n\theta+b_{mn}\sin n\theta)\sinh\beta_{mn}L.$$

利用三角函数系和贝塞尔函数系的正交性, 我们得到

$$a_{m0}=\frac{1}{d_{m0}J_1^2(\mu_{m0})}\int_0^{2\pi}\int_0^a rf(r,\theta)J_0(\beta_{m0}r)\mathrm{d}r\mathrm{d}\theta,$$

$$a_{mn}=\frac{2}{d_{mn}J_{n+1}^2(\mu_{mn})}\int_0^{2\pi}\int_0^a rf(r,\theta)\cos n\theta J_n(\beta_{mn}r)\mathrm{d}r\mathrm{d}\theta,$$

$$b_{mn}=\frac{2}{d_{mn}J_{n+1}^2(\mu_{mn})}\int_0^{2\pi}\int_0^a rf(r,\theta)\sin n\theta J_n(\beta_{mn}r)\mathrm{d}r\mathrm{d}\theta,$$

其中

$$b_{m0}=0,\ \ \beta_{mn}=\frac{\mu_{mn}}{a},\ \ d_{mn}=a^2\pi\sinh(\beta_{mn}L),\ \ m=1,2,\cdots;n=0,1,2,\cdots.$$

将这些系数代入 (10.3.8), 即得定解问题 (10.3.1) 的形式解.

例 10.3.2 设半径为 a 的均匀薄圆盘, 边界上的温度为 0, 初始时刻圆盘内温度分布为 $f(r)$. 求圆盘内温度分布规律 u.

解 因为区域是圆盘, 我们采用极坐标. 由于边界条件与 θ 无关, 故所求温度 u 只是 r,t 的函数. 由题意, 问题归结为求解下列定解问题:

$$\begin{cases}u_t=c^2(u_{rr}+r^{-1}u_r), & 0<r<a,\ t>0,\\ u(a,t)=0, & t\geqslant 0,\\ u(r,0)=f(r), & 0\leqslant r<a.\end{cases} \tag{10.3.9}$$

又由物理意义, 温度 u 是有界的, 且当 $t\to+\infty$ 时, $u(r,t)\to 0$. 应用分离变量法, 设 $u(r,t)=R(r)T(t)$, 代入问题 (10.3.9) 中的方程, 得

$$T'(t)+c^2\lambda T(t)=0, \tag{10.3.10}$$

$$r^2R''(r)+rR'(r)+\lambda r^2R(r)=0, \tag{10.3.11}$$

其中 λ 是分离常数. 因为 $t \to +\infty$ 时, $u(r,t) \to 0$, 所以 $\lambda > 0$. 令 $\lambda = \beta^2, \beta > 0$. 则方程 (10.3.10) 的通解是

$$T(t) = C\mathrm{e}^{-c^2\beta^2 t} = C\exp(-c^2\beta^2 t).$$

方程 (10.3.11) 是零阶贝塞尔方程, 它的通解是

$$R(r) = AJ_0(\beta r) + BY_0(\beta r).$$

由 $u(0,t)$ 的有界性, 得 $B = 0$. 再由问题 (10.3.9) 中的边界条件得 $J_0(\beta a) = 0$. 即 βa 是 $J_0(x)$ 的零点. 以 $\mu_n(n = 1, 2, \cdots)$ 表示 $J_0(x)$ 的正零点, 则 $\beta = \mu_n/a$. 所以我们可取

$$R_n(r) = J_0\left(\frac{\mu_n r}{a}\right), \quad T_n(t) = C_n\mathrm{e}^{-c^2\mu_n^2 t/a^2} = C_n\exp(-c^2\mu_n^2 t/a^2).$$

这样函数 $u_n(r,t) = R_n(r)T_n(t)$ 满足问题 (10.3.9) 中的方程和边界条件. 再由叠加原理, 函数

$$u(r,t) = \sum_{n=1}^{\infty} u_n(r,t) = \sum_{n=1}^{\infty} C_n\exp(-c^2\mu_n^2 t/a^2)J_0\left(\frac{\mu_n r}{a}\right)$$

也满足问题 (10.3.9) 中的方程和边界条件. 由初始条件得

$$f(r) = u(r,0) = \sum_{n=1}^{\infty} C_n J_0\left(\frac{\mu_n r}{a}\right).$$

为了计算 C_m, 我们对上式两边同乘以 $rJ_0\left(\dfrac{\mu_m r}{a}\right)$, 并且关于 r 从 0 到 a 积分和利用 $J_0\left(\dfrac{\mu_m r}{a}\right)$ 的正交性, 得

$$\int_0^a rf(r)J_0\left(\frac{\mu_m r}{a}\right)\mathrm{d}r = \sum_{n=1}^{\infty} C_n\int_0^a rJ_0\left(\frac{\mu_n r}{a}\right)J_0\left(\frac{\mu_m r}{a}\right)\mathrm{d}r = \frac{1}{2}C_m a^2 J_1^2(\mu_m),$$

因此

$$C_m = \frac{2}{a^2 J_1^2(\mu_m)}\int_0^a rf(r)J_0\left(\frac{\mu_m r}{a}\right)\mathrm{d}r, \quad m = 1, 2, \cdots.$$

这样问题 (10.3.9) 的解为

$$u(r,t) = \frac{2}{a^2}\sum_{n=1}^{\infty}\frac{J_0\left(\dfrac{\mu_n r}{a}\right)}{J_1^2(\mu_n)}\exp(-c^2\mu_n^2 t/a^2)\left[\int_0^a rf(r)J_0\left(\frac{\mu_n r}{a}\right)\mathrm{d}r\right]. \quad (10.3.12)$$

例 10.3.3 边界固定的均匀薄圆形膜的横振动问题. 求解二维波动方程的初边值问题

$$\begin{cases} u_{tt}=c^2(u_{rr}+r^{-1}u_r+r^{-2}u_{\theta\theta}), & 0<r<a,\ 0\leqslant\theta<2\pi,\ t>0,\\ u(a,\theta,t)=0, & 0\leqslant\theta<2\pi,\ t\geqslant 0,\\ u(r,\theta,0)=f(r,\theta), u_t(r,\theta,0)=g(r,\theta), & 0\leqslant r<a,\ 0\leqslant\theta<2\pi, \end{cases} \tag{10.3.13}$$

其中 $f(r,\theta),g(r,\theta)$ 是已知函数.

解 应用变量分离方法. 设所求的函数 $u=u(r,\theta,t)=R(r)H(\theta)T(t)$, 代入问题 (10.3.13) 中的方程可得

$$\frac{T''(t)}{c^2T(t)}=\frac{R''(r)+r^{-1}R'(r)}{R(r)}+\frac{H''(\theta)}{r^2H(\theta)}=-\beta^2$$

或者

$$\frac{r^2R''(r)+rR'(r)}{R(r)}+\beta^2r^2=-\frac{H''(\theta)}{H(\theta)}=\mu.$$

于是得到关于 $T(t),R(r)$ 和 $H(\theta)$ 的三个常微分方程

$$r^2R''(r)+rR'(r)+(\beta^2r^2-\mu)R(r)=0,\quad 0\leqslant r<R, \tag{10.3.14}$$

$$H''(\theta)+\mu H(\theta)=0,\quad 0\leqslant\theta<2\pi, \tag{10.3.15}$$

$$T''(t)+\beta^2c^2T(t)=0,\quad t>0. \tag{10.3.16}$$

由周期性条件 $u(r,\theta+2\pi,t)=u(r,\theta,t)$, 得到关于 $H(\theta)$ 的特征值问题

$$\begin{cases} H''(\theta)+\mu H(\theta)=0, & 0\leqslant\theta<2\pi,\\ H(\theta)=H(\theta+2\pi), & 0\leqslant\theta<2\pi. \end{cases}$$

于是得特征值 $\mu=n^2$, 其对应的特征函数为

$$H_n(\theta)=A_n\cos n\theta+B_n\sin n\theta,\quad n=0,1,2,\cdots.$$

将 $\mu=n^2$ 代入式 (10.3.14), 考虑到边界条件, 得到关于 $R(r)$ 的特征值问题

$$\begin{cases} r^2R''(r)+rR'(r)+(\beta^2r^2-n^2)R(r)=0, & 0\leqslant r<R,\\ R(a)=0,\quad |R(0)|<\infty. \end{cases}$$

其通解为

$$R(r) = CJ_n(\beta r) + DY_n(\beta r).$$

由解的有界性和齐次边界条件得 $D = 0$ 和 $R(a) = CJ_n(\beta a) = 0$. 为求非零解, 所以 $C \neq 0$ 和 $J_n(\beta a) = 0$, 设 $J_n(x)$ 的正零点为 $\mu_{1n}, \mu_{2n}, \cdots, \mu_{mn}, \cdots$. 记 $\beta = \beta_{mn} = \dfrac{\mu_{mn}}{a}, m = 1, 2, \cdots$. 对应的特征函数为

$$R(r) = R_{mn}(r) = C_{mn}J_n(\beta_{mn}r), \quad n = 0, 1, 2, \cdots; m = 1, 2, \cdots.$$

进一步, 由方程 (10.3.16) 得

$$T_{mn}(t) = D_{mn}\cos\beta_{mn}ct + E_{mn}\sin\beta_{mn}ct.$$

由于问题 (10.3.13) 中的方程和边界条件是齐次的, 利用叠加原理, 我们得到问题 (10.3.13) 的形式解为

$$\begin{aligned} u(r, \theta, t) = \sum_{n=0}^{\infty}\sum_{m=1}^{\infty} J_n(\beta_{mn}r)\Big[&(a_{mn}\cos\beta_{mn}ct + b_{mn}\sin\beta_{mn}ct)\cos n\theta \\ &+ (c_{mn}\cos\beta_{mn}ct + d_{mn}\sin\beta_{mn}ct)\sin n\theta\Big]. \end{aligned} \tag{10.3.17}$$

其中系数 $a_{mn}, b_{mn}, c_{mn}, d_{mn}$ 由问题 (10.3.13) 中的初始条件确定:

$$f(r, \theta) = u(r, \theta, 0) = \sum_{n=0}^{\infty}\sum_{m=1}^{\infty} J_n(\beta_{mn}r)(a_{mn}\cos n\theta + c_{mn}\sin n\theta),$$

$$g(r, \theta) = u_t(r, \theta, 0) = c\sum_{n=0}^{\infty}\sum_{m=1}^{\infty} J_n(\beta_{mn}r)(b_{mn}\cos n\theta + d_{mn}\sin n\theta)\beta_{mn}.$$

由三角函数系和贝塞尔函数系的正交性, 我们可以得到

$$\begin{aligned}
a_{m0} &= \frac{1}{\pi a^2 J_1^2(\mu_{m0})}\int_0^{2\pi}\int_0^a rf(r, \theta)J_0(\beta_{m0}r)\mathrm{d}r\mathrm{d}\theta, \\
a_{mn} &= \frac{2}{\pi a^2 J_{n+1}^2(\mu_{mn})}\int_0^{2\pi}\int_0^a rf(r, \theta)\cos n\theta J_n(\beta_{mn}r)\mathrm{d}r\mathrm{d}\theta, \\
c_{mn} &= \frac{2}{\pi a^2 J_{n+1}^2(\mu_{mn})}\int_0^{2\pi}\int_0^a rf(r, \theta)\sin n\theta J_n(\beta_{mn}r)\mathrm{d}r\mathrm{d}\theta, \\
b_{m0} &= \frac{1}{c\beta_{m0}\pi a^2 J_1^2(\mu_{m0})}\int_0^{2\pi}\int_0^a rg(r, \theta)J_0(\beta_{m0}r)\mathrm{d}r\mathrm{d}\theta, \\
b_{mn} &= \frac{2}{c\beta_{mn}\pi a^2 J_{n+1}^2(\mu_{mn})}\int_0^{2\pi}\int_0^a rg(r, \theta)\cos n\theta J_n(\beta_{mn}r)\mathrm{d}r\mathrm{d}\theta, \\
d_{mn} &= \frac{2}{c\beta_{mn}\pi a^2 J_{n+1}^2(\mu_{mn})}\int_0^{2\pi}\int_0^a rg(r, \theta)\sin n\theta J_n(\beta_{mn}r)\mathrm{d}r\mathrm{d}\theta,
\end{aligned}$$

其中 $m=1,2,\cdots;n=1,2,\cdots$. 当初始函数 $f(r,\theta)$ 和 $g(r,\theta)$ 与 θ 无关时, 此时解函数 u 也与 θ 无关. 这样求定解问题 (10.3.13) 解的过程可以大大简化.

例 10.3.4　求解圆柱区域的边值问题: 在圆柱内 $\Delta u=0$, 在圆柱侧面 $u|_{r=a}=g(\theta,z)$, 在圆柱下底 $u|_{z=0}=0$, 在上底 $u|_{z=\pi}=0$.

解　设圆柱半径为 a, 高为 π, 其定解问题为

$$\begin{cases}\Delta u=u_{rr}+\dfrac{1}{r}u_r+\dfrac{1}{r^2}u_{\theta\theta}+u_{zz}=0, & 0\leqslant r<a,0\leqslant\theta<2\pi,0<z<\pi,\\ u|_{z=0}=u|_{z=\pi}=0, & 0\leqslant r<a,0\leqslant\theta<2\pi,\\ u|_{r=a}=g(\theta,z), & 0\leqslant\theta<2\pi,0\leqslant z\leqslant\pi,\end{cases}\tag{10.3.18}$$

其中 $u=u(r,\theta,z)$. 该问题与例 10.3.1 是同样的问题, 但带有不同的边界条件. 如同例 10.3.1, 由分离变量法可得

$$\begin{cases}r^2R''(r)+rR'(r)-(\beta^2r^2+\mu^2)R(r)=0, & 0\leqslant r<a,\\ H''(\theta)+\mu^2H(\theta)=0, & 0\leqslant\theta\leqslant 2\pi,\\ Z''(z)+\beta^2Z(z)=0, & 0<z<\pi.\end{cases}\tag{10.3.19}$$

由周期性条件, 如同例 10.3.1 所述, 关于 $H(\theta)$ 的特征值是 $\mu=n(n=0,1,2,\cdots)$, 对应的特征函数为

$$H_n(\theta)=A_n\cos n\theta+B_n\sin n\theta.$$

由边界条件 $u(r,\theta,0)=u(r,\theta,\pi)=0$, 得到关于 $Z(z)$ 的特征值问题

$$Z''(z)+\beta^2Z(z)=0,\quad 0<z<\pi,\quad Z(0)=Z(\pi)=0$$

的特征值为 $\beta=m(m=1,2,\cdots)$, 对应的特征函数为

$$Z_m(z)=C_m\sin mz,\quad m=1,2,\cdots,$$

而方程

$$r^2R''(r)+rR'(r)-(m^2r^2+n^2)R(r)=0,\quad 0\leqslant r<a$$

的通解是

$$R(r)=AI_n(mr)+BK_n(mr),$$

其中 I_n 和 K_n 分别是第一和第二类修正的 n 阶贝塞尔函数, 见式 (10.2.18).

因为 $R(r)$ 在 $r=0$ 处必须是有限的, 故应该取 $B=0$. 从而 $R(r)=AI_n(mr)$.

进一步, 由非齐次边界条件可得所求的解为

$$u(r,\theta,z)=\sum_{m=1}^{\infty}\frac{a_{0m}}{2}\frac{I_0(mr)}{I_0(ma)}\sin mz+\sum_{m=1}^{\infty}\sum_{n=1}^{\infty}(a_{nm}\cos n\theta+b_{nm}\sin n\theta)\frac{I_n(mr)}{I_n(ma)}\sin mz,$$

其中

$$a_{nm}=\frac{2}{\pi^2}\int_0^{\pi}\int_0^{2\pi}g(\theta,z)\sin mz\cos n\theta\mathrm{d}\theta\mathrm{d}z,\quad n=0,1,2,\cdots;m=1,2,\cdots;$$

$$b_{nm}=\frac{2}{\pi^2}\int_0^{\pi}\int_0^{2\pi}g(\theta,z)\sin mz\sin n\theta\mathrm{d}\theta\mathrm{d}z,\quad n,m=1,2,\cdots.$$

上面我们利用贝塞尔函数构成的正交系, 对边界和方程为齐次的圆域和圆柱区域中的定解问题进行了讨论. 当边界条件非齐次时, 我们可以像第 4 章一样, 把边界条件齐次化. 对于非齐次方程的定解问题可以采用如下两种步骤:

(1) 特征函数法: 把解写成正交的贝塞尔函数系的级数形式, 同时也将非齐次项按同一贝塞尔函数系展开;

(2) 利用齐次化原理: 把非齐次方程的定解问题化为齐次方程的定解问题.

以上详细过程可参见第 4 章相应内容.

10.4 勒让德方程与勒让德函数

10.4.1 勒让德方程的通解

在球坐标系下, 应用分离变量求解拉普拉斯方程时, 就会得到形如

$$(1-x^2)\frac{\mathrm{d}^2y}{\mathrm{d}x^2}-2x\frac{\mathrm{d}y}{\mathrm{d}x}+n(n+1)y=0 \tag{10.4.1}$$

的二阶变系数常微分方程, 其中 n 是实参数. 该方程称为**勒让德方程**, 它的任意非零解称为**勒让德函数**. 现在寻求方程 (10.4.1) 在闭区间 $[-1,1]$ 上的有界解.

方程 (10.4.1) 可以化为二阶常微分方程的标准形式

$$\frac{\mathrm{d}^2y}{\mathrm{d}x^2}-\frac{2x}{(1-x^2)}\frac{\mathrm{d}y}{\mathrm{d}x}+\frac{n(n+1)}{(1-x^2)}y=0. \tag{10.4.2}$$

由于方程 (10.4.2) 的系数 $p(x)=\dfrac{-2x}{(1-x^2)},q(x)=\dfrac{n(n+1)}{(1-x^2)}$ 在 $(-1,1)$ 上都可以开展成 x 的幂级数, 故可设方程 (10.4.1) 的解为

$$y(x)=\sum_{m=0}^{\infty}c_mx^m. \tag{10.4.3}$$

把这个级数逐项微分并且代入方程 (10.4.1), 得

$$\begin{aligned}&2c_2+n(n+1)c_0+\{6c_3+c_1[n(n+1)-2]\}x\\&+\sum_{s=2}^{\infty}\{(s+2)(s+1)c_{s+2}+[n(n+1)-s(s+1)]c_s\}x^s=0,\end{aligned}$$

由此得到幂级数系数的递推公式:

$$c_{s+2}=-\frac{(n-s)(n+s+1)}{(s+2)(s+1)}c_s,\quad s=0,1,2,\cdots. \tag{10.4.4}$$

由这个递推公式, 根据 c_0 可确定 $c_{2m}, m=1,2,\cdots$; 而根据 c_1 可确定 $c_{2m+1}, m=1,2,\cdots$, 其中 c_0 和 c_1 都是任意常数. 因此可得

$$\begin{aligned}c_2&=(-1)\frac{n(n+1)}{2!}c_0,\\c_4&=-\frac{(n-2)(n+3)}{4\cdot 3}c_2=(-1)^2\frac{(n-2)n(n+1)(n+3)}{4!}c_0,\\&\cdots\cdots\\c_{2m}&=(-1)^m\frac{n(n-2)\cdots(n-2m+2)(n+1)(n+3)\cdots(n+2m-1)}{(2m)!}c_0.\end{aligned}$$

类似地我们可以得到

$$\begin{aligned}c_3&=(-1)\frac{(n-1)(n+2)}{3!}c_1,\\c_5&=-\frac{(n-3)(n+4)}{5\cdot 4}c_3=(-1)^2\frac{(n-3)(n-1)(n+2)(n+4)}{5!}c_1,\\&\cdots\cdots\\c_{2m+1}&=(-1)^m\frac{(n-1)(n-3)\cdots(n-2m+1)(n+2)(n+4)\cdots(n+2m)}{(2m+1)!}c_1.\end{aligned}$$

将这些值代入式 (10.4.3) 得勒让德方程的通解为

$$y(x)=c_0y_1(x)+c_1y_2(x), \tag{10.4.5}$$

其中

$$y_1(x)=1-\frac{n(n+1)}{2!}x^2+\frac{(n-2)n(n+1)(n+3)}{4!}x^4-\cdots \tag{10.4.6}$$

和

$$y_2(x)=x-\frac{(n-1)(n+2)}{3!}x^3+\frac{(n-3)(n-1)(n+2)(n+4)}{5!}x^5-\cdots. \tag{10.4.7}$$

不难证明这两个级数当 $x \in (-1,1)$ 时收敛, 且 $y_1(x)$ 与 $y_2(x)$ 线性无关. 在许多情况下, 参数 n 是非负整数. 所以在式 (10.4.4) 中取 $s=n$ 可得 $c_{n+2}=0, c_{n+4}=0,\cdots$. 因此如果 n 是偶数, $y_1(x)$ 化为 n 阶多项式, 而 $y_2(x)$ 仍是无穷级数. 类似地, 当 n 是奇数时, $y_2(x)$ 是 n 阶多项式, 而 $y_1(x)$ 是无穷级数. 下面给出 $y_1(x)$ 或 $y_2(x)$ 为多项式的表达式. 由式 (10.4.4) 得

$$c_s = -\frac{(s+2)(s+1)}{(n-s)(n+s+1)}c_{s+2}, \quad s \leqslant n-2, \tag{10.4.8}$$

即可以通过多项式的最高项的系数 c_n 来表示其它各次项的系数. 为了使多项式比较简洁且使多项式在 $x=1$ 处取值为 1, 当 $n=0$, 我们取 $c_n=1$; 当 $n=1,2,\cdots$ 时, 取

$$c_n = \frac{(2n)!}{2^n(n!)^2} = \frac{1\cdot 3\cdot (2n-1)}{n!}, \tag{10.4.9}$$

那么由式 (10.4.8) 得

$$c_{n-2} = -\frac{n(n-1)}{2(2n-1)}c_n = -\frac{n(n-1)(2n)!}{2(2n-1)2^n(n!)^2} = -\frac{(2n-2)!}{2^n(n-1)!(n-2)!}.$$

类似地

$$c_{n-4} = -\frac{(n-2)(n-3)}{4(2n-3)}c_{n-2} = \frac{(2n-4)!}{2^n 2!(n-2)!(n-4)!}.$$

一般地, 当 $n-2m \geqslant 0$ 时, 有

$$c_{n-2m} = (-1)^m \frac{(2n-2m)!}{2^n m!(n-m)!(n-2m)!}, \tag{10.4.10}$$

这样得到微分方程 (10.4.1) 的解称为 **n 阶勒让德多项式**, 或者**第一类勒让德函数**. 记为 $P_n(x)$, 即

$$\begin{aligned} P_n(x) &= \sum_{m=0}^{M} \frac{(-1)^m(2n-2m)!}{2^n m!(n-m)!(n-2m)!}x^{n-2m} \\ &= \frac{(2n)!}{2^n(n!)^2}x^n - \frac{(2n-2)!}{2^n 1!(n-1)!(n-2)!}x^{n-2} + \cdots , \end{aligned} \tag{10.4.11}$$

其中 n 是非负整数; 当 n 为偶数时, 取 $M=\dfrac{n}{2}$; 当 n 为奇数时, 取 $M=\dfrac{n-1}{2}$. 容

易得到

$$\begin{aligned}
&P_0(x)=1, && P_1(x)=x,\\
&P_2(x)=\frac{1}{2}(3x^2-1), && P_3(x)=\frac{1}{2}(5x^3-3x),\\
&P_4(x)=\frac{1}{8}(35x^4-30x^2+3), && P_5(x)=\frac{1}{8}(63x^5-70x^3+15x),\\
&P_6(x)=\frac{1}{16}(231x^6-315x^4+105x^2-5).
\end{aligned} \tag{10.4.12}$$

勒让德多项式也常用三角函数形式表示. 令 $x=\cos\theta$, 代入上面各式, 得

$$\begin{aligned}
&P_0(\cos\theta)=1, && P_1(\cos\theta)=\cos\theta,\\
&P_2(\cos\theta)=\frac{1}{2}(3\cos^2\theta-1), && P_3(\cos\theta)=\frac{1}{2}(5\cos^3\theta-3\cos\theta),\\
&P_4(\cos\theta)=\frac{1}{8}(35\cos^4\theta-30\cos^2\theta+3), && P_5(\cos\theta)=\frac{1}{8}(63\cos^5\theta-70\cos^3\theta+15\cos\theta),\\
&P_6(\cos\theta)=\frac{1}{16}(231\cos^6\theta-315\cos^4\theta+105\cos^2\theta-5).
\end{aligned}$$

为了应用上方便, 勒让德多项式 $P_n(x)$ 可以写成微分形式

$$P_n(x)=\frac{1}{2^n n!}\frac{\mathrm{d}^n}{\mathrm{d}x^n}(x^2-1)^n. \tag{10.4.13}$$

式 (10.4.13) 称为**勒让德多项式的罗德里格斯**(Rodrigues)**表达式**. 要证明这个公式, 只需要利用二项式定理, 将 $(x^2-1)^n$ 展开, 然后逐项求 n 阶导数. 事实上, 因为

$$\frac{1}{2^n n!}(x^2-1)^n=\frac{1}{2^n n!}\sum_{m=0}^{n}\frac{(-1)^m n!}{(n-m)!m!}x^{2n-2m},$$

将上式求导 n 次, 凡是幂次 $2n-2m$ 低于 n 的项在 n 次求导过程中均为 0, 仅需保留幂次 $2n-2m\geqslant n$ 的项, 即 $m\leqslant\frac{n}{2}$ 的项, 从而

$$\begin{aligned}
\frac{1}{2^n n!}\frac{\mathrm{d}^n}{\mathrm{d}x^n}(x^2-1)^n&=\frac{1}{2^n n!}\frac{\mathrm{d}^n}{\mathrm{d}x^n}\sum_{m=0}^{n}\frac{(-1)^m n!}{(n-m)!m!}x^{2n-2m}\\
&=\sum_{m=0}^{M}\frac{(-1)^m(2n-2m)(2n-2m-1)\cdots(n-2m+1)}{2^n m!(n-m)!}x^{n-2m}\\
&=\sum_{m=0}^{M}\frac{(-1)^m(2n-2m)!}{2^n m!(n-m)!(n-2m)!}x^{n-2m}=P_n(x),
\end{aligned}$$

其中 $M=\frac{n}{2}$(当 n 为偶数时), $M=\frac{n-1}{2}$(当 n 为奇数时). 这就是所要证明的式 (10.4.13).

综合上述讨论, 我们得到如下结论:

(1) 当 n 不为整数时, 方程 (10.4.1) 的通解为

$$y(x) = c_0 y_1(x) + c_1 y_2(x), \quad c_0, c_1 \text{ 为任意常数}, \tag{10.4.14}$$

其中 y_1, y_2 由式 (10.4.6) 和式 (10.4.7) 分别确定. 它们都是无穷级数, 且在闭区间 $[-1,1]$ 上是无界的. 因此方程 (10.4.1) 在 $[-1,1]$ 上存在无界解.

(2) 当 n 为整数时, y_1 与 y_2 中有一个是勒让德多项式, 另一个仍是无穷级数, 记作 $Q_n(x)$. 此时方程 (10.4.1) 的通解为

$$y(x) = AP_n(x) + BQ_n(x), \quad A, B \text{ 为任意常数}, \tag{10.4.15}$$

其中 $Q_n(x)$ 称为**第二类勒让德函数**, 它在闭区间 $[-1,1]$ 上是无界的.

下面介绍第二类勒让德函数的求法.

设 $P_n(x)$ 是 n 阶勒让德多项式, 它是勒让德方程 (10.4.1) 的一个解. 为了求该方程的另一个与 $P_n(x)$ 线性无关的特解 $Q_n(x)$, 我们利用参数变易法求 $Q_n(x)$.

设 $Q_n(x) = u(x)P_n(x)$ 是勒让德方程 (10.4.1) 的另一个解. 代入到方程 (10.4.1) 得

$$u''(x)P_n(x)(1-x^2) + 2((1-x^2)P_n'(x) - xP_n(x))u'(x) = 0,$$

由此得

$$u'(x) = \frac{1}{(1-x^2)P_n^2(x)},$$

故

$$u(x) = \int \frac{\mathrm{d}x}{(1-x^2)P_n^2(x)},$$

所以

$$Q_n(x) = P_n(x)\int \frac{\mathrm{d}x}{(1-x^2)P_n^2(x)}. \tag{10.4.16}$$

当 $n=0$ 时, 有

$$Q_0(x) = P_0(x)\int \frac{\mathrm{d}x}{(1-x^2)P_0^2(x)} = \int \frac{\mathrm{d}x}{1-x^2} = \frac{1}{2}\ln\frac{1+x}{1-x}, \quad x \in (-1,1);$$

当 $n=1$ 时, 有

$$\begin{aligned} Q_1(x) &= P_1(x)\int \frac{\mathrm{d}x}{(1-x^2)P_1^2(x)} = x\int \frac{\mathrm{d}x}{(1-x^2)x^2} \\ &= \frac{x}{2}\ln\frac{1+x}{1-x} - 1, \quad x \in (-1,1). \end{aligned} \tag{10.4.17}$$

经过计算后, $Q_n(x)$ 可以通过对数函数及勒让德多项式 $P_n(x)$ 表出, 可以证明它的一般表示式为

$$Q_n(x)=P_n(x)\cdot\frac{1}{2}\ln\frac{1+x}{1-x}-\sum_{m=1}^{M}\frac{2n-4m+3}{(2m-1)(n-m+1)}P_{n-2m+1}(x),$$

在上式第二项中, 当 n 为偶数时, 取 $M=\dfrac{n}{2}$; 当 n 为奇数时, 取 $M=\dfrac{n+1}{2}$.

容易看到, 当 $x\to\pm 1$ 时, $\ln\dfrac{1+x}{1-x}\to\infty$. 所以 $Q_n(x)$ 在 $[-1,1]$ 上无界, 与勒让德多项式 $P_n(x)$ 线性无关. 故勒让德方程 (10.4.1) 的通解为式 (10.4.15). 现在我们列出前面几个第二类勒让德函数:

$$Q_0(x)=\frac{1}{2}\ln\frac{1+x}{1-x},$$

$$Q_1(x)=P_1(x)\cdot\frac{1}{2}\ln\frac{1+x}{1-x}-P_0(x),$$

$$Q_2(x)=P_2(x)\cdot\frac{1}{2}\ln\frac{1+x}{1-x}-\frac{3}{2}P_1(x),$$

$$Q_3(x)=P_3(x)\cdot\frac{1}{2}\ln\frac{1+x}{1-x}-\frac{5}{3}P_2(x)-\frac{1}{6}P_0(x),$$

$$\cdots\cdots$$

$Q_n(x)$ 与 $y_1(x),y_2(x)$ 之间有如下关系:

当 n 为偶数时, 有

$$Q_n(x)=(-1)^{n/2}\frac{\Gamma(n+1)}{2^{n-1}\Gamma^2((n+1)/2)}y_2(x),$$

当 n 为奇数时, 有

$$Q_n(x)=(-1)^{(n-1)/2}\frac{\Gamma(n+1)}{2^{n}\Gamma^2(1+n/2)}y_1(x).$$

10.4.2 勒让德多项式的递推公式和性质

利用勒让德多项式的罗德里格斯表达式 (10.4.13), 可以得到不同阶的勒让德多项式之间的递推关系式

$$\frac{\mathrm{d}}{\mathrm{d}x}P_n(x)-x\frac{\mathrm{d}}{\mathrm{d}x}P_{n-1}(x)=nP_{n-1}(x), \tag{10.4.18}$$

$$x\frac{\mathrm{d}}{\mathrm{d}x}P_n(x)-\frac{\mathrm{d}}{\mathrm{d}x}P_{n-1}(x)=nP_n(x). \tag{10.4.19}$$

事实上令 $V_n(x)=\dfrac{1}{2^n n!}(x^2-1)^n$, 则 $P_n(x)=\dfrac{\mathrm{d}^n}{\mathrm{d}x^n}V_n(x)$. 注意到

$$\frac{\mathrm{d}V_n}{\mathrm{d}x}=\frac{x(x^2-1)^{n-1}}{2^{n-1}(n-1)!}=xV_{n-1},$$

两边对 x 微分 n 次, 利用莱布尼茨 (Leibniz) 公式, 得到

$$\frac{\mathrm{d}^{n+1}}{\mathrm{d}x^{n+1}}V_n=x\frac{\mathrm{d}^n}{\mathrm{d}x^n}V_{n-1}+n\frac{\mathrm{d}^{n-1}}{\mathrm{d}x^{n-1}}V_{n-1},$$

故

$$\frac{\mathrm{d}P_n}{\mathrm{d}x}=x\frac{\mathrm{d}P_{n-1}}{\mathrm{d}x}+nP_{n-1}.$$

这就是式 (10.4.18). 类似地可以证明式 (10.4.19). 利用式 (10.4.18) 和式 (10.4.19), 还可以推出

$$(1-x^2)P_n'(x)=nP_{n-1}(x)-nxP_n(x), \tag{10.4.20}$$

$$(1-x^2)P_{n-1}'(x)=nxP_{n-1}(x)-nP_n(x), \tag{10.4.21}$$

$$(n+1)P_{n+1}(x)=(2n+1)xP_n(x)-nP_{n-1}(x). \tag{10.4.22}$$

容易知道, 当 $P_0(x), P_1(x)$ 为已知时, 反复利用式 (10.4.22) 可以推出任意阶的勒让德多项式.

由勒让德多项式的罗德里格斯表达式可知勒让德多项式具有如下性质:

$$P_n(-x)=(-1)^nP_n(x),\qquad x\in[-1,1]. \tag{10.4.23}$$

即当 n 为偶数时, $P_n(x)$ 为偶函数; 当 n 为奇数时, $P_n(x)$ 为奇函数.

10.4.3 勒让德多项式的正交性与模值

关于勒让德多项式的正交性, 有如下结果:

定理 10.4.1 勒让德多项式函数系 $\{P_n(x)\}$ $(n=0,1,2,\cdots)$ 在区间 $[-1,1]$ 上构成正交函数系, 即

$$\int_{-1}^{1}P_n(x)P_k(x)\mathrm{d}x=\begin{cases}0, & n\neq k,\ n,k=0,1,2,\cdots,\\ \dfrac{2}{2n+1}, & n=k,n,\ k=0,1,2,\cdots.\end{cases} \tag{10.4.24}$$

我们称

$$\|P_n\| = \left(\int_{-1}^{1} P_n^2(x)\mathrm{d}x\right)^{1/2} = \left(\frac{2}{2n+1}\right)^{1/2} \tag{10.4.25}$$

为 $\boldsymbol{n}$ **阶勒让德多项式** P_n **的模值**.

证 由于 $P_n(x)$ 与 $P_k(x)$ 分别满足勒让德方程

$$\frac{\mathrm{d}}{\mathrm{d}x}[(1-x^2)\frac{\mathrm{d}}{\mathrm{d}x}P_n(x)] + n(n+1)P_n(x) = 0, \tag{10.4.26}$$

$$\frac{\mathrm{d}}{\mathrm{d}x}[(1-x^2)\frac{\mathrm{d}}{\mathrm{d}x}P_k(x)] + k(k+1)P_k(x) = 0. \tag{10.4.27}$$

用 $P_k(x)$ 乘以式 (10.4.26), $P_n(x)$ 乘以式 (10.4.27), 相减后并在 $[-1,1]$ 上积分, 得到

$$\begin{aligned}&[n(n+1)-k(k+1)]\int_{-1}^{1} P_n(x)P_k(x)\mathrm{d}x\\ &= \int_{-1}^{1}\left\{P_n(x)\frac{\mathrm{d}}{\mathrm{d}x}[(1-x^2)\frac{\mathrm{d}}{\mathrm{d}x}P_k(x)] - P_k(x)\frac{\mathrm{d}}{\mathrm{d}x}[(1-x^2)\frac{\mathrm{d}}{\mathrm{d}x}P_n(x)]\right\}\mathrm{d}x\\ &= \left[(1-x^2)(P_n(x)P_k'(x) - P_k(x)P_n'(x))\right]_{-1}^{1} = 0.\end{aligned}$$

因为 $n \neq k$, 所以

$$\int_{-1}^{1} P_n(x)P_k(x)\mathrm{d}x = 0.$$

这就是式 (10.4.24) 的第一式. 下面证明式 (10.4.24) 的第二式.

由式 (10.4.13) 和分部积分方法, 得

$$\begin{aligned}I_n &\equiv 2^{2n}(n!)^2\int_{-1}^{1} P_n^2(x)\mathrm{d}x = \int_{-1}^{1}\frac{\mathrm{d}^n}{\mathrm{d}x^n}(x^2-1)^n\cdot\frac{\mathrm{d}^n}{\mathrm{d}x^n}(x^2-1)^n\mathrm{d}x\\ &= \frac{\mathrm{d}^n}{\mathrm{d}x^n}(x^2-1)^n\cdot\frac{\mathrm{d}^{n-1}}{\mathrm{d}x^{n-1}}(x^2-1)^n\Big|_{-1}^{1} - \int_{-1}^{1}\frac{\mathrm{d}^{n+1}}{\mathrm{d}x^{n+1}}(x^2-1)^n\cdot\frac{\mathrm{d}^{n-1}}{\mathrm{d}x^{n-1}}(x^2-1)^n\mathrm{d}x.\end{aligned}$$

由于 $x=\pm 1$ 是 $(x^2-1)^n$ 的 n 重零点, 也是 $\dfrac{\mathrm{d}^{n-k}}{\mathrm{d}x^{n-k}}(x^2-1)^n$ $(k<n)$ 的零点, 所以上式右边第一项等于零. 继续应用分部积分法, 得到

$$\begin{aligned}I_n &= (-1)^n(2n)!\int_{-1}^{1}(x^2-1)^n\mathrm{d}x = 2(2n)!\int_{0}^{\pi/2}\cos^{2n+1}t\mathrm{d}t\\ &= 2(2n)!\frac{2n(2n-2)\cdot\cdots\cdot 4\cdot 2}{(2n+1)\cdot\cdots\cdot 5\cdot 3} = \frac{(n!)^2 2^{2n+1}}{2n+1},\end{aligned}$$

由此可得式 (10.4.24) 的第二式. 证毕.

10.4.4 函数展开成勒让德多项式的级数

同贝塞尔函数系类似, 对于正交函数系 $\{P_n(x)\}(n=0,1,2,\cdots)$, 我们有下面的展开定理:

定理 10.4.2 设函数 $f(x)$ 在 $[-1,1]$ 上满足满足狄利克雷条件 (定理 4.1.1). 那么函数 $f(x)$ 在 $[-1,1]$ 上可以展开成勒让德多项式的级数, 即在 $f(x)$ 的连续点处有

$$f(x)=\sum_{n=0}^{\infty}C_nP_n(x), \tag{10.4.28}$$

其中

$$C_n=\frac{2n+1}{2}\int_{-1}^{1}f(x)P_n(x)\mathrm{d}x, \quad n=0,1,2,\cdots. \tag{10.4.29}$$

式 (10.4.28) 右端级数称为 **$f(x)$ 的傅里叶 – 勒让德级数**. 若 x_0 是 $f(x)$ 的间断点, 则式 (10.4.28) 右端级数收敛于 $(f(x_0+0)+f(x_0-0))/2$.

这个定理的证明从略. 只要式 (10.4.28) 成立, 利用定理 10.4.1, 可以推出系数计算公式 (10.4.29). 它的证明作为一个练习, 留给读者.

在物理应用中常取 $x=\cos\theta(0\leqslant\theta<\pi)$, 则勒让德多项式的形式为 $\{P_n(\cos\theta)\}$. 当 $f(\theta)$ 在 $[0,\pi]$ 上满足狄利克雷条件时, 可将 $f(\cos\theta)$ 展开成傅里叶 – 勒让德级数

$$f(\cos\theta)=\sum_{n=0}^{\infty}C_nP_n(\cos\theta), \tag{10.4.30}$$

其中

$$C_n=\frac{2n+1}{2}\int_{0}^{\pi}f(\cos\theta)P_n(\cos\theta)\sin\theta\mathrm{d}\theta, \quad n=0,1,2,\cdots. \tag{10.4.31}$$

例 10.4.1 将函数

$$f(x)=\begin{cases}-1, & -1<x\leqslant 0,\\ 1, & 0<x<1\end{cases}$$

展开成傅里叶 – 勒让德级数.

解 由系数计算公式 (10.4.29) 直接得

$$\begin{aligned}C_n&=\frac{2n+1}{2}\left[\int_{-1}^{0}-P_n(x)\mathrm{d}x+\int_{0}^{1}P_n(x)\mathrm{d}x\right]\\&=\frac{2n+1}{2}\left[\int_{0}^{1}-P_n(-x)\mathrm{d}x+\int_{0}^{1}P_n(x)\mathrm{d}x\right]\\&=\frac{2n+1}{2}\int_{0}^{1}[P_n(x)-P_n(-x)]\mathrm{d}x.\end{aligned}$$

由式 (10.4.23) 知, 当 n 为偶数时, $P_n(x)$ 为偶函数. 所以 $C_{2k}=0(k=0,1,2,\cdots)$. 当 n 为奇数时, $P_n(x)$ 为奇函数. 所以

$$C_{2k+1}=(4k+3)\int_0^1 P_{2k+1}(x)\mathrm{d}x,\quad k=0,1,2,\cdots,$$

$$C_1=3\int_0^1 P_1(x)\mathrm{d}x=3\int_0^1 x\mathrm{d}x=\frac{3}{2},$$

$$C_3=7\int_0^1 P_3(x)\mathrm{d}x=7\int_0^1 \frac{1}{2}(5x^3-3x)\mathrm{d}x=-\frac{7}{8},$$

$$C_5=11\int_0^1 P_5(x)\mathrm{d}x=11\int_0^1 \frac{1}{8}(63x^5-70x^3+15x)\mathrm{d}x=\frac{11}{16},$$

$$\cdots\cdots$$

因此, 我们有

$$f(x)=\sum_{n=0}^{\infty}C_nP_n(x)=\frac{3}{2}P_1(x)-\frac{7}{8}P_3(x)+\frac{11}{16}P_5(x)-\cdots.$$

例 10.4.2　将函数 $f(x)=5x^3+3x^2+x+1$ 展开成傅里叶–勒让德级数.

解　首先我们证明当 $0\leqslant k<n$ 时, 成立

$$\int_{-1}^1 x^kP_n(x)\mathrm{d}x=0. \tag{10.4.32}$$

事实上利用分部积分公式, 得

$$\begin{aligned}\int_{-1}^1 x^kP_n(x)\mathrm{d}x&=\frac{1}{2^nn!}\int_{-1}^1 x^k\frac{\mathrm{d}^n(x^2-1)^n}{\mathrm{d}x^n}\\&=\frac{x^k}{2^nn!}\cdot\frac{\mathrm{d}^{n-1}}{\mathrm{d}x^{n-1}}(x^2-1)^n\Big|_{-1}^1-\frac{k}{2^nn!}\int_{-1}^1 x^{k-1}\frac{\mathrm{d}^{n-1}}{\mathrm{d}x^{n-1}}(x^2-1)^n\mathrm{d}x.\end{aligned}$$

由于 $x=\pm1$ 是 $2n$ 次多项式 $(x^2-1)^n$ 的 n 重零点, 故也是 $\dfrac{\mathrm{d}^{n-k}}{\mathrm{d}x^{n-k}}(x^2-1)^n(k<n)$的零点. 因此有

$$\int_{-1}^1 x^kP_n(x)\mathrm{d}x=-\frac{k}{2^nn!}\int_{-1}^1 x^{k-1}\frac{\mathrm{d}^{n-1}}{\mathrm{d}x^{n-1}}(x^2-1)^n\mathrm{d}x.$$

经过 k 次分部积分后可得

$$\begin{aligned}\int_{-1}^1 x^kP_n(x)\mathrm{d}x&=(-1)^k\frac{k!}{2^nn!}\int_{-1}^1\frac{\mathrm{d}^{n-k}}{\mathrm{d}x^{n-k}}(x^2-1)^n\mathrm{d}x\\&=(-1)^k\frac{k!}{2^nn!}\frac{\mathrm{d}^{n-k-1}}{\mathrm{d}x^{n-k-1}}(x^2-1)^n\Big|_{-1}^1=0.\end{aligned}$$

一般地, 当 $m < n$ 时, 我们有

$$\begin{aligned}\int_{-1}^{1} P_m(x)P_n(x)\mathrm{d}x &= \int_{-1}^{1} P_n(x)(p_m x^m + p_{m-1}x^{m-1} + \cdots + p_1 x + p_0)\mathrm{d}x \\ &= p_m \int_{-1}^{1} x^m P_n(x)\mathrm{d}x + p_{m-1}\int_{-1}^{1} x^{m-1}P_n(x)\mathrm{d}x + \cdots \\ &\quad + p_1\int_{-1}^{1} xP_n(x)\mathrm{d}x + p_0\int_{-1}^{1} P_n(x)\mathrm{d}x = 0,\end{aligned}$$

其中 $p_m, p_{m-1}, \cdots, p_1, p_0$ 为 m 阶勒让德多项式的系数. 因此当 $n > 3$ 时, 有

$$C_n = \frac{2n+1}{2}\int_{-1}^{1}(5x^3 + 3x^2 + x + 1)P_n(x)\mathrm{d}x = 0,$$

所以

$$\begin{aligned}C_0 &= \frac{1}{2}\int_{-1}^{1}(5x^3 + 3x^2 + x + 1)P_0(x)\mathrm{d}x = 2, \\ C_1 &= \frac{3}{2}\int_{-1}^{1}(5x^3 + 3x^2 + x + 1)P_1(x)\mathrm{d}x \\ &= \frac{3}{2}\int_{-1}^{1}(5x^3 + 3x^2 + x + 1)x\mathrm{d}x = 4, \\ C_2 &= \frac{5}{2}\int_{-1}^{1}(5x^3 + 3x^2 + x + 1)P_2(x)\mathrm{d}x, \\ &= \frac{5}{2}\int_{-1}^{1}(5x^3 + 3x^2 + x + 1)\cdot\frac{1}{2}(3x^2 - 1)\mathrm{d}x = 2, \\ C_3 &= \frac{7}{2}\int_{-1}^{1}(5x^3 + 3x^2 + x + 1)P_3(x)\mathrm{d}x \\ &= \frac{7}{2}\int_{-1}^{1}(5x^3 + 3x^2 + x + 1)\cdot\frac{1}{2}(5x^3 - 3x)\mathrm{d}x = 2,\end{aligned}$$

故

$$\begin{aligned}f(x) &= 5x^3 + 3x^2 + x + 1 \\ &= 2P_0(x) + 4P_1(x) + 2P_2(x) + 2P_3(x)\end{aligned}$$

即为所求的傅里叶–勒让德级数.

例 10.4.3 将函数 $f(x) = |x|$ 在 $(-1, 1)$ 内展开成傅里叶–勒让德级数.

解 由公式 (10.4.29), 得

$$C_n = \frac{2n+1}{2}\int_{-1}^{1} f(x)P_n(x)\mathrm{d}x, \quad n = 0, 1, 2, \cdots.$$

因为 $f(x)$ 在 $(-1,1)$ 上是偶函数, 而 P_{2n+1} 是奇函数, P_{2n} 是偶函数, 故 $C_{2n+1}=0, n=0,1,2,\cdots$, 和

$$C_0=\frac{1}{2}\int_{-1}^{1}f(x)P_0(x)\mathrm{d}x=\frac{1}{2}\int_{-1}^{1}|x|\mathrm{d}x=\frac{1}{2},$$
$$C_{2n}=\frac{4n+1}{2}\int_{-1}^{1}f(x)P_{2n}(x)\mathrm{d}x=(4n+1)\int_{0}^{1}xP_{2n}(x)\mathrm{d}x,\quad n=1,2,\cdots,$$

所以

$$C_2=\frac{5}{2}\int_0^1\frac{1}{2}x(3x^2-1)\mathrm{d}x=\frac{5}{2^3},$$
$$C_4=9\int_0^1\frac{1}{8}x(35x^4-30x^2+3)\mathrm{d}x=-\frac{3}{2^4},$$
$$C_6=13\int_0^1\frac{1}{16}x(231x^6-315x^4+105x^2-5)\mathrm{d}x=\frac{13}{2^7}.$$

一般地有

$$C_{2n}=(-1)^{n+1}\frac{(4n+1)(2n-2)!}{2^{2n}(n-1)!(n+1)!},\quad n=1,2,\cdots.$$

因此, 当 $x\in(-1,1)$ 时, 有

$$\begin{aligned}f(x)=|x|=&\frac{1}{2}+\frac{5}{8}P_2(x)-\frac{3}{2^4}P_4(x)+\frac{3}{2^7}P_6(x)+\cdots\\&+(-1)^{n+1}\frac{(4n+1)(2n-2)!}{2^{2n}(n-1)!(n+1)!}P_{2n}(x)+\cdots.\end{aligned}$$

例 10.4.4　求证勒让德多项式的递推公式

$$(n+1)P_{n+1}(x)-(2n+1)xP_n(x)+nP_{n-1}(x)=0. \tag{10.4.33}$$

解　我们将 $xP_n(x)$ 展成勒让德多项式的级数. 设

$$xP_n(x)=\sum_{m=0}^{\infty}C_mP_m(x),$$

其中

$$C_m=\frac{2m+1}{2}\int_{-1}^{1}xP_n(x)P_m(x)\mathrm{d}x.$$

由于 $xP_n(x)$ 是 $n+1$ 次多项式, 故当 $m>n+1$ 时, $C_m=0$. 同时, 利用分部积分法, 得

$$\begin{aligned}C_m&=\frac{2m+1}{2}\cdot\frac{1}{2^nn!}\int_{-1}^{1}xP_m(x)\frac{\mathrm{d}^n(x^2-1)^n}{\mathrm{d}x^n}\mathrm{d}x\\&=(-1)^n\frac{2m+1}{2^{n+1}n!}\int_{-1}^{1}(x^2-1)^n\frac{\mathrm{d}^n}{\mathrm{d}x^n}[xP_m(x)]\mathrm{d}x.\end{aligned}$$

当 $m < n-1$ 时, $\dfrac{\mathrm{d}^n}{\mathrm{d}x^n}[xP_m(x)] = 0$. 因此

$$C_0 = C_1 = \cdots = C_{n-3} = C_{n-2} = 0.$$

此外, 由式 (10.4.23), 可见 $xP_n^2(x)$ 是 x 的奇函数. 故有

$$C_n = \frac{2n+1}{2}\int_{-1}^{1} xP_n^2(x)\mathrm{d}x = 0.$$

由此可见, $xP_n(x)$ 的展开式中只剩下两项, 即

$$xP_n(x) = C_{n+1}P_{n+1}(x) + C_{n-1}P_{n-1}(x). \tag{10.4.34}$$

系数 C_{n+1} 与 C_{n-1} 固然也可用上面的公式进行计算, 不过这样计算较麻烦. 下面我们用别的方法来确定.

由于 $P_n(x)$ 的最高次系数为 $2^{-n}(2n)!(n!)^{-2}$, 比较式 (10.4.34) 的两端最高次项的系数, 得

$$\frac{(2n)!}{2^n(n!)^2} = C_{n+1}\frac{(2n+2)!}{2^{n+1}[(n+1)!]^2},$$

从而得到 $C_{n+1} = (n+1)/(2n+1)$.

在式 (10.4.34) 中令 $x=1$, 注意到 $P_n(1)=1$, 故有 $1 = C_{n+1} + C_{n-1}$. 所以 $C_{n-1} = n/(2n+1)$,

$$xP_n(x) = \frac{n+1}{2n+1}P_{n+1}(x) + \frac{n}{2n+1}P_{n-1}(x).$$

这就是要证明的递推公式 (10.4.33), 它对于计算勒让德多项式的函数值有重要的意义.

10.5 勒让德函数应用举例

在这一节里, 我们将通过具体例子, 说明勒让德多项式在用分离变量法求定解问题中的应用.

例 10.5.1 试求以 1 为半径的球体的定常温度分布. 假定在球面上的温度分布为 $u|_{r=1} = \cos^2\theta$.

解 所论问题归结为求解下列定解问题:

$$\begin{cases} \Delta u = 0, & 0 < r < 1, 0 \leqslant \theta \leqslant \pi,\ 0 \leqslant \phi \leqslant 2\pi, \\ u|_{r=1} = \cos^2\theta, & 0 \leqslant \theta \leqslant \pi,\ 0 \leqslant \phi \leqslant 2\pi. \end{cases}$$

由于方程的自由项及定解条件中的已知函数与变量 ϕ 无关, 故可以推出所求函数 u 只与 r,θ 有关, 而与 ϕ 无关. 采用球坐标, 上述定解问题可化为: 求函数 u, 使得满足方程

$$\frac{1}{r^2}\frac{\partial}{\partial r}\left(r^2\frac{\partial u}{\partial r}\right)+\frac{1}{r^2\sin\theta}\frac{\partial}{\partial\theta}\left(\sin\theta\frac{\partial u}{\partial\theta}\right)=0 \tag{10.5.1}$$

和边界条件

$$u|_{r=1}=\cos^2\theta. \tag{10.5.2}$$

用分离变量法来解这个问题. 令 $u=u(r,\theta)=R(r)H(\theta)$, 代入方程 (10.5.1), 得

$$(r^2R''(r)+2rR'(r))H(\theta)+(H''(\theta)+\cot\theta H'(\theta))R(r)=0.$$

分离变量有

$$\frac{r^2R''(r)+2rR'(r)}{R(r)}=-\frac{H''(\theta)+\cot\theta H'(\theta)}{H(\theta)}=\lambda.$$

由于对任意实数 λ, 二次方程 $n^2+n-\lambda=0$ 至少被 n 的一个值 (可能是复值) 所满足. 故总可取 $\lambda=n(n+1)$, 从而得到

$$r^2R''(r)+2rR'(r)-n(n+1)R(r)=0, \tag{10.5.3}$$

$$H''(\theta)+\cot\theta H'(\theta)+n(n+1)H(\theta)=0. \tag{10.5.4}$$

令 $x=\cos\theta(-1\leqslant x\leqslant 1)$, 并将 $H(\theta)$ 改写成 $y(x)$, 则式 (10.5.4) 化为

$$(1-x^2)\frac{\mathrm{d}^2y}{\mathrm{d}x^2}-2x\frac{\mathrm{d}y}{\mathrm{d}x}+n(n+1)y=0. \tag{10.5.5}$$

这是勒让德方程, 其通解为

$$y(x)=AP_n(x)+BQ_n(x),$$

即方程 (10.5.4) 的通解为

$$H(\theta)=AP_n(\cos\theta)+BQ_n(\cos\theta).$$

由问题的物理意义, 函数 $u(r,\theta)$ 应该是有界的, 从而 $H(\theta)$ 在 $[0,\pi]$ 上也应该有界, 即函数在 $[-1,1]$ 上有界. 由 (10.4.14) 和 (10.4.15) 中的结论可知, 只有当 n 为整数时, 方程 (10.5.5) 在 $[-1,1]$ 内才有有界解. 此时, 方程 (10.5.5) 的通解为 $y(x)=AP_n(x), n=0,1,2,\cdots$. 所以 (10.5.4) 的通解是

$$H=H_n(\theta)=y(\cos\theta)=AP_n(\cos\theta),\quad n=0,1,2,\cdots,$$

这里 $P_n(\cos\theta)$ 就是方程 (10.5.4) 在自然边界条件 $|H(0)|<+\infty, |H(\pi)|<+\infty$ 下的特征函数系, 即就是方程 (10.5.5) 在自然边界条件 $|y(\pm 1)|<+\infty$ 下的特征函数系.

方程 (10.5.3) 是欧拉方程, 其通解是

$$R_n(r)=A_n r^n+B_n r^{-n-1}.$$

由于 $u(r,\theta)$ 有界, 故 $R_n(r)$ 也应有界. 所以系数 $B_n=0$, 即 $R_n(r)=A_n r^n$. 由叠加原理, 可设原问题的形式解为

$$u(r,\theta)=\sum_{n=0}^{\infty} A_n r^n P_n(\cos\theta).$$

由边界条件 (10.5.2), 得

$$\cos^2\theta=u(1,\theta)=\sum_{n=0}^{\infty} A_n P_n(\cos\theta). \tag{10.5.6}$$

令 $x=\cos\theta$, 则得

$$x^2=\sum_{n=0}^{\infty} A_n P_n(x).$$

由于

$$x^2=\frac{1}{3}P_0(x)+\frac{2}{3}P_2(x),$$

比较两端系数, 得

$$A_0=\frac{1}{3},\ A_2=\frac{2}{3},\ A_n=0,\ n\neq 2,$$

因此, 所求定解问题的解是

$$u(r,\theta)=\frac{1}{3}+\frac{2}{3}P_2(\cos\theta)r^2=\frac{1}{3}+\left(\cos^2\theta-\frac{1}{3}\right)r^2.$$

注 式 (10.5.6) 中的系数也可用公式

$$A_n=\frac{2n+1}{2}\int_{-1}^{1} x^2 P_n(x)\mathrm{d}x,\quad n=0,1,2,\cdots$$

来计算.

例 10.5.2 求上半球的稳恒温度分布 u. 已知上半球面保持定温 u_0, 半球底面为零度.

解　所论问题归结为求解下列定解问题:

$$\begin{cases} \Delta u = 0, & 0 < r < R,\ 0 \leqslant \theta \leqslant \dfrac{\pi}{2}, \\ u(R,\theta) = u_0, & 0 \leqslant \theta \leqslant \dfrac{\pi}{2}, \\ u\left(r, \dfrac{\pi}{2}\right) = 0, & 0 \leqslant r \leqslant R. \end{cases} \tag{10.5.7}$$

为借助勒让德函数求解, 需要将半球问题化为全球问题. 我们将边界条件作奇延拓

$$u(R,\theta) = \begin{cases} u_0, & 0 \leqslant \theta < \dfrac{\pi}{2}, \\ 0, & \theta = \dfrac{\pi}{2}, \\ -u_0, & 0 \leqslant \theta < \dfrac{\pi}{2}. \end{cases} \tag{10.5.8}$$

利用分离变量法, 设解为 $u(r,\theta) = R(r)H(\theta)$, 同例 10.5.1 的类似的做法, 可得问题 (10.5.7) 具有如下形式解:

$$u(r,\theta) = \sum_{n=0}^{\infty} C_n r^n P_n(\cos\theta).$$

由边界条件 (10.5.8), 得

$$u(R,\theta) = \sum_{n=0}^{\infty} C_n R^n P_n(\cos\theta).$$

由公式 (10.4.29) 得

$$C_n = \frac{2n+1}{2R^n}\left[\int_{-1}^{0} -u_0 P_n(x)\mathrm{d}x + \int_0^1 u_0 P_n(x)\mathrm{d}x\right].$$

由于 $P_{2m}(x)$ 是偶函数和 $P_{2m+1}(x)$ 是奇函数, 故 $C_{2m} = 0(m = 0,1,2,\cdots)$ 和

$$\begin{aligned} C_{2m+1} &= \frac{4m+3}{R^{2m+1}}\int_0^1 u_0 P_{2m+1}(x)\mathrm{d}x \\ &= \frac{(4m+3)u_0}{R^{2m+1}}\int_0^1 \frac{1}{2^{2m+1}(2m+1)!}\frac{\mathrm{d}^{2m+1}}{\mathrm{d}x^{2m+1}}(x^2-1)^{2m+1}\mathrm{d}x \\ &= (-1)^m \frac{(4m+1)(2m)!}{2^{2m+1}(m+1)!m!}\frac{u_0}{R^{2m+1}}. \end{aligned}$$

因此定解问题 (10.5.7) 的解为

$$u(r,\theta) = u_0 \sum_{m=0}^{\infty} (-1)^m \frac{(4m+1)(2m)!}{2^{2m+1}(m+1)!m!}\left(\frac{r}{R}\right)^{2m+1} P_{2m+1}(\cos\theta),$$

其中 $0 \leqslant r \leqslant R, 0 \leqslant \theta \leqslant \pi/2$.

例 10.5.3 求球环区域 $\Omega = \{(x,y,z)|0 < a < \sqrt{x^2+y^2+z^2} = r < b\}$ 上狄利克雷问题的解:

$$\begin{aligned} &\Delta u = 0, \quad (x,y,z) \in \Omega, \\ &u|_{r=a} = f_1(\theta), \quad u|_{r=b} = f_2(\theta). \end{aligned} \tag{10.5.9}$$

解 因为边界条件只与 θ 有关, 区域 Ω 是球对称区域, 所以可设解 u 只与 r, θ 有关, 而与 ϕ 无关. 在球坐标下上述定解问题可以化为以下边值问题: 求 $u = u(r,\theta)$ 使其满足

$$\frac{1}{r^2}\frac{\partial}{\partial r}\left(r^2\frac{\partial u}{\partial r}\right) + \frac{1}{r^2 \sin\theta}\frac{\partial}{\partial \theta}\left(\sin\theta\frac{\partial u}{\partial \theta}\right) = 0, \quad a < r < b, 0 \leqslant \theta < \pi \tag{10.5.10}$$

以及边界条件

$$u|_{r=a} = f_1(\theta), \quad u|_{r=b} = f_2(\theta), \quad 0 \leqslant \theta \leqslant \pi. \tag{10.5.11}$$

同例 10.5.1 类似, 利用分离变量法, 可设解 u 具有如下形式:

$$u = u(r,\theta) = \sum_{n=0}^{\infty}(A_n r^n + B_n r^{-n-1})P_n(\cos\theta). \tag{10.5.12}$$

由边界条件可得

$$f_1(\theta) = u(a,\theta) = \sum_{n=0}^{\infty}(A_n a^n + B_n a^{-n-1})P_n(\cos\theta), \tag{10.5.13}$$

$$f_2(\theta) = u(b,\theta) = \sum_{n=0}^{\infty}(A_n b^n + B_n b^{-n-1})P_n(\cos\theta). \tag{10.5.14}$$

利用勒让德函数系的正交性关系:

$$\int_0^{\pi} P_n(\cos\theta)P_m(\cos\theta)\sin\theta \mathrm{d}\theta = \begin{cases} 0, & n \neq m, \\ \dfrac{2}{2n+1}, & n = m. \end{cases} \tag{10.5.15}$$

我们对方程 (10.5.13) 的两边同乘以 $P_m(\cos\theta)\sin\theta$, 然后在 $[0,\pi]$ 上积分, 可以得到

$$\begin{aligned} \int_0^{\pi} f_1(\theta)P_m(\cos\theta)\sin\theta \mathrm{d}\theta &= \sum_{n=0}^{\infty}(A_n a^n + B_n a^{-n-1})\int_0^{\pi} P_n(\cos\theta)P_m(\cos\theta)\sin\theta \mathrm{d}\theta \\ &= (A_m a^m + B_m a^{-m-1})\frac{2}{2m+1}. \end{aligned} \tag{10.5.16}$$

类似地由 (10.5.14) 可以得到

$$\int_0^{\pi} f_2(\theta)P_m(\cos\theta)\sin\theta d\theta = \sum_{n=0}^{\infty}(A_n b^n + B_n b^{-n-1})\int_0^{\pi} P_n(\cos\theta)P_m(\cos\theta)\sin\theta d\theta$$
$$= (A_m b^m + B_m b^{-m-1})\frac{2}{2m+1}. \tag{10.5.17}$$

记

$$\begin{aligned}\frac{2m+1}{2}\int_0^{\pi} f_1(\theta)P_m(\cos\theta)\sin\theta d\theta = C_m,\\ \frac{2m+1}{2}\int_0^{\pi} f_2(\theta)P_m(\cos\theta)\sin\theta d\theta = D_m.\end{aligned} \tag{10.5.18}$$

所以

$$A_m b^m + B_m b^{-m-1} = D_m,$$
$$A_m a^m + B_m a^{-m-1} = C_m.$$

解该方程组, 得

$$A_m = \frac{C_m a^{m+1} - D_m b^{m+1}}{a^{2m+1} - b^{2m+1}}, \quad B_m = \frac{a^{m+1}b^{m+1}(C_m b^m - D_m a^m)}{b^{2m+1} - a^{2m+1}}. \tag{10.5.19}$$

因此所求的解为式 (10.5.12), 其中系数 A_m, B_m 由式 (10.5.19) 所确定.

例 10.5.4 求下列球外部区域定解问题的解:

$$\begin{cases} \Delta u = 0, & r > a, 0 \leqslant \theta < \pi,\ 0 \leqslant \phi < 2\pi, \\ u|_{r=a} = 0, \\ \text{当 } r \to +\infty \text{ 时}, u \approx -E_0 r\cos\theta. \end{cases}$$

解 由例 10.5.3 知, 可设解具有如下形式:

$$u = u(r,\theta) = \sum_{n=0}^{\infty}(A_n r^n + B_n r^{-n-1})P_n(\cos\theta).$$

利用无穷远边界条件: 当 $r \to +\infty$ 时, $u \approx -E_0 r\cos\theta$. 由此得 $A_n = 0, n \neq 1$, $A_1 = -E_0, P_1(\cos\theta) = \cos\theta$. 所以

$$u(r,\theta) = -E_0 r\cos\theta + \sum_{n=0}^{\infty} B_n r^{-n-1} P_n(\cos\theta).$$

再利用条件 $u(a,\theta)=0$ 得

$$0=-E_0 a\cos\theta+\sum_{n=0}^{\infty}B_n a^{-n-1}P_n(\cos\theta).$$

对上式两边同乘以 $P_m(\cos\theta)\sin\theta$, 并且从 0 到 π 积分得

$$E_0 a\int_0^{\pi}\cos\theta P_m(\cos\theta)\sin\theta\mathrm{d}\theta=\sum_{n=0}^{\infty}B_n a^{-n-1}\int_0^{\pi}P_n(\cos\theta)P_m(\cos\theta)\sin\theta\mathrm{d}\theta.$$

由正交性 (10.5.15) 得

$$B_m=\frac{2m+1}{2}E_0 a^{m+2}\int_0^{\pi}\cos\theta P_m(\cos\theta)\sin\theta\mathrm{d}\theta,\quad m=0,1,2,\cdots.$$

令 $x=\cos\theta$, 利用式 (10.4.32), 得 $B_m=0, m\neq 1, B_1=E_0a^3$. 所以所求的解为

$$u(r,\theta)=-E_0 r\cos\theta+r^{-2}E_0a^3\cos\theta.$$

习 题 10

1. 证明

(1) $J_0(x)=1-\dfrac{x^2}{2^2(1!)^2}+\dfrac{x^4}{2^4(2!)^2}-\dfrac{x^6}{2^6(3!)^2}+\cdots$;

(2) $J_1(x)=\dfrac{x}{2}-\dfrac{x^3}{2^3 1!2!}+\dfrac{x^5}{2^5 2!3!}-\dfrac{x^7}{2^7 3!4!}+\cdots$.

2. 通过括号内的提示, 把下列微分方程化为贝塞尔方程, 从而求其通解:

(1) $x^2y''+xy'+4(x^4-\nu^2)y=0\quad (z=x^2)$;

(2) $xy''+y'+\dfrac{1}{4}y=0\quad (z=\sqrt{x})$;

(3) $y''+k^2xy=0\quad \left(y=u\sqrt{x}, z=\dfrac{2k}{3}x^{3/2}\right)$.

3. 利用勒让德多项式的罗德里格斯表达式和分部积分公式, 证明

$$\int_{-1}^{1}P_n^2(x)\mathrm{d}x=\frac{2}{2n+1};\qquad \int_{-1}^{1}P_n(x)P_k(x)\mathrm{d}x=0,\qquad n\neq k.$$

4. 证明 $P_n(-x)=(-1)^nP_n(x)$ 和 $P_n'(-x)=(-1)^{n+1}P_n'(x)$.

5. 当 n 为正整数时, 讨论 $J_n(x)$ 的收敛范围.

6. 根据提示, 先把下列方程化为标准方程, 然后求出通解:

(1) $x^2y''+xy'+(\lambda^2x^2-n^2)y=0\quad$ (令 $z=\lambda x$);

(2) $xy''+(1+2n)y'+xy=0\quad$ (令 $y=x^{-n}u$);

(3) $4x^2y''+4xy'+(x-\nu^2)y=0\quad$ (令 $z=\sqrt{x}$);

(4) $xy''-y'+xy=0$　(令 $y=xu$);

(5) $x^2y''+\frac{1}{4}\left(x+\frac{3}{4}\right)y=0$　(令 $y=u\sqrt{x}, z=\sqrt{x}$);

(6) $x^2y''-3xy'+4(x^4-3)y=0$　(令 $y=x^2u, z=x^2$).

7. 试证明 $y=xJ_n(x)$ 是方程 $x^2y''-xy'+(1+x^2-n^2)y=0$ 的一个解.

8. 设 $\mu_{m1}(m=1,2,\cdots)$ 是方程 $J_1(x)=0$ 的正根, 试将函数 $f(x)=x^n(0<x<1)$ 展开为贝塞尔函数系 $\{J_1(\mu_{m1}x)\}$ 的级数.

9. 利用贝塞尔函数递推公式, 证明

(1) $J_2(x)=J_0''(x)-x^{-1}J_0'(x)$;

(2) $J_3(x)+3J_0'(x)+4J_0'''(x)=0$.

10. 试证

$$\int x^nJ_0(x)\mathrm{d}x=x^nJ_1(x)+(n-1)x^{n-1}J_0(x)-(n-1)^2\int x^{n-2}J_0(x)\mathrm{d}x.$$

11. 证明

(1) $x^2=\frac{2}{3}P_2(x)+\frac{1}{3}P_0(x)$;

(2) $x^3=\frac{2}{5}P_3(x)+\frac{3}{5}P_1(x)$.

12. 把下列函数在 $(-1,1)$ 上展开成勒让德函数系级数:

(1) $f(x)=x^4$;　　(2) $f(x)=|x|$.

13. 证明在变换 $x=\cos\theta$ 下, 勒让德方程可化为

$$\frac{\mathrm{d}^2y}{\mathrm{d}\theta^2}+\cot\theta\frac{\mathrm{d}y}{\mathrm{d}\theta}+n(n+1)y=0.$$

14. 用罗德里格斯公式证明

$$P_n(x)=\frac{1}{2n+1}[P_{n+1}'(x)-P_{n-1}'(x)].$$

15. 证明

$$P_n'(x)=(2n-1)P_{n-1}(x)+(2n-5)P_{n-3}(x)+(2n-9)P_{n-5}(x)+\cdots.$$

16. 试证明：当

$$f(\theta)=\begin{cases}1,\ 0\leqslant\theta\leqslant a,\\0,\ a<\theta\leqslant\pi\end{cases}$$

时, 成立

$$f(\theta)=\frac{1-\cos a}{2}P_0(\cos\theta)+\frac{1}{2}\sum_{n=1}^{\infty}\left[P_{n-1}(\cos a)-P_{n+1}(\cos a)\right]P_n(\cos\theta).$$

17. 求解球域内部的狄利克雷定解问题:

$$\begin{cases} u_{xx}+u_{yy}+u_{zz}=0, & x^2+y^2+z^2<1, \\ u(1,\theta,\phi)=3\cos 2\theta+1, & 0\leqslant\theta\leqslant\pi,\ 0\leqslant\phi\leqslant 2\pi. \end{cases}$$

18. 求解球域外部的狄利克雷定解问题:

$$\begin{cases} u_{xx}+u_{yy}+u_{zz}=0, & x^2+y^2+z^2>a, \\ u(a,\theta,\phi)=f(\theta), & 0\leqslant\theta\leqslant\pi,\ 0\leqslant\phi\leqslant 2\pi, \\ \text{当 } x^2+y^2+z^2\to+\infty \text{ 时}, u \text{ 为有限值}. \end{cases}$$

19. 求同心球壳内的电势分布

$$\begin{cases} \Delta u=0, & a<r<b,\ 0\leqslant\theta\leqslant 2\pi, \\ u|_{r=a}=0,\ u|_{r=b}=A\cos\dfrac{\theta}{2}, & 0\leqslant\theta\leqslant 2\pi, \end{cases}$$

其中 a,b,A 为常数, 且 $a>0$.

20. 一个均匀无限长的半径为 a 的圆柱体, 对称轴为 z 轴. 假设电势 $u=u(r,\theta)$ 满足如下定解问题:

$$\begin{cases} \Delta u=0, & r>a, 0\leqslant\theta\leqslant 2\pi, \\ u_r(a,\theta)=a^{-1}u_0\sin 3\theta, & 0\leqslant\theta\leqslant 2\pi, \\ \text{当 } r\to+\infty\text{时}, u(r,\theta)\to 0, \end{cases}$$

求 $u(r,\theta)$.

21. 求解下列定解问题:

$$\begin{cases} u_{tt}=c^2(u_{rr}+r^{-1}u_r), & 0<r<a,\ t>0, \\ u(r,0)=1-\dfrac{r^2}{a^2},\ u_t(r,0)=0, & 0\leqslant r<a, \\ u(a,t)=0,\ \ |u(0,t)|<\infty, & t\geqslant 0. \end{cases}$$

22. 求解圆柱区域的边值问题: 在圆柱内 $\Delta u=0$, 在圆柱侧面 $u|_{r=a}=0$, 在圆柱下底 $u|_{z=0}=0$, 在上底 $u|_{z=L}=A$.

23. 求下列定解问题:

$$\begin{cases} u_t=c^2(u_{rr}+r^{-1}u_r), & 0\leqslant r<a,\ t>0, \\ u(a,t)=u_0,\ \ u(0,t) \text{ 有界}, & t\geqslant 0, \\ u(r,0)=f(r), & 0\leqslant r<a. \end{cases}$$

第 11 章　一阶拟线性偏微分方程

本章主要介绍一阶拟线性偏微分方程的典型定解问题与求解方法. 共分三节. 11.1 节主要介绍一些基本概念, 包括一阶偏微分方程、一阶拟线性和一阶线性偏微分方程的一般形式, 以及一阶拟线性偏微分方程初值问题的提法. 11.2 节讨论一阶拟线性偏微分方程的参数形式初值问题的解法. 11.3 节主要内容是一阶拟线性偏微分方程通解的求法及正规形式的初值问题的求法.

11.1　基本概念与初值问题的提法

一阶偏微分方程的一般形式为

$$F\left(x_1, x_2, \cdots, x_n, u, \frac{\partial u}{\partial x_1}, \frac{\partial u}{\partial x_2}, \cdots, \frac{\partial u}{\partial x_n}\right) = 0, \quad (x_1, x_2, \cdots, x_n) \in \Omega, \quad (11.1.1)$$

其中 $x_1, x_2, \cdots, x_n$ 为自变量, u 是未知函数, Ω 是 $\mathbb{R}^n$ 中的某个区域, F 是其变量的连续可微函数. 能使方程 (11.1.1) 成为恒等式的一阶连续可微函数 $u = u(x_1, x_2, \cdots, x_n)$ 称为方程 (11.1.1) 的**解**. 依赖于一个任意函数的解称为**通解**.

形如

$$X_1 \frac{\partial u}{\partial x_1} + X_2 \frac{\partial u}{\partial x_2} + \cdots + X_n \frac{\partial u}{\partial x_n} = X \quad (11.1.2)$$

的方程称为**一阶拟线性偏微分方程**, 其中 $X_i = X_i(x_1, x_2, \cdots, x_n, u), i = 1, 2, \cdots, n$ 和 $X = X(x_1, x_2, \cdots, x_n, u)$ 是 Ω 上已知连续可微函数. 特别地, 若对每一个 $i = 1, 2, \cdots, n$, 函数 X_i 仅依赖于自变量 $x_1, x_2, \cdots, x_n$, 而 X 是 u 的线性函数, 则称式 (11.1.2) 为**一阶线性偏微分方程**. 以后我们总假定对于式 (11.1.2) 中的 $X_i (i = 1, 2, \cdots, n)$ 和 X 在区域 Ω 内连续可微, 且 X_i 不同时为零, 即 $\sum_{i=1}^{n} X_i^2 > 0$.

一阶拟线性偏微分方程的初值问题　我们先考虑两个自变量的一阶拟线性偏微分方程

$$a(x, y, u)\frac{\partial u}{\partial x} + b(x, y, u)\frac{\partial u}{\partial y} = c(x, y, u), \quad (11.1.3)$$

其中 a, b, c 分别是 x, y, u 的已知函数, $u = u(x, y)$, 且 $a^2 + b^2 > 0$.

对方程 (11.1.3) 可以作如下几何解释. 方程 (11.1.3) 可以改写成

$$(a,b,c)\cdot\left(\frac{\partial u}{\partial x},\frac{\partial u}{\partial y},-1\right)=0. \tag{11.1.4}$$

所谓式 (11.1.3) 的解是表示空间 (x,y,u) 中一张曲面 $S: u=u(x,y)$, 曲面 S 上任一点 $P(x,y,u)$ 其切平面的法向为 $\left(\frac{\partial u}{\partial x},\frac{\partial u}{\partial y},-1\right)$. 式 (11.1.4) 表明: 曲面法向与向量 (a,b,c) 垂直, 或者说向量 (a,b,c) 在点 P 的切平面内 (图 11.1).

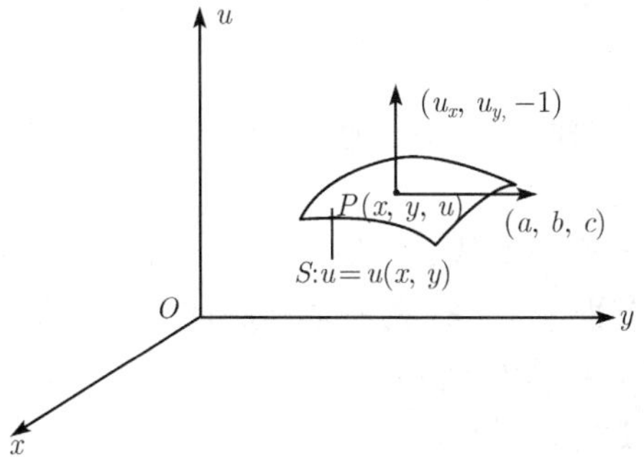

图 11.1

我们称方向 (a,b,c) 为方程 (11.1.3) 的**特征方向**, 它在区域 $\Omega\subset\mathbb{R}^3$ 上定义了一个向量场. 这个向量场的积分曲线称为方程 (11.1.3) 的**特征曲线**. 设特征曲线的参数形式为 $x=x(s), y=y(s), u=u(s),\ s\in I$, 其中 I 为一实区间, 则沿特征曲线成立:

$$\frac{\mathrm{d}x}{a(x,y,u)}=\frac{\mathrm{d}y}{b(x,y,u)}=\frac{\mathrm{d}u}{c(x,y,u)}=\mathrm{d}s$$

或者

$$\begin{cases}\dfrac{\mathrm{d}x}{\mathrm{d}s}=a(x,y,u),\\[2mm] \dfrac{\mathrm{d}y}{\mathrm{d}s}=b(x,y,u),\\[2mm] \dfrac{\mathrm{d}u}{\mathrm{d}s}=c(x,y,u).\end{cases} \tag{11.1.5}$$

它称为方程 (11.1.3) 的**特征方程组**.

下面我们要指出, 由特征线编织而成的光滑曲面 S 即为方程 (11.1.3) 的解; 反之, 方程 (11.1.3) 的解必由特征线编织而成. 事实上, 设 $u=u(x,y)$ 是方程 (11.1.3) 的解, (x_0,y_0,u_0) 为积分曲面 S 上任意一点, 考虑 Cauchy 问题:

$$\begin{cases}\dfrac{\mathrm{d}x}{\mathrm{d}s}=a(x,y,u),\quad s>0,\quad x(0)=x_0,\\[2mm] \dfrac{\mathrm{d}y}{\mathrm{d}s}=b(x,y,u),\quad s>0,\quad y(0)=y_0.\end{cases} \tag{11.1.6}$$

由问题 (11.1.6) 可以解出 $x=x(s), y=y(s)$. 将其代入到 $u=u(x,y)$, 即得 $u(s)=u(x(s),y(s))$. 由于

$$\frac{\mathrm{d}u}{\mathrm{d}s}=\frac{\partial u}{\partial x}\frac{\mathrm{d}x}{\mathrm{d}s}+\frac{\partial u}{\partial y}\frac{\mathrm{d}y}{\mathrm{d}s}=a\frac{\partial u}{\partial x}+b\frac{\partial u}{\partial y}=c,\quad u(0)=u(x_0,y_0)=u_0,$$

于是 $x=x(s), y=y(s), u=u(s)$ 为特征线, 它通过 (x_0,y_0,u_0) 且落在积分曲面 S 上. 反之, 设由特征线编织成的光滑曲面为 $S: u=u(x,y)$. 因为由式 (11.1.5) 表示的特征线的切向量是 (a,b,c). 于是 $a\dfrac{\partial u}{\partial x}+b\dfrac{\partial u}{\partial y}=c$, 即 $u=u(x,y)$ 为方程 (11.1.3) 的解.

一阶拟线性偏微分方程 (11.1.3) 初值问题 (又称 Cauchy 问题, 以下同) 的提法一般有以下两种:

(1) **参数形式** 设一空间曲线 $\Gamma: (x,y,u)=(x(s),y(s),u(s)), s\in I$, 其中 s 为参数, I 为一实区间. 方程 (11.1.3) 的初值问题问题提法是: 求方程 (11.1.3) 的解 $u=u(x,y)$, 使满足 $u(s)=u(x(s),y(s))$, 即积分曲面过已知曲线 Γ. 我们有

定理 11.1.1 设曲线 Γ: $(x,y,u)=(x(s),y(s),u(s)), s\in I$ 光滑, 且 $x'^2+y'^2>0$, $x_0=x(s_0), y_0=y(s_0), u_0=u(s_0)$. 在点 $P_0=P_0(x_0,y_0,u_0)=(x(s_0),y(s_0),u(s_0))$ 处行列式

$$J=\begin{vmatrix} x'(s_0) & y'(s_0) \\ a(x_0,y_0,u_0) & b(x_0,y_0,u_0)\end{vmatrix}\neq 0. \tag{11.1.7}$$

又设 $a(x,y,u), b(x,y,u), c(x,y,u)$ 在 Γ 附近光滑, 则初值问题

$$\begin{cases} a(x,y,u)\dfrac{\partial u}{\partial x}+b(x,y,u)\dfrac{\partial u}{\partial y}=c(x,y,u), \\ u(x(s),y(s))=u(s) \end{cases} \tag{11.1.8}$$

在参数 $s=s_0$ 的某个邻域内存在唯一解.

注 11.1.1 因为有界曲线 Γ 可被位于其上有限个开弧所覆盖, 而上述定理表明在每个开弧附近可得到问题 (11.1.8) 解的存在性与唯一性, 所以在 Γ 的某邻域内, 初值问题 (11.1.8) 存在唯一解.

注 11.1.2 类似地我们可以定义方程 (11.1.2) 的初值问题的参数形式.

相应于方程 (11.1.2) 的常微分方程组

$$\begin{cases} \dfrac{\mathrm{d}x_i}{\mathrm{d}t}=X_i(x_1,x_2,\cdots,x_n,u), \quad i=1,2,\cdots,n, \\ \dfrac{\mathrm{d}u}{\mathrm{d}t}=X(x_1,x_2,\cdots,x_n,u) \end{cases} \tag{11.1.9}$$

称为方程 (11.1.2) 的**特征方程组**. 方程 (11.1.2) 的初值问题是: 在空间 $\mathbb{R}^{n+1}$ 中求满足方程 (11.1.2) 的解 (又称积分曲面)$u=u(x_1,x_2,\cdots,x_n)$ 使之通过如下用参数表示的 $n-1$ 维超曲面 S^{n-1}:

$$\begin{cases} x_i=h_i(s_1,s_2,\cdots,s_{n-1}), \quad i=1,2,\cdots,n, \\ u=h(s_1,s_2,\cdots,s_{n-1}). \end{cases} \tag{11.1.10}$$

因此问题 (11.1.2) 的初值问题就是求出方程组 (11.1.9) 的当 $t=0$ 时等于 $(h_1,h_2,\cdots,h_n,h)$ 的解

$$\begin{cases} x_i=x_i(s_1,s_2,\cdots,s_{n-1},t), \quad i=1,2,\cdots,n, \\ u=u(s_1,s_2,\cdots,s_{n-1},t). \end{cases} \tag{11.1.11}$$

由隐函数定理, 如果

$$J=\begin{vmatrix} \dfrac{\partial h_1}{\partial s_1} & \cdots & \dfrac{\partial h_n}{\partial s_1} \\ \vdots & & \vdots \\ \dfrac{\partial h_1}{\partial s_{n-1}} & \cdots & \dfrac{\partial h_n}{\partial s_{n-1}} \\ X_1 & \cdots & X_n \end{vmatrix} \neq 0, \tag{11.1.12}$$

则由方程 (11.1.11) 的前 n 个式子解出 $s_1,s_2,\cdots,s_{n-1},t$, 将它们代入方程 (11.1.11) 的第 $n+1$ 个式子, 就能得到积分曲面 $u=u(x_1,x_2,\cdots,x_n)$. 它就是所述初值问题的解.

(2) **正规形式** 方程 (11.1.2) 初值问题的正规形式提法是: 求满足方程 (11.1.2) 和初始条件

$$u(x_1,x_2,\cdots,x_n)|_{x_i=x_i^0}=\varphi(x_1,x_2,\cdots,x_{i-1},x_{i+1},\cdots,x_n)$$

的解, 其中 i 为某一个确定的下标, φ 为已知函数. 为方便起见, 以后总把上述条件设为

$$u|_{x_n=x_n^0}=\varphi(x_1,x_2,\cdots,x_{n-1}). \tag{11.1.13}$$

参数形式的初值问题求解例子

例 11.1.1 已知曲线 $\Gamma: x=s, y=s, u=s/2,\ 0<s<1$. 求解初值问题

$$\begin{cases} u\dfrac{\partial u}{\partial x}+\dfrac{\partial u}{\partial y}=1, \\ u|_\Gamma=\dfrac{s}{2}. \end{cases}$$

解　我们用所谓的特征线方法来求解这类问题. 首先注意到, 在曲线 Γ 上, 由式 (11.1.7) 得

$$J=\begin{vmatrix} x' & y' \\ a & b \end{vmatrix}=\begin{vmatrix} 1 & 1 \\ \dfrac{s}{2} & 1 \end{vmatrix}=1-\frac{s}{2}\neq 0,\quad 0<s<1.$$

解对应的特征方程组的初值问题

$$\begin{cases} \dfrac{\mathrm{d}x}{\mathrm{d}t}=u, \quad \dfrac{\mathrm{d}y}{\mathrm{d}t}=1, \quad \dfrac{\mathrm{d}u}{\mathrm{d}t}=1, \\ (x,y,u)|_{t=0}=\left(s,s,\dfrac{s}{2}\right), \end{cases}$$

得

$$u=t+\frac{s}{2},\quad y=t+s,\quad x=\frac{t^2}{2}+\frac{st}{2}+s.$$

由后两式解出 s,t, 并将其代入第一个式子, 得解

$$u=u(x,y)=\frac{4y-2x-y^2}{2(2-y)}.$$

对于正规形式的初值问题, 也可以化为参数形式的初值问题.

例 11.1.2　求下列初值问题的解:

(1) $\dfrac{\partial u}{\partial x}+\dfrac{\partial u}{\partial y}=u,\quad u|_{y=0}=\cos x$;

(2) $x^2\dfrac{\partial u}{\partial x}+y^2\dfrac{\partial u}{\partial y}=u^2,\ \ u|_{y=2x}=1$.

解　(1) 首先把初始数据 $u|_{y=0}=\cos x$ 化为如下初始曲线 $\Gamma: x=s, y=0, u=\cos s, s\geqslant 0$. 在 Γ 上, 由式 (11.1.7) 得

$$J=\begin{vmatrix} 1 & 0 \\ 1 & 1 \end{vmatrix}=1\neq 0.$$

求解特征方程组的初值问题

$$\begin{cases} \dfrac{\mathrm{d}x}{\mathrm{d}t}=1, \quad \dfrac{\mathrm{d}y}{\mathrm{d}t}=1, \quad \dfrac{\mathrm{d}u}{\mathrm{d}t}=u, \\ (x,y,u)|_{t=0}=(s,0,\cos s). \end{cases}$$

得到解的参数形式 $x=s+t, y=t, u=\mathrm{e}^t\cos s$. 从前两方程中解出 s,t 代入 u 的表达式, 得解

$$u=u(x,y)=\mathrm{e}^y\cos(x-y).$$

(2) 初始曲线为 $\Gamma: x=s, y=2s, u=1$. 在 Γ 上, 由式 (11.1.7) 得

$$J=\begin{vmatrix} 1 & 2 \\ s^2 & 4s^2 \end{vmatrix}=2s^2\neq 0.$$

求解特征方程组的初值问题

$$\begin{cases} \dfrac{\mathrm{d}x}{\mathrm{d}t}=x^2, \quad \dfrac{\mathrm{d}y}{\mathrm{d}t}=y^2, \quad \dfrac{\mathrm{d}u}{\mathrm{d}t}=u^2, \\ (x,y,u)|_{t=0}=(s,2s,1). \end{cases}$$

其解的参数形式为 $x^{-1}=-t+s^{-1}, y^{-1}=-t+s^{-1}, u^{-1}=-t+1$. 消去 s,t 得

$$u=u(x,y)=\frac{xy}{xy+2x-y}.$$

下面考虑多个自变量的情形.

例 11.1.3 设 $u=u(x,y,z)$, 求解初值问题

$$\begin{cases} x\dfrac{\partial u}{\partial x}+2y\dfrac{\partial u}{\partial y}+\dfrac{\partial u}{\partial z}=3u, \\ u(x,y,0)=\varphi(x,y). \end{cases}$$

解 初始曲面为 $S^2: x=s_1, y=s_2, z=0, u=\varphi(s_1,s_2)$. 在 S^2 上, 由式 (11.1.11) 得

$$J=\begin{vmatrix} \dfrac{\partial x}{\partial s_1} & \dfrac{\partial y}{\partial s_1} & \dfrac{\partial z}{\partial s_1} \\ \dfrac{\partial x}{\partial s_2} & \dfrac{\partial y}{\partial s_2} & \dfrac{\partial z}{\partial s_2} \\ x & 2y & 1 \end{vmatrix}=\begin{vmatrix} 1 & 0 & 0 \\ 0 & 1 & 0 \\ s_1 & 2s_2 & 1 \end{vmatrix}=1\neq 0.$$

求解特征方程组的初值问题

$$\begin{cases} \dfrac{\mathrm{d}x}{\mathrm{d}t}=x, \quad \dfrac{\mathrm{d}y}{\mathrm{d}t}=2y, \quad \dfrac{\mathrm{d}z}{\mathrm{d}t}=1, \quad \dfrac{\mathrm{d}u}{\mathrm{d}t}=3u, \\ (x,y,z,u)|_{t=0}=(s_1,s_2,0,\varphi(s_1,s_2)). \end{cases}$$

得到

$$x=s_1\mathrm{e}^t, \quad y=s_2\mathrm{e}^{2t}, \quad z=t, \quad u=\varphi(s_1,s_2)\mathrm{e}^{3t}.$$

从前三个方程解出 t, s_1 和 s_2 将它们代入 u 的表达式, 得到所给问题的解

$$u=u(x,y,z)=\varphi(x\mathrm{e}^{-z}, y\mathrm{e}^{-2z})\mathrm{e}^{3z}.$$

例 11.1.4　传输(transport)方程

在一阶线性偏微分方程中, 有一种简单的形如

$$u_t + b \cdot Du = 0, \quad x \in \mathbb{R}^n, t \in (0, +\infty) \tag{11.1.14}$$

的方程, 称为传输方程, 其中 $b = (b_1, b_2, \cdots, b_n)$ 是已知 n 维常向量, $u = u(x,t)$, $Du = (u_{x_1}, u_{x_2}, \cdots, u_{x_n})$.

我们可以用前面例子的特征线方法求解 (11.1.14) 的初值问题. 在此我们介绍一种更为直接、更直观的方法求解, 它实际上是特征线法的一种特殊情况.

设方程 (11.1.14) 有光滑解 $u(x,t)$. 由方程 (11.1.14) 的形式可以看出, $u(x,t)$ 沿一个具体的方向的方向微商等于零. 事实上, 固定一点 $(x,t) \in \mathbb{R}^n \times (0, +\infty)$, 令

$$u(s) = u(x + bs, t + s), \quad s \in \mathbb{R},$$

于是

$$\frac{\mathrm{d}u}{\mathrm{d}s} = Du(x + sb, t + s) \cdot b + u_t(x + sb, t + s) = 0.$$

因此, 函数 $u(s)$ 在过点 $(x,t) \in \mathbb{R}^n \times (0, +\infty)$ 且具有方向 $(b, 1) \in \mathbb{R}^{n+1}$ 的直线上取常数值. 所以, 如果知道解 u 在这类直线上的值, 则就可以得到 u 在 $\mathbb{R}^n \times (0, +\infty)$ 上每一点 (x,t) 的值. 这就引出下面求解初值问题的另一方法.

(1) 齐次传输方程的初值问题.

设 $a \in \mathbb{R}^n$ 是已知常向量, $\phi : \mathbb{R}^n \to \mathbb{R}^1$ 是给定函数. 考察传输方程的初值问题

$$\begin{cases} u_t + a \cdot Du = 0, & (x,t) \in \mathbb{R}^n \times (0, \infty), \\ u(x, 0) = \phi(x), & x \in \mathbb{R}^n. \end{cases} \tag{11.1.15}$$

取定 $(x,t) \in \mathbb{R}^n \times (0, +\infty)$. 过点 (x,t) 且具有方向 $(a, 1)$ 的直线的参数式为 $(x + as, t + s), s \in \mathbb{R}^1$. 当 $s = -t$ 时, 此直线与平面 $\Gamma : \mathbb{R}^n \times \{t = 0\}$ 相交于点 $(x - at, 0)$. 由上面分析知 u 沿此直线取常数值. 而由初始条件, $u(x - at, 0) = \phi(x - at)$ 得

$$u(x,t) = \phi(x - at), \quad x \in \mathbb{R}^n, t \geqslant 0. \tag{11.1.16}$$

所以, 如果问题 (11.1.15) 有解, 必由式 (11.1.16) 表示, 因此解是唯一的. 反之, 若函数 $\phi(x)$ 一阶连续可微, 则可直接验证由式 (11.1.16) 表示的函数 $u(x,t)$ 是问题 (11.1.15) 的解.

(2) 非齐次传输方程.

考察非齐次传输方程的初值问题

$$\begin{cases} u_t + a \cdot Du = f(x,t), & x \in \mathbb{R}^n, t > 0, \\ u(x, 0) = \phi(x), & x \in \mathbb{R}^n. \end{cases} \tag{11.1.17}$$

受齐次问题解法的启示, 先取定 $(x,t)\in\mathbb{R}^n\times(0,+\infty)$. 对 $s\in\mathbb{R}^1$, 令 $u(s)=u(x+as,t+s),s\in\mathbb{R}^1$, 则

$$\frac{\mathrm{d}u}{\mathrm{d}s}=Du(x+as,t+s)\cdot a+u_t(x+as,t+s)=f(x+as,t+s),$$

因此

$$\begin{aligned}u(x,t)-\phi(x-at)=u(0)-u(-t)&=\int_{-t}^{0}\frac{\mathrm{d}u}{\mathrm{d}s}\mathrm{d}s\\&=\int_{-t}^{0}f(x+as,t+s)\mathrm{d}s=\int_{0}^{t}f(x+a(s-t),s)\mathrm{d}s.\end{aligned}$$

于是, 得到问题 (11.1.17) 的解为

$$u(x,t)=\phi(x-at)+\int_0^t f(x+a(s-t),s)\mathrm{d}s,\quad x\in\mathbb{R}^n,t\geqslant 0.$$

例 11.1.5　求 $Oxyz$ 空间中一曲面 S, 使得该曲面的切平面通过点 $(0,0,1)$.

解　设曲面 S 的方程为 $u=u(x,y)$, 平面

$$\Gamma:\quad Ax+By+Cz=D.$$

它通过点 $(0,0,1)$ 当且仅当成立

$$A\cdot 0+B\cdot 0+C\cdot 1=D,\quad \text{所以}C=D.$$

平面 Γ 是曲面 S 的切平面当且仅当向量 (A,B,C) 与向量 $(u_x,u_y,-1)$ 平行. 故当 $C\neq 0$ 时, 解得 $u_x=-A/C,u_y=-B/C$. 因此我们得到曲面满足偏微分方程

$$xu_x+yu_y=u-1,$$

其隐式通解为

$$\Phi\left(\frac{y}{x},\ \frac{u-1}{x}\right)=0.$$

由此得显式通解为

$$u=1+x\phi\left(\frac{y}{x}\right),$$

其中 $\Phi\in C^1(\mathbb{R}^2)$ 和 $\phi\in C^1(\mathbb{R}^1)$ 是任意函数.

11.2　一阶线性偏微分方程的解法及正规形式的初值问题

11.2.1　一阶线性齐次偏微分方程的通解

首先讨论一阶线性齐次偏微分方程

$$\sum_{i=1}^{n} X_i(x_1, x_2, \cdots, x_n)\frac{\partial u}{\partial x_i} = 0 \tag{11.2.1}$$

通解的求解方法.

1. 首次积分

为了求解方程 (11.2.1), 引入首次积分的概念.

对于给定的一阶常微分方程组

$$\begin{cases} \dfrac{\mathrm{d}y_1}{\mathrm{d}x} = f_1(x, y_1, y_2, \cdots, y_n), \\ \dfrac{\mathrm{d}y_2}{\mathrm{d}x} = f_2(x, y_1, y_2, \cdots, y_n), \\ \qquad\cdots\cdots \\ \dfrac{\mathrm{d}y_n}{\mathrm{d}x} = f_n(x, y_1, y_2, \cdots, y_n), \end{cases} \tag{11.2.2}$$

我们有

定义 11.2.1　如果以方程组 (11.2.2) 的任何一个解 $y_1(x), y_2(x), \cdots, y_n(x)$ 代入连续可微函数 $\Phi(x, y_1, y_2, \cdots, y_n)$, 使函数 $\Phi(x, y_1(x), y_2(x), \cdots, y_n(x))$ 恒等于某一常数 (此常数与所取的解有关), 则函数 $\Phi(x, y_1, y_2, \cdots, y_n)$ 称为方程组 (11.2.2) 的一个**首次积分**.

定义 11.2.2　设 $\Phi_i(x, y_1, y_2, \cdots, y_n)(i = 1, 2, \cdots, k, k \leqslant n)$ 是方程组 (11.2.2) 的 k 个首次积分. 如果矩阵

$$\begin{pmatrix} \dfrac{\partial \Phi_1}{\partial y_1} & \dfrac{\partial \Phi_1}{\partial y_2} & \cdots & \dfrac{\partial \Phi_1}{\partial y_n} \\ \dfrac{\partial \Phi_2}{\partial y_1} & \dfrac{\partial \Phi_2}{\partial y_2} & \cdots & \dfrac{\partial \Phi_2}{\partial y_n} \\ \vdots & \vdots & & \vdots \\ \dfrac{\partial \Phi_k}{\partial y_1} & \dfrac{\partial \Phi_k}{\partial y_2} & \cdots & \dfrac{\partial \Phi_k}{\partial y_n} \end{pmatrix}$$

中某个 k 阶子阵的行列式不为零, 则称 $\Phi_i(x, y_1, y_2, \cdots, y_n)\quad(i = 1, 2, \cdots, k, k \leqslant n)$ 是方程组 (11.2.2) 的 k 个**独立首次积分**. 若 $k = n$, 上述矩阵对应的行列式称为**雅**

可比行列式, 记为 $\dfrac{\partial(\Phi_1,\Phi_2,\cdots,\Phi_n)}{\partial(y_1,y_2,\cdots,y_n)}$, 即

$$\frac{\partial(\Phi_1,\Phi_2,\cdots,\Phi_n)}{\partial(y_1,y_2,\cdots,y_n)}=\begin{vmatrix}\dfrac{\partial\Phi_1}{\partial y_1} & \dfrac{\partial\Phi_1}{\partial y_2} & \cdots & \dfrac{\partial\Phi_1}{\partial y_n}\\ \dfrac{\partial\Phi_2}{\partial y_1} & \dfrac{\partial\Phi_2}{\partial y_2} & \cdots & \dfrac{\partial\Phi_2}{\partial y_n}\\ \vdots & \vdots & & \vdots\\ \dfrac{\partial\Phi_n}{\partial y_1} & \dfrac{\partial\Phi_n}{\partial y_2} & \cdots & \dfrac{\partial\Phi_n}{\partial y_n}\end{vmatrix}. \tag{11.2.3}$$

假如我们能求得方程组 (11.2.2) 的 n 个独立的首次积分 $\Phi_i(x,y_1,y_2,\cdots,y_n)(i=1,2,\cdots,n)$, 则雅可比行列式

$$\frac{\partial(\Phi_1,\Phi_2,\cdots,\Phi_n)}{\partial(y_1,y_2,\cdots,y_n)}\neq 0,$$

易知微分方程组 (11.2.2) 的通积分就是

$$\begin{cases}\Phi_1(x,y_1,y_2,\cdots,y_n)=C_1,\\ \Phi_2(x,y_1,y_2,\cdots,y_n)=C_2,\\ \qquad\cdots\cdots\\ \Phi_n(x,y_1,y_2,\cdots,y_n)=C_n,\end{cases}$$

其中 $C_1,C_2,\cdots,C_n$ 是 n 个任意常数.

2. *求解方法*

有了首次积分的定义, 我们再来研究一阶线性齐次偏微分方程 (11.2.1) 通解 (积分) 的求解方法.

假定 $X_n(x_1,x_2,\cdots,x_n)$ 在 $\Omega\subset\mathbb{R}^n$ 内不为零. 式 (11.2.1) 的特征方程组可写为

$$\frac{\mathrm{d}x_1}{\mathrm{d}x_n}=\frac{X_1}{X_n},\frac{\mathrm{d}x_2}{\mathrm{d}x_n}=\frac{X_2}{X_n},\cdots,\frac{\mathrm{d}x_{n-1}}{\mathrm{d}x_n}=\frac{X_{n-1}}{X_n}. \tag{11.2.4}$$

我们有如下定理:

定理 11.2.1 连续可微函数 $u=\varphi(x_1,x_2,\cdots,x_n)$ 是方程 (11.2.1) 的解的充要条件是 $\varphi(x_1,x_2,\cdots,x_n)$ 是特征方程组 (11.2.4) 的首次积分.

另外容易得到, 方程组 (11.2.4) 的 k 个首次积分 $\varphi_1,\varphi_2,\cdots,\varphi_k$ 的任意连续可微函数 $\Phi(\varphi_1,\varphi_2,\cdots,\varphi_k)$ 仍然是方程组 (11.2.4) 的首次积分. 特别地, 如果

$$\varphi_1(x_1,x_2,\cdots,x_n),\varphi_2(x_1,x_2,\cdots,x_n),\cdots,\varphi_{n-1}(x_1,x_2,\cdots,x_n)$$

是方程组 (11.2.4) 的 $n-1$ 个独立的首次积分, 则它们的任意连续可微函数

$$u=\Phi(\varphi_1,\varphi_2,\cdots,\varphi_{n-1}) \tag{11.2.5}$$

仍为方程组 (11.2.4) 的首次积分, 从而是方程 (11.2.1) 的通解. 我们有如下定理:

定理 11.2.2 如果 $\varphi_i(x_1,x_2,\cdots,x_n)(i=1,2,\cdots,n-1)$ 是方程组 (11.2.4) 的 $n-1$ 个独立的首次积分, 则它们的任意连续可微函数

$$u=\Phi(\varphi_1(x_1,x_2,\cdots,x_n),\cdots,\varphi_{n-1}(x_1,x_2,\cdots,x_n))$$

是方程 (11.2.1) 的通解.

例 11.2.1 求解线性齐次方程的通解

$$(z-y)\frac{\partial u}{\partial x}+(x-z)\frac{\partial u}{\partial y}+(y-x)\frac{\partial u}{\partial z}=0.$$

解 所给方程的特征方程组为

$$\frac{\mathrm{d}x}{z-y}=\frac{\mathrm{d}y}{x-z}=\frac{\mathrm{d}z}{y-x}.$$

由合比定理得到

$$\frac{\mathrm{d}x}{z-y}=\frac{\mathrm{d}y}{x-z}=\frac{\mathrm{d}z}{y-x}=\frac{\mathrm{d}x+\mathrm{d}y+\mathrm{d}z}{0}.$$

由此可得 $\mathrm{d}(x+y+z)=0$, 于是得到一个首次积分 $\varphi_1=x+y+z$. 另外, 我们有

$$\frac{2x\mathrm{d}x}{2x(z-y)}=\frac{2y\mathrm{d}y}{2y(x-z)}=\frac{2z\mathrm{d}z}{2z(y-x)}=\frac{\mathrm{d}(x^2+y^2+z^2)}{0},$$

于是得到另外一个首次积分 $\varphi_2=x^2+y^2+z^2$. 容易验证 φ_1,φ_2 是函数独立的, 所以函数

$$u=\Phi(x+y+z,x^2+y^2+z^2)$$

是所给方程的通解, 其中 Φ 是任意的二元连续可微函数.

注 11.2.1 该例中使用的方法属于"可积组合方法", 就是将所给方程组经过有限次四则运算后, 得到某些可以积分的方程的方法. 这种方法没有一定的规则, 技巧性比较高, 需要通过解题探索一些规律.

11.2.2 一阶线性齐次偏微分方程的初值问题

下面我们求解方程 (11.2.1) 的正规形式初值问题. 考虑初值问题

$$\begin{cases}\displaystyle\sum_{i=1}^{n}X_i(x_1,x_2,\cdots,x_n)\frac{\partial u}{\partial x_i}=0,\\ u|_{x_n=x_n^0}=f(x_1,x_2,\cdots,x_{n-1}).\end{cases} \tag{11.2.6}$$

因为方程 (11.2.1) 的通解为

$$u=\Phi(\varphi_1(x_1,x_2,\cdots,x_n),\cdots,\varphi_{n-1}(x_1,x_2,\cdots,x_n)),$$

所以初值问题 (11.2.6) 就归结为求函数 Φ, 使得

$$\Phi(\varphi_1,\varphi_2,\cdots,\varphi_{n-1})|_{x_n=x_n^0}=f(x_1,x_2,\cdots,x_{n-1}). \tag{11.2.7}$$

上述问题也可以看成, 如果我们能找到这样的 $n-1$ 个函数

$$\omega_i=\omega_i(\varphi_1,\varphi_2,\cdots,\varphi_{n-1}),\quad i=1,2,\cdots,n-1,$$

使得

$$\begin{cases} x_1=\omega_1(\varphi_1(x_1,x_2,\cdots,x_{n-1},x_n^0),\cdots,\varphi_{n-1}(x_1,x_2,\cdots,x_{n-1},x_n^0)),\\ \cdots\cdots\cdots\cdots\cdots\cdots \\ x_{n-1}=\omega_{n-1}(\varphi_1(x_1,x_2,\cdots,x_{n-1},x_n^0),\cdots,\varphi_{n-1}(x_1,x_2,\cdots,x_{n-1},x_n^0)),\end{cases} \tag{11.2.8}$$

则函数

$$\Phi=f(\omega_1(\varphi_1,\varphi_2,\cdots,\varphi_{n-1}),\cdots,\omega_{n-1}(\varphi_1,\varphi_2,\cdots,\varphi_{n-1})) \tag{11.2.9}$$

就能满足问题 (11.2.6) 的要求. 这只要把 $x_n=x_n^0$ 代入式 (11.2.9) 就可看出.

下面来求 ω_i. 为此, 我们记

$$\begin{cases} \varphi_1(x_1,x_2,\cdots,x_{n-1},x_n^0)=\overline{\varphi}_1,\\ \cdots\cdots\cdots\cdots\cdots\cdots \\ \varphi_{n-1}(x_1,x_2,\cdots,x_{n-1},x_n^0)=\overline{\varphi}_{n-1}.\end{cases} \tag{11.2.10}$$

假设 $\dfrac{\partial(\varphi_1,\cdots,\varphi_{n-1})}{\partial(x_1,\cdots,x_{n-1})}$ 在 Ω 上不为零, 那么从方程组 (11.2.10) 中可以解出

$$\begin{cases} x_1=\omega_1(\overline{\varphi}_1,\overline{\varphi}_2,\cdots,\overline{\varphi}_{n-1}),\\ \cdots\cdots\cdots\cdots\cdots\cdots \\ x_{n-1}=\omega_{n-1}(\overline{\varphi}_1,\overline{\varphi}_2,\cdots,\overline{\varphi}_{n-1}).\end{cases}$$

于是这些 ω_i 正是满足方程组 (11.2.8) 的函数. 从而初值问题 (11.2.6) 的解就是

$$\begin{aligned} u=f(&\omega_1(\varphi_1(x_1,\cdots,x_n),\varphi_2(x_1,\cdots,x_n),\cdots,\varphi_{n-1}(x_1,\cdots,x_n)),\\ &\omega_2(\varphi_1(x_1,\cdots,x_n),\varphi_2(x_1,\cdots,x_n),\cdots,\varphi_{n-1}(x_1,\cdots,x_n)),\cdots,\\ &\omega_{n-1}(\varphi_1(x_1,\cdots,x_n),\varphi_2(x_1,\cdots,x_n),\cdots,\varphi_{n-1}(x_1,\cdots,x_n))). \end{aligned} \tag{11.2.11}$$

例 11.2.2 求方程

$$y\frac{\partial z}{\partial x}-x\frac{\partial z}{\partial y}=0$$

满足初始条件 $z|_{x=0}=\psi(y)$ 的解.

解 特征方程组为

$$\frac{\mathrm{d}x}{y}=\frac{\mathrm{d}y}{-x},$$

容易得到首次积分 $\varphi=x^2+y^2$. 令 $y^2=\overline{\varphi}$, 解出 $y=\pm\sqrt{\overline{\varphi}}$.

于是所求的解为

$$z=\psi(\pm\sqrt{\overline{\varphi}})=\psi(\pm\sqrt{x^2+y^2}).$$

例 11.2.3 求下列初值问题的解：

$$\begin{cases} xy\dfrac{\partial u}{\partial z}+xz\dfrac{\partial u}{\partial y}+yz\dfrac{\partial u}{\partial x}=0, \\ u|_{y=y_0}=\psi(x,z). \end{cases}$$

解 由特征方程组

$$\frac{\mathrm{d}z}{xy}=\frac{\mathrm{d}y}{xz}=\frac{\mathrm{d}x}{yz},$$

容易求出两个独立的首次积分

$$\varphi_1=z^2-y^2,\quad \varphi_2=x^2-y^2.$$

令

$$z^2-y_0^2=\overline{\varphi}_1,\quad x^2-y_0^2=\overline{\varphi}_2,$$

解得

$$z=\pm\sqrt{\overline{\varphi}_1+y_0^2},\quad x=\pm\sqrt{\overline{\varphi}_2+y_0^2}.$$

于是所求解就是

$$u=\psi(\pm\sqrt{\varphi_2+y_0^2},\pm\sqrt{\varphi_1+y_0^2}),$$

即

$$u=\psi(\pm\sqrt{x^2-y^2+y_0^2},\pm\sqrt{z^2-y^2+y_0^2}).$$

11.3 一阶拟线性偏微分方程解法及初值问题

有了对 11.2 节线性一阶齐次偏微分方程解法的了解, 我们这一节讨论一阶拟线性非齐次偏微分方程

$$\sum_{i=1}^{n} X_i(x_1, x_2, \cdots, x_n, u)\frac{\partial u}{\partial x_i} = X(x_1, x_2, \cdots, x_n, u) \tag{11.3.1}$$

的求解问题. 方程 (11.3.1) 求解问题可归结为相应的一阶线性齐次方程的求解.

首先, 我们把求解方程 (11.3.1) 的问题化成求解线性齐次方程的问题. 设

$$V(x_1, x_2, \cdots, x_n, u) = C \tag{11.3.2}$$

是方程 (11.3.1) 的隐函数形式的解, 且 $\dfrac{\partial V}{\partial u} \neq 0$, 则根据隐函数微分方法有

$$\frac{\partial u}{\partial x_i} = -\frac{\dfrac{\partial V}{\partial x_i}}{\dfrac{\partial V}{\partial u}}, \quad i = 1, 2, \cdots, n. \tag{11.3.3}$$

将式 (11.3.3) 代入式 (11.3.1), 经整理后可得

$$\begin{aligned} &X_1(x_1, x_2, \cdots, x_n, u)\frac{\partial V}{\partial x_1} + X_2(x_1, x_2, \cdots, x_n, u)\frac{\partial V}{\partial x_2} + \cdots \\ &+X_n(x_1, x_2, \cdots, x_n, u)\frac{\partial V}{\partial x_n} + X(x_1, x_2, \cdots, x_n, u)\frac{\partial V}{\partial u} = 0. \end{aligned} \tag{11.3.4}$$

这是关于自变量 $x_1, x_2, \cdots, x_n, u$ 的未知函数 V 的一阶线性齐次偏微分方程. 于是函数 $V(x_1, x_2, \cdots, x_n, u)$ 应是式 (11.3.4) 的解.

反之, 若 $V(x_1, x_2, \cdots, x_n, u)$ 是 (11.3.4) 的解, 且 $\dfrac{\partial V}{\partial u} \neq 0$, 则由 (11.3.4) 和 (11.3.3) 容易推出, 由

$$V(x_1, x_2, \cdots, x_n, u) = 0$$

所确定的隐函数 $u = u(x_1, x_2, \cdots, x_n)$ 是 (11.3.1) 的解.

这样, 求解式 (11.3.1) 的问题就化为求解式 (11.3.4) 的问题了. 为此, 先考虑方程 (11.3.4) 对应的特征方程组

$$\frac{\mathrm{d}x_1}{X_1} = \frac{\mathrm{d}x_2}{X_2} = \cdots = \frac{\mathrm{d}x_n}{X_n} = \frac{\mathrm{d}u}{X}, \tag{11.3.5}$$

然后求出该方程组的 n 个独立首次积分

$$\varphi_i(x_1, x_2, \cdots, x_n, u), \quad i = 1, 2, \cdots, n,$$

这样方程 (11.3.4) 的通解是

$$V = \Phi(\varphi_1, \varphi_2, \cdots, \varphi_n),$$

其中 Φ 是各变元的连续可微函数. 于是式 (11.3.1) 的隐函数形式的通解是

$$\Phi(\varphi_1(x_1, x_2, \cdots, x_n, u), \cdots, \varphi_n(x_1, x_2, \cdots, x_n, u)) = 0.$$

特别地, 对于方程

$$a(x,y,z)\frac{\partial z}{\partial x} + b(x,y,z)\frac{\partial z}{\partial y} = c(x,y,z) \tag{11.3.6}$$

的求解问题, 先写出特征方程组

$$\frac{\mathrm{d}x}{a(x,y,z)} = \frac{\mathrm{d}y}{b(x,y,z)} = \frac{\mathrm{d}z}{c(x,y,z)}. \tag{11.3.7}$$

求得两个独立首次积分

$$\varphi_1(x,y,z) = C_1, \quad \varphi_2(x,y,z) = C_2, \tag{11.3.8}$$

则方程 (11.3.6) 的通解为

$$\Phi(\varphi_1(x,y,z), \varphi_2(x,y,z)) = 0, \tag{11.3.9}$$

其中 $\Phi(u,v)$ 是关于其变量 u, v 的任意连续可微函数.

例 11.3.1　求下列方程的通解:

$$\cos y\frac{\partial z}{\partial x} + \cos x\frac{\partial z}{\partial y} = \cos x\cos y.$$

解　先考虑对应的特征方程组

$$\frac{\mathrm{d}x}{\cos y} = \frac{\mathrm{d}y}{\cos x} = \frac{\mathrm{d}z}{\cos x\cos y}.$$

不难求得两个首次积分

$$\varphi_1 = \sin x - \sin y, \quad \varphi_2 = z - \sin y.$$

于是原方程的隐式通解为

$$\Phi(\sin x - \sin y, z - \sin y) = 0,$$

其中 $\Phi(u,v)$ 是关于变量 u, v 的任意连续可微函数. 为求显式通解, 我们设

$$z - \sin y = F(\sin x - \sin y),$$

其中 F 是任意连续可微函数.

例 11.3.2 求下列方程的通解:

$$x\frac{\partial u}{\partial x}+(z+u)\frac{\partial u}{\partial y}+(y+u)\frac{\partial u}{\partial z}=y+z.$$

解 所给方程的特征方程组为

$$\frac{\mathrm{d}x}{x}=\frac{\mathrm{d}y}{z+u}=\frac{\mathrm{d}z}{y+u}=\frac{\mathrm{d}u}{y+z}.$$

首先可以得到

$$\frac{\mathrm{d}z-\mathrm{d}u}{u-z}=\frac{\mathrm{d}y-\mathrm{d}z}{z-y},\quad \text{所以}\ \frac{z-u}{y-z}=C_1.$$

其次, 我们有

$$\frac{\mathrm{d}x}{x}=\frac{\mathrm{d}(y+z+u)}{2(y+z+u)},\quad \text{因此}\ \frac{x^2}{y+z+u}=C_2.$$

最后, 有

$$\frac{\mathrm{d}x}{x}=\frac{\mathrm{d}z-\mathrm{d}u}{u-z},\quad \text{因此}\ x(u-z)=C_3.$$

故方程通解为

$$\varPhi\left(\frac{z-u}{y-z},\frac{x^2}{y+z+u},x(u-z)\right)=0,$$

其中 $\varPhi$ 是任意的三元连续可微函数.

例 11.3.3 求下列方程的通解:

$$x_1\frac{\partial u}{\partial x_1}+x_2\frac{\partial u}{\partial x_2}+\cdots+x_n\frac{\partial u}{\partial x_n}=mu,\quad m\neq 0.$$

解 列出特征方程组

$$\frac{\mathrm{d}x_1}{x_1}=\frac{\mathrm{d}x_2}{x_2}=\cdots=\frac{\mathrm{d}x_n}{x_n}=\frac{\mathrm{d}u}{mu}.$$

不难求得 n 个独立的首次积分

$$\varphi_1=\frac{x_2}{x_1},\ \varphi_2=\frac{x_3}{x_1},\ \cdots,\ \varphi_{n-1}=\frac{x_n}{x_1},\ \varphi_n=\frac{u}{x_1^m}.$$

于是, 原方程的隐式通解为

$$\varPhi\left(\frac{x_2}{x_1},\frac{x_3}{x_1},\cdots,\frac{x_n}{x_1},\frac{u}{x_1^m}\right)=0,$$

其中 Φ 是各变元的连续可微函数. 解出 u, 得通解

$$u = x_1^m F\left(\frac{x_2}{x_1}, \frac{x_3}{x_1}, \cdots, \frac{x_n}{x_1}\right),$$

其中 F 为各变元的连续可微函数.

下面我们再讨论求解方程 (11.3.1) 的初值问题的方法.

设方程 (11.3.1) 的初始条件为

$$u|_{x_n=x_n^0} = \psi(x_1, x_2, \cdots, x_{n-1}). \tag{11.3.10}$$

由于把求解式 (11.3.1) 的问题转化为求解式 (11.3.4) 的未知函数 V, 所以初始条件 (11.3.10) 应化为方程 (11.3.4) 的初始条件, 即

$$V|_{x_n=x_n^0} = u - \psi(x_1, x_2, \cdots, x_{n-1}). \tag{11.3.11}$$

如果求得特征方程组 (11.3.5) 的 n 个独立首次积分

$$\varphi_i(x_1, x_2, \cdots, x_n, u), \quad i = 1, 2, \cdots, n,$$

由

$$\begin{cases} \varphi_1(x_1, x_2, \cdots, x_{n-1}, x_n^0, u) = \overline{\varphi}_1, \\ \qquad\cdots\cdots \\ \varphi_n(x_1, x_2, \cdots, x_{n-1}, x_n^0, u) = \overline{\varphi}_n \end{cases}$$

中解出

$$\begin{cases} x_1 = \omega_1(\overline{\varphi}_1, \overline{\varphi}_2, \cdots, \overline{\varphi}_n), \\ \qquad\cdots\cdots \\ x_{n-1} = \omega_{n-1}(\overline{\varphi}_1, \overline{\varphi}_2, \cdots, \overline{\varphi}_n), \\ u = \omega_n(\overline{\varphi}_1, \overline{\varphi}_2, \cdots, \overline{\varphi}_n). \end{cases}$$

于是, 方程 (11.3.1) 满足初始条件 (11.3.10) 的柯西问题的解便是

$$\begin{aligned} u = \Phi(\varphi_1, \varphi_2, \cdots, \varphi_n) &= \omega_n(\varphi_1, \varphi_2, \cdots, \varphi_n) \\ &\quad -\psi(\omega_1(\varphi_1, \varphi_2, \cdots, \varphi_n), \cdots, \omega_{n-1}(\varphi_1, \varphi_2, \cdots, \varphi_n)). \end{aligned} \tag{11.3.12}$$

例 11.3.4 求方向场 $\boldsymbol{F} = \boldsymbol{i} + \boldsymbol{j} + \boldsymbol{k}$ 中过直线 $x = 0, y + z = 1$ 的积分曲面.

解 设曲面方程为 $z = z(x, y)$. 它满足方程 $z_x + z_y = 1$, 以及初始条件 $z|_{x=0} = 1 - y$. 对应的特征方程组为

$$\frac{\mathrm{d}x}{1} = \frac{\mathrm{d}y}{1} = \frac{\mathrm{d}z}{1}.$$

所以有两个独立首次积分

$$\varphi_1 = x - y, \quad \varphi_2 = x - z.$$

令 $\overline{\varphi}_1 = -y$, $\overline{\varphi}_2 = -z$, 解出 $y = -\overline{\varphi}_1, z = -\overline{\varphi}_2$. 此时应有 $V|_{x=0} = z + y - 1$. 以 $y = -\varphi_1$, $z = -\varphi_2$ 代入, 得到 $-2x + y + z - 1 = 0$, 即所求积分曲面为 $2x - y - z + 1 = 0$.

注 11.3.1 结合 11.2 节和 11.3 节的内容, 我们可以看出, 参数形式的初值问题同样可以用正规形式的初值问题来求解. 因为参数形式的初始曲线 (面) 可以由初值条件表达出来, 二者实质上是一致的. 给出正规形式的初始条件可以写出参数曲线 (面).

例 11.3.5 求一积分曲面 $S: z = z(x, y)$, 使其通过直线 $\Gamma: y = 2z, x + 2y = z$ 和满足方程

$$x\frac{\partial z}{\partial x} + z\frac{\partial z}{\partial y} = y.$$

解 对应的特征方程组为

$$\frac{\mathrm{d}x}{x} = \frac{\mathrm{d}y}{z} = \frac{\mathrm{d}z}{y}.$$

解出两个独立的首次积分

$$\varphi_1 = \frac{x}{y+z} = C_1, \quad \varphi_2 = y^2 - z^2 = C_2,$$

方程的通解为

$$\Phi\left(\frac{x}{y+z}, y^2 - z^2\right) = 0.$$

定解条件可写成参数形式 $x = -3t, y = 2t, z = t$, 并且代入首次积分得 $C_1 = -1$, 即 $\dfrac{x}{y+z} = -1$, 故所求的解为 $x + y + z = 0$.

例 11.3.6 求一积分曲面 $S: z = z(x, y)$, 使其满足

$$4yz\frac{\partial z}{\partial x} + \frac{\partial z}{\partial y} + 2y = 0$$

并通过所给曲线 $\Gamma: y^2 + z^2 = 1, x + z = 2$.

解 对应的特征方程组是

$$\frac{\mathrm{d}x}{4yz} = \frac{\mathrm{d}y}{1} = \frac{\mathrm{d}z}{-2y}.$$

存在两个首次积分

$$z + y^2 = C_1, \quad x + z^2 = C_2.$$

因此, 给定方程的通解为

$$\Phi(z + y^2, x + z^2) = 0,$$

其中任意函数 $\Phi \in C^1(\mathbb{R}^2)$. 从定解条件和首次积分中消去 x, y, z, 得 $C_1 + C_2 = 3$. 因此所求的解为

$$x + y^2 + z + z^2 = 3.$$

例 11.3.7　求方程

$$(1 + \sqrt{z - x - y})\frac{\partial z}{\partial x} + \frac{\partial z}{\partial y} = 2$$

的通解, 并且考察是否存在解不含在通解中.

解　对应的特征方程组是

$$\frac{\mathrm{d}x}{1 + \sqrt{z - x - y}} = \frac{\mathrm{d}y}{1} = \frac{\mathrm{d}z}{2}.$$

由后面两个方程可得一个首次积分

$$2y - z = C_1.$$

为得到另一个首次积分, 我们从特征方程组得

$$\frac{\mathrm{d}x + \mathrm{d}y - \mathrm{d}z}{\sqrt{z - x - y}} = \frac{\mathrm{d}y}{1}.$$

所以第二个首次积分是

$$2\sqrt{z - x - y} + y = C_2,$$

所以给定方程的通解是

$$\Phi(2y - z, 2\sqrt{z - x - y} + y) = 0,$$

其中 Φ 是 $C^1(\mathbb{R}^2)$ 中的任意函数. 显然 $z = x + y$ 也是一个解, 它不含在上述通解的表达式中.

习　题　11

1. 求下列方程的通解:

(1) $\dfrac{\partial u}{\partial x} + \dfrac{\partial u}{\partial y} + \dfrac{\partial u}{\partial z} = 0;$

(2) $y\frac{\partial u}{\partial x}=u$;

(3) $\frac{\partial u}{\partial x}+\frac{\partial u}{\partial y}+\frac{\partial u}{\partial z}=2u$;

(4) $x\frac{\partial u}{\partial x}+(z+u)\frac{\partial u}{\partial y}+(y+u)\frac{\partial u}{\partial z}=y+z$;

(5) $(u-x)\frac{\partial u}{\partial x}+(u-y)\frac{\partial u}{\partial y}-z\frac{\partial u}{\partial z}=x+y$;

(6) $(mu-ny)\frac{\partial u}{\partial x}+(nx-ku)\frac{\partial u}{\partial y}=ky-mu$.

2. 求解下列初值问题：

(1) $y\frac{\partial u}{\partial x}-x\frac{\partial u}{\partial y}=0,\quad u(x,0)=x^2$;

(2) $x\frac{\partial u}{\partial x}+y\frac{\partial u}{\partial y}=0,\quad u(x,1)=|x|$.

3. 求解下列初值问题：

(1) $x\frac{\partial u}{\partial x}+(x+y)\frac{\partial u}{\partial y}=u+1,\quad u(x,0)=x^2$;

(2) $x\frac{\partial u}{\partial x}+y\frac{\partial u}{\partial y}=u+1,\quad u(x,x)=2x-1$.

4. 求一积分曲面 $S:u=u(x,y)$, 使其满足

$$x\frac{\partial u}{\partial x}+y\frac{\partial u}{\partial y}=u-x^2-y^2$$

和通过所给曲线 $\Gamma:x=1,\ u=-y^2+2y-1$.

5. 求解下列初值问题：

$$x(y^2+u)\frac{\partial u}{\partial x}-y(x^2+u)\frac{\partial u}{\partial y}=u(x^2-y^2),\quad x+y=0,u=1.$$

6. 求解下列初值问题：

$$xu\frac{\partial u}{\partial x}+yu\frac{\partial u}{\partial y}=-xy,\quad x=t,\ y=t^2,\ u=t^3,\ t\in\mathbb{R}.$$

部分习题参考答案

习　题　1

3. $\dfrac{\mathrm{d}^2u}{\mathrm{d}r^2}+\dfrac{1}{r}\dfrac{\mathrm{d}u}{\mathrm{d}r}+k^2u=0.$

4. $\dfrac{\partial^2u}{\partial t^2}=\dfrac{\omega^2}{2}\dfrac{\partial}{\partial x}\left[(L^2-x^2)\dfrac{\partial u}{\partial x}\right].$

5. $\begin{cases} u_{tt}=a^2u_{xx}, & 0<x<L,\ t>0,\\ u(x,0)=\dfrac{h}{L}x, & u_t(x,0)=0,\ \ 0\leqslant x\leqslant L,\\ u(0,t)=u_x(L,t)=0, & t\geqslant 0. \end{cases}$

6. $\begin{cases} u_t=a^2u_{xx}, & 0<x<L,\ t>0,\\ u(x,0)=\dfrac{1}{2}x(L-x), & 0\leqslant x\leqslant L,\\ u(0,t)=0,\ u_x(L,t)=\dfrac{q}{k}, & t\geqslant 0, \end{cases}$

其中 $a^2=\dfrac{k}{c\rho}$, c 为比热容, ρ 为密度, k 为导热率.

7. $\begin{cases} u_{tt}=\dfrac{T}{\rho}u_{xx}-\dfrac{k}{\rho}u_t, & 0<x<L,\ t>0,\\ u(x,0)=\phi(x),\ u_t(x,0)=0, & 0\leqslant x\leqslant L,\\ u(0,t)=0,\ (Tu_x+ku)\Big|_{x=L}=0, & t\geqslant 0. \end{cases}$

8. 该定解问题不适定.

10. 函数 $u_n(x,t)=1+\dfrac{1}{n}\mathrm{e}^{n^2t}\sin nx$ 满足

$$\begin{cases} u_t=-u_{xx}, & -\infty<x<+\infty,\ t>0,\\ u(x,0)=1+\dfrac{1}{n}\sin nx, & -\infty<x<+\infty. \end{cases}$$

显然 $u_n(x,t)$ 是不稳定的.

习　题　2

1. (1) 双曲型;　　(2) 抛物型;

(3) 当 $xy\neq 0$ 时, 方程为双曲型; 当 $xy=0$ 时 (但不同时为零时), 方程为抛物型;

(4) 当 $x+y\neq 0$ 时, 方程为椭圆型; 当 $x+y=0$ 时, 方程为抛物型.

2. (1) 取 $\xi=y-2x,\eta=-x$, 标准型为

$$u_{\xi\xi}+u_{\eta\eta}-u_\eta=0;$$

(2) 取 $\xi=\dfrac{y}{x},\eta=x$, 标准型为

$$\eta^2 u_{\eta\eta}=0;$$

(3) 取 $\xi=y+\sin x,\eta=-2x$, 标准型为

$$u_{\xi\xi}-u_{\eta\eta}+\frac{1}{4}\xi u_{\xi}=0;$$

(4) 取 $\xi=\ln(x+\sqrt{1+x^2}),\eta=\ln(y+\sqrt{1+y^2})$, 标准型为

$$u_{\xi\xi}+u_{\eta\eta}=0.$$

3. (1) $u(x,y)=x+\cos(x-y+\sin x)$;

(2) $u(x,y)=2\exp\left(\dfrac{y-\cos x-2x}{4}\right)\cos x\cdot\sin\left(\dfrac{y-\cos x}{2}\right)$.

5. (1) 取 $\lambda=\alpha/2,\mu=\beta/2$, 则原方程化为

$$v_{xx}+v_{yy}+\left(\gamma-\frac{\alpha^2}{4}-\frac{\beta^2}{4}\right)v=0;$$

(2) $v_{xx}=\dfrac{1}{a^2}v_y$;

(3) $v_{xx}-\dfrac{1}{a^2}v_{yy}=\dfrac{1}{4}\left(4\gamma+\alpha^2-\beta^2a^2\right)v$;

(4) $v_{xy}=-\alpha\beta v$.

6. 提示：设 $v(x,y)=(x-y)u(x,y)$, 则原方程可化为

$$v_{xy}=0.$$

因此 $v(x,y)=f(x)+g(y)$ 和

$$u(x,y)=\frac{f(x)+g(y)}{x-y}.$$

7. 提示：设 $\xi=mx+y,\eta=x$, 则原方程可化为

$$(Am^2+Bm+C)u_{\xi\xi}+Au_{\eta\eta}+(2Am+B)u_{\xi\eta}=0,$$

所以 $u_{\eta\eta}=0$.

8. (1) 取下列变换可以化为标准型：

$$\xi=x+y,\quad \eta=-x+y,\quad \zeta=y+z;$$

(2) 取下列变换可以化为标准型：

$$\xi=x,\quad \eta=-x+y,\quad \zeta=x-y+z,\quad \tau=2x-2y+z+t;$$

(3) 变换和标准型为

$$\zeta_k = \sum_{m=1}^{k} x_m,\quad k = 1, 2, \cdots, n;\quad \sum_{k=1}^{n} \frac{\partial^2 u}{\partial \zeta_k^2} = 0;$$

(4) 变换和标准型为

$$\zeta_k = \sum_{m=1}^{k} x_m,\quad k = 1, 2, \cdots, n;\quad \sum_{k=1}^{n} (-1)^{k+1} \frac{\partial^2 u}{\partial \zeta_k^2} = 0.$$

习　题　3

1. (1) $u(x,t) = 18t^3 + (6x^2 - 1)t + \cos 6t \sin 2x$;

(2) $u(x,t) = x^2 t + \sin x \cdot \cos at + \frac{1}{3}a^2 t^3$;

(3) $u(x,t) = x^2 + t + \frac{3}{2}t^2$;

(4) $u(x,t) = x + \frac{1}{2}t \sin(x+t) + \frac{1}{4}\cos(x-t) - \frac{1}{4}\cos(x+t)$.

2. 解

$$u(x,t) = \begin{cases} 0, & x \geqslant t, \\ \dfrac{t-x}{1+t-x}, & 0 \leqslant x < t. \end{cases}$$

设 $\phi(c) = \lim\limits_{x \to +\infty} u(cx, x)$, 则当 $c \geqslant 1$ 时, $\phi(c) = 0$; 当 $0 < c < 1$ 时, $\phi(c) = 1$.

3. (1) $u(x,y) = \frac{1}{4}\sin(x+y) + \frac{3}{4}\sin\left(x - \frac{y}{3}\right) + \frac{y^2}{3} + xy$;

(2) $u(x,y) = \frac{1}{4}(\mathrm{e}^{-2x} - 1) + \frac{x}{2}$.

4. $u(x,t) = \frac{Aa}{\omega}\cos\frac{\omega}{a}(x - at),\ t \geqslant \frac{x}{a};\ u(x,t) = 0,\ 0 \leqslant t < \frac{x}{a}$.

5. (1) $u(x,y,t) = x + 2y$;　(2) $u(x,y,t) = 2xyt$.

9. (1) $u(x,y,t) = 2x^2 - y^2 + (2x^2 + y^2)t + 2t^2 + 2t^3$;

(2) $u(x,y,t) = x^2 + t^2 + t\sin y$.

10. (1) $u(x,y,z,t) = x^2 + y^2 - 2z^2 + t + t^2 xyz$;

(2) $u(x,y,z,t) = x^3 + y^2 z + 3a^2 xt^2 + a^2 zt^2$;

(3) $u(x,y,t) = x + z + (x^2 + yz)t + yt^2$.

11. (1) $u(x,y,z,t) = y^2 + 8t^2 + tz^2 + \frac{8}{3}t^3 + \frac{1}{12}t^4 x^2 + \frac{2}{45}t^6$;

(2) $u(x,y,z,t) = 3x - 2xy^2 z - 2a^2 xzt^2 + 3yt^2 + 3yzt$;

(3) $u(x,y,t) = x^2(x + 3y) + y^2 + a^2(3x + 3y + 1)t^2 + 3xyt$.

13. 提示: 设 $v(x,t) = (h-x)u(x,t)$, 则 v 满足 $v_{tt} = a^2 v_{xx}$ 和初始条件 $v(x,0) = (h-x)\phi(x)$, $v_t(x,0) = (h-x)\psi(x)$.

14. 提示: 利用解的表达式 (3.1.15) 证明.

15. 当 $x \geqslant at$ 时, $u(x,t)=0$; 当 $0 \leqslant x < at$ 时, $u(x,t) = -a\int_0^{t-x/a} q(s)\mathrm{d}s$.

16. $u(x,t) = \phi\left(\frac{x-t}{2}\right) + \psi\left(\frac{x+t}{2}\right) - \phi(0)$.

习 题 4

1. $u(x,t) = A\sin\frac{\pi x}{L}\cos\frac{a\pi t}{L}$.

2. $u_t(x,0)=0,\quad u(x,0) = \begin{cases} \frac{h}{c}x, & 0 \leqslant x \leqslant c, \\ \frac{h}{L-c}(L-x), & c \leqslant x \leqslant L. \end{cases}$

$$u(x,t) = \frac{2hL^2}{\pi^2 c(L-c)}\sum_{n=1}^{\infty}\frac{1}{n^2}\sin\frac{n\pi c}{L}\cos\frac{n\pi at}{L}\sin\frac{n\pi x}{L}.$$

3. $u(x,t) = \frac{4}{\pi^4 a}\sum_{n=1}^{\infty}\frac{1-(-1)^n}{n^4}\sin n\pi at\sin n\pi x$.

4. $u(x,t) = \frac{3}{4}\cos t\sin x + \frac{1}{2}\sin 2t\sin 2x - \frac{1}{4}\cos 3t\sin 3x$.

5. $u(x,t) = \frac{4}{a\pi^3}\sum_{n=1}^{\infty}\frac{1}{n^3}\sin\frac{n\pi}{2}\sin n\pi at\sin n\pi x$.

6. $u(x,t) = \frac{16L^2}{\pi^3 a}\sum_{n=1}^{\infty}\frac{(-1)^{n-1}}{(2n-1)^3}\sin\frac{(2n-1)\pi at}{2L}\cdot\sin\frac{(2n-1)\pi x}{2L}$.

8. $u(x,t) = \sum_{n=1}^{\infty}(a_n\cos\omega_n at + b_n\sin\omega_n at)\cos\omega_n x$, 其中 $\omega_n = \sqrt{\lambda_n}(n=1,2,\cdots)$, λ_n 是方程 $\lambda\tan\lambda L = h$ 的正根, 且 $\lambda_1 < \lambda_2 < \cdots < \lambda_n < \cdots$. 同时,

$$a_n = \frac{1}{\mu_n}\int_0^L \varphi(x)\cos\omega_n x\mathrm{d}x,\quad b_n = \frac{1}{a\omega_n\mu_n}\int_0^L \psi(x)\cos\omega_n x\mathrm{d}x,$$

$$\mu_n = \int_0^L \cos^2\omega_n x\mathrm{d}x > 0\quad (n=1,2,\cdots).$$

9. $u(x,t) = \frac{2L}{\pi^2}\sum_{n=1}^{\infty}\frac{1}{n^2}\left(\sin\frac{n\pi}{4} + \sin\frac{3n\pi}{4}\right)\exp\left(-\frac{n^2\pi^2a^2t}{L^2}\right)\sin\frac{n\pi x}{L}$.

10. $u(x,y,t) = \sum_{m=1}^{\infty}\sum_{n=1}^{\infty}A_{mn}\sin\frac{m\pi x}{a}\sin\frac{n\pi y}{b}\cos\lambda_{mn}t$, 其中

$$A_{mn} = \frac{16a^2b^2}{m^3n^3\pi^6}[1-(-1)^m][1-(-1)^n],\quad \lambda_{mn} = \pi\left(\frac{m^2}{a^2}+\frac{n^2}{b^2}\right)^{1/2}.$$

11. $u(x,t) = \sum_{n=1}^{\infty}a_nT_n(t)\sin\frac{n\pi x}{L}$, 其中

$$a_n = \frac{2}{L}\int_0^L g(x)\sin\frac{n\pi x}{L}\mathrm{d}x,\qquad n=1,2,\cdots$$

和 $T_n(t)$ 定义如下:

记 $\alpha_n=\left(\frac{n\pi a}{L}\right)^2-\left(\frac{b}{2}\right)^2$ $(n=1,2,\cdots)$. 当 $\alpha_n<0$ 时, 令 $\omega_n=\sqrt{-\alpha_n}$, 则

$$T_n(t)=\mathrm{e}^{-\frac{b}{2}t}\sinh\omega_n t;$$

当 $\alpha_n>0$ 时, 令 $\omega_n=\sqrt{\alpha_n}$, 则

$$T_n(t)=\omega_n^{-1}\mathrm{e}^{-\frac{b}{2}t}\sin\omega_n t;$$

当 $\alpha_n=0$ 时, 则

$$T_n(t)=t\mathrm{e}^{-\frac{b}{2}t}.$$

12. $u(x,t)=\dfrac{2T_0}{\pi}\displaystyle\sum_{n=1}^{\infty}\frac{1-(-1)^n}{n}\mathrm{e}^{-(1+a^2n^2\pi^2)t}\sin n\pi x.$

13. $u(x,t)=w(x)+\dfrac{8L}{\pi^3a^2}\displaystyle\sum_{n=1}^{\infty}\left[\frac{-2AL}{(2n-1)^3}\cos\beta_n at+\frac{v_0\pi a}{(2n-1)^2}\sin\beta_n at\right]\sin\beta_n x$, 其中

$$w(x)=\frac{A}{2a^2}(2Lx-x^2),\quad \beta_n=\frac{(2n-1)\pi}{2L},\quad n=1,2,\cdots.$$

14. 提示: 先通过一次未知函数的变换, 把方程和边界条件齐次化, 然后用特征函数法求解.

15. $u(x,t)=\displaystyle\sum_{n=1}^{\infty}\left(A_n\cos\beta_n^2at+B_n\sin\beta_n^2at\right)\sin\beta_n x$, 其中 $\beta_n=\dfrac{n\pi}{L}(n=1,2,\cdots)$ 和

$$A_n=\frac{2}{L}\int_0^L\phi(x)\sin\beta_n x\mathrm{d}x,\quad B_n=\frac{2L}{n^2\pi^2a}\int_0^L\psi(x)\sin\beta_n x\mathrm{d}x.$$

当 $\phi(x)=Ax(L-x)$, $\psi(x)=0$ 时,

$$u(x,t)=\frac{8AL^2}{\pi^3}\sum_{n=1}^{\infty}\frac{1}{(2n-1)^3}\cos\frac{(2n-1)^2\pi^2at}{L^2}\cdot\sin\frac{(2n-1)\pi x}{L}.$$

16. $u(x,t)=\dfrac{A}{\omega}(1-\cos\omega t).$

17. $u(x,t)=\displaystyle\sum_{n=1}^{\infty}\left[b_n\mathrm{e}^{-\beta_n^2a^2t}+\frac{Aa_nL^2}{(n\pi a)^2}(1-\mathrm{e}^{-\beta_n^2a^2t})\right]\sin\frac{n\pi x}{L}$, 其中

$$a_n=\frac{2}{L}\int_0^L\mathrm{e}^{-\alpha x}\sin\frac{n\pi x}{L}\mathrm{d}x,$$
$$b_n=\frac{2}{L}\int_0^L\phi(x)\sin\frac{n\pi x}{L}\mathrm{d}x,\quad n=1,2,\cdots.$$

18. $u(x,t)=(1+t)x+\displaystyle\sum_{n=1}^{\infty}\left[\frac{2}{n^3\pi^3}(1-(-1)^n)(1-\cos n\pi t)+\frac{2(-1)^n}{n^2\pi^2}\sin n\pi t\right]\sin n\pi x.$

19. $u(x,t)=\dfrac{t^2(1-x)}{2}-x\cos t+\dfrac{2}{\pi}\displaystyle\sum_{n=1}^{\infty}\left[\frac{1-\cos n\pi t}{n^2\pi^2}+\frac{\cos t-\cos n\pi t}{n^2\pi^2-1}\right]\frac{(-1)^{n-1}}{n}\sin n\pi x.$

23. (1) $u(x,t)=\frac{4}{\pi}\sum_{n=1}^{\infty}\frac{1-(-1)^n}{n^3}e^{(h-n^2)t}\sin nx$;

(2) 当 $h<1$ 时, 级数一致收敛于零; 当 $h=1$ 时, $\lim_{t\to+\infty}u(x,t)=\frac{8}{\pi}\sin x$; 当 $h>1$ 时, $\lim_{t\to+\infty}u(x,t)$ 不存在.

25. $u(x,y)=\frac{Ab}{2a}x+\frac{2Ab}{\pi^2}\sum_{n=1}^{\infty}\frac{(-1)^n-1}{n^2\sinh\frac{n\pi a}{b}}\sinh\frac{n\pi x}{b}\cdot\cos\frac{n\pi y}{b}$.

26. $u(r,\theta)=\frac{1}{2}+\frac{\ln 2-\ln r}{\ln 2}-\frac{1}{6}\left(r^2-\frac{4}{r^2}\right)\cos 2\theta+\frac{r^2}{4}$.

27. $u(r,\theta)=\sum_{n=1}^{\infty}(A_nr^{\frac{n\pi}{\alpha}}+B_nr^{-\frac{n\pi}{\alpha}})\sin\frac{n\pi\theta}{\alpha}$, 其中 A_n,B_n 由边界条件 $u(a,\theta)=0$, $u_r(b,\theta)=\sin^2\theta$ 确定.

28. $u(r,\theta)=\frac{4T}{\pi}\sum_{n=1}^{\infty}\frac{1-(-1)^n}{n^3}\left(\frac{r}{a}\right)^n\cdot\sin n\theta$.

29. $u(r,\theta)=\frac{\ln r-\ln r_1}{\ln r_2-\ln r_1}$.

30. $u(r,\theta)=\sum_{n=1}^{\infty}a_n\left(\frac{r}{a}\right)^{n\pi/\alpha}\cdot\sin\frac{n\pi}{\alpha}\theta$, 其中

$$a_n=\frac{2}{\alpha}\int_0^{\alpha}f(t)\sin\frac{n\pi t}{\alpha}dt,\quad n=1,2,\cdots.$$

31. $u(r,\theta)=\frac{1}{21}(r^5-a^3r^2)\sin 2\theta+\frac{r}{a}\sin\theta$.

32. $u(r,\theta)=C_0+A\left(r-\frac{R^2}{r}\right)\cos\theta$.

33. (1) $u(r,\theta)=\frac{4}{r}\sin\theta$, 或者 $u(x,y)=\frac{4y}{x^2+y^2}$;

(2) $u(x,y)=\sum_{n=1}^{2008}e^{-ny}\sin nx$.

35. (1) $\lambda_n=\left(\frac{(2n-1)\pi}{2L}\right)^2$, $y_n(x)=\cos\frac{(2n-1)\pi x}{2L}$, $n=1,2,\cdots$;

(2) λ_n 是方程 $\tan\sqrt{\lambda}L=-\frac{\sqrt{\lambda}}{h}$ 的第 n 个正根, $(n=1,2,\cdots)$, $y_n(x)=\sin\sqrt{\lambda_n}x$.

36. 记 $\lambda_n=\mu_n^2,\mu_n$ 是方程 $\tan\mu=\frac{2\mu}{\mu^2-1}$ 的第 $n(n=1,2,\cdots)$ 个正根, 它满足 $\mu_n\sim n\pi$ $(n\to\infty)$. $y_n(x)=A_n\sin\mu_nx+B_n\cos\mu_nx$.

37. (1) $\lambda_n=a^2+n^2\pi^2$, $y_n(x)=e^{ax}\sin n\pi x$, $n=1,2,\cdots$;

(2) $\lambda_n=\left(\frac{n\pi}{a}\right)^2$, $R_n(r)=\frac{1}{r}\sin\frac{n\pi r}{a}$, $n=1,2,\cdots$;

(3) $\lambda_n = \left(\frac{n\pi}{L}\right)^4$, $y_n(x) = \sin\frac{n\pi x}{L}$, $n = 1, 2, \cdots$.

习　题　5

1. (1) $F(\alpha) = -4\alpha^{-3}(\alpha\cos\alpha - \sin\alpha)$; (2) $F(\alpha) = b(b^2 + (\mathrm{i}\alpha - a)^2)^{-1}$.

2. $F_s(\alpha) = \alpha(1+\alpha^2)^{-1}, F_c(\alpha) = (1+\alpha^2)^{-1}$.

3. $F_c(\alpha) = \frac{\pi}{2}\mathrm{e}^{-\alpha}$.

6. $f_1(x) * f_2(x) = \begin{cases} 0, & x \leqslant 0, \\ \frac{1}{2}(\sin x - \cos x + \mathrm{e}^{-x}), & 0 < x \leqslant \frac{\pi}{2}, \\ \frac{1}{2}\mathrm{e}^{-x}(1 + \mathrm{e}^{\pi/2}), & x > \frac{\pi}{2}. \end{cases}$

7. (1) $u(x,t) = \phi(x - at) + \int_0^t f(x - a(t-\tau), \tau)\mathrm{d}\tau$;

(2) $u(x,t) = xt\mathrm{e}^{-t}$;

(3) $u(x,t) = \frac{1}{2a\sqrt{\pi t}}\int_0^{+\infty} f(\xi)\left[\exp\left(-\frac{(x-\xi)^2}{4a^2t}\right) + \exp\left(-\frac{(x+\xi)^2}{4a^2t}\right)\right]\mathrm{d}\xi$;

(4) $u(x,t) = \frac{1}{\sqrt{4\pi at}}\int_{-\infty}^{+\infty}\left\{f(y)\sin\left[\frac{(y-x)^2}{4at} + \frac{\pi}{4}\right] + \frac{1}{a}g(y)\sin\left[\frac{(y-x)^2}{4at} - \frac{\pi}{4}\right]\right\}\mathrm{d}y$.

8. (1) $u(x,t) = \frac{x}{2a\sqrt{\pi}}\int_0^t (t-\tau)^{-3/2}\exp\left(-\frac{x^2}{4a^2(t-\tau)}\right)\phi(\tau)\mathrm{d}\tau$;

(2) $u(x,y) = \frac{1}{\pi}\int_0^{+\infty} f(\xi)\left[\frac{y}{(x-\xi)^2 + y^2} + \frac{y}{(x+\xi)^2 + y^2}\right]\mathrm{d}\xi$.

9. $u(x,y,t) = \frac{1}{4a^2\pi t}\int_{-\infty}^{+\infty}\int_{-\infty}^{+\infty}\phi(\xi,\eta)\exp\left[-\frac{(x-\xi)^2 + (y-\eta)^2}{4a^2t}\right]\mathrm{d}\xi\mathrm{d}\eta$.

10. (1) $u(x,t) = \frac{e^{-\frac{t^2}{2}}}{2a\sqrt{\pi t}}\int_{-\infty}^{+\infty} f(\xi)\exp\left(-\frac{(x-\xi)^2}{4a^2t}\right)\mathrm{d}\xi$;

(2) $u(x,t) = \frac{1}{2\sqrt{\pi t}}\exp\left(ct - \frac{(x-\xi)^2}{4t}\right)$;

(3) $u(x,t) = t^3 + \mathrm{e}^{-t}\sin x$;

(4) $u(x,t) = x(1+4t)^{-3/2}\exp\left(\frac{-x^2}{1+4t}\right)$.

习　题　6

1. 答案可通过查拉普拉斯变换表和性质得到.

2. (1) $\overline{f}(s) = s^{-2}(1 + (s+1)\mathrm{e}^{-2s} - (s+2)\mathrm{e}^{-s})$;

(2) $\overline{f}(s) = s^{-2}(\mathrm{e}^{-2s} - 1)^{-1}(\mathrm{e}^{-s}(s+1) - 1)$.

3. (1) $\overline{f}(s) = 1 - s(1+s^2)^{-1/2}$; (2) $\overline{f}(s) = (1+s^2)^{-3/2}$.

4. (1) $f(t) = \dfrac{1}{2} - \mathrm{e}^{-t} + \dfrac{1}{2}\mathrm{e}^{-2t}$; (2) $f(t) = \mathrm{e}^{2t}(t+t^2)$;

(3) $f(t) = 1 - \cos t$; (4) $f(t) = \dfrac{1}{2} - 2\mathrm{e}^{-t} + \dfrac{5}{2}\mathrm{e}^{-2t}$;

(5) $f(t) = \dfrac{t}{2\omega}\sin\omega t$; (6) $f(t) = \dfrac{1}{2\omega}(\sin\omega t + \omega t\cos\omega t)$;

(7) $f(t) = t\cosh\omega t$; (8) $f(t) = \dfrac{2\mathrm{e}^t - 2\cos t}{t}$.

5. (1) $f(t) = \dfrac{at - \sin at}{a^3}$; (2) $f(t) = \dfrac{t}{64}(\sin 2t - 2t\cos 2t)$;

(3) $f(t) = \dfrac{\mathrm{e}^{at}}{\sqrt{a}}\mathrm{erf}(\sqrt{at})$.

6. (1) $f(t) = \dfrac{1}{3}\left[\mathrm{e}^{-t} - \mathrm{e}^{\frac{t}{2}}\left(-\sqrt{3}\sin\dfrac{\sqrt{3}\,t}{2} + \cos\dfrac{\sqrt{3}\,t}{2}\right)\right]$;

(2) $f(t) = 2\mathrm{e}^t + \sin t - 2\cos t$.

7. (1) $f(t) = \begin{cases} 0, & t < \pi, \\ -\sin t, & t \geqslant \pi; \end{cases}$

(2) $f(t) = 1 + \dfrac{4}{\pi}\sum_{n=1}^{\infty}\dfrac{(-1)^n}{2n-1}\cos[(n-1/2)\pi x]\cdot\mathrm{e}^{-(n-1/2)^2\pi^2 t}$.

8. (1) $y(t) = \mathrm{e}^{-t}\left(3 - t + \dfrac{1}{2}t^2\right) - 2\mathrm{e}^{-2t}$;

(2) $y(t) = -7\mathrm{e}^t + 4\mathrm{e}^{2t} + 4t\mathrm{e}^{2t}$;

(3) $x(t) = \dfrac{1}{2}(\mathrm{e}^t + \cos t + 2\sin t - t\cos t)$, $y(t) = \dfrac{1}{2}(t\sin t - \mathrm{e}^t + \cos t - \sin t)$;

(4) 设 $\mathcal{L}[f(t)] = Y(s)$, 则 $Y(s)$ 满足

$$(s^2+1)Y'(s) + sY(s) = 0, \quad 故 \quad Y(s) = c(1+s^2)^{-1/2}, \quad y(t) = cJ_0(t),$$

其中 $J_0(t)$ 是零阶函数. 因为 $y(0) = 1$, 所以 $c = 1$ 及 $y(t) = J_0(t)$.

9. (1) $y(t) = t + \dfrac{t^3}{6}$; (2) $y(t) = t$.

10. (1) $u = x(t - 1 + 2\mathrm{e}^{-t})$; (2) $u = xy + y + 1$;

(3) $u(x,t) = \dfrac{2AL}{\pi}\sum_{n=1}^{\infty}\dfrac{(-1)^{n+1}}{n}\mathrm{e}^{-\frac{n^2\pi^2 a^2 t}{L^2}}\sin\dfrac{n\pi x}{L}$;

(4) $u(x,t) = \mathrm{erf}\left(\dfrac{x}{2\sqrt{t}}\right) = \dfrac{2}{\sqrt{\pi}}\int_0^{x/2\sqrt{t}}\mathrm{e}^{-\tau^2}\mathrm{d}\tau$;

(5) $u(x,t) = \dfrac{\pi - x}{\pi} - \dfrac{\mathrm{e}^{-t}\sin[(\pi - x)/a]}{\sin(\pi/a)} + \dfrac{2}{\pi}\sum_{n=1}^{\infty}\dfrac{\mathrm{e}^{-n^2a^2t}}{n(n^2a^2-1)}\sin nx$;

(6) $u(x,t) = \begin{cases} f\left(t - \dfrac{x}{a}\right), & t \geqslant \dfrac{x}{a}, \\ 0, & t < \dfrac{x}{a}; \end{cases}$

(7) $u(x,t)=\dfrac{a^2}{\omega^2}(1-\cos\omega t)-\dfrac{a^2}{\omega^2}\left[1-\cos\omega\left(t-\dfrac{x}{a}\right)\right]H\left(t-\dfrac{x}{a}\right)$;

(8) $u(x,t)=\dfrac{Ax}{L}+\dfrac{2A}{L}\sum_{n=1}^{\infty}\dfrac{(-1)^n}{n}\sin\dfrac{n\pi x}{L}\cos\dfrac{n\pi t}{L}$;

(9) $u(x,t)=\dfrac{x}{2\sqrt{\pi t^3}}\mathrm{e}^{-\frac{x^2}{4t}}$; (10) $u(x,t)=\dfrac{1}{a\sqrt{\pi t}}\mathrm{e}^{-\frac{x^2}{4a^2t}}$.

习　题　7

6. $u(r,\theta,\phi)=\dfrac{1}{3}[1+2r^2(3\cos 2\theta+1)]$.

10. 提示：应用格林第二公式.

11. 提示：使用反证法.

12. $G(M,M_0)=G_{圆}(M,M_0)-G_{圆}(M,M_0')$, 其中 $G_{圆}(M,M_0)$ 为圆域的格林函数, M_0' 是 M_0 关于半圆的直径 (x 轴) 的对称点.

13. $u(x,y)=\dfrac{y}{\pi}\displaystyle\int_0^{+\infty}f(\xi)\left[\dfrac{1}{(\xi-x)^2+y^2}-\dfrac{1}{(\xi+x)^2+y^2}\right]\mathrm{d}\xi$.

15. $u(\rho,\theta)=\dfrac{1}{2\pi}\displaystyle\int_0^{2\pi}\dfrac{(\rho^2-1)f(t)\mathrm{d}t}{1+\rho^2-2\rho\cos(t-\theta)}$, 其中 $f(t)=f(\cos t,\sin t)$.

21. (1) $u(x,t)=\dfrac{2}{L}\sum_{n=1}^{\infty}\exp\left(-\dfrac{n^2\pi^2a^2}{L^2}t\right)\sin\dfrac{n\pi x}{L}\sin\dfrac{n\pi\xi}{L}$;

(2) $u(x,t)=\dfrac{t}{L}+\dfrac{2}{a\pi}\sum_{n=1}^{\infty}\dfrac{1}{n}\sin\dfrac{n\pi at}{L}\cos\dfrac{n\pi x}{L}\cos\dfrac{n\pi\xi}{L}$;

(3) $u(x,y)=\dfrac{2}{a}\sum_{n=1}^{\infty}\dfrac{\sinh\dfrac{n\pi}{a}(b-y)}{\sinh\dfrac{n\pi b}{a}}\sin\dfrac{n\pi x}{a}\sin\dfrac{n\pi\xi}{a}$.

22. (1) $U(x,y)=\dfrac{1}{4\pi\alpha\beta}\ln\left[\left(\dfrac{x}{\alpha}\right)^2+\left(\dfrac{y}{\beta}\right)^2\right]$;

(2) $U(x,y)=\dfrac{1}{8\pi}r^2\ln r,\quad r=\sqrt{x^2+y^2}$.

习　题　8

1. 提示：设 $v(x,t)=\mathrm{e}^{-bt}u(x,t)$, 则 v 满足

$$\begin{cases} v_t=c^2v_{xx}, & 0<x<L,\ 0<t<T,\\ v(x,0)=f(x), & 0\leqslant x\leqslant L,\\ v(0,t)=p(t)\mathrm{e}^{-bt},\ u(L,t)=q(t)\mathrm{e}^{-bt}, & 0\leqslant t\leqslant T. \end{cases}$$

应用定理 8.1.1 证明 $|v(x,t)|\leqslant\max(M,B)$. 由此便得结论.

3. 提示：设 $u(x,y,t)=\mathrm{e}^{\lambda x+\mu y}v(x,y,t)$, 其中 $\lambda=\alpha/2$, $\mu=\beta/2$. 则 v 满足

$$\begin{cases} v_t-v_{xx}-v_{yy}+c^2v\geqslant 0, & (x,y)\in\overline{\Omega},\ t\geqslant 0,\\ v(x,y,0)\geqslant 0, & (x,y)\in\overline{\Omega}.\end{cases}$$

然后证明上述问题如果有解, 必是非负的.

5. 提示：采用反证法.

7. 提示：采用反证法.

习　题　10

8. $f(x)=\sum\limits_{m=1}^{\infty}a_mJ_1(\mu_{m1}x), a_m=2J_2^{-2}(\mu_{m1})\int_0^1 x^{n+1}J_1(\mu_{m1}x)dx.$

12. (1) $x^4=\frac{1}{5}P_0(x)+\frac{4}{7}P_2(x)+\frac{8}{35}P_4(x)$;

(2) $|x|=\frac{1}{2}P_0(x)+\sum\limits_{n=1}^{\infty}\frac{(-1)^{n+1}(4n+1)(2n-2)!}{2^{2n}(n-1)!(n+1)!}P_{2n}(x)$.

17. $u=4r^2P_2(\cos\theta)=2r^2(3\cos^2\theta-1)$.

18. $u(r,\theta)=\sum\limits_{m=0}^{\infty}\frac{2m+1}{2}\left(\frac{a}{r}\right)^{m+1}P_m(\cos\theta)\int_0^{\pi}f(\theta)P_m(\cos\theta)\sin\theta\mathrm{d}\theta$, $r>a$, $0\leqslant\theta\leqslant\pi$.

19. $u(r,\theta)=\frac{8A}{\pi}\sum\limits_{n=1}^{\infty}\frac{n(r^n-a^{2n}r^{-n})}{(4n^2-1)(b^n-a^{2n}b^{-n})}\sin n\theta$.

20. $u=-\frac{1}{3}u_0a^3r^{-3}\sin 3\theta$.

21. $u(r,t)=\sum\limits_{m=1}^{\infty}\frac{4J_2(\mu_m)}{\mu_m^2J_1^2(\mu_m)}J_0(\beta_mr)\cos(\beta_mct)$, 其中 μ_m 是 $J_0(x)$ 的正零点, $\beta_m=\mu_m/a, m=1,2,\cdots$.

22. $u(r,z)=\sum\limits_{m=1}^{\infty}\frac{2AJ_0(\beta_mr)\sinh(\beta_mz)}{\mu_mJ_1^2(\mu_m)\sinh\beta_mL}$, 其中 μ_m 和 β_m 的意义同上题.

23. $u(r,t)=u_0+\sum\limits_{m=1}^{\infty}A_m\exp(-c^2\mu_m^2t/a^2)J_0\left(\frac{\mu_mr}{a}\right)$, 其中 μ_m 是 $J_0(x)$ 的正零点及

$$A_m=\frac{2}{a^2J_1^2(\mu_m)}\int_0^a rJ_0\left(\frac{\mu_mr}{a}\right)(f(r)-u_0)\mathrm{d}r,\ \ m=1,2,\cdots.$$

习　题　11

1. (4) 隐式通解 $\varPhi\left(\frac{z-u}{y-z},\ \frac{x^2}{y^2+z+u},\ x(u-z)\right)$, $\varPhi\in C^1(\mathbb{R}^3)$;

(5) 隐式通解 $\varPhi\left(\frac{x-y}{z},\ z(2u+x+y),\ \frac{u-x-y}{z^2}\right)$, $\varPhi\in C^1(\mathbb{R}^3)$;

(6) 隐式通解 $\Phi(x^2+y^2+u^2,\ kx+my+nu)=0, \quad \Phi\in C^1(\mathbb{R}^2)$.

2. (1) $u=x^2+y^2$; (2) $u=\dfrac{|x|}{|y|},\ y\neq 0$.

3. (1) $u(x,y)=x^2\mathrm{e}^{-y/x}+\mathrm{e}^{y/x}-1$; (2) $u(x,y)=y-1+\dfrac{x^2}{y}$.

4. 通解为

$$u=\phi\left(\frac{x}{y}\right)\sqrt{x^2+y^2}-x^2-y^2, \quad \phi\in C^1(\mathbb{R}^1),$$

所求特解为

$$u=-x^2-(y-1)^2+1.$$

5. 隐式通解为

$$\Phi(xyu,\ x^2+y^2-2u)=0, \quad \Phi\in C^1(\mathbb{R}),$$

所求特解为

$$2xyu+x^2+y^2+2-2u=0.$$

6. 隐式通解为

$$\Phi\left(\frac{x}{y},\ u^2+xy\right)=0, \quad \Phi\in C^1(\mathbb{R}^2),$$

所求特解为

$$x^6u^2+x^7y=y^6+x^3y^3.$$

参 考 文 献

东北师范大学微分方程教研室. 2005. 常微分方程 (第 2 版). 北京: 高等教育出版社
谷超豪, 李大潜等. 2002. 数学物理方程. 北京: 高等教育出版社
陈才生等. 2002. 数学物理方程. 南京: 东南大学出版社
陈昌平, 许明等. 1989. 数学物理方程. 北京: 高等教育出版社
季孝达, 薛兴恒, 陆英. 2005. 数学物理方程. 北京: 科学出版社
姚端正. 2001. 数学物理方法学习指导. 北京: 科学出版社
姜礼尚, 陈亚浙. 1996. 数学物理方程讲义 (第 2 版). 北京: 高等教育出版社
廖玉麟. 1995. 数学物理方程. 武汉: 华中理工大学出版社
Endre Pap, Arpad Takači, Djurdjica Takači. 1997. Partial Differential Equations through Examples and Exercises. Kluwer Academic Publishers
Sankara Rao K. 1997. Introduction to Partial Differential Equations. New Delhi: Prentice Hall of India Private Limited
Tyn Myint-U. 1983. 数学物理中的偏微分方程. 徐元钟译. 上海: 上海科学技术出版社

附录 1　傅里叶变换表

序号	$f(x)$	$F(\alpha)=\mathcal{F}[f(x)]=\int_{-\infty}^{\infty} f(x)\mathrm{e}^{-\mathrm{i}\alpha x}\mathrm{d}x$
1	$f(x)=\mathrm{e}^{-a\|x\|}(a>0)$	$F(\alpha)=\dfrac{2a}{a^2+\alpha^2}$
2	$f(x)=\mathrm{e}^{-ax^2}(a>0)$	$F(\alpha)=\sqrt{\dfrac{\pi}{a}}\mathrm{e}^{-\frac{\alpha^2}{4a^2}}$
3	$f(x)=\cos ax^2(a>0)$	$F(\alpha)=\sqrt{\dfrac{\pi}{a}}\cdot\cos\left(\dfrac{\alpha^2}{4a}-\dfrac{\pi}{4}\right)$
4	$f(x)=\sin ax^2(a>0)$	$F(\alpha)=\sqrt{\dfrac{\pi}{a}}\cdot\cos\left(\dfrac{\alpha^2}{4a}+\dfrac{\pi}{4}\right)$
5	$f(x)=\dfrac{1}{\|x\|}$	$F(\alpha)=\dfrac{\sqrt{2\pi}}{\|\alpha\|}$
6	$f(x)=\dfrac{1}{\|x\|}\mathrm{e}^{-a\|x\|}(a>0)$	$F(\alpha)=\dfrac{\sqrt{2\pi}}{(a^2+\alpha^2)^{1/2}}[(a^2+\alpha^2)^{1/2}+\alpha]^{1/2}$
7	$f(x)=\dfrac{\sin bx}{x}(b>0)$	若$\|\alpha\|<b, F(\alpha)=\pi$, 若$\|\alpha\|>b, F(\alpha)=0$
8	$f(x)=\dfrac{\sinh ax}{\sinh \pi x}(-\pi<a<\pi)$	$F(\alpha)=\dfrac{\sin a}{\cos a+\cosh\alpha}$
9	$f(x)=\dfrac{\cosh ax}{\cosh \pi x}(-\pi<a<\pi)$	$F(\alpha)=\dfrac{2\cos\dfrac{a}{2}\cosh\dfrac{\alpha}{2}}{\cosh\alpha+\cos a}$
10	若$\|x\|<a, f(x)=(a^2-x^2)^{-1/2}$, 若$\|x\|>a, f(x)=0$	$F(\alpha)=\pi\cdot J_0(a\alpha)$

附录 2　拉普拉斯变换表

序号	$f(t)$	$\overline{f}(s)=\int_0^{\infty} f(t)\mathrm{e}^{-st}\mathrm{d}t$
1	$f(t)=c$(常数)	$\overline{f}(s)=\dfrac{c}{s}$
2	$f(t)=t^n(n>-1)$	$\overline{f}(s)=\dfrac{\Gamma(n+1)}{s^{n+1}}$
3	$f(t)=\mathrm{e}^{at}$	$\overline{f}(s)=\dfrac{1}{s-a}$
4	$f(t)=\sin\omega t$	$\overline{f}(s)=\dfrac{\omega}{s^2+\omega^2}$
5	$f(t)=\cos\omega t$	$\overline{f}(s)=\dfrac{s}{s^2+\omega^2}$
6	$f(t)=\sinh\omega t$	$\overline{f}(s)=\dfrac{\omega}{s^2-\omega^2}$
7	$f(t)=\cosh\omega t$	$\overline{f}(s)=\dfrac{s}{s^2-\omega^2}$
8	$t\sinh\omega t$	$\overline{f}(s)=\dfrac{2\omega s}{(s^2-\omega^2)^2}$
9	$f(t)=t\cosh\omega t$	$\overline{f}(s)=\dfrac{s^2+\omega^2}{(s^2-\omega^2)^2}$
10	$f(t)=\mathrm{e}^{at}\sin\omega t$	$\overline{f}(s)=\dfrac{\omega}{(s-a)^2+\omega^2}$
11	$f(t)=\mathrm{e}^{at}\cos\omega t$	$\overline{f}(s)=\dfrac{s-a}{(s-a)^2+\omega^2}$
12	$f(t)=\mathrm{e}^{at}t^n(n>-1)$	$\overline{f}(s)=\dfrac{\Gamma(n+1)}{(s-a)^{n+1}}$
13	$f(t)=\dfrac{1}{\sqrt{\pi t}}$	$\overline{f}(s)=\dfrac{1}{\sqrt{s}}$
14	$f(t)=\dfrac{1}{\sqrt{\pi t}}\mathrm{e}^{-\frac{a^2}{4t}}$	$\overline{f}(s)=\dfrac{1}{\sqrt{s}}\mathrm{e}^{-a\sqrt{s}}$
15	$f(t)=\dfrac{1}{\sqrt{\pi t}}\mathrm{e}^{-2a\sqrt{t}}$	$\overline{f}(s)=\dfrac{1}{\sqrt{s}}\mathrm{e}^{\frac{a^2}{s}}\operatorname{erf}\left(\dfrac{a}{\sqrt{s}}\right)$
16	$f(t)=\dfrac{1}{\sqrt{\pi t}}\sin 2\sqrt{at}$	$\overline{f}(s)=\dfrac{1}{s\sqrt{s}}\mathrm{e}^{-\frac{a}{s}}$
17	$f(t)=\dfrac{1}{\sqrt{\pi t}}\cos 2\sqrt{at}$	$\overline{f}(s)=\dfrac{1}{\sqrt{s}}\mathrm{e}^{-\frac{a}{s}}$
18	$f(t)=t^{-\frac{3}{2}}\mathrm{e}^{-\frac{a^2}{4t}}$	$\overline{f}(s)=\dfrac{2\sqrt{\pi}}{a}\mathrm{e}^{-a\sqrt{s}}$
19	$f(t)=\operatorname{erf}(\sqrt{at})$	$\dfrac{\sqrt{a}}{s\sqrt{s+a}}$

续表

序号	$f(t)$	$\overline{f}(s)=\int_0^{\infty} f(t)\mathrm{e}^{-st}\mathrm{d}t$
20	$f(t)=\mathrm{erfc}\left(\dfrac{a}{2\sqrt{t}}\right)$	$\overline{f}(s)=\dfrac{1}{s}\mathrm{e}^{-a\sqrt{s}}$
21	$f(t)=\mathrm{e}^t\mathrm{erfc}(\sqrt{t})$	$\overline{f}(s)=\dfrac{1}{s+\sqrt{s}}$
22	$f(t)=J_0(at)$	$\overline{f}(s)=\dfrac{1}{\sqrt{s^2+a^2}}$
23	$f(t)=J_\nu(at)(\mathrm{Re}(\nu)>-1)$	$\overline{f}(s)=\dfrac{a^\nu}{\sqrt{a^2+s^2}}\left(\dfrac{1}{s+\sqrt{s^2+a^2}}\right)^\nu$
24	$f(t)=\dfrac{J_\nu(at)}{t}$	$\overline{f}(s)=\dfrac{1}{\nu a^\nu}(\sqrt{s^2+a^2}-s)^\nu$
25	$f(t)=t^\nu J_\nu(at)(\mathrm{Re}(\nu)>-1)$	$\overline{f}(s)=\dfrac{(2a)^\nu}{\sqrt{\pi}}\Gamma\left(\nu+\dfrac{1}{2}\right)(s^2+a^2)^{-\nu-1/2}$
26	$f(t)=t^{\frac{\nu}{2}}J_\nu(2\sqrt{t})$	$\overline{f}(s)=\dfrac{1}{s^{1+\nu}}\mathrm{e}^{-1/s}$
27	$f(t)=\int_t^{\infty}\dfrac{J_0(\xi)}{\xi}\mathrm{d}\xi$	$\overline{f}(s)=\dfrac{1}{s}\ln(s+\sqrt{1+s^2})$
28	$f(t)=I_0(at)$	$\overline{f}(s)=\dfrac{1}{\sqrt{s^2-a^2}}$